2판

인간공학기사

실기편

김유창 감수
세이프티넷 인간공학기사/기술사 연구회 지음

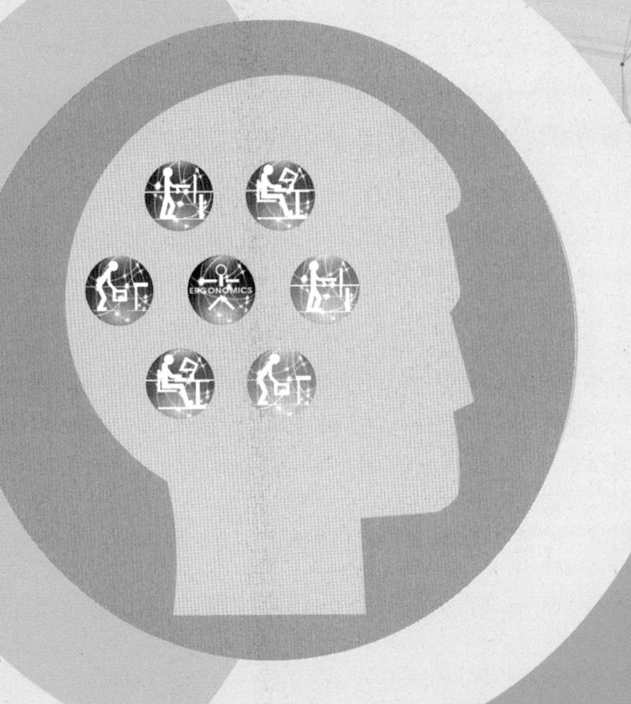

한국산업인력공단 출제기준에 맞춘 자격시험 준비서

교문사
청문각이 교문사로 새롭게 태어납니다.

머리말

2005년 인간공학기사/기술사 시험이 처음 시행되었습니다. 인간공학기사/기술사 제도는 인간공학이 일반인들에게 알려지는 계기가 되었으며, 각 사업장마다 인간공학이 뿌리를 내리면서 안전하고, 아프지 않고, 편안하게 일하는 사업장이 계속해서 생길 것입니다.

2005년부터 지금까지 오랜 기간 동안 인간공학기사 시험이 시행되었기 때문에 많은 인간공학기사가 배출되었습니다. 그러나 지금까지 인간공학기사 실기에 대비한 수험 교재가 없어서 많은 분들이 인간공학기사를 포기하면서 인간공학 전문가 배출이 늦어지는 측면이 있습니다. 인간공학기사를 공부하는 독자들이 인간공학기사 실기책의 출간을 요청하여 본 교재를 출간하게 되었습니다. 본 교재는 인간공학기사 실기시험 출제 기준에 맞추었을 뿐만 아니라 지금까지 출제된 모든 문제를 분석하여 인간공학기사 실기시험을 준비할 수 있도록 구성되었습니다.

인간공학의 기본철학은 작업을 사람의 특성과 능력에 맞도록 설계하는 것입니다. 지금까지 한국의 인간공학은 단지 의자, 침대와 같은 생활도구의 설계 등에 적용되어 왔으나, 최근에는 인간공학이 작업장에서 근골격계질환, 휴먼에러 등의 문제해결을 위한 가장 중요한 대안으로 대두되고 있습니다. 이에 정부, 산업체 그리고 학계에서는 인간공학적 문제해결을 위한 전문가를 양성하기 위해 인간공학기사/기술사 제도를 만들게 되었습니다. 이제 한국도 선진국과 같이 고가의 장비나 도구보다도 작업자가 더 중요시되는 시대를 맞이하고 있습니다.

인간공학은 학문의 범위가 넓고 국내에 전파된 지도 오래되지 않은 새로운 분야이며, 인간공학을 응용하기 위해서는 학문적 지식을 바탕으로 한 다양한 경험을 동시에 필요로 합니다. 이러한 이유로 그동안 인간공학 전문가의 배출이 매우 제한되어 있었습니다. 그러나 인간공학기사/기술사 제도는 올바른 인간공학 교육방향과 발전에 좋은 토대가 될 것입니다.

한국에서는 인간공학 전문가 제도가 시작단계이지만, 일부 선진국에서는 이미 오래 전부터 인간공학 전문가 제도를 시행해 오고 있습니다. 선진국에서 인간공학 전문가는 다양한 분야에서 활발히 활동하고 있으며, 한국에서도 인간공학기사/기술사 제도를 하루빨리 선진국과 같이 한국의 실정에 맞도록 만들어 나가야 할 것입니다.

본 저서의 특징은 새로운 원리의 제시에 앞서 오랜 기간 동안 인간공학을 연구하고 적용하면서 모아온 많은 문헌과 필요한 자료들을 정리하여 인간공학기사 시험 대비에 시간적 제약을 받고 있는 수험생들에게 시험 대비 교재로서의 활용과 다양한 인간공학 방면의 연구활동에 하나의 참고서적이 되도록 하였습니다. 짧은 시간 동안에 인간공학기사 실기 교재를 집필하여 미비한 점이 다소 있으리라 생각됩니다만, 앞으로 거듭 보완해 나갈 것을 약속드립니다. 세이프티넷(http://cafe.naver.com/safetynet)의 인간공학기사/기술사 연구회 커뮤니티에 의견과 조언을 주시면 그것을 바탕으로 독자들과 함께 책을 만들어 나갈 생각입니다.

본 교재의 출간으로 많은 인간공학기사가 배출되어 "작업자를 위해 알맞게 설계된 인간공학적 작업은 모든 작업의 출발점이어야 한다."라는 철학이 작업장에 뿌리내렸으면 합니다.

본 저서의 초안을 만드는 데 도움을 준 홍창우, 최원식, 신동욱 연구원, 교재 검토를 하여준 김대수, 이현재, 김재훈, 배황빈, 서대교, 곽희제 연구원에게 진심으로 감사드립니다. 그리고 세이프티넷의 여러 회원분들의 조언과 관심에 대하여 감사드립니다. 또한 본 교재가 세상에 나올 수 있도록 기획에서부터 출판까지 물심양면으로 도움을 주신 청문각의 관계자 여러분께도 심심한 사의를 표합니다.

2019년 7월

수정산 자락 아래서 안전하고 편안한 인간공학적 세상을 꿈꾸면서

김유창

인간공학기사 자격안내

1. 개요

국내의 산업재해율 증가에 있어 근골격계질환, 뇌심혈관질환 등 작업관련성 질환에 의한 증가현상이 특징적이며, 특히 단순반복 작업, 중량물 취급작업, 부적절한 작업자세 등에 의하여 신체에 과도한 부담을 주었을 때 나타나는 요통, 경견완장해 등 근골격계질환은 매년 급증하고 있고, 향후에도 지속적인 증가가 예상됨에 따라 동 질환예방을 위해 사업장관련 예방 전문기관 및 연구소 등에 인간공학 전문가의 배치가 필요하다.

2. 변천과정

2005년 인간공학기사로 신설되었다.

3. 수행직무

작업자의 근골격계질환 요인분석 및 예방교육, 기계, 공구, 작업대, 시스템 등에 대한 인간공학적 적합성분석 및 개선, OHSMS 관련인증을 위한 업무, 작업자 인간과오에 의한 사고분석 및 작업환경 개선, 사업장 자체의 인간공학적 관리규정 제정 및 지속적 관리 등을 수행한다.

4. 응시자격 및 검정기준

(1) 응시자격

인간공학기사 자격검정에 대한 응시자격은 다음과 각 호의 1에 해당하는 자격요건을 가져야 한다.

가. 산업기사의 자격을 취득한 후 응시하고자 하는 종목이 속하는 동일직무 분야에서 1년 이상 실무에 종사한 자

나. 기능사자격을 취득한 후 응시하고자 하는 종목이 속하는 동일직무 분야에서 3년 이상 실무에 종사한 자

다. 다른 종목의 기사자격을 취득한 자

라. 대학졸업자 등 또는 그 졸업예정자(4학년에 재학 중인 자 또는 3학년 수료 후 중퇴자를 포함한다.)

마. 전문대학 졸업자 등으로서 졸업 후 응시하고자 하는 종목이 속하는 동일직무 분야에서 2년 이상 실무에 종사한 자

바. 기술자격 종목별로 산업기사의 수준에 해당하는 교육훈련을 실시하는 기관으로서 노동부령이 정하는 교육훈련 기관의 기술훈련 과정을 이수한 자로서 이수 후 동일 직무 분야에서 2년 이상 실무에 종사한 자

사. 기술자격 종목별로 기사의 수준에 해당하는 교육훈련을 실시하는 기관으로서 노동부령이 정하는 교육훈련 기관의 기술훈련 과정을 이수한 자 또는 그 이수예정자

아. 응시하고자 하는 종목이 속하는 동일직무 분야에서 4년 이상 실무에 종사한 자

자. 외국에서 동일한 등급 및 종목에 해당하는 자격을 취득한 자

차. 학점인정 등에 관한 법률 제8조의 규정에 의하여 대학졸업자와 동등 이상의 학력을 인정받은 자 또는 동법 제7조의 규정에 의하여 106학점 이상을 인정받은 자(고등교육법에 의거 정규대학에 재학 또는 휴학 중인 자는 해당되지 않음)

카. 학점인정 등에 관한 법률 제8조의 규정에 의하여 전문대학 졸업자와 동등 이상의 학력을 인정받은 자로서 응시하고자 하는 종목이 속하는 동일직무 분야에서 2년 이상 실무에 종사한 자

(2) 검정기준

인간공학기사는 인간공학에 관한 공학적 기술이론 지식을 가지고 설계·시공·분석 등의 기술업무를 수행할 수 있는 능력의 유무를 검정한다.

5. 검정시행 형태 및 합격결정 기준

(1) 검정시행 형태

인간공학기사는 필기시험 및 실기시험을 행하는데 필기시험은 객관식 4지 택일형, 실기시험은 주관식 필답형을 원칙으로 한다.

(2) 합격결정 기준

가. 필기시험: 100점을 만점으로 하여 과목당 40점 이상, 전과목 평균 60점 이상

나. 실기시험: 100점을 만점으로 하여 60점 이상

6. 검정방법(필기, 실기) 및 시험과목

(1) 검정방법

가. 필기시험

① 시험형식: 필기(객관식 4지 택일형)시험 문제

② 시험시간: 검정대상인 4과목에 대하여 각 20문항의 객관식 4지 택일형을 120분 동안에 검정한다(과목당 30분).

나. 실기시험

① 시험형식: 필기시험의 출제과목에 대한 이해력을 토대로 하여 인간공학 실무와 관련된 부분에 대하여 필답형으로 검정한다.

② 시험시간: 2시간 30분(필답형)

(2) 시험과목

인간공학기사의 시험과목은 다음 표와 같다.

인간공학기사 시험과목

검정방법	자격종목	시험과목
필기 (매과목 100점)	인간공학기사	1. 인간공학 개론
		2. 작업생리학
		3. 산업심리학 및 관련법규
		4. 근골격계질환 예방을 위한 작업관리
실기 (100점)		인간공학 실무

7. 출제기준

(1) 필기시험 출제기준

필기시험은 수험생의 수험준비 편의를 도모하기 위하여 일반대학에서 공통적으로 가르치고 구입이 용이한 일반교재의 공통범위에 준하여 전공분야의 지식 폭과 깊이를 검정하는 방법으로 출제한다. 시험과목과 주요항목 및 세부항목은 다음 표와 같다.

필기시험 과목별 출제기준의 주요항목과 세부항목

시험과목	출제 문제수	주요항목	세부항목
1. 인간공학 개론	20문항	1. 인간공학적 접근	(1) 인간공학의 정의 (2) 연구절차 및 방법론
		2. 인간의 감각기능	(1) 시각기능 (2) 청각기능 (3) 촉각 및 후각기능
		3. 인간의 정보처리	(1) 정보처리 과정 (2) 정보이론 (3) 신호검출 이론
		4. 인간기계 시스템	(1) 인간기계 시스템의 개요 (2) 표시장치(display) (3) 조종장치(control)
		5. 인체측정 및 응용	(1) 인체측정의 개요 (2) 인체측정 자료의 응용원칙 (3) 작업공간 설계
2. 작업생리학	20문항	1. 인체의 구성요소	(1) 인체의 구성 (2) 근골격계의 구조와 기능 (3) 순환계 및 호흡계의 구조와 기능
		2. 작업생리	(1) 작업생리학의 개요 (2) 대사작용 (3) 작업부하 및 휴식시간
		3. 생체역학	(1) 인체동작의 유형과 범위 (2) 힘과 모멘트 (3) 근력과 지구력
		4. 생체반응 측정	(1) 측정의 원리 (2) 생리적 부담척도 (3) 심리적 부담척도
		5. 작업환경 평가 및 관리	(1) 조명 (2) 소음 (3) 진동 (4) 고온, 저온 및 기후환경 (5) 교대작업
3. 산업심리학 및 관계법규	20문항	1. 인간의 심리특성	(1) 행동이론 (2) 주의 및 부주의 (3) 의식단계 (4) 반응시간 (5) 작업동기
		2. 휴먼에러	(1) 휴먼에러의 유형 (2) 휴먼에러 분석기법 (3) 휴먼에러 예방대책

시험과목	출제 문제수	주요항목	세부항목
3. 산업심리학 및 관계법규	20문항	3. 조직, 집단 및 리더십	(1) 조직이론 (2) 집단역학 및 갈등 (3) 리더십 관련이론 (4) 리더십의 유형 및 기능
		4. 직무스트레스	(1) 직무스트레스 개요 (2) 직무스트레스의 요인 및 관리
		5. 관계법규	(1) 관련법규
		6. 안전관리	(1) 안전관리의 원리 (2) 재해조사 및 원인분석
4. 근골격계질환 예방을 위한 작업관리	20문항	1. 근골격계질환의 개요	(1) 근골격계질환의 종류 (2) 근골격계질환의 원인 (3) 근골격계질환의 관리방안
		2. 작업관리 개요	(1) 작업관리의 정의 (2) 작업관리 절차 (3) 작업개선 원리
		3. 작업분석	(1) 문제분석 도구 (2) 공정분석 (3) 동작분석
		4. 작업측정	(1) 작업측정의 개요 (2) Work Sampling (3) 표준자료
		5. 유해요인 평가	(1) 유해요인 평가원리 (2) 중량물취급 작업 (3) 유해요인 평가방법 (4) 사무/VDT 작업
		6. 작업설계 및 개선	(1) 작업방법 (2) 작업대 및 작업공간 (3) 작업설비 및 도구 (4) 관리적 개선
		7. 예방관리 프로그램	(1) 예방관리 프로그램 구성요소

(2) 실기시험 출제기준

실기시험은 인간공학 개론, 작업생리학, 작업심리학, 작업설계 및 관련법규에 관한 전문지식의 범위와 이해의 깊이 및 인간공학 실무능력을 검정한다. 출제기준 및 문항수는 필기시험의 과목과 인간공학 실무에 관련된 작업형 문제를 출제하여 2시간 30분에 걸쳐 검정이 가능한 분량으로 한다. 이에 대한 시험과목과 주요항목 및 세부항목은 다음 표와 같다.

실기시험 출제기준의 주요항목과 세부항목

시험과목	주요항목	세부항목
인간공학 실무	1. 작업환경 분석	(1) 자료분석 (2) 현장조사 (3) 개선요인 파악
	2. 인간공학적 평가	(1) 감각기능 평가 (2) 정보처리 기능평가 (3) 행동기능 평가 (4) 작업환경 평가 (5) 감성공학적 평가
	3. 시스템 설계 및 개선	(1) 표시장치 설계 및 개선 (2) 제어장치 설계 및 개선 (3) 작업방법 설계 및 개선 (4) 작업장 및 작업도구 설계 및 개선 (5) 작업환경 설계 및 개선
	4. 시스템 관리	(1) 안전성관리 (2) 사용성관리 (3) 신뢰성관리 (4) 효용성관리 (5) 제품 및 시스템 안전설계 적용
	5. 작업관리	(1) 작업부하 관리 (2) 교대제관리 (3) 표준작업 관리
	6. 유해요인 조사	(1) 대상공정 파악
	7. 근골격계질환 예방관리	(1) 근골격계 부담작업 조사 (2) 증상조사 (3) 인간공학적 평가 (4) 근골격계 부담작업 관리

차례

제1편 작업현황 분석 및 관리(작업관리 및 작업측정)

제2편 인간공학 개요 및 평가

제4편 시스템 관리

제5편 근골격계질환 관리

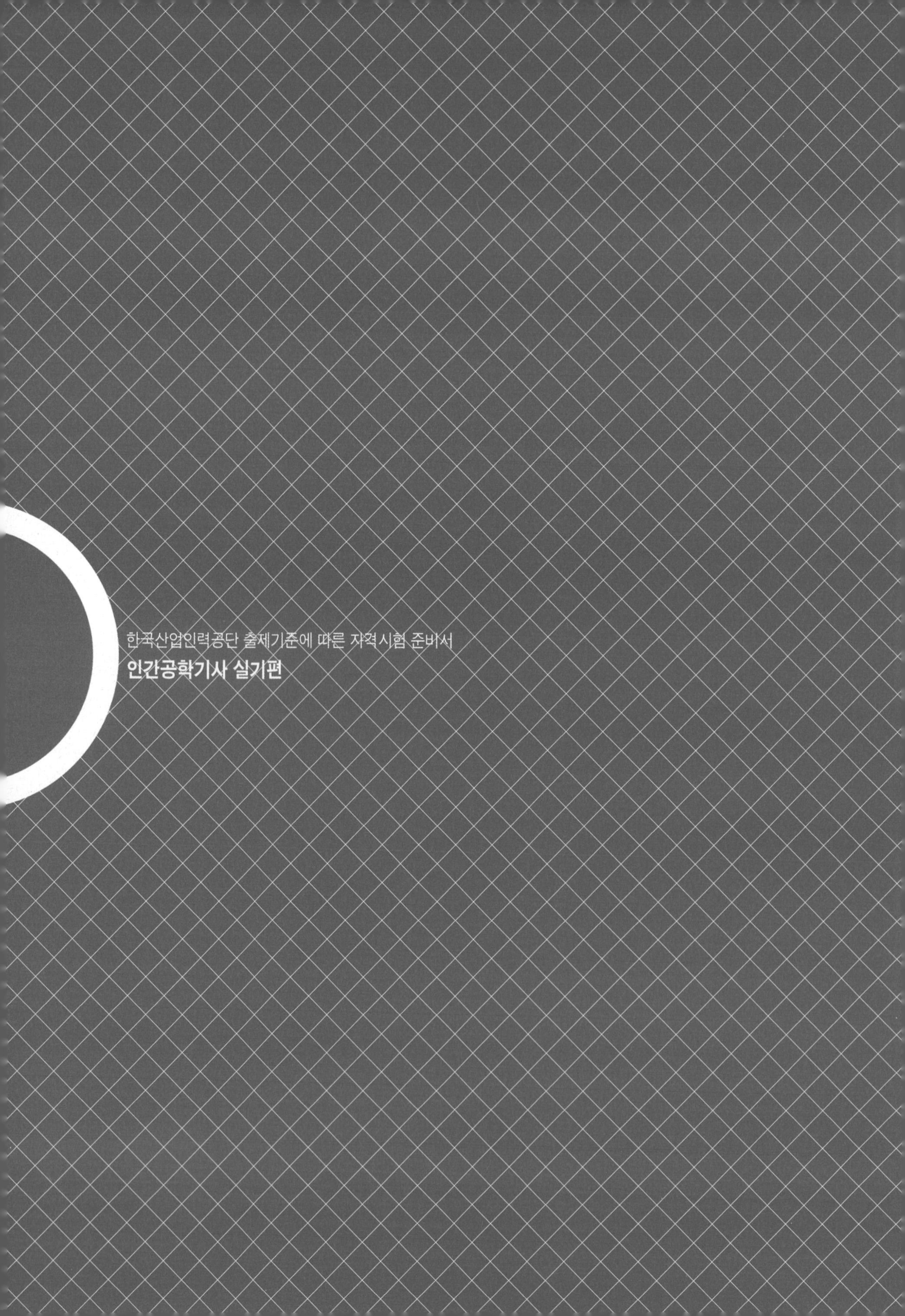
한국산업인력공단 출제기준에 따른 자격시험 준비서
인간공학기사 실기편

PART

작업현황 분석 및 관리(작업관리 및 작업측정)

1장 | 작업관리

01 작업관리의 개요

1.1 작업관리의 개요

출제빈도 ★★★★

(1) 정의

가. 각 생산작업을 가장 합리적, 효율적으로 개선하여 표준화한다.
나. 표준화된 작업의 실시과정에서 그 표준이 유지되도록 통제한다.
다. 안전하게 작업을 실시하도록 하는 것이다.

1.2 작업관리의 범위와 목적

출제빈도 ★★★★

(1) 작업관리의 범위

작업관리는 개개 작업의 합리화나 능률뿐만 아니라 공정계열 전체로서의 작업의 합리화, 능률화를 추구한다. 작업관리의 범위는 지금까지는 동작연구와 시간연구가 주가 되었으나 현재는 작업의 안전, 특히 근골격계질환의 관리가 포함되는 추세이다.

(2) 작업관리의 목적

가. 최선의 방법 발견(방법 개선)
나. 방법, 재료, 설비, 공구 등의 표준화
다. 제품품질의 균일화
라. 생산비의 절감
마. 새로운 방법의 작업지도
바. 안전

(3) 개선자료의 검토

다음과 같이 다양한 대안 도출방법론을 이용하여 보다 많은 대안을 창출한다.

가. 개선의 ECRS 원칙

① 제거(Eliminate): 이 작업은 꼭 필요한가? 제거할 수 없는가? (불필요한 작업, 작업요소의 제거)

② 결합(Combine): 이 작업을 다른 작업과 결합시키면 더 나은 결과가 생길 것인가?(다른 작업, 작업요소와의 결합)

③ 재배열(Rearrange): 이 작업의 순서를 바꾸면 좀 더 효율적이지 않을까? (작업순서의 변경)

④ 단순화(Simplify): 이 작업을 좀 더 단순화할 수 있지 않을까? (작업, 작업요소의 단순화, 간소화)

나. 개선의 SEARCH 원칙

① S = Simplify operations(작업의 단순화)

② E = Eliminate unnecessary work and material(불필요한 작업이나 자재의 제거)

③ A = Alter sequence(순서의 변경)

④ R = Requirements(요구조건)

⑤ C = Combine operations(작업의 결합)

⑥ H = How often(얼마나 자주, 몇 번인가?)

다. 브레인스토밍(brainstorming)

① 브레인스토밍은 보다 많은 아이디어를 창출하기 위하여 가능한 한 자유분방하게 모든 의견을 비판 없이 청취하고, 수정 발언을 허용하여 대량 발언을 유도하는 방법이다.

② 수행절차는 리더가 문제를 요약하여 설명한 후에 구성원들에게 비평이 없는 자유로운 발언을 유도하고, 리더는 구성원들이 모두 볼 수 있도록 청취된 의견들을 다양한 단어를 이용하여 칠판 등에 표시한다. 이를 토대로 다양한 수정안들을 발언하도록 유도하고, 도출된 의견은 제약조건 등을 고려하여 수정 보완하는 과정을 거쳐서 그중에서 선호되는 대안을 최종안으로 채택하는 방법이다.

라. 마인드멜딩(mindmelding)

① 마인드멜딩은 구성원들의 창조적인 생각을 살려서 많은 대안을 도출하기 위한 방법이다.

② 이 방법의 수행절차는 다음과 같다.

(a) 구성원 각자가 검토할 문제에 대하여 메모지를 작성한다.

(b) 각자가 작성한 메모지를 오른쪽 사람에게 전달한다.

(c) 메모지를 받은 사람은 내용을 읽은 후에 해법을 생각하여 서술하고, 다시 메모지를 오른쪽 사람에게 전달한다.

(d) 가능한 해가 나열된 종이가 본인에게 돌아올 때까지 반복(3번 정도)하여 수행한다.

02 작업관리 절차

2.1 문제해결 절차

출제빈도 ★★★★

2.1.1 기본형 5단계의 절차

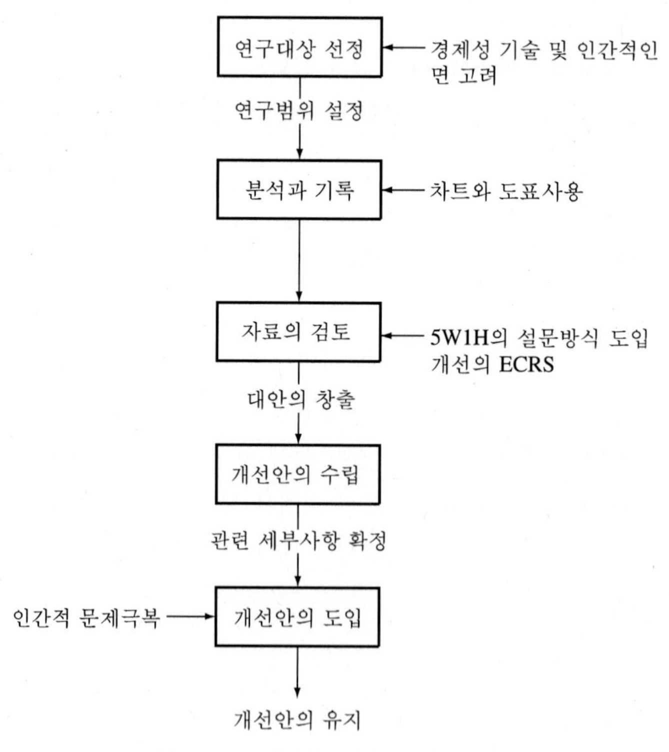

그림 1.1.1 기본형 5단계 문제해결 절차

기본형 5단계는 문제점이 있다고 지적된 공정 혹은 현재 수행되고 있는 작업방법에 대한 현황을 기록하고 분석하여, 이 자료를 근거로 개선안을 수립하는 절차이다. 기본형 5단계는 현 연구대상의 선정, 분석과 기록, 자료의 검토, 개선안의 수립, 개선안의 도입으로 구성되며, 그림 1.1.1은 기본형 5단계 문제해결 절차를 나타낸 것이다.

2.2 디자인 개념의 문제해결 방식

출제빈도 ★★★★

2.2.1 디자인 개념의 필요성

오늘날 산업체에서는 첨단과학기술의 발달로 지금까지 경험하지 못한 전혀 새로운 작업방법을 디자인해야 되는 경우가 자주 발생한다.

이러한 종류의 문제를 일반적인 문제해결 절차로 다루기는 힘들기 때문에 디자인 개념의 문제해결 방식이 필요하게 되었다.

디자인 개념의 문제해결 방식은 문제의 형성, 문제의 분석, 대안의 탐색, 대안의 평가, 선정안의 제시로 구성되며, 그림 1.1.2는 디자인 개념의 문제해결 방식을 나타낸 것이다.

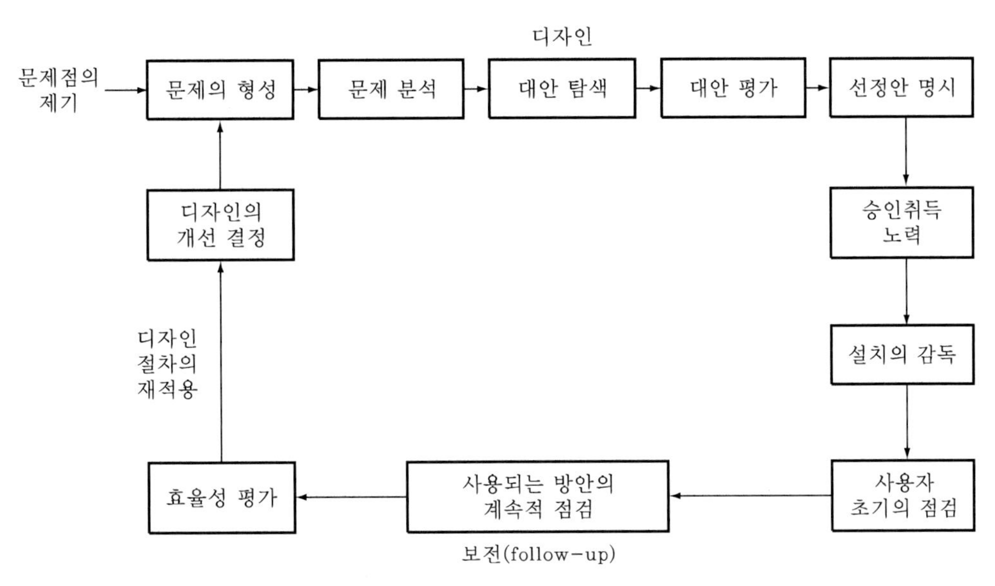

그림 1.1.2 디자인 개념의 문제해결 방식

2장 | 작업분석

01 작업분석(operation analysis)

1.1 정의

방법연구의 목표인 생산량 증대 및 원가절감을 위하여 분석상대인 작업의 목적, 다른 작업과의 관련, 요소작업의 내용, 검사요건, 사용자재, 운반방법, 공구 및 기계설비, 작업방법 등 작업에 미치는 모든 문제를 분석·연구하고 작업과정, 작업자와 기계의 가동상태, 작업장, 작업방법의 합리성 등을 검토하는 절차이다.

1.2 작업분석의 목적

각각의 작업자가 실시하는 작업의 개선과 표준화가 그 목적이다.

1.3 문제의 분석도구

출제빈도 ★★★★

(1) 파레토 분석(Pareto analysis)

가. 경제학자 파레토(Vilfredo Pareto)의 분석도구이다.

나. 적용방법

① 문제가 되는 요인들을 규명하고 동일한 스케일을 사용하여 누적분포를 그리면서 오름차순으로 정리한다.

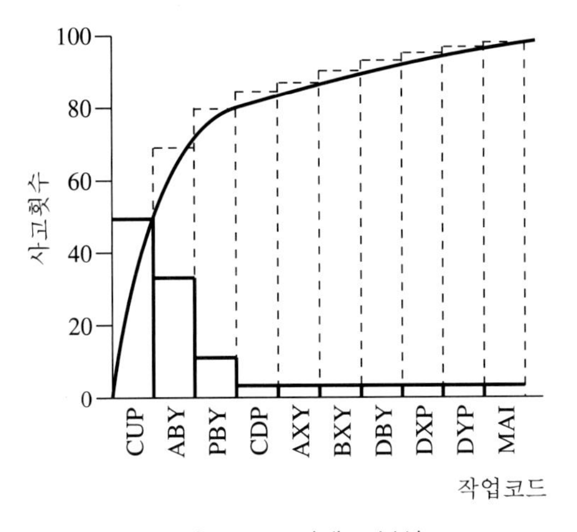

그림 1.2.1 파레토 분석

② 불량이나 사고의 원인이 되는 중요한 항목을 찾아내는 데 사용된다. 파레토 원칙(Pareto principle: 80-20 rule)이란 20%의 항목이 전체의 80%를 차지한다는 의미이며, 일반사회 현상에서 많이 볼 수 있는 파레토 원칙은 생산작업 현장에서의 불량의 원인, 사고의 원인, 재고품목 등에서 찾아볼 수 있다. 파레토 차트(Pareto chart)는 20%에 해당하는 중요한 항목을 찾아내는 것이 주목적이며, 불량이나 사고의 원인이 되는 중요한 항목을 찾아서 관리하기 위함이다. 재고관리 분야에서는 파레토 차트를 ABC 곡선이라고도 한다. 그림 1.2.1은 20%의 작업코드(CUP, ABY, PBY)가 80%의 사고를 유발하는 경우이다(80-20 법칙).

③ 파레토 차트의 작성방법은 빈도수가 큰 항목부터 순서대로 항목들을 나열한 후에 항목별 점유비율과 누적비율을 구한다. 다음으로 이들 자료를 이용하여 x축에 항목과 y축에 점유비율 및 누적비율로 막대–꺾은선 혼합그래프를 그린다.

예제

A 회사 항목 A, B, C, D, E에 대한 각 불량수가 50, 20, 15, 10, 5일 때 파레토 차트를 작성하시오.

풀이

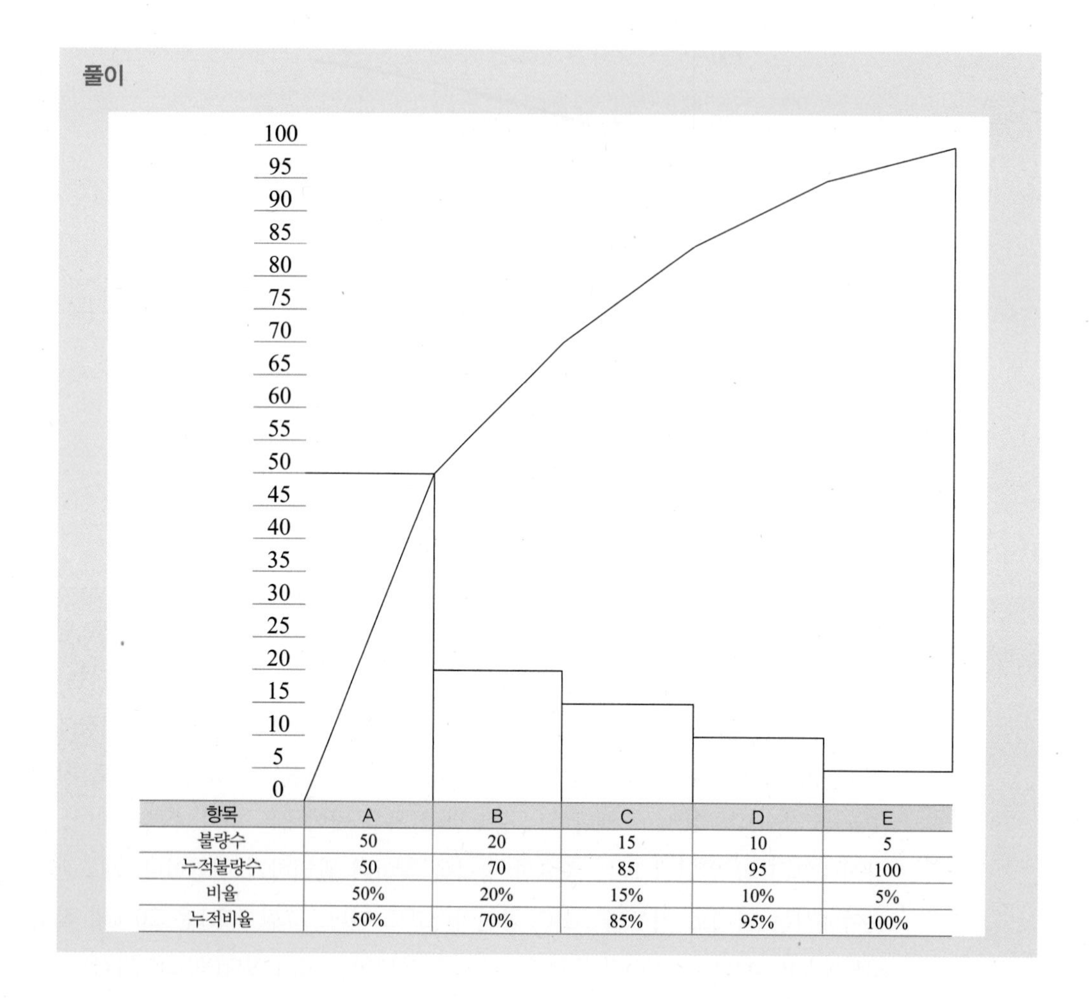

항목	A	B	C	D	E
불량수	50	20	15	10	5
누적불량수	50	70	85	95	100
비율	50%	20%	15%	10%	5%
누적비율	50%	70%	85%	95%	100%

(2) 간트 차트(Gantt chart)

가. 간트 차트의 개요

① 간트 차트는 가로선에 작업량, 일정, 시간 등 표시하고, 일정 계획 및 통제기능을 가지는 전통적 일정관리법이다.

② 전체 공정시간, 각 작업의 완료시간, 다음 작업시간을 알 수가 있다.

③ 간트 차트는 각 활동별로 일정계획 대비 완성현황을 막대모양으로 표시하며, 각종 프로젝트의 의사소통 및 연구개발 시 사용하면 용이하다(그림 1.2.2).

④ 간트 차트의 장점

(a) 간헐적이고 반복적인 프로젝트의 일정을 계획하는 데 유용하다.

(b) 계획과 실적을 비교하여 작업의 진행상태를 보여주는 데 적합하다.

⑤ 간트 차트의 단점

(a) 변화 또는 변경에 약하다.

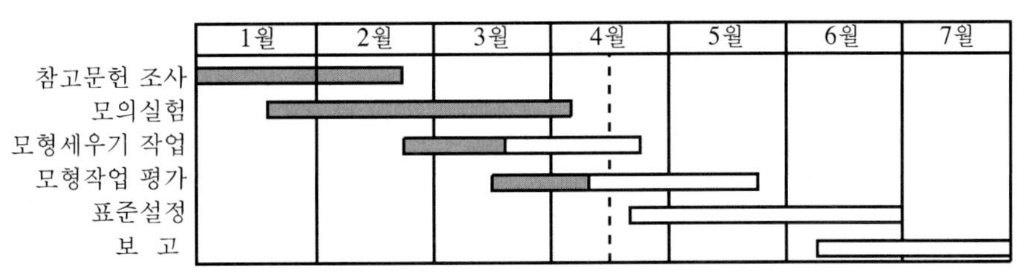

(a) 계획기준된 간트 차트

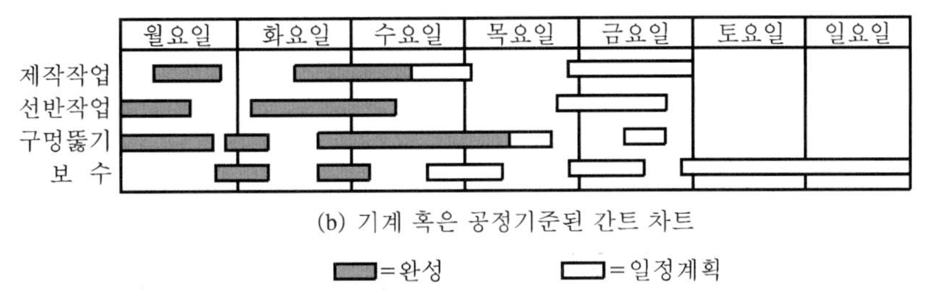

(b) 기계 혹은 공정기준된 간트 차트

=완성 =일정계획

그림 1.2.2 간트 차트

(b) 일정계획의 정밀성을 기대하기 어렵고, 대규모 복잡한 프로젝트를 계획하는 데 부적합하다.

(c) 작업 상호 간의 유기적인 관계가 명확하지 못하다.

(3) PERT 차트(Program Evaluation and Review Technique chart)

가. PERT 차트의 개요

① 정의: 목표 달성을 위한 적정 해를 그래프로 추적해 가는 계획 및 조정도구이다. 프로젝트를 단위활동으로 분해, 각 단위활동의 예측 소요시간, 단위활동 간의 선후관계를 결정하여 네트워크로 작성한다.

② 일정계획: 각 단위활동의 시작시간과 완료시간 결정, 여유시간을 계산하여 주 공정경로(가장 시간이 오래 걸리는 경로)와 주 공정시간(가장 긴 시간)을 파악한다.

③ 자원계획: 각 단위활동의 수행에 필요한 원자재, 인력, 설비, 자금 등의 배정을 계획한다.

④ 통제: 프로젝트가 일정에 따라 진행되는지를 파악하여 자원 재배정 등을 통해 조정한다.

⑤ 네트워크 작성방법: 선행활동, 후행활동, 가활동(dummy activity) 등으로 표기하며 그림 1.2.3과 같이 작성한다.

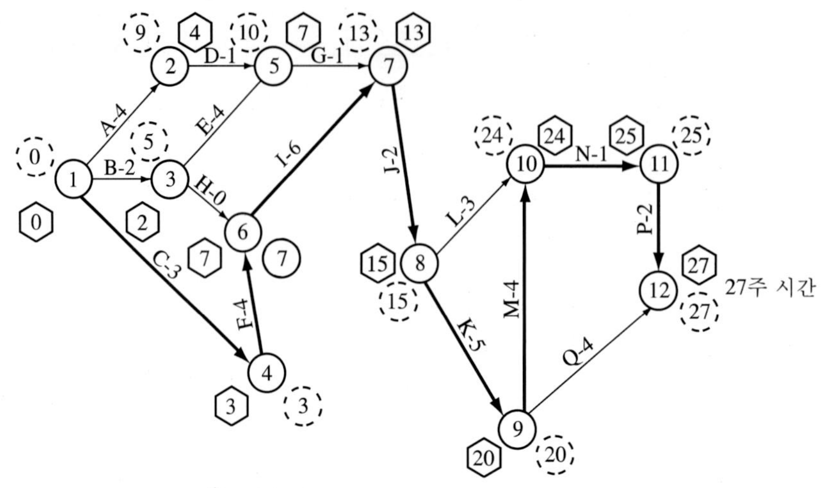

그림 1.2.3 PERT 차트

예제

그림은 어느 조립공정의 요소작업을 PERT 차트로 나타낸 것이다. 주 공정경로와 주 공정시간을 구하시오.

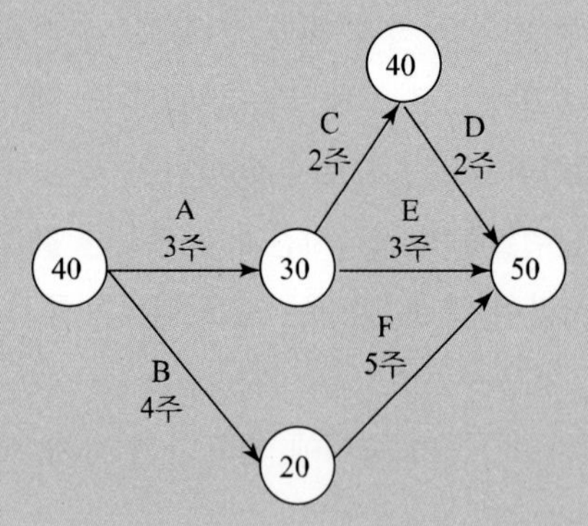

풀이

① 주 공정경로(가장 시간이 오래 걸리는 경로): 10 - 20 - 50

② 주 공정시간(가장 긴 시간): 9주

(4) 산점도

가. 2차원, 3차원 좌표에 도형으로 표시를 하여 데이터의 상관관계 등을 파악하기 위해 점을 찍어 측정하는 통계기법이다. 산점도는 주로 문제해결을 위한 사전 원인조사 단계에서 쓰인다.

나. 산점도의 형태와 상관관계

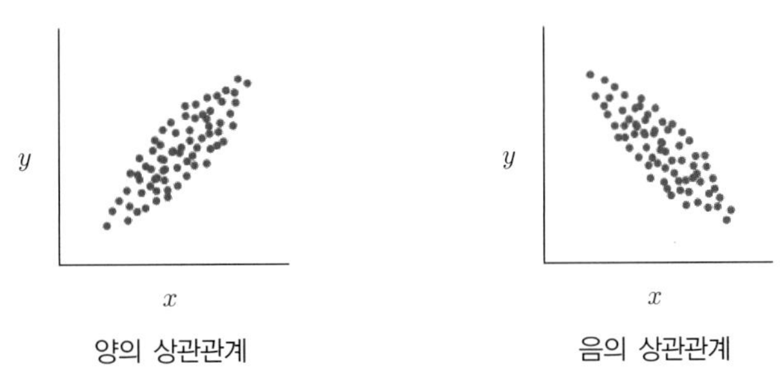

그림 1.2.4 산점도

(5) 다변량 분석

어떤 자료를 나타내는 특성치가 몇 개의 변수에 영향을 받을 때 이들 변수의 특성치에 대한 영향의 정도를 명확히 하는 자료해석법이다. 다변량 분석은 요인분석, 판별분석, 군집분석 등이 있다.

1.4 분석기법

출제빈도 ★★★★

(1) 다중활동 분석(multi-activity analysis)

가. 정의

작업자와 작업자 사이의 상호관계 또는 작업자와 기계 사이의 상호관계에 대하여 다중활동 분석기호를 이용해서 이들 간의 단위작업 또는 요소작업의 수준으로 분석하는 수법이다.

나. 분석기법

① 작업자의 활동도표(activity chart): 작업공정을 세분한 작업활동을 시간과 함께 나타내는 도표

② 작업자(인간) – 기계분석 도표(man-machine chart)

(a) 목적: 작업자 혹은 작업자와 설비 간에 진행되는 작업현황을 파악하고, 작업을 재편성 또는 개선하여 유휴시간을 감소시켜 효율을 제고시키는 것이다.

(b) 한 사람의 작업자가 1대의 기계를 조작하는 경우에 이용되는 도표이다.

(c) 작업자와 기계의 가동률 저하의 원인 발견, 작업자의 담당 기계대수의 산정, 이동중점, 안전성, 기계의 개선, 배치 검토 등에 활용된다.

③ 작업자－복수기계 분석도표(man-multimachine chart)

(a) 한 사람의 작업자가 2대 이상의 기계를 조작하는 경우에 적용되는 도표이다.

(b) 공작기계가 자동화 내지 반자동화가 됨에 따라 작업자 한 명이 같은 기계를 여러 대 담당하는 것이 가능하게 되었으며, 이를 Machine Coupling이라 한다.

(c) 이러한 경향은 인건비가 기계비용에 비하여 상대적으로 비싸지게 됨에 따라 가속화되었고, 이로부터 작업자와 설비의 유휴기간을 효율적으로 이용할 수 있는 방안을 모색함으로써 이들의 생산성 증대가 기대된다.

(d) 이론적 기계대수

$$n' = \frac{a+t}{a+b}$$

여기서, a: 작업자와 기계의 동시작업 시간

b: 독립적인 작업자 활동 시간

t: 기계가동 시간

(e) 정수가 아닌 경우에 이론적 기계대수는 n대와 $n+1$대의 단위당 비용을 비교해서 작은 것을 선택한다.

㉠ cycle time

• n대인 경우: $a+t$

• $(n+1)$대인 경우: $(n+1)(a+b)$

㉡ 기계대수에 따른 단위 제품당 비용

Co: 작업자 시간당 임금, Cm: 기계 시간당 비용

• 시간당 비용 = 작업자 임금 + 기계비용

n대인 경우: $Co + n \times Cm$

$(n+1)$대인 경우: $Co + (n+1) \times Cm$

• 시간당 생산량 = 기계대수 / cycle time

n대인 경우: $n/(a+t)$

$(n+1)$대인 경우: $(n+1)/((n+1)(a+b)) = 1/(a+b)$

ⓒ 단위제품 비용(Cost/개당) = 시간당 비용/시간당 생산량

• $TC(n) = \dfrac{(Co + n \times Cm)(a+t)}{n}$

• $TC(n+1) = \{Co + (n+1) \times Cm\}(a+b)$

④ 복수작업자(조작업, 공동작업) 분석도표(multiman chart): 'Gang process chart' 라고도 하며, 두 사람 이상의 작업자가 조를 이루어 협동적으로 하나의 작업을 하는 경우에 그 상호 관련 상태를 기록하는 공정도표(process chart)의 일종이다.

⑤ 복수작업자 분석표가 다른 종류의 작업자–기계작업분석표와 상이한 점은 Gang process chart는 원래 조작업을 시행하는 여러 명의 작업자를 대상으로 작성된다. 이에 반하여 작업자–기계작업분석표는 작업자와 이들이 다루는 기계를 동시에 대상으로 한다는 점에서 약간 상이하다.

예제

다음은 작업자와 기계작업 시간이다. 한 작업자가 기계 3대를 담당할 때 다음 질문에 답하시오.

- a=작업자와 기계의 동시작업 시간=0.12분
- b=독립적인 작업자 활동시간=0.54분
- t= 기계가동 시간=1.6분

(1) 작업자와 기계 중 어느 쪽에서 유휴시간이 발생되는가?

(2) 발생되는 유휴시간은 얼마인가?

풀이

(1) 작업자와 기계 중 어느 쪽에서 유휴시간이 발생되는가?

$$n'(\text{이론적 기계대수}) = \left(\frac{a+t}{a+b}\right) = \left(\frac{0.12+1.6}{0.12+0.54}\right) = 2.61$$

따라서 $n=2$이면, 작업자 작업시간에서 유휴시간이 발생하지만, $n=3$이므로 기계에서 유휴시간이 발생한다.

(2) 발생되는 유휴시간은 얼마인가?

유휴시간 = Cycle time − (작업자와 기계의 동시작업 시간 + 기계가동 시간)

① Cycle time: $(a+b) \times n$ = (0.12 + 0.54) * 3 = 1.98분

② 작업자와 기계의 동시작업 시간: a = 0.12분, 기계가동 시간: t=1.6분

유휴시간 = 1.98 − (0.12 + 1.6) = 0.26분

따라서 기계에서 0.26분의 유휴시간이 발생한다.

02 공정분석

2.1 공정분석의 개요

(1) 정의

공정분석(process analysis)이란 작업 대상물(재료, 부자재, 반제품)이 순차적으로 가공되어 제품으로 완성되기까지 작업경로 전체를 처리되는 순서에 따라 각 공정의 조건(가공조건, 경과시간, 이동거리 등)과 함께 분석하는 기법이다.

가. 제품공정 분석
나. 작업자공정 분석
다. 사무공정 분석

(2) 공정분석의 목적

가. 공정 자체의 개선·설계 및 공정계열에 대한 포괄적인 정보 파악
나. 설비 layout의 개선·설계
다. 공정관리 시스템의 문제점 파악과 기초자료의 제공
라. 공정편성 및 운반방법의 개선·설계

2.2 공정도

출제빈도 ★★★★

공정도(process chart)는 공정의 이해를 돕고 개선을 위해 간결하게 도표로 공정을 기록해 두는 방법으로, 길브레스(Gilbreth)가 사용했다.

2.2.1 공정도 기호

공정에 사용되는 기호는 일종의 속기방법으로, 무엇이 관찰되었는가를 간결하고, 쉽게, 그리고 정확하게 기록해주는 역할을 한다.

2.2.2 공정도의 종류

(1) 제품공정 분석

가. 작업공정도(operation process chart)

① 자재가 공정에 유입되는 시점과 공정에서 행해지는 검사와 작업순서를 도식적으

표 1.2.1 공정 기호

공정 종류	공정 기호	설명
가공	○	작업목적에 따라 물리적 또는 화학적 변화를 가한 상태 또는 다음 공정 때문에 준비가 행해지는 상태를 말한다.
운반	⇨	작업 대상물이 한 장소에서 다른 장소로 이전하는 상태이다.
정체	D	원재료, 부품, 또는 제품이 가공 또는 검사되는 일이 없이 정지되고 있는 상태이다.
저장	▽	원재료, 부품 또는 제품이 가공 또는 검사되는 일이 없이 저장되고 있는 상태이다.
검사	□	물품을 어떠한 방법으로 측정하여 그 결과를 기준으로 비교하여 합부 또는 적부를 판단한다.

로 표현한 도표로 작업에 소요되는 시간이나 위치 등의 정보를 기입한다(단, 운반, 정체, 저장은 표시되지 않는다).

② 용도: 작업방법의 개선을 위해 개선의 ECRS 적용이 필요하다.

③ 작업공정도의 작성

(a) 작성방법

㉠ 수직선: 제조과정 순서를 나타낸다.

㉡ 수평선: 작업에 투입되는 자재의 명칭, 번호, 규격 등을 자재가 투입되는 수평선 위에 명시한다.

㉢ 공정도 기호의 좌측: 소요시간을 기입한다.

㉣ 공정도 기호의 우측: 작업의 개략적인 설명을 기입한다.

㉤ 유의사항: 작업의 주공정을 도표의 가장 오른쪽에 위치시키는 것이 보기에 좋다.

(b) 작업공정도의 작성 예제

㉠ 작업내용: 부품 C는 2분간 가공작업을 거쳐 1분간의 검사를 마친 후 1분간의 조립작업을 실시한다. 부품 B는 완제품으로 구입되어 1분간의 검사를 거치며, 부품 A는 2분간의 가공작업을 마친 후, 부품 B, C와 함께 하나의 제품으로 조립되는데 2분이 소요되며, 1분간의 품질 확인 후 2분간의 포장작업을 마친 후 완성된다.

㉡ 작업공정도

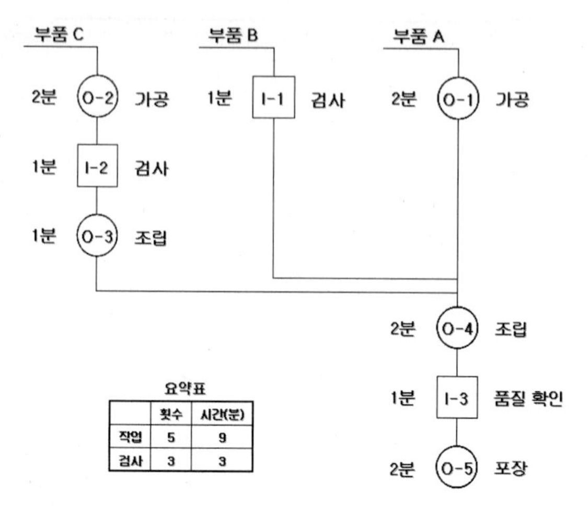

그림 1.2.5 작업공정도

나. 유통공정도(flow process chart)

① 공정 중에 발생하는 모든 작업, 검사, 운반, 저장, 정체 등을 도식적으로 표현한 도표이다(소요시간, 운반거리 등의 정보기입).

② 용도: 잠복비용(hidden cost: 운반거리, 정체, 저장과 관련되는 비용)을 발견하고 감소시키는 역할을 한다.

③ 유통공정도의 작성 예제

유통공정도

요약	현재방법		개선안		차이	
	횟수	시간	횟수	시간	횟수	시간
○ 작업	2	20	2	5	-	15
⇨ 운반	11	44	6	20	5	24
□ 검사	2	35	1	20	1	15
D 정체	7	80	2	10	5	70
▽ 저장	1		1		-	15
거리(단위:m)	56.2		32.2		24	

작업명 자재 입고
( ) 사람 (V) 자재
작업부서 자재 지원부서
도표번호 no. 864
작성자 홍길동 일시 2005. 12. 20

설명 ( ) 현재방법 (V) 개선안	기호	거리 (m)	시간 (분)	양	비고
1 트럭에서 자동 컨베이어 벨트에 하차한다.	○➡□D▽	1.2			작업자 2명
2 운반로로 민다.	○➡□D▽	6	5		작업자 2명
3 대차에 싣는다.	○➡□D▽	1			작업자 2명
4 하역장으로 운반한다.	○➡□D▽	6	5		작업자 1명
5 상자를 개봉한다.	●⇨□D▽		5		작업자 1명
6 지게차로 접수대에 운반한다.	○➡□D▽	9	5		작업자 1명
7 접수대에 내리기위해 대기한다.	○⇨□**D**▽		5		
8 수량 및 품질 검사를 실시한다.	○⇨■D▽		20		검사자
9 마킹한 후 다시 상자에 넣는다.	●⇨□D▽				창고사무원
10 운반될 때까지 대기한다.	○⇨□**D**▽		5		
11 보관창고로 운반한다.	○➡□D▽	9	5		작업자 1명
12 저장한다.	○⇨□D▼				
13	○⇨□D▽				
14	○⇨□D▽				
15	○⇨□D▽				

그림 1.2.6 유통공정도

다. 유통선도(흐름도표, flow diagram)

① 제조과정에서 발생하는 작업, 운반, 정체, 검사, 보관 등의 사항이 생산현장의 어느 위치에서 발생하는가를 알 수 있도록 부품의 이동경로를 배치도상에 선으로 표시한 후, 유통공정도에서 사용되는 기호와 번호를 발생 위치에 따라 유통선상에 표시한 도표이다.

② 용도

(a) 시설 재배치(운반거리의 단축)

(b) 기자재 소통상 혼잡지역 파악

(c) 공정과정 중 역류현상 점검

③ 유통선도의 작성 예제

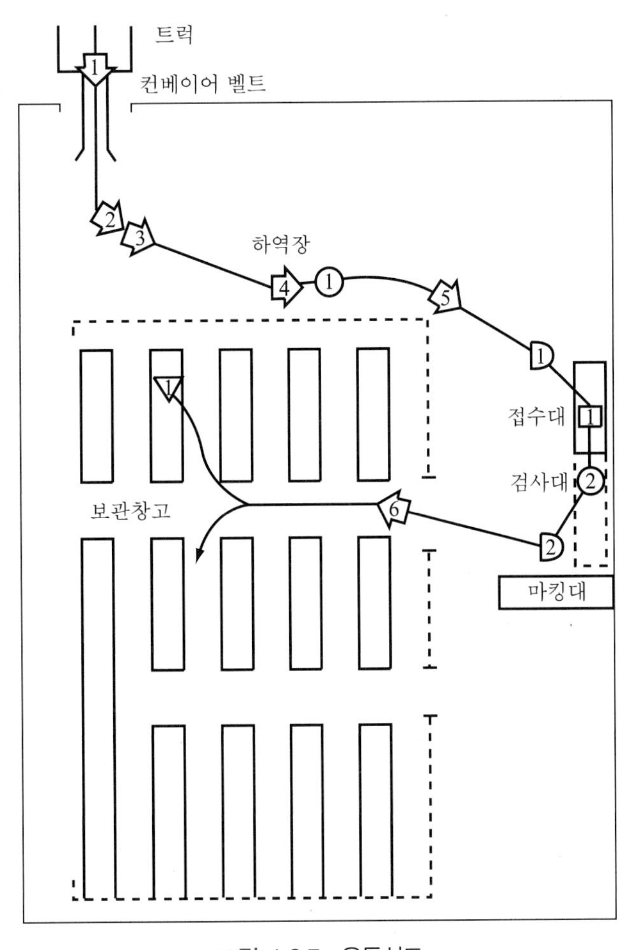

그림 1.2.7 유통선도

라. 조립도(assembly 또는 'Gozinto' chart)

① 많은 부분품을 조립하여 제품을 생산하는 공정을 작업 ○와 검사 □의 두 기호로서 나타내고, 부분품의 상호관계와 이들의 가공, 조립, 검사의 순서를 표시한다. 조립공정도(assembly process chart)라고도 한다.

② 조립공정도의 작성

(a) 작성방법

㉠ ○ 속에는 조립(Assembly: A) 순서를 의미하는 A-#와 중간조립(Subassembly: SA)의 순서를 의미하는 SA-#를 표시한다.

㉡ 공정도의 좌측: 공급되는 부품을 표시한다.

㉢ 공정도의 우측: 중간조립품이 만들어지는 과정을 부품의 우측에 표시한다. 또한, 주된 조립과정은 우측의 수직선을 따라 나타낸다.

㉣ 유의사항: 최종제품을 한 단계씩 분해해 가며 투입되는 부품까지 역순으로 그리는 것이 쉽다.

(b) 조립공정도의 작성 예제

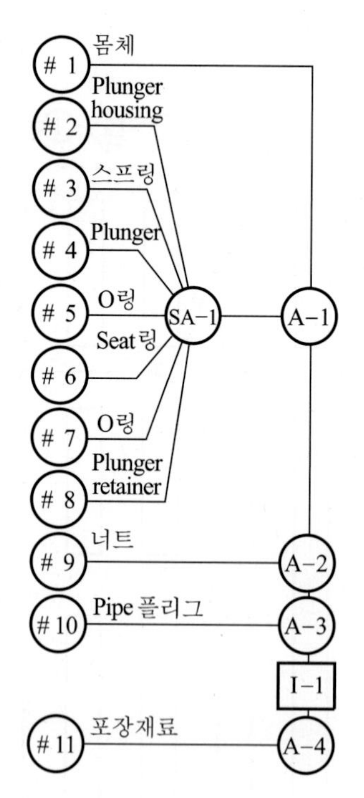

그림 1.2.8 조립공정도

2.3 라인밸런싱

출제빈도 ★★★★

(1) 개념

가. 라인밸런싱이란 생산가공 또는 조립라인에서 공정 간에 균형을 이루지 못하여 상대적으로 시간이 많이 소요되는 공정(애로공정, bottleneck operation)으로 인해서 공정의 유휴율이 높아지고 능률이 떨어지는 경우에, 각 공정의 소요시간이 균형되도록 작업장(work station: 공정, 기계 또는 작업자 1인 등 특정한 작업장소)이나 작업장소를 배열하는 것이다.

나. 제품별 배치 형태를 하고 있는 기계가공, 조립공정 시스템에서는 각 작업장 간의 생산능력에 균형이 이루어지지 않을 경우에 공정에 정체현상(공정대기 현상) 또는 유휴현상이 발생하기 때문에 라인밸런싱(라인균형 또는 작업장균형)이 아주 중요시되고 있다.

(2) 공정대기 현상이 발생하는 경우

가. 각 공정이 평형화되어 있지 않을 경우

나. 여러 병렬공정으로부터 흘러들어올 때

다. 수주의 변경이 있을 때

라. 전후공정의 로트의 크기나 작업시간이 다를 경우 등

(3) 라인밸런싱의 대책

가. 작업방법의 개선과 표준화

나. 작업의 분할 또는 합병

(4) 조립공정의 라인밸런싱

가. 라인밸런싱 문제의 2가지 접근방법

① 일정한 사이클타임에 대하여 작업장 수를 최소로 하는 방법이다.

② 일정한 작업장 수에 대하여 사이클타임을 최소로 하는 방법이다.

여기서, ①은 배치문제이고, ②는 일정계획 문제이다.

③ 다음은 배치문제 측면에서 라인밸런싱 문제를 전개한다.

(a) 이론적인 최소작업장(공정)의 수(n)

$$n \geq \frac{\sum t_i}{c}$$

여기서, t_i: 공정 i에서의 작업시간

c: 1단위제품의 생산주기 시간(cycle time)

그리고, $c = T/Q$ 단, T: 생산시간, Q: 생산량

(b) 균형효율(라인밸런싱 효율, 공정효율)

균형효율 = 총 작업시간/(작업장 수×주기시간)

$$E_b = \frac{\sum t_i}{nc}$$

여기서, n: 작업장의 수

(c) 불균형률(balance delay ratio)

$$d = 1 - \frac{\sum t_i}{nc} = \left(\frac{nc - \sum t_i}{nc}\right) \times 100 = \frac{\text{유휴시간}}{\text{투입시간}} \times 100 \ldots (\text{라인의 유휴율})$$

나. 조립공정의 라인밸런싱 과정

① 작업 간 순차적 관계를 밝힌다.

② 목표 사이클타임(C_t)을 결정한다.

$$C_t = \frac{\text{1일 가용 생산시간}}{\text{1일 필요 생산량}}$$

③ C_t를 충족시키는 최소작업장수를 결정한다.

$$\text{최소작업장수} = \frac{\sum t_i}{\text{목표 사이클타임}(C_t)}$$

④ 과업을 작업장에 할당할 배정규칙을 정한다. 이때 탐색법의 배정규칙은 다음과 같다.

(a) 규칙 1: 후속작업의 수가 많은 작업을 우선 배정한다.

(b) 규칙 2: 작업시간이 큰 작업을 우선 배정한다.

(c) 규칙 3: 선행 작업의 수가 적은 작업을 우선 배정한다.

(d) 규칙 4: 후속 작업시간의 합이 큰 작업을 우선 배정한다.

⑤ 과업을 작업장에 할당한다.

⑥ 라인의 균형효율이나 유휴율을 평가한다.

예제

한 개의 컨베이어 라인에 아래 그림과 같이 5개의 작업으로 이루어진 공정이 있다. 각 작업은 작업자 1명씩 각각 맡고 있다. 다음 물음에 답하시오.

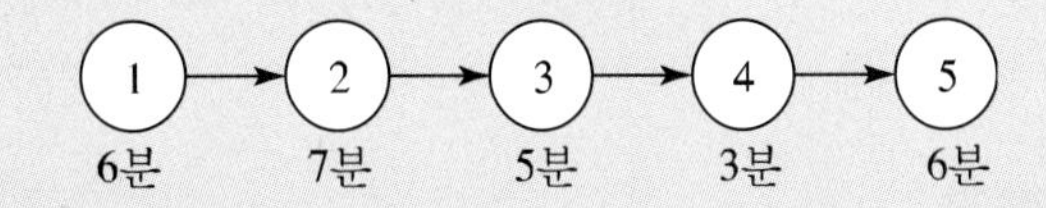

(1) 주기시간은 얼마인가?

(2) 시간당 생산량은 얼마인가?

(3) 4번 작업의 균형지연(유휴시간)은 얼마인가?

(4) 전체 라인에 대한 균형손실은 얼마인가?

(5) 전체 라인의 균형효율은 얼마인가?

풀이

(1) 가장 긴 작업이 7분이므로 7분이다.

(2) 1개에 7분 걸리므로 60분/7분 = 8.57개이다.

(3) 주기시간이 7분이므로 4분이 균형지연(유휴시간)이다.

(4) 총 유휴시간/(작업자 수 × 주기시간) = 8/(5 × 7) = 22.86%

(5) 총 작업시간/(작업자 수 × 주기시간) = 27/35 = 77.14%

03 동작분석

3.1 정의

동작분석(motion study)이란 작업을 분해 가능한 세밀한 단위, 특히 미세동작(서블릭, therblig)으로 분석하고, "어떤 작업에도 적절한 동작의 조합에 의한 최선의 작업방법은 있다"는 사고방식에 근거하며, 무리·낭비·불합리한 동작을 제거해서 최선의 작업방법으로 개선하기 위한 기법이다.

3.2 동작분석(motion study)의 목적

(1) 작업동작의 각 요소에 대한 분석과 능률 향상

(2) 작업동작과 인간공학의 관계분석에 의한 동작 개선

(3) 작업동작의 표준화

(4) 최적동작의 구성

3.3 동작분석의 종류

출제빈도 ★★★★

(1) 목시동작 분석(visual motion study)

가. 작업현장을 직접 관찰하여 작업자공정도를 작성한 후, 동작경제 원칙을 적용하여 작업자의 동작을 개선한다.

나. 목시동작 연구는 대상작업의 사이클 시간이 길거나 생산량이 적은 수작업의 경우에 적합한 동작연구이다.

다. 목시동작 분석에는 서블릭(therblig), 작업자 공정도, 동작경제 원칙 등이 활용된다.

(2) 미세동작 분석(micromotion study)

가. 필름이나 테이프에 작업내용을 기록하여 분석하기 때문에 연구수행에 많은 비용이 소요된다.

나. 제품의 수명이 길고, 생산량이 많으며, 생산 사이클이 짧은 제품을 대상으로 한다.

다. 필름/테이프 분석에는 memomotion study, cyclegraph, chronocyclegraph, strobo, eye-camera 분석 등이 있다.

3.3.1 서블릭 분석(therblig analysis)

(1) 정의

작업자의 작업을 요소동작으로 나누어 관측용지(SIMO chart 사용)에 18종류의 서블릭 기호로 분석·기록하는 방법으로, '목시동작 분석(visual motion study)'이라고도 한다. 지금은 '찾아냄(F)'이 생략되었다.

(2) 개선요령(동작경제의 원칙)

가. 제3류(정체적인 서블릭)의 동작을 없앨 것

나. 제2류의 동작, 정신적 서블릭인 '찾음', '선택', '계획'은 되도록 없애는 것이 좋다. 또한 미리놓기(준비함, PP)는 다음에 사용하기 위하여 정해진 위치에 놓는 것과 같이 정해진 장소에 놓는 동작을 말하며 가능하면 없애는 것이 좋다.

표 1.2.2 서블릭 기호(therblig symbols)

분류	명칭	기호	분류	명칭	기호
제1류 (작업을 할 때 필요한 동작)	쥐다 (grasp)	G	 제2류 (제1류의 동작을 늦출 경향이 있는 동작)	찾음 (search)	Sh 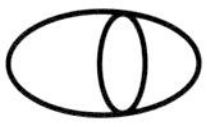
	빈손 이동 (transport empty)	TE		선택 (select)	St
	운반 (transport loaded)	TL		준비함(미리놓기) (pre-position)	PP 
	내려놓기 (release load)	RL		계획, 생각 (plan)	Pn 
	바로놓기 (position)	P		찾아냄 (find)	F 
	검사 (inspect)	I	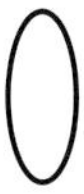 제3류 (작업이 진행되지 않는 동작)	잡고 있기 (hold)	H 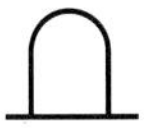
	조립 (assemble)	A	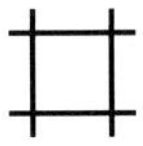	불가피한 지연 (unavoidable delay)	UD 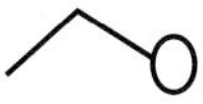
	분해 (disassemble)	DA		피할 수 있는 지연 (avoidable delay)	AD 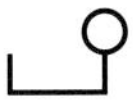
	사용 (use)	U		휴식 (rest)	R 

다. 제1류의 동작일지라도 특히 반정신적 서블릭인 '바로놓기', '검사'는 없앨 수 있다면 없애는 것이 좋다('정신적 및 반정신적' 서블릭은 비효율적인 서블릭으로서 제거하도록 한다).

표 1.2.3 효율적 및 비효율적 서블릭 기호 분류

효율적 서블릭		비효율적 서블릭	
기본동작 부문	1. 빈손 이동(TE) 2. 쥐기(G) 3. 운반(TL) 4. 내려놓기(RL) 5. 미리놓기(PP)	정신적 또는 반정신적인 부문	1. 찾기(Sh) 2. 고르기(St) 3. 검사(I) 4. 바로놓기(P) 5. 계획(Pn)
동작목적을 가진 부문	1. 조립(A) 2. 사용(U) 3. 분해(DA)	정체적인 부문	1. 휴식(R) 2. 피할 수 있는 지연(AD) 3. 잡고 있기(H) 4. 불가피한 지연(UD)

3.3.2 동작경제의 원칙

Barnes의 동작경제의 원칙은 인간공학적 동작경제 원칙(the principles of motion economy)이며, 이 원칙은 어떻게 하면 작업을 좀 더 쉽게 할 수 있을 것인가를 고려하여 작업장과 작업방법을 개선하는 데 유용하게 사용되는 원칙이다. 작업자가 경제적인 동작으로 작업을 수행함으로써 작업자가 느끼는 피로도를 감소시키고 작업능률을 향상시키기 위한 원칙이다. 다음과 같이 3가지 원칙이 있다.

(1) 신체의 사용에 관한 원칙

가. 양손은 동시에 동작을 시작하고, 또 끝마쳐야 한다.

나. 휴식시간 이외에 양손이 동시에 노는 시간이 있어서는 안 된다.

다. 양팔은 각기 반대방향에서 대칭적으로 동시에 움직여야 한다.

라. 손의 동작은 작업을 원만히 처리할 수 있는 범위 내에서 최소동작등급을 사용하도록 한다. 3등급 동작이 손가락만의 동작보다 정확하고 덜 피곤하기 때문에 경작업의 경우에는 3등급 동작이 바람직하다.

동작등급	축
1등급	손가락 관절
2등급	손목
3등급	팔꿈치
4등급	어깨
5등급	허리

마. 작업자들을 돕기 위하여 동작의 관성을 이용하여 작업하는 것이 좋다.

바. 구속되거나 제한된 동작 또는 급격한 방향 전환보다는 유연한 동작이 좋다.

사. 작업동작은 율동이 맞아야 한다.

아. 직선동작보다는 연속적인 곡선동작을 취하는 것이 좋다.

자. 탄도동작(ballistic movement)은 제한되거나 통제된 동작보다 더 신속·정확·용이하다.

(2) 작업역의 배치에 관한 원칙

가. 모든 공구와 재료는 일정한 위치에 정돈되어야 한다.

나. 공구와 재료는 작업이 용이하도록 작업자의 주위에 있어야 한다.

다. 중력을 이용한 부품상자나 용기를 이용하여 부품을 부품 사용 장소에 가까이 보낼 수 있도록 한다.

라. 가능하면 낙하시키는 방법을 이용하여야 한다.
마. 공구 및 재료는 동작에 가장 편리한 순서로 배치하여야 한다.
바. 채광 및 조명장치를 잘 하여야 한다.
사. 의자와 작업대의 모양과 높이는 각 작업자에게 알맞도록 설계되어야 한다.
아. 작업자가 좋은 자세를 취할 수 있는 모양, 높이의 의자를 지급해야 한다.

(3) 공구 및 설비의 설계에 관한 원칙

가. 치구, 고정장치나 발을 사용함으로써 손의 작업을 보존하고 손은 다른 동작을 담당하도록 하면 편리하다.
나. 공구류는 될 수 있는 대로 두 가지 이상의 기능을 조합한 것을 사용하여야 한다.
다. 공구류 및 재료는 될 수 있는 대로 다음에 사용하기 쉽도록 놓아두어야 한다.
라. 각 손가락이 사용되는 작업에서는 각 손가락의 힘이 같지 않음을 고려하여야 할 것이다.
마. 각종 손잡이는 손에 가장 알맞게 고안함으로써 피로를 감소시킬 수 있다.
바. 각종 레버나 핸들은 작업자가 최소의 움직임으로 사용할 수 있는 위치에 있어야 한다.

3장 | 작업측정

01 작업측정의 개요

1.1 작업측정의 정의 및 기법

출제빈도 ★★★★

1.1.1 정의

작업측정(work measurement)이란 제품과 서비스를 생산하는 작업 시스템(work system)을 과학적으로 계획·관리하기 위하여 그 활동에 소요되는 시간과 자원을 측정 또는 추정하는 것이다.

1.1.2 목적

(1) 표준시간의 설정
(2) 유휴시간의 제거
(3) 작업성과의 측정

1.1.3 기법

(1) 직접측정법

가. 시간연구법(time study method): 측정 대상 작업의 시간적 경과를 스톱워치(stop watch)/전자식 타이머(timer) 또는 VTR 카메라(camera)의 기록 장치를 이용하여 직접 관측하여 표준시간을 산출하는 방법이다.

① 스톱워치법(stop watch time study): 테일러(Frederick W. Taylor) 의해 19세기 말에 도입되었고, 오늘날 이 방법은 작업측정 방법으로 가장 널리 이용되고 있다. 이 방법은 단기적, 반복적 작업에 적합하다.

② 촬영법(film study): 요소작업이나 동작요소의 시간치는 작업상황을 균일한 속도로 찍을 수 있는 동작사진 촬영기를 이용하여 계산할 수 있다.

표 1.3.1 작업유형별 적용기법

작업유형	적합한 측정기법
1. 작업주기가 극히 짧은 반복작업	촬영법, VTR 분석, 컴퓨터 분석
2. 작업주기가 짧은 반복작업	스톱워치법, PTS법
3. 고정적인 처리시간을 요하는 설비작업	표준자료법
4. 작업주기가 길거나 비반복적인 작업	WS법, EOA(공학적 작업분석)
5. 노동을 많이 요하는 작업	생리적(physiological) 분석

③ VTR 분석법(video tape recorder method): 작업주기가 매우 짧은 고도의 반복작업의 경우 가장 적합하다.

④ 컴퓨터 분석법(computer aided time study)

나. 워크샘플링(work sampling)법: 간헐적으로 랜덤한 시점에서 연구대상을 순간적으로 관측하여 대상이 처한 상황을 파악하고, 이를 토대로 관측기간 동안에 나타난 항목별로 차지하는 비율을 추정하는 방법이다.

(2) 간접측정법

가. 표준자료법(standard data system): 작업시간을 새로이 측정하기보다는 과거에 측정한 기록들을 기준으로 동작에 영향을 미치는 요인들을 검토하여 만든 함수식, 표, 그래프 등으로 동작시간을 예측하는 방법이다.

나. PTS(Predetermine Time Standard system)법: 사람이 행하는 작업을 기본동작으로 분류하고, 각 기본동작들은 동작의 성질과 조건에 따라 이미 정해진 기준 시간치를 적용하여 전체 작업의 정미시간을 구하는 방법이다.

1.2 표준시간의 정의 및 구성

출제빈도 ★★★★

1.2.1 표준시간의 정의

(1) 정의

가. 정해진 작업환경 조건 아래 정해진 설비, 치공구를 사용(표준작업 조건)

나. 정해진 작업방법을 이용(표준작업 방법)

다. 그 일에 대하여 기대되는 보통 정도의 숙련을 가진 작업자(표준작업 능력)

라. 정신적, 육체적으로 무리가 없는 정상적인 작업 페이스(표준작업 속도)

마. 규정된 질과 양의 작업(표준작업량)을 완수하는 데 필요한 시간(공수)

(2) 작업표준의 작성절차

가. 작업의 분류 및 정리

나. 작업분해

다. 동작순서 설정

라. 작업표준안 작성

마. 작업표준의 채점과 교육 실시

1.2.2 표준시간의 구성

(1) 표준시간의 계산

가. 기본공식: 표준시간(ST) = 정미시간(NT) + 여유시간(AT)

① 정미시간(NT; Normal Time)

(a) 정상시간이라고도 하며, 매회 또는 일정한 간격으로 주기적으로 발생하는 작업요소의 수행시간

(b) $\text{정미시간(NT)} = \text{관측시간의 대푯값}(T_0) \times \left(\dfrac{\text{레이팅계수}(R)}{100}\right)$

㉠ 관측시간의 대푯값은 관측평균시간(이상 값은 제외)이다.

㉡ 레이팅(rating)계수(R)

• '평정계수', '정상화계수'라고도 하며, 대상 작업자의 실제 작업속도와 시간연구자의 정상 작업속도와의 비이다.

• $\text{레이팅계수}(R) = \dfrac{\text{기준수행도}}{\text{평가값}} \times 100\% = \dfrac{\text{정상 작업속도}}{\text{실제 작업속도}} \times 100\%$

② 여유시간(AT; Allowance Time): 작업자의 생리적 내지 피로 등에 의한 작업지연이나 기계 고장, 가공재료의 부족 등으로 작업을 중단할 경우, 이로 인한 소요시간을 정미시간에 가산하는 형식으로 보상하는 시간 값이다. 여유율(A; allowance in percent)로 나타낸다.

예제

어떤 작업을 측정한 결과 하루 작업시간이 8시간이며, 관측평균시간이 1.4분, 레이팅계수가 105%, PDF 여유율이 20%(외경법)일 때, 다음을 계산하시오.

(1) 정미시간

(2) 표준시간

(3) 총 정미시간

(4) 총 여유시간

풀이

(1) 정미시간: 관측시간의 대푯값 $\times \frac{\text{레이팅 계수}}{100} = 1.4 \times \frac{105}{100} = 1.47$분

(2) 표준시간 = 정미시간 $\times (1 + \text{여유율}) = 1.47 \times (1 + 0.2) = 1.76$분

(3) 총정미시간 $= 480 \times (1.47/1.76) = 400$분

(4) 총여유시간 $= 480 - 400 = 80$분

(2) 수행도 평가(performance rating) 혹은 레이팅(rating)

관측대상 작업 작업자의 페이스가 너무 빠르면 관측평균 시간치를 늘려주고, 너무 느리면 줄여줄 필요가 있다. 이렇게 작업자의 페이스를 정상작업 페이스(normal work rate) 혹은 표준 페이스(standard pace)와 비교하여 관측평균 시간치를 보정해 주는 과정이다.

가. 속도평가법

① 관측자는 작업의 내용을 충분히 파악하여 작업의 난이도에 상응하는 표준속도를 마음속에 간직한 다음, 작업자의 속도와 비교하여 요소작업별로 레이팅한다.

② 속도평가법은 속도라는 한 가지 요소만 평가하기 때문에 간단하여 많이 사용하고 있는 기법이다.

나. 웨스팅하우스 시스템(Westinghouse system)법

① 작업자의 수행도를 숙련도(skill), 노력(effort), 작업환경(conditions), 일관성(consistency) 등 네 가지 측면을 평가하여, 각 평가에 해당하는 레벨점수를 합산하여 레이팅계수를 구한다.

② 이 평가법은 개개의 요소작업보다는 작업 전체를 평가할 때 주로 사용된다.

③ 예제:

숙련도(C2)	0.03
노력(C1)	0.05
작업환경(D)	0.00
일관성(E)	−0.02
합계	0.06

수행도계수 = 1 + 0.06 = 1.06

예제

시간연구에 의해 구해진 평균 관측시간이 0.8분일 때 정미시간을 구하시오. (단, 작업속도 평가는 웨스팅하우스 시스템법으로 한다.)

[숙련도: −0.225, 노력도: +0.05, 작업조건: +0.05, 작업일관성: +0.03]

풀이

(1) 웨스팅하우스 시스템 평가계수의 합=−0.225+0.05+0.05+0.03=−0.095
(2) 정미시간=0.8×(1−0.095)=0.724분

다. 객관적 평가법(objective rating)

① 동작의 속도만을 고려하여 표준시간을 정한 다음, 작업의 난이도나 특성은 고려하지 않고 실제동작의 속도와 표준속도를 비교하여 평가를 행한다. 이 작업을 1차 평가라고 하며, 이때 추정된 비율을 속도평가계수 또는 1차 조정계수라고 부른다.

② 작업의 난이도나 특성은 2차 조정계수에 반영된다. 2차 조정계수는 사용되는 신체 부위, 발 페달의 사용 여부, 양손 사용정도, 눈과 손의 필요한 조화, 취급상 주의정도, 중량 또는 저항의 정도 등으로부터 구한다.

③ 정미시간 = 관측시간 × 속도평가계수 × (1 + 2차 조정계수)

예제

어떤 요소작업의 관측시간의 평균값이 0.08분이고, 객관적 레이팅법에 의해 1단계 속도평가계수는 125%, 2차 조정계수는 신체사용 10%, 페달 사용 여부 0%, 양손 사용 여부 0%, 눈과 손의 조화 4%, 취급의 주의정도 2%, 중량 31%로 평가되었다. 요소작업의 정미시간은 얼마인가?

풀이

(1) 2차 조정계수 = 10% + 4% + 2% + 31% = 47%
(2) 정미시간 = 관측시간의 평균값 × 속도평가계수 × (1 + 2차 조정계수)
= 0.08 × 1.25 × (1 + 0.47) = 0.147분

라. 합성평가법(synthetic rating)

① 레이팅 시 관측자의 주관적 판단에 의한 결함을 보정하고, 일관성을 높이기 위해 제안되었다.

② 레이팅계수 = PTS를 적용하여 산정한 시간치/실제 관측 평균치

마. 레이팅 훈련

① 관측자가 레이팅을 정확하고 일관성 있게 하기 위해서는, 미리 평가계수가 정해져 있는 필름을 통해 자기자신을 훈련하는 것이 효과적이다.

② 레이팅 훈련의 정량적 평가: 작업 페이스가 70% 이상 130% 이내인 작업을 대상으로 레이팅하여, 레이팅 오차가 올바른 레이트의 ±5% 이내인 레이팅 결과를 얻을 수 있을 때 그 관측자는 정확한 레이팅하는 능력을 가진 것으로 평가된다. 평가절차는 다음과 같다.

(a) 장면 i의 레이팅 오차 d_i를 구한다.

$$d_i = y_i - x_i,\ i = 1,\ 2,\ \cdots,\ n(n \geq 15)$$

(b) 평균값 $\bar{d}$를 구한다. $\bar{d} = \sum_{i=1}^{n} d_i / n$

(c) d_i의 샘플표준편차 S_d를 구한다.

$$S_d = \sqrt{\frac{\sum_{i=1}^{n} d_i^2 - (\sum_{i=1}^{n} d_i)^2/n}{n-1}}$$

(d) 표준정규분포상의 두 점 z_1과 z_2를 다음과 같이 구한다.

$$z_1 = (+5 - \bar{d})/S_d$$
$$z_2 = (-5 - \bar{d})/S_d$$

(e) 따라서 $\Phi(t) = \frac{1}{\sqrt{2\pi}} e^{-t^2/2}$라 할 때, $\int_{z_2}^{z_1} \Phi(t)dt$를 계산한다.

예제

15장면의 레이팅 필름을 보고 어느 수강생이 추정한 레이트와 각 장면의 올바른 레이트는 다음과 같다. 다음 자료로부터 이 수강생의 레이팅 능력을 구하시오. ($\bar{d} = 3.33,\ S_d = 7.7$)

풀이

$$z_1 = \frac{5 - 3.33}{7.7} = 0.217,\ z_2 = \frac{-5 - 3.33}{7.7} = -1.08$$

$$\int_{-1.08}^{0.217} \Phi(t)dt = 0.4456$$

즉, 이 수강생의 레이팅의 정확성은 45%이다.

(3) 여유(시간)의 분류

가. 일반 여유(PDF 여유): 어떤 작업에 대하여도 공통적으로 감안하는 기본적인 여유이다.

① 개인여유(personal allowance): 작업자의 생리적, 심리적 요구에 의해 발생하는 지연시간으로서 작업 중의 용변, 물 마시기, 땀 씻기 등 생리적 여유는 보통 3~5%이다.

② 불가피한 지연여유(unavoidable delay allowance): 작업자 능력의 한계 밖에서 발생된 사유로 인해서 작업이 지연되는 부분을 보상해 주는 개념이며, 작업자와 관계없이 발생하는 지연시간이다. 여기에 속하는 사항으로 조장, 직장 등에 의한 지연, 재료의 품질이 불균일함에 의한 지연, 기계나 공구의 보존 및 조정에 의한 지연, 작업이 완전히 끝나기 전의 간단한 청소 등이 해당된다.

③ 피로여유(fatigue allowance): 작업을 수행함에 따라 작업자가 느끼는 정신적·육체적 피로를 회복시키기 위하여 부여하는 여유이다.

나. 특수여유

① 기계간섭여유: 작업자 1명이 동일한 여러 대의 기계를 담당할 때 발생하는 기계간섭으로 인하여 생산량이 감소되는 것을 보상하는 여유

② 조(group) 여유, 소로트 여유, 장사이클 여유 및 기타 여유

다. ILO 여유율: ILO(국제노동기구)에서는 인적여유와 피로여유에 대한 여유율(%)을 제정하였다. 인적여유와 기본 피로여유에는 어떤 작업이든 일정 퍼센트를 부여하며, 이외에 작업특성, 즉 작업자세, 중량물 취급, 조명, 공기조건, 눈의 긴장도, 소음, 정신적 긴장도, 정신적 단조감, 신체적 단조감 등을 고려하여 추가로 여유율을 가산해 준다.

(4) 표준시간 구하는 공식

가. 외경법

① 정미시간에 대한 비율을 여유율로 사용한다.

② 여유율$(A) = \dfrac{\text{여유시간의 총계}}{\text{정미시간의 총계}} \times 100$

③ 표준시간(ST) = 정미시간 × $(1 + \text{여유율}) = NT(1+A) = NT\left(1+\dfrac{AT}{NT}\right)$

여기서, NT: 정미시간

AT: 여유시간

나. 내경법

① 근무시간에 대한 비율을 여유율로 사용한다.

② $여유율(A) = \frac{(일반)여유시간}{실동시간} \times 100 = \frac{여유시간}{정미시간 + 여유시간} \times 100$

$$= \frac{AT}{NT + AT} \times 100\%$$

③ $표준시간(ST) = 정미시간 \times \left(\frac{1}{1 - 여유율}\right)$

예제

10회 측정하여 평균관측시간이 2.2분, 표준편차가 0.35일 때 아래의 조건에 대한 답을 구하시오.

(1) 레이팅계수가 110%이고, 정미시간에 대한 여유율이 20%일 때, 표준시간과 8시간 근무 중 여유시간을 구하시오.

(2) 정미시간에 대한 여유율 20%를 근무시간에 대한 비율로 잘못 인식, 표준시간 계산할 경우 기업과 근로자 중 어느 쪽에 불리하게 되는지 표준시간(분)을 구해서 설명하시오.

풀이

(1) 외경법 풀이(정미시간에 대한 비율을 여유율로 사용)

$정미시간 = 관측시간의\ 평균 \times \frac{레이팅\ 계수}{100} = 2.2 \times \frac{110}{100} = 2.42$

$표준시간 = 정미시간 \times (1 + 여유율) = 2.42 \times (1 + 0.20) = 2.90$

$표준시간에\ 대한\ 여유시간 = 표준시간 - 정미시간 = 2.90 - 2.42 = 0.48$

$표준시간에\ 대한\ 여유시간\ 비율 = \frac{표준시간에\ 대한\ 여유시간}{표준시간} = \frac{0.48}{2.90} = 0.17$

$8시간\ 근무\ 중\ 여유시간 = 480 \times 0.17 = 81.6분$

(2) 내경법 풀이(근무시간에 대한 비율을 여유율로 사용)

$정미시간 = 관측시간의\ 평균 \times \frac{레이팅\ 계수}{100} = 2.2 \times \frac{110}{100} = 2.42$

$표준시간 = 정미시간 \times \left(\frac{1}{1 - 여유율}\right) = 2.42 \times \left(\frac{1}{1 - 0.20}\right) = 3.03$

외경법으로 구한 표준시간은 2.90, 내경법으로 구한 표준시간은 3.03으로 내경법으로 구한 표준시간이 크므로 기업 쪽에서 불리하다.

1.3 스톱워치에 의한 시간연구

출제빈도 ★★★★

1.3.1 정의

스톱워치에 의한 시간연구(stop watch time study)란 잘 훈련된 자격을 갖춘 작업자가 정상적인 속도로 완료하는 특정한 작업결과의 표본을 추출하여 이로부터 표준시간을 설정하는 기법이다.

1.3.2 표준시간 산정절차

(1) 작업(작업방법, 장소, 도구 등)을 표준화한다.

(2) 측정할 작업자(대상자)를 선정한다.

(3) 작업자의 작업을 요소작업으로 분할한다.

(4) 요소작업별로 실제 소요시간을 관측(작업자의 좌측 전방 1.5~2 m 거리에서)하여 관측용지에 기입한다. 아울러 수행도 평정(performance rating: 정상화 작업, normalizing)을 행한다.

가. 사이클 작업의 경우는 미리 요소작업란에 각 요소작업명을 순서에 따라 기입한다.

나. 요소작업을 필요한 횟수만큼 연속적으로 관측한 후 시간 값을 기입한다.

(5) 위에서 얻은 샘플데이터를 토대로 관측횟수를 결정한다.

(6) 정상시간(normal time)을 산정한다.

(7) 여유율(여유시간)을 결정한다.

(8) 표준시간을 산정한다.

1.3.3 관측횟수의 결정

관측횟수(N)는 관측시간의 변화성(variability), 요구되는 정확도, 요구되는 신뢰수준과 함수관계를 갖는다.

(1) 신뢰도 95%, 허용오차 ±5%인 경우

$$N = \left(\frac{t\,(n-1,\ 0.975) \times S}{0.05\,\overline{X}} \right)^2$$

여기서, $S = \sqrt{\dfrac{\sum x_i^2 - (\sum x_i)^2/n}{n}}$

(2) 신뢰도 95%, 허용오차 ±10%인 경우

$$N=\left(\frac{t\,(n-1,\ 0.975)\times S}{0.10\,\overline{X}}\right)^2$$

$$\text{여기서, } S=\sqrt{\frac{\sum x_i^2-(\sum x_i)^2/n}{n}}$$

예제

어떤 요소작업의 25회 관측결과 관측시간의 평균이 0.30분, 샘플 표준편차는 0.09로 나왔다. 신뢰수준 95%, 허용오차가 평균의 ±5%일 때 필요 관측횟수를 구하시오.

(1) 신뢰도 95%, 허용오차 ±5%인 경우

풀이

(1) $N=\left(\frac{t\,(n-1,\ 0.025)\times S}{0.05\,\overline{X}}\right)^2$ $\left(\text{여기서, } S=\sqrt{\frac{\sum x_i^2-(\sum x_i)^2/n}{n}}\right)$

$\Rightarrow$ t 분포표로부터 $t_{24,\ 0.975}=2.064$이고, $\overline{X}=0.30$ 이므로

필요 관측횟수 $N=\left(\frac{2.064\times 0.09}{0.05\times 0.3}\right)^2=153.36 \fallingdotseq 154$

따라서 129회의 추가관측이 필요하다. 129회의 관측을 한 번에 하지 않고 추가로 10~20회의 관측을 한 후 다시 필요 관측횟수를 계산하면 처음보다 표준편차가 줄어들어 관측횟수가 줄어들게 된다.

02 워크샘플링에 의한 측정

2.1 정의

워크샘플링(work sampling)이란 통계적 수법(확률의 법칙)을 이용하여 관측대상을 랜덤으로 선정한 시점에서 작업자나 기계의 가동상태를 스톱워치 없이 순간적으로 목시(눈) 관측하여 그 상황을 추정하는 방법이다.

2.2 용도

(1) 여유율 산정
(2) 가동률 산정
(3) 표준시간의 산정
(4) 업무 개선과 정원 설정

2.3 이론적 배경

출제빈도 ★★★★

2.3.1 이항분포(binomial distribution)

(1) $\overline{P} = \dfrac{\text{관측된 횟수}}{\text{총 관측횟수}}$

(2) 가정사항

가. 실험은 n 번의 반복시행으로 이루어진다.

나. 각 시행의 결과는 두 가지로만 분류된다.

다. 한 가지 결과가 나타날 확률을 p 라고 하면, p 는 매 시행마다 같다.

라. 반복되는 시행은 독립적이다.

2.3.2 관측횟수의 결정

(1) $N = \dfrac{Z^2_{1-\alpha/2} \times \overline{P}(1-\overline{P})}{e^2}$

(2) 허용오차 e

가. 절대오차인 경우: $\pm e\,\%$

나. 상대오차인 경우: $\pm P \times e\,\%$

(3) 여기서, $\overline{P}$ 는 워크샘플링(WS)에 의하여 최종적으로 구하려는 것이므로 우선은 $\overline{P}$ 의 추정 값으로 N을 계산하고 어느 정도 샘플링이 진행된 후에 $\overline{P}$ 를 구하여 N을 계산한다.

예제

워크샘플링 조사에서 $\overline{P}$ = 0.1867, 95% 신뢰수준, 절대오차 ±2%의 경우 워크샘플링 횟수는 몇 회인가?(단, $Z_{0.975}$는 1.960이다.)

풀이

$$N=\frac{Z_{1-\alpha/2}^{2}\times \overline{P}(1-\overline{P})}{e^{2}}=\frac{(1.96)^{2}\times 0.1867(1-0.1867)}{(0.02)^{2}}=1458.3$$

2.4 워크샘플링

워크샘플링에 의하여 관측과 동시에 레이팅하는 방법으로, 사이클이 매우 긴 작업이 대상이다.

$$\text{정미시간}=\frac{\text{총 소요시간}\times\text{작업시간 비율}}{\text{생산된 제품 수}}\times\text{레이팅계수}$$

2.5 워크샘플링의 절차

(1) 연구목적의 수립

(2) 신뢰수준, 허용오차 결정

(3) 연구에 관련되는 사람과 협의

(4) 관측계획의 구체화

(5) 관측 실시

2.6 워크샘플링의 오차

출제빈도 ★★★★

(1) 샘플링오차(sampling error)

샘플에 의하여 모집단의 특성을 추론할 경우 그 결과는 필연적으로 샘플링오차를 포함하게 된다. 그래서 샘플의 사이즈를 크게 하여 오차를 줄이도록 한다.

(2) 편의(bias)

편의는 관측자 혹은 피관측자의 고의적이고 의식적인 행동에 의하여 관측이 실시되는 과정에서 발생한다. 이 편의는 계획일정의 랜덤화를 통해서, 또한 연구결과에 의해 작업자가 손해보지 않는다는 상호 신뢰하는 분위기 조성에 의해서 막을 수 있다.

(3) 대표성의 결여

추세나 계절적 요인을 충분히 반영해야 한다.

2.7 표준시간의 산정

출제빈도 ★★★★

(1) 정미시간(단위당) $= \left(\dfrac{\text{총 관측시간} \times \text{작업시간율}(P)}{\text{생산량}} \right) \times \text{레이팅계수}(\%)$

$= \text{단위당 실제작업시간} \times \text{레이팅계수}(\%)$

(2) 표준시간(단위당) $= \text{정미시간(단위당)} \times (1 + \text{여유율})$ … < 외경법 >

$= \text{정미시간(단위당)} \times \left(\dfrac{1}{1 - \text{여유율}} \right)$ … < 내경법 >

예제

자동차부품 제작업소의 어느 엔지니어는 자동절삭 기계의 유휴비율 p를 추정하려고 한다.

(1) 과거의 경험으로부터 유휴비율이 30%인 것으로 짐작하고 있으며, 신뢰도 95%, 절대오차 ±3%를 원할 때 필요한 관측횟수 N을 계산하시오.

(2) 17일 동안 매일(N/17) 횟수만큼 관측하기로 하였으며, 10일 동안의 관측결과가 다음과 같다고 한다.

관측일	관측비율	관측일	관측비율
1	0.41	6	0.33
2	0.35	7	0.49
3	0.48	8	0.45
4	0.44	9	0.32
5	0.31	10	0.37

이 자료로부터 관리도를 작성하고 3σ 관리한계를 표시하시오. 이 결과를 이용하여 필요한 관측횟수를 다시 결정하시오.

풀이

(1) $\bar{p} = 0.3$

$$N = \frac{(1.96)^2(0.7)(0.3)}{(0.03)^2} = 897$$

(2) 897/17=52.8회/일, 따라서 매일 53회씩 관찰 후 $\bar{p} = 0.395$

$$\sigma \text{ 관리한계} = \bar{p} \pm 3\sqrt{\frac{\bar{p}(1-\bar{p})}{n}}$$

$$= 0.395 \pm 3\sqrt{\frac{(0.395)(0.605)}{53}} = 0.395 \pm 0.2014$$

상한 $= 0.5964$ 　 하한 $= 0.1936$

관측기간 동안의 각 관측비율이 관리범위 내에 속하므로 $\bar{p}$를 그대로 사용하여 추가관측의 필요성을 점검한다.

$$N = \frac{(1.96)^2(0.395)(0.605)}{(0.03)^2} = 1020.1$$

계속적인 관측이 필요하다.

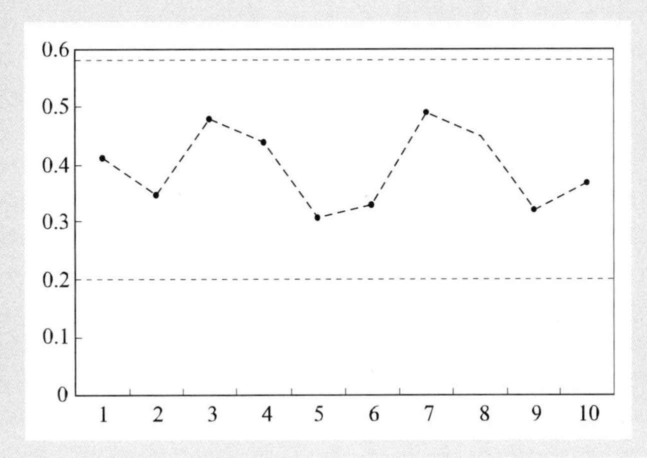

03 표준자료

3.1 표준자료법(standard data system)

출제빈도 ★★★★

3.1.1 정의

작업요소별로 시간연구법 또는 PTS법에 의하여 측정된 표준자료(standard data)의 데이터베이스(database)가 있을 경우, 필요시 작업을 구성하는 요소별로 표준자료들을 다중회귀분석법(multiple regression analysis)을 이용하여 합성함으로써 정상시간(정미시간)을 구하고, 여기에 여유시간을 가산하여 표준시간을 산정하는 방법으로, '합성법(synthetic method)'이라고도 한다.

3.1.2 특징

(1) 장점

가. 제조원가의 사전견적이 가능하며, 현장에서 직접 측정하지 않더라도 표준시간을 산정할 수 있다.

나. 레이팅이 필요 없다.

다. 표준자료의 사용법이 정확하다면 누구라도 일관성 있게 표준시간을 산정할 수 있다.

라. 표준자료는 작업의 표준화를 유지 내지 촉진할 수 있다.

(2) 단점

가. 표준시간의 정도가 떨어진다.

나. 작업 개선의 기회나 의욕이 없어진다.

다. 표준자료 작성의 초기비용이 크기 때문에 생산량이 적거나 제품이 큰 경우에는 부적합하다.

라. 작업조건이 불안정하거나 작업의 표준화가 곤란한 경우에는 표준자료의 작성이 어렵다.

04 PTS법

4.1 PTS법 개요

출제빈도 ★★★★

4.1.1 정의

PTS법(Predetermined Time Standard system)이란 기본동작 요소(therblig)와 같은 요소동작(element motion)이나, 또는 운동(movement)에 대해서 미리 정해 놓은 일정한 표준요소 시간값을 나타낸 표를 적용하여 개개의 작업을 수행하는 데 소요되는 시간값을 합성하여 구하는 방법이다.

4.1.2 PTS법의 가정(기본원리)

(1) 사람이 통제하는 작업은 한정된 종류의 기본동작으로 구성되어 있다.

(2) 각 기본동작의 소요시간은 몇 가지 시간변동 요인에 의하여 결정된다.

(3) 언제, 어디서 동작을 하든 변동요인만 같으면 소요시간은 기준시간 값과 동일하다.

(4) 작업의 소요시간은 동작을 구성하고 있는 각 기본동작의 기준시간 값의 합계와 동일하다.

4.1.3 특징

(1) 장점

가. 표준시간 설정과정에 있어서 현재의 방법을 보다 합리적으로 개선할 수 있다.

나. 표준자료의 작성이 용이하다.

다. 작업방법과 작업시간을 분리하여 동시에 연구할 수 있다.

라. 작업자에게 최적의 작업방법을 훈련할 수 있다.

마. 정확한 원가의 견적이 용이하다.

바. 작업방법에 변경이 생겨도 표준시간의 개정이 신속 용이하다(표준시간의 수정을 위해 전체작업을 연구할 필요가 없다).

사. 작업방법만 알고 있으면 그 작업을 행하기 전에도 표준시간을 알 수 있다.

아. 흐름작업에 있어서 라인밸런싱을 고도화할 수 있다.

자. 작업자의 능력이나 노력에 관계없이 객관적인 표준시간을 결정할 수 있다. 따라서 레이팅이 필요 없다.

(2) 단점

가. 거의 수작업에 적용되며, 다만 수작업시간에 수 분 이상이 소요된다면 분석에 필요한 시간이 다른 방법에 비해 상당히 길어지므로 비경제적일 수도 있다. 그리고 비반복작업과 자유로운 손의 동작이 제약될 경우와 기계시간이나 인간의 사고판단 등의 작업측정에는 적용이 곤란하다.

나. 작업표준의 설정 시에는 PTS법과 병행하여 스톱워치(stopwatch)법이나 워크샘플링(work sampling)법을 적용하는 것이 일반적이다. 그리고 PTS법의 도입 초기에는 전문가의 자문이 필요하고 교육 및 훈련비용이 크다.

다. PTS법의 여러 기법 중 회사의 실정에 알맞은 것을 선정하는 일 자체가 용이하지 않으며, PTS법의 작업속도를 회사의 작업에 합당하도록 조정하는 단계가 필요하다.

4.2 WF법(Work Factor system)

4.2.1 WF법의 개요

종래의 스톱워치 방법에 의한 표준시간이 노동조합 등에서 불신하였기 때문에 객관적이며

표 1.3.2 WF법 적용범위

시스템	사용시간 단위	적용범위
Detailed WF(DWF)	1WFU(Work Factor Unit) =0.0001분(1/10,000분)	작업주기가 매우 짧은, 특히 0.15분 이하인 대량생산 작업
Ready WF(RWF)	1RU(Ready WF Unit)=0.001분	작업주기가 0.1분 이상인 작업

레이팅이 필요 없는 작업측정 방안인 WF법이 개발되었다. DWF와 RDF 등 6가지 시스템에 개발되었다.

4.2.2 WF법

(1) 8가지 표준요소

가. 동작-이동(transport, T)
나. 쥐기(grasp, Gr)
다. 미리놓기(preposition, PP)
라. 조립(assemble, Asy)
마. 사용(use, Use)
바. 분해(disassemble, Dsy)
사. 내려놓기(release, Rl)
아. 정신과정(mental process, MP)

(2) 시간변동 요인(4가지 주요변수)

가. 사용하는 신체 부위(7가지): 손가락과 손, 팔, 앞팔 회전, 몸통, 발, 다리, 머리 회전
나. 이동거리(이상 '기초동작')
다. 중량 또는 저항(W) (이하 '워크팩트')
라. 인위적 조절(동작의 곤란성)
① 방향조절(S)
② 주의(P)
③ 방향의 변경(U)
④ 일정한 정지(D)

4.3 MTM법(Method Time Measurement)

출제빈도 ★★★★

4.3.1 MTM법 개요

모든 작업자가 세밀한 방법으로 행하는 반복성의 작업 또는 작업방법을 기본(요소)동작으로 분석하고, 각 기본동작을 그 성질과 조건에 따라 이미 정해진 표준시간 값을 적용하여 작업의 정미시간을 구하는 방법이다. 시간을 구하고자 하는 작업방법의 분석수단으로서 작업방법과 시간을 결부한 것이 특징이다. 작업수행도 기준은 100%이다.

(1) MTM 시스템의 종류

가. MTM-1: 작업을 가장 정확하고 세밀하게 분석할 수 있으나 작업분석에 상당한 시간이 소요되는 시스템이다.

나. MTM-2: 반복성이 크지 않으면서 생산주기 중 작업장 요소의 총 시간이 1분이 넘는 작업에만 적합하게 사용될 수 있다.

다. MTM-3: 생산주기가 길고 조업기간이 짧은 작업을 대상으로 개발된 것으로서 MTM에 속한 시스템 중 가장 단순하다.

(2) MTM의 시간 값

$$1\ \text{TMU} = 0.00001\text{시간} = 0.0006\text{분} = 0.036\text{초}$$

$$1\text{시간} = 100{,}000\ \text{TMU}$$

여기서, TMU: Time Measurement Unit

4.3.2 MTM법

(1) MTM 기본동작

손동작, 눈동작, 팔, 다리와 몸통동작 등으로 인체동작을 구분하고 있으며, 각 동작의 구분과 각 구분에 따른 시간치가 있다.

가. 손을 뻗음(Reach; R)

나. 운반(Move; M)

다. 회전(Turn; T)

라. 누름(Apply Pressure; AP)

마. 잡음(Grasp; G)

바. 정치(Position; P)

사. 방치, 놓음(Release; RL)

아. 떼어놓음(Disengage; D)

자. 크랭크(Crank; K)

차. 눈의 이동(Eye Travel); ET)

카. 눈의 초점 맞추기(Eye Focus; EF)

타. 신체, 다리와 발동작

I. 작업환경 분석 및 관리
II. 인간공학 개요 및 평가
III. 시스템 설계 및 개선
IV. 시스템 관리
V. 근골격계질환 관리

(2) 변동요인

각 기본동작마다 변동요인이 있으며, 손을 뻗음(R)의 경우 변동요인은 다음과 같다.

가. 컨트롤의 필요정도(Case A, B, C, D, E)

나. 동작의 type(I, II, III)

다. 이동거리

실기시험 기출문제

1.1 작업관리를 정의하고 그 목적을 5가지 이상 기술하시오.

풀이

(1) 작업관리의 정의
각 생산작업을 가장 합리적, 효율적으로 개선하여 표준화하고, 표준화된 작업의 실시과정에서 그 표준이 유지되도록 통제하여 안전하게 작업을 실시하도록 하는 것이다.

(2) 작업관리의 목적
가. 최선의 방법 발견(방법 개선)
나. 방법, 재료, 설비, 공구 등의 표준화
다. 제품품질의 균일화
라. 생산비의 절감
마. 새로운 방법의 작업지도
바. 안전

1.2 작업개선의 ECRS 원칙에 대하여 설명하시오.

풀이

(1) 제거(Eliminate): 불필요한 작업 · 작업요소 제거
(2) 결합(Combine): 다른 작업 · 작업요소와의 결합
(3) 재배열(Rearrange): 작업순서의 변경
(4) 단순화(Simplify): 작업 · 작업요소의 단순화 · 간소화

1.3 작업관리 문제해결 방식에서 개선을 위한 원칙 SEARCH에 대해서 설명하시오.

풀이

① S(Simplify operations): 작업의 단순화
② E(Eliminate unnecessary work and material): 불필요한 작업 제거
③ A(Alter sequence): 순서의 변경
④ R(Requirements): 요구조건
⑤ C(Combine operations): 작업의 결합
⑥ H(How often): 얼마나 자주

1.4 작업관리 문제해결 절차 중 다음의 대안 도출 방법은 무엇인가?

(1) 구성원 각자가 검토할 문제에 대하여 메모지를 작성
(2) 각자가 작성한 메모지를 오른쪽으로 전달
(3) 메모지를 받은 사람은 내용을 읽은 후 해법을 생각하여 서술하고 다시 오른쪽으로 전달
(4) 자신의 메모지가 돌아올 때까지 반복

풀이

마인드멜딩(mindmelding)

1.5 작업관리에서 문제해결의 기본형 5단계 절차를 설명하시오.

풀이

(1) 연구대상의 선정
(2) 현 작업방법의 분석 및 기록
(3) 분석 자료의 검토
(4) 개선안의 수립
(5) 개선안의 도입

1.6 디자인 작업 시, 문제해결의 원칙을 순서대로 알맞게 번호로 나열하시오.

① 선정안의 제시 ② 문제의 형성 ③ 문제의 분석 ④ 대안의 평가 ⑤ 대안의 탐색

풀이

② − ③ − ⑤ − ④ − ①

1.7 A 회사의 항목별 사고빈도가 다음과 같다. 점유비율과 누적비율을 기입하고, 파레토그래프를 작성하시오.

〈항목별 사고빈도〉

항목	사고빈도	점유비율	누적비율
A	63		
B	25		
C	7		
D	4		
E	1		

풀이

항목	사고빈도	점유비율	누적비율
A	63	63%	63%
B	25	25%	88%
C	7	7%	95%
D	4	4%	99%
E	1	1%	100%

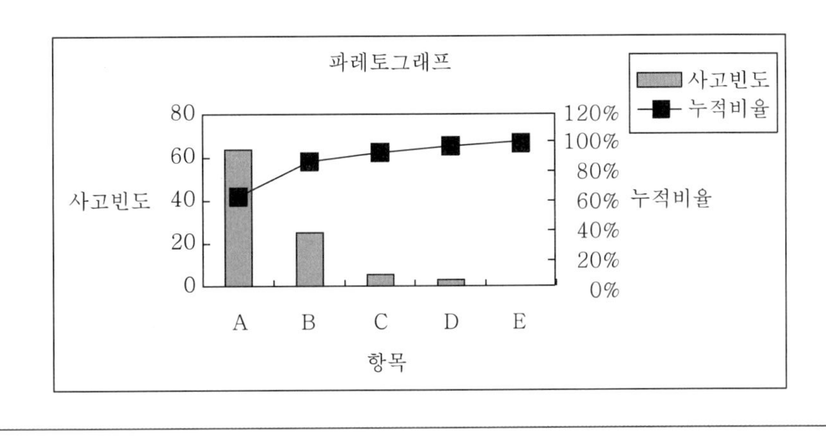

1.8 노조대표에게 Machine Coupling을 어떻게 옹호하여 설명하겠는가? 이로부터 얻을 수 있는 작업자의 혜택을 설명하시오.

풀이

공작기계가 자동화 내지는 반자동화가 됨에 따라 작업자 한 명이 같은 기계를 여러 대 담당하는 것이 가능하게 되었음을 강조함으로써 Machine Coupling을 설명할 수 있다. 작업자와 설비의 유휴기간을 효율적으로 이용할 수 있는 방안을 모색함으로써 이들의 생산성 증대가 기대되며, 이 결과에 의한 기업이윤을 노동자와 사용자가 같이 공유함으로써 상호 간의 혜택을 누릴 수 있다.

1.9 A회사의 작업은 자동선반을 이용하여 공작물을 가공하는 작업으로 다음과 같이 이루어진다.

- 자동선반 1회 가공시간 1.6분
- 완료된 가공물 내려놓고 새 작업물 설치 0.12분
- 다음 기계로 이동 0.04분
- 새 작업물 준비 0.50분

기계-작업 분석표(man-machine chart)를 작성하시오.

작업자	기계 1	기계 2

풀이

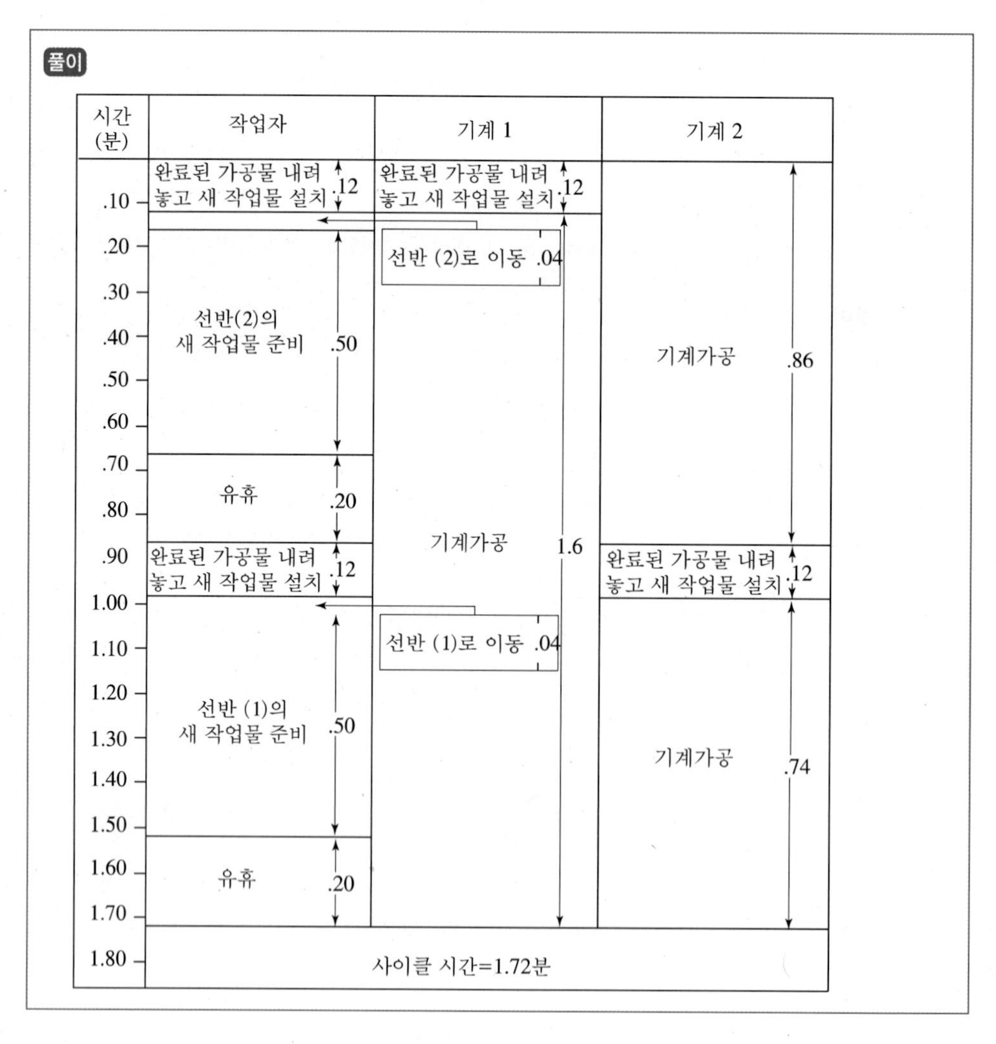

1.10 다음의 자료로부터 물음에 답하시오.

unloading, load, 기계시동버튼을 누름	7.0분
다른 기계 쪽으로 걸어감	0.5분
부품을 준비함	1.5분
기계가동(자동)	15.0분

(1) 작업자 한 명이 가. 두 대의 기계, 나. 세 대의 기계를 조작하는 경우의 사이클 시간을 구하시오.

(2) 시간당 기계비용이 3,000원, 작업자비용이 1,500원일 때, 각 경우의 개당 비용을 계산하시오.

(3) 시간당 기계비용을 C_m, 작업자비용을 C_0라고 할 때 두 경우의 개당 비용이 일치하는 조건을 제시하시오.

풀이

(1) $a = 7.0$

$b = 1.5 + 0.5 = 2.0$

$t = 15.0$

$$n' = \frac{a+t}{a+b} = \frac{22.0}{9.0} = 2.4\text{대}$$

가. 한 명당 2대의 경우 사이클 시간 = 7 + 15 = 22분

나. 한 명당 3대의 경우 사이클 시간 = 3(7 + 2) = 27분

(2) $$TC(2) = \frac{(1{,}500 + 2\times 3{,}000)(7+15)}{2\times 60} = 1{,}375\text{원/개}$$

$$TC(3) = (1{,}500 + 3\times 3{,}000)(7+2)/60 = 1{,}575\text{원/개}$$

(3) $$\frac{(C_0 + 2C_m)(22)}{2} = (C_0 + 3C_m)(9)$$

$$C_0 = 2.5C_m$$

1.11 어느 휴대폰 조립공정에 대한 작업자와 기계의 요소작업 및 작업시간, 소요비용은 다음과 같다. 최적 기계대수를 구하시오.

구분	요소작업	작업시간
작업자	• 휴대폰 본체에 덮개 부착 • 배터리 부착 • 전원 및 통화시험 • 성능시험 후 휴대폰 분류	1.2분 0.5분 0.9분 0.6분
기계	• 성능시험	8.5분
작업자 기계 동시작업	• 성능시험을 위한 준비	1.3분
비용	• 인건비 10,000원/시간 • 기계비용 20,000원/시간	

풀이

a: 작업자와 기계의 동시작업 시간 = 1.3
b: 독립적인 작업자 활동시간 = 1.2 + 0.5 + 0.9 + 0.6 = 3.2
t : 기계가동 시간 = 8.5
이론적 기계대수 $n' = (a+t)/(a+b)$ =(1.3+8.5)/(1.3+3.2)= 2.1

	2대	3대
Cycle time	$a+t=1.3+8.5=9.8$	$n(a+b)=3(1.3+3.2)=13.5$
시간당 비용	$10,000+2*20,000=50,000$	$10,000+3*20,000=70,000$
시간당 생산량	$\{n/(a+t)\}*60$ $=\{2/(1.3+8.5)\}*60=12.24$	$\{3/(a+b)*3\}*60$ $=1/(1.3+3.2)*60=13.33$
단위제품당 비용 =시간당 비용 /시간당 생산량	$\frac{50,000}{12.24}=4,084$	$\frac{70,000}{13.33}=5,251$

따라서 기계를 2대 배정하는 것이 가장 경제적이다.

1.12 1개의 제품을 만드는데 기계에 물리는 시간이 2분이고 기계자동가공시간이 3분일 때, 2대의 기계로 작업하는 경우 작업주기시간과 생산량을 구하시오.

(1) 작업주기시간

(2) 1시간 동안 생산량

풀이

2대의 기계로 작업하는 경우

a: 기계에 물리는 시간 = 2분

t: 기계자동가공시간 = 3분

$n' = \frac{a+t}{a+b} = \frac{5}{2} = 2.5$이므로 n = 2대일 때의 작업주기시간을 구하면,

① 작업주기시간 = $a + t = 2 + 3 = 5$분

② 1시간 동안 생산량 = $\frac{2}{(a+t)} \times 60 = \frac{2}{(2+3)} \times 60$ = 24개

1.13 기계-작업 분석표(man-machine chart)가 다음과 같을 때 작업자와 기계의 유휴가 발생되지 않는 이론적 기계의 대수를 구하시오.

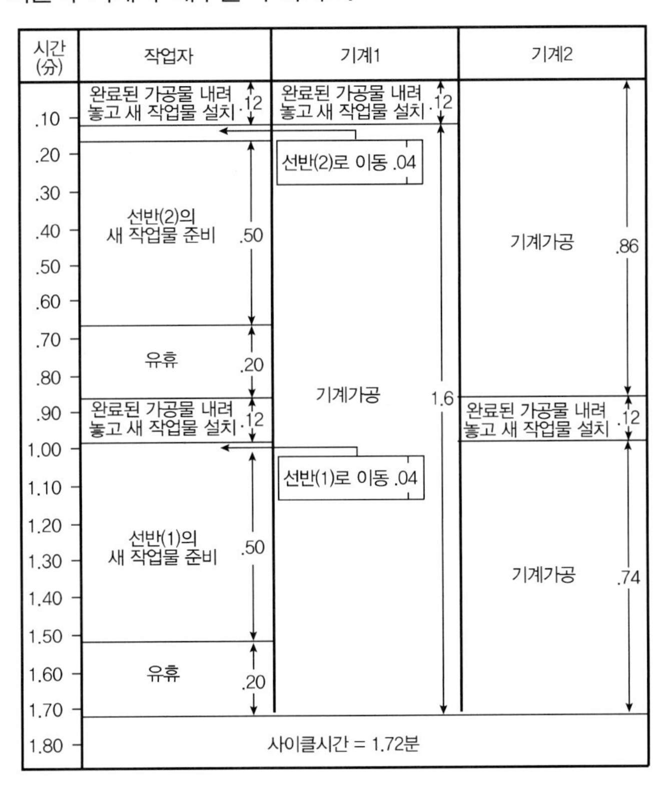

풀이

a: 작업자와 기계의 동시 작업시간 = 0.12
b: 독립적인 작업자 활동시간 = 0.54분
t: 기계가동시간 = 1.6분
이론적 기계대수(n) = (기계 1대의 작업시간)/(작업자의 작업시간)
$= (a+t)/(a+b) = (0.12+1.6)/(0.12+0.54) = 2.61$(대)

1.14 작업자-기계작업 분석표를 작성하는 목적은 무엇인가?

풀이

작업자 혹은 작업자와 설비 간에 진행되는 작업현황을 파악하고, 작업을 재편성 또는 개선하여 유휴시간을 감소시켜 효율을 제고시키는 것이 목적이다.

1.15 복수작업자 분석표가 다른 종류의 작업자-기계작업 분석표와 상이한 점을 지적하시오.

풀이

Gang process chart는 원래 조작업을 시행하는 여러 명의 작업자를 대상으로 작성된다. 이에 반하여 작업자-기계작업 분석표는 작업자와 이들이 다루는 기계를 동시에 대상으로 한다는 점에서 약간 상이하다.

1.16 원자재로부터 완제품이 나올 때까지 공정에서 이루어지는 작업과 검사의 모든 과정을 순서대로 표현한 도표를 쓰시오.

풀이

작업공정도: 자재가 공정에 유입되는 시점과 공정에서 행해지는 검사와 작업순서를 도식적으로 표현한 도표로 작업에 소요되는 시간이나 위치 등의 정보를 기입한다.

1.17 다음은 ○○공장의 ○○공정 선행도와 작업내용 및 소요시간을 나타낸 표이다. 아래의 물음에 답하시오.

공정	작업내용	소요시간(분)
1	부품 A를 가공	2
2	가공된 부품 A를 검사	1
3	부품 B를 가공	2
4	부품 C를 가공	2
5	가공된 부품 A, B, C를 조립	2
6	조립 후 품질확인	1
7	제품포장	2

(1) 위의 공정에 대한 간트 차트(Gantt chart)를 그리고, 공정을 끝내기 위한 최소소요시간을 구하시오.

(2) 위의 공정에 대한 작업공정도를 그리시오.

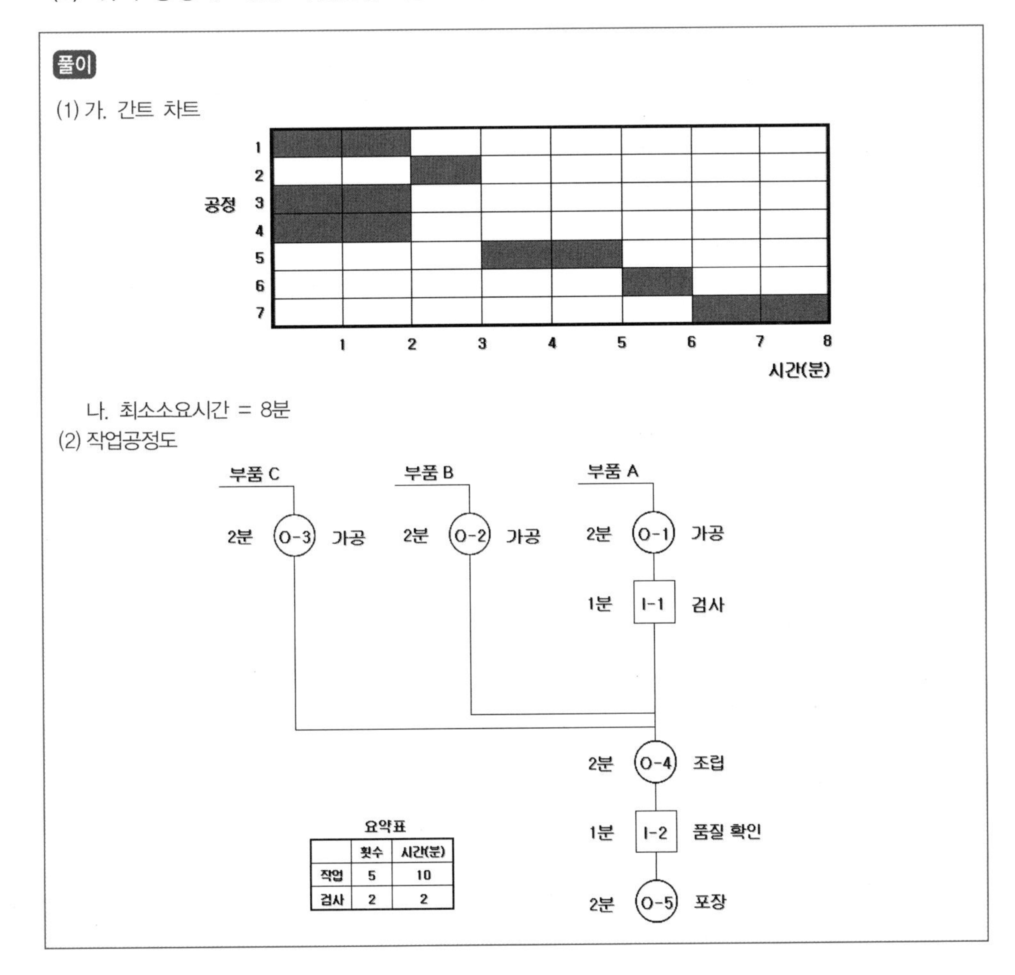

	횟수	시간(분)
작업	5	10
검사	2	2

1.18 공정도(ASME)에서 사용되는 기호 5가지는?

풀이

공정 종류	공정 기호	설명
가공	○	작업 목적에 따라 물리적 또는 화학적 변화를 가한 상태 또는 다음 공정 때문에 준비가 행해지는 상태를 말한다.
운반	⇨	작업 대상물이 한 장소에서 다른 장소로 이전하는 상태이다.
정체	D	원재료, 부품 또는 제품이 가공 또는 검사되는 일이 없이 정지되고 있는 상태이다.
저장	▽	원재료, 부품 또는 제품이 가공 또는 검사되는 일이 없이 저장되고 있는 상태이다.
검사	□	물품을 어떠한 방법으로 측정하여 그 결과를 기준으로 비교하여 합부 또는 적부를 판단한다.

1.19 작업 내용을 보고 표의 빈칸에 알맞은 공정 기호에 체크하시오.

번호	작업내용	공정 기호				
		○	⇨	D	▽	□
1	마모된 버핑휠 바닥에 놓여 있음					
2	운반					
3	작업장 대기					
4	접착제작업					
5	금강사작업					
6	건조기까지 운반					
7	건조기에 말림					
8	버핑휠 검사					
9	보관					

풀이

번호	작업내용	공정 기호				
		가공	운반	정체	저장	검사
		○	⇨	D	▽	□
1	마모된 버핑휠 바닥에 놓여 있음				✓	
2	운반		✓			
3	작업장 대기			✓		
4	접착제작업	✓				
5	금강사작업	✓				
6	건조기까지 운반		✓			
7	건조기에 말림	✓				
8	버핑휠 검사					✓
9	보관				✓	

1.20 어느 회사의 자재창고의 시설배치도와 자재보관 작업에 대한 작업내용이 다음과 같은 경우에 (1) 유통공정도와 (2) 유통선도를 그리시오.

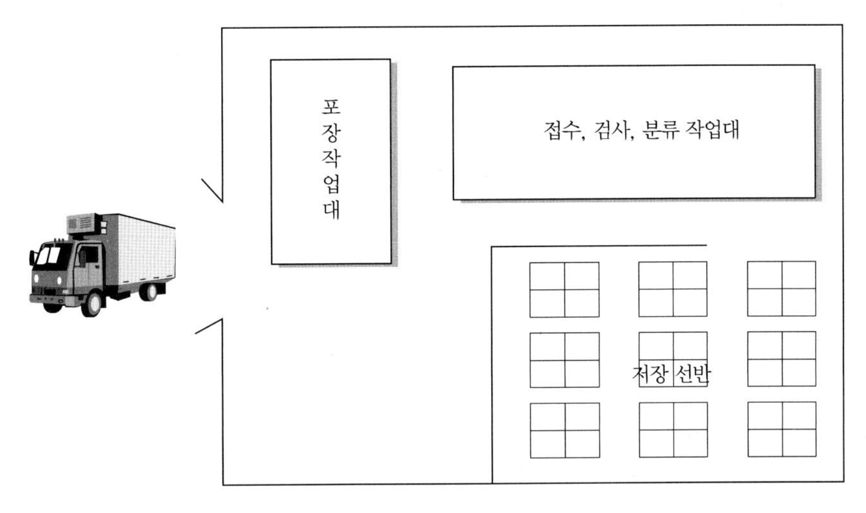

번호	작업내용
1	트럭으로 운반 도착
2	하역작업 대기
3	운반
4	포장작업 대기
5	포장작업 실시
6	접수장으로 운반을 위한 대기
7	접수, 검사, 분류 작업대로 운반
8	접수대장과 수량 확인
9	접수대장에 기록
10	분류작업 실시
11	저장선반으로 운반을 위한 대기
12	저장선반으로 운반
13	저장선반에 저장

풀이

(1) 유통공정도

요약	현재방법		개선안		차이	
	횟수	시간	횟수	시간	횟수	시간
○ 작업	3					
⇨ 운반	4					
▫ 검사	1					
D 정체	4					
▽ 저장	1					
거리(단위: m)						

작업명 자재입고

사람( ) 자재(✓)

작업부서 자재지원부서

도표번호 no.864

작성자 홍길동 일시 2007.08.17

설명 (√) 현재방법 ( ) 개선안	기호	거리(m)	시간(분)	작업량	비고
1. 트럭으로 운반 도착	○⇨▫D▽				
2. 하역작업 대기	○⇨▫D▽				
3. 운반	○⇨▫D▽				
4. 포장작업 대기	○⇨▫D▽				
5. 포장작업 실시	○⇨▫D▽				
6. 접수장으로 운반을 위한 대기	○⇨▫D▽				
7. 접수, 검사, 분류 작업대로 운반	○⇨▫D▽				
8. 접수대장과 수량 확인	○⇨▫D▽				
9. 접수대장에 기록	○⇨▫D▽				
10. 분류 작업 실시	○⇨▫D▽				
11. 저장선반으로 운반을 위한 대기	○⇨▫D▽				
12. 저장선반으로 운반	○⇨▫D▽				
13. 저장선반에 저장	○⇨▫D▽				

(2) 유통선도

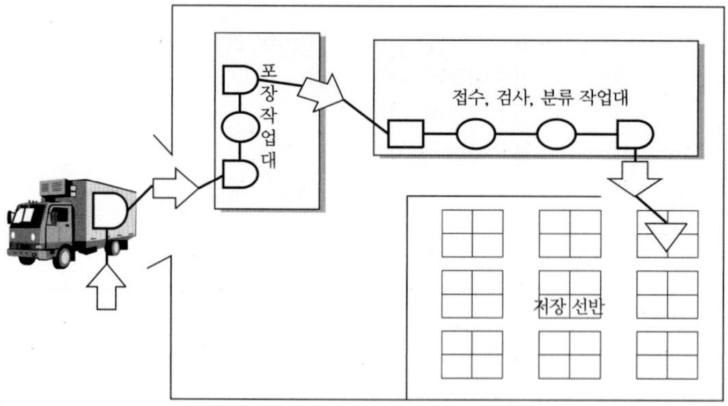

포장작업대

접수, 검사, 분류 작업대

저장 선반

1.21 공기유량조절기 조립작업의 공정순서는 다음과 같다. 조립공정도를 작성하시오.

공정	작업내용
1	몸체 준비
2	Plunger housing, 스프링, Plunger, O-링, Seat-링, O-링, Plunger retainer를 차례로 조립
3	몸체와 공정 2에서 조립한 부품을 조립
4	공정 3에서 조립한 부품과 너트를 조립
5	공정 4에서 조립한 부품과 Pipe 플러그를 조립하여 공기유량 조절기 완성
6	공기유량 조절기 검사
7	포장

풀이

공기유량 조절기 조립공정도

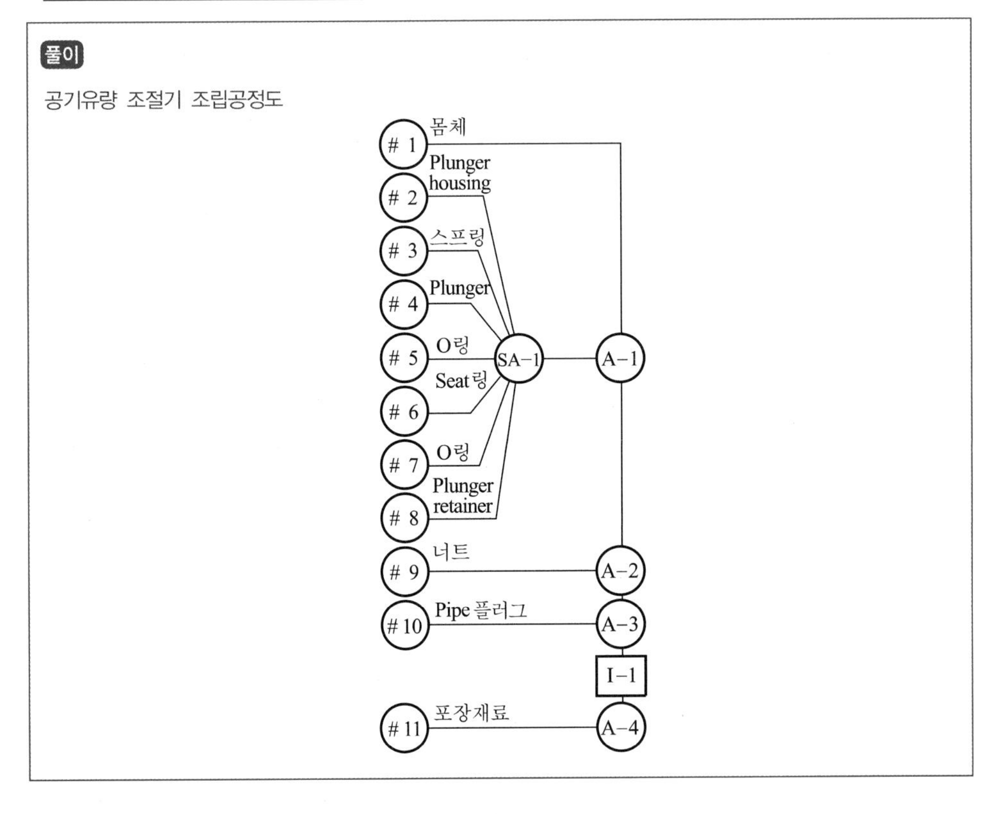

1.22 어느 회사의 컨베이어 라인에서 작업순서가 다음과 같이 구성되어 있다.

작업	①조립	②납땜	③검사	④포장
시간(초)	10초	9초	8초	7초

(1) 공정손실은 얼마인가?
(2) 애로작업은 어느 작업인가?
(3) 라인의 주기시간은 얼마인가?
(4) 라인의 시간당 생산량은 얼마인가?

풀이

(1) 공정손실 $= \dfrac{\text{총 유휴시간}}{\text{작업자 수} \times \text{주기시간}}$

$= \dfrac{6}{4 \times 10} = 0.15$

(2) 애로작업: 가장 긴 작업시간인 작업, 조립작업
(3) 주기시간: 가장 긴 작업이 10초이므로 10초
(4) 시간당 생산량: 1개에 10초 걸리므로 $\dfrac{3,600\text{초}}{10\text{초}} = 360$개

1.23 5개의 공정에서 주기시간이 6분인 경우 평균효율을 구하시오.

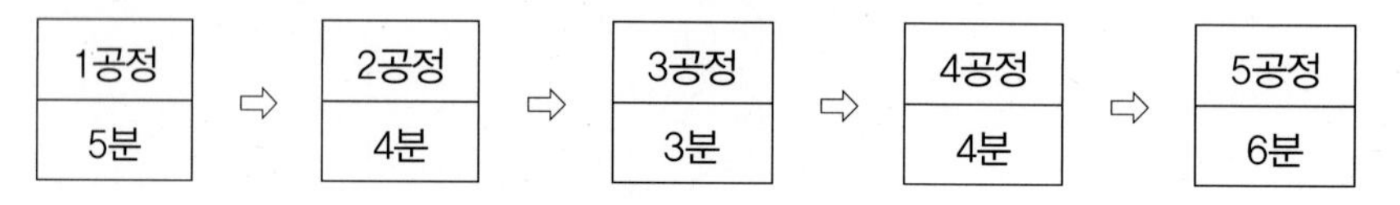

풀이

평균효율 = 총 작업시간 / (작업장 수 × 주기시간)

$= \dfrac{5+4+3+4+6}{5 \times 6} = 73.33\%$

※ 작업주기시간: 작업공정 중 가장 긴 작업시간

1.24 11개 공정의 소요시간이 다음과 같을 때 물음에 답하시오.

1공정	2공정	3공정	4공정	5공정	6공정	7공정	8공정	9공정	10공정	11공정
2분	1.5분	3분	2분	1분	1분	1.5분	2분	1.5분	2분	1분

가. 주기시간을 구하시오.

나. 시간당 생산량을 구하시오.

다. 공정효율을 구하시오.

풀이

가. 가장 긴 작업이 3분이므로 주기시간은 3분

나. 1개에 3분 걸리므로 60분/3분 = 20개

다. 공정효율 = 총 작업시간 / (작업장 수 × 주기시간)

$$= \frac{18.5}{11 \times 3} = 0.56$$

$$= 56\%$$

1.25 다음 그림은 어느 조립공정의 요소작업을 그림으로 나타낸 것이다. 2시간 동안 50개를 만들어야 한다.

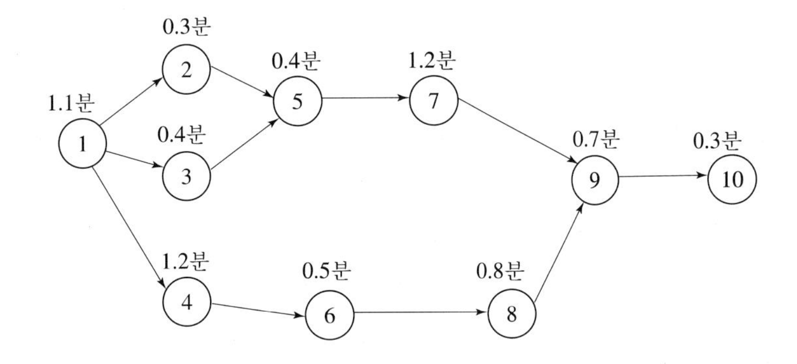

(1) 최소작업영역은 몇 개인가? 작업장소별로 요소작업을 쓰시오.

(2) 이 작업의 사이클타임과 밸런싱 효율은 얼마인가?

풀이

(1) 최소작업영역 및 작업장소별 요소작업

① 최소작업영역 = $\frac{\sum T_i}{\text{사이클 타임}}$ (* 여기서, T_i: 각 요소작업장 작업시간)

– $\sum T_i$ = 1.1 + 0.3 + 0.4 + 1.2 + 0.4 + 0.5 + 1.2 + 0.8 + 0.7 + 0.3 = 6.9(분)

– 사이클타임 $= \frac{\text{1일 생산시간}}{\text{1일 소요량}} = \frac{120}{50} = 2.4$ (분)

$$= \frac{6.9}{2.4} = 2.875 \le 3 \text{(개)}$$

② 작업장소별 요소작업: 작업순서에 따라 주기시간 2.4분을 넘지 않는 3개의 작업영역으로 나눈다.
- 작업장소 1: 요소작업 1, 요소작업 4
- 작업장소 2: 요소작업 2, 요소작업 3, 요소작업 5, 요소작업 7
- 작업장소 3: 요소작업 6, 요소작업 8, 요소작업 9, 요소작업 10

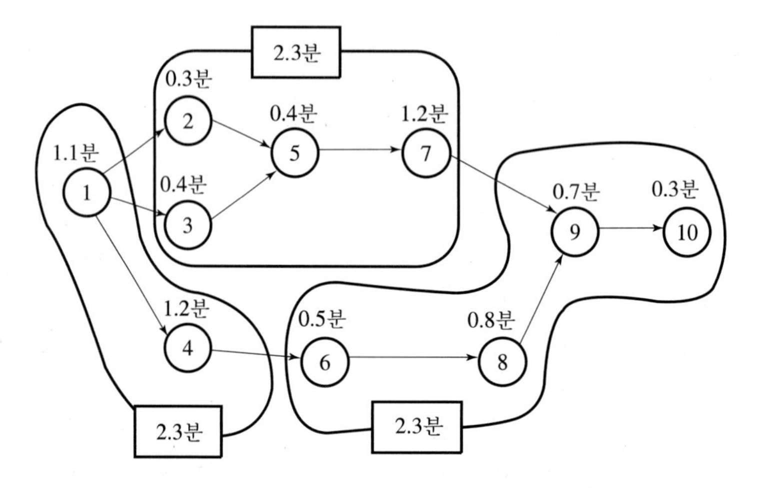

(2) 이 작업의 사이클타임 및 밸런싱 효율
① 사이클타임(작업장소별 시간)$=2.3$(분)
② 밸런싱 효율: $\dfrac{\sum T_i}{\text{사이클타임} \times \text{작업장 수}} \times 100(\%)$

$= \dfrac{6.9}{2.3 \times 3} \times 100(\%) = 100.0(\%)$ (* 여기서, T_i: 각 요소작업장 작업시간)

1.26 목시동작 연구는 어떤 경우에 적합한 동작연구인가?

풀이

대상 작업의 사이클 시간이 길거나 생산량이 적은 수작업의 경우에 적합한 동작연구이다.

1.27 불가피한 지연과 피할 수 있는 지연의 발생사례를 들어보라.

풀이

(1) 불가피한 지연: 발전기고장으로 인한 일시적인 기계가동 중단
(2) 피할 수 있는 지연: 선반작업에서 보안경을 착용하지 않아서 chip이 눈에 들어감으로 인해 작업이 중단

1.28 조립, 분해, 바로놓기, 선택, 찾기의 서블릭 기호를 기술하시오.

풀이

(1) 조립 - A (2) 분해 - DA (3) 바로놓기 - P
(4) 선택 - ST (5) 찾기 - SH

1.29 서블릭 기호 중 효율적인 것 2개와 비효율적인 것 2개를 쓰시오.

풀이

효율적 서블릭		비효율적 서블릭	
기본동작 부문	1. 빈손 이동(TE) 2. 쥐기(G) 3. 운반(TL) 4. 내려놓기(RL) 5. 미리놓기(PP)	정신적 또는 반정신적인 부문	1. 찾기(Sh) 2. 고르기(St) 3. 검사(I) 4. 바로놓기(P) 5. 계획(Pn)
동작목적을 가진 부문	1. 조립(A) 2. 사용(U) 3. 분해(DA)	정체적인 부문	1. 휴식(R) 2. 피할 수 있는 지연(AD) 3. 잡고 있기(H) 4. 불가피한 지연(UD)

1.30 작업공정도에 서블릭 영문기호를 채워 넣고 비효율적 서블릭 기호를 2가지 적으시오.

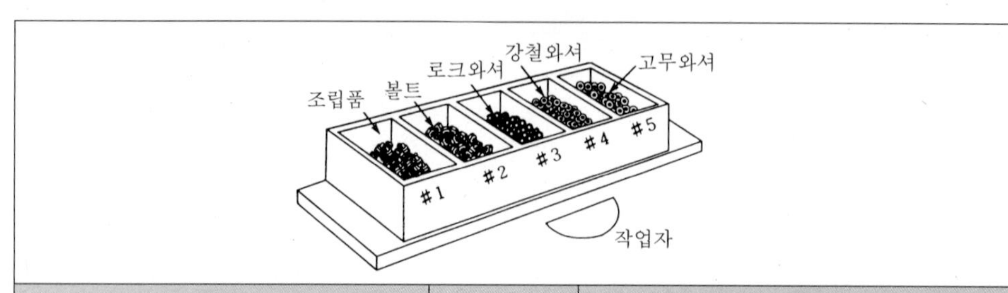

왼손	기호		오른손
조립품을 상자 1로 운반			로크와셔로 손을 가져간다.
부품을 상자에 놓는다.			로크와셔를 잡는다.
상자 2의 볼트로 손을 가져간다.			로크와셔를 중앙으로 가져온다.
볼트를 잡는다.			
볼트를 중앙으로 가져온다.			로크와셔를 바로 놓는다.
			로크와셔를 볼트에 조립시킨다.
			강철와셔로 손을 뻗는다.
			강철와셔를 집는다.
			강철와셔를 볼트로 가져온다.
			강철와셔를 바로 놓는다.
볼트를 잡고 있다.			강철와셔를 조립한다.
			고무와셔로 손을 뻗는다.
			고무와셔를 집는다.
			고무와셔를 볼트로 가져온다.
			고무와셔를 바로 놓는다.
			고무와셔를 조립한다.
조립완제품을 상자 1로 가져간다.			조립품에서 손을 뗀다.

풀이

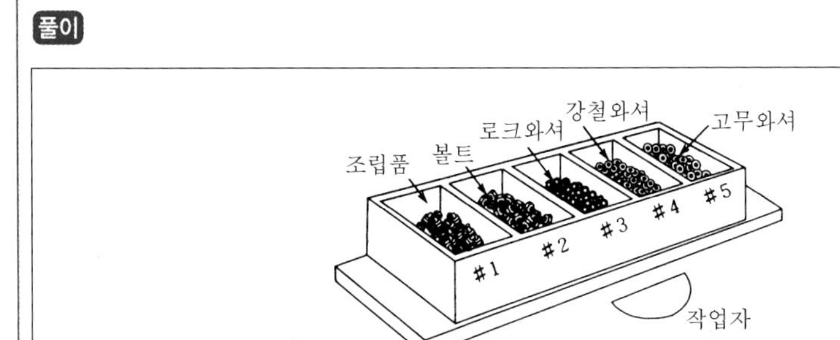

왼손	기호		오른손
조립품을 상자 1로 운반	TL	TE	로크와셔로 손을 가져간다.
부품을 상자에 놓는다.	RL	G	로크와셔를 잡는다.
상자 2의 볼트로 손을 가져간다.	TE	TL	로크와셔를 중앙으로 가져온다.
볼트를 잡는다.	G		
볼트를 중앙으로 가져온다.	TL	P	로크와셔를 바로 놓는다.
		U	로크와셔를 볼트에 조립한다.
		TE	강철와셔로 손을 뻗는다.
		G	강철와셔를 집는다.
		TL	강철와셔를 볼트로 가져온다.
		P	강철와셔를 바로 놓는다.
볼트를 잡고 있다.	H	U	강철와셔를 조립한다.
		TE	고무와셔로 손을 뻗는다.
		G	고무와셔를 집는다.
		TL	고무와셔를 볼트로 가져온다.
		P	고무와셔를 바로 놓는다.
		U	고무와셔를 조립한다.
조립완제품을 상자 1로 가져간다.	TL	RL	조립품에서 손을 뗀다.

비효율적 서블릭 기호
(1) H(잡고 있기)
(2) P(바로놓기)

1.31 표의 빈칸에 알맞은 서블릭 기호(therblig symbols)를 채우시오.

작업내용	명칭	기호
바지주머니로 손을 뻗침	빈손 이동	TE
이동전화기를 잡음	쥐기	
이동전화기를 몸통 앞으로 운반	운반	
이동전화기를 사용하기 위한 지점으로 위치시킴	미리놓기	
전화를 검	사용	
이동전화기를 바지주머니로 운반	운반	
다음 사용을 위해 이동전화기의 방향을 잡음	바로놓기	
이동전화기를 바지주머니에 내려놓음	내려놓기	
원래 위치로 손 이동	빈손 이동	

풀이

작업내용	명칭	기호
바지주머니로 손을 뻗침	빈손 이동	TE
이동전화기를 잡음	쥐기	G
이동전화기를 몸통 앞으로 운반	운반	TL
이동전화기를 사용하기 위한 지점으로 위치시킴	미리놓기	PP
전화를 검	사용	U
이동전화기를 바지주머니로 운반	운반	TL
다음 사용을 위해 이동전화기의 방향을 잡음	바로놓기	P
이동전화기를 바지주머니에 내려놓음	내려놓기	RL
원래 위치로 손 이동	빈손 이동	TE

1.32 원통에 놓여 있는 핀 중에서 한 개를 선택하여 핀 보드에 꽂는 동작에 대하여 서블릭 기호로 표시하고, 동작 개선을 위한 비효율적 서블릭 기호를 찾으시오.

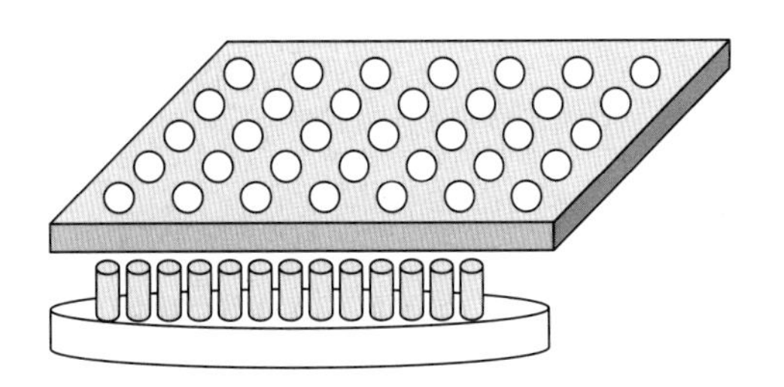

풀이

(1) 서블릭 기호: 빈손 이동(TE) → 핀 선택(ST) → 핀을 쥠(G) → 핀을 운반(TL) → 구멍 위치 조절(P) → 핀을 꽂음(A) → 손을 놓음(RL) → 빈손 이동(TE)

(2) 비효율적인 서블릭(therblig)은 ST와 P로서 동작 개선을 위한 일차적인 대상으로 볼 수 있다.

1.33 Barnes의 동작경제 원칙 3가지를 쓰시오.

풀이

(1) 신체의 사용에 관한 원칙

가. 양손은 동시에 동작을 시작하고, 또 끝마쳐야 한다.
나. 휴식시간 이외에 양손이 동시에 노는 시간이 있어서는 안 된다.
다. 양팔은 각기 반대방향에서 대칭적으로 동시에 움직여야 한다.
라. 손의 동작은 작업을 수행할 수 있는 최소동작 이상을 해서는 안 된다.
마. 작업자들은 돕기 위하여 동작의 관성을 이용하여 작업하는 것이 좋다.

(2) 작업역의 배치에 관한 원칙

가. 모든 공구와 재료는 일정한 위치에 정돈되어야 한다.
나. 공구와 재료는 작업이 용이하도록 작업자의 주위에 있어야 한다.
다. 중력을 이용한 부품상자나 용기를 이용하여 부품을 부품 사용장소에 가까이 보낼 수 있도록 한다.
라. 가능하면 낙하시키는 방법을 이용하여야 한다.
마. 공구 및 재료는 동작에 가장 편리한 순서로 배치한다.

(3) 공구 및 설비의 설계에 관한 원칙

가. 치구, 고정장치나 발을 사용함으로써 손의 작업을 보존하고 손은 다른 동작을 담당하도록 하면 편리하다.
나. 공구류는 될 수 있는 대로 두 가지 이상의 기능을 조합한 것을 사용하여야 한다.
다. 공구류 및 재료는 될 수 있는 대로 다음에 사용하기 쉽도록 놓아두어야 한다.
라. 각 손가락이 사용되는 작업에서는 각 손가락의 힘이 같지 않음을 고려하여야 할 것이다.
마. 각종 손잡이는 손에 가장 알맞게 고안함으로써 피로를 감소시킬 수 있다.

1.34 Barnes의 동작경제 원칙 중 신체사용 5가지를 쓰시오.

풀이 Barnes의 동작경제 원칙

신체사용에 관한 원칙, 작업역의 배치에 관한 원칙, 공구 및 설계에 관한 원칙

(1) 신체사용에 관한 원칙

가. 양손은 동시에 동작을 시작하고, 또 끝마쳐야 한다.
나. 휴식시간 이외에 양손이 동시에 노는 시간이 있어서는 안 된다.
다. 양팔은 각기 반대방향에서 대칭적으로 동시에 움직여야 한다.
라. 손의 동작은 작업을 수행할 수 있는 최소동작 이상을 해서는 안 된다.
마. 작업자들을 돕기 위하여 동작의 관성을 이용하여 작업하는 것이 좋다.
바. 구속되거나 제한된 동작 또는 급격한 방향전환보다는 유연한 동작이 좋다.
사. 작업동작은 율동이 맞아야 한다.
아. 직선동작보다는 연속적인 곡선동작을 취하는 것이 좋다.
자. 탄도동작(ballistic movement)은 제한되거나 통제된 동작보다 더 신속·정확·용이하다.

1.35 Barnes의 동작경제 원칙 중 공구 및 설비의 설계에 관한 원칙에 대해 쓰시오.

풀이

① 치구, 고정장치나 발을 사용함으로써 손의 작업을 보존하고 손은 다른 동작을 담당하도록 하면 편리하다.
② 공구류는 될 수 있는 대로 두 가지 이상의 기능을 조합한 것을 사용하여야 한다.
③ 공구류 및 재료는 될 수 있는 대로 다음에 사용하기 쉽도록 놓아두어야 한다.
④ 각 손가락이 사용되는 작업에서는 각 손가락의 힘이 같지 않음을 고려하여야 할 것이다.
⑤ 각종 손잡이는 손에 가장 알맞게 고안함으로써 피로를 감소시킬 수 있다.

1.36 작업측정의 정의와 목적을 기술하시오.

풀이

(1) 작업측정의 정의: 작업측정(work measurement)이란 제품과 서비스를 생산하는 작업 시스템(work system)을 과학적으로 계획·관리하기 위하여 그 활동에 소요되는 시간과 자원을 측정 또는 추정하는 것이다.

(2) 작업측정의 목적

가. 표준시간의 설정
나. 유휴시간의 제거
다. 작업성과의 측정

1.37 표준시간 산정 시 직접측정법 3가지를 쓰시오.

풀이

(1) 스톱워치법
(2) 촬영법
(3) VTR 분석법
(4) 워크샘플링법

1.38 정미시간에 대하여 설명하시오.

풀이

정상시간이라고도 하며, 매회 또는 일정한 간격으로 주기적으로 발생하는 작업요소의 수행시간
정미시간 = 관측시간의 대표값 x 레이팅계수

1.39 관측평균시간이 10분, 레이팅계수가 120%일 때 정미시간을 구하시오.

풀이

$$\text{정미시간} = \text{관측시간의 평균값} \times \frac{\text{레이팅 계수}}{100} = 10\text{분} \times \frac{120}{100} = 12\text{분}$$

1.40 어떤 요소작업의 관측시간의 평균값이 0.1분이고, 객관적 레이팅 법에 의해 1차 조정계수는 120%, 2차 조정계수는 50%일 때 정미시간을 구하시오.

풀이

정미시간 = 관측시간 × 속도평가계수 × (1 + 2차 조정계수) = 0.1 × 1.2 × (1 + 0.5) = 0.18분

1.41 개당 생산시간 기준이 5.5분일 때, 8시간 작업 중에 92개의 제품을 생산하는 작업자의 레이팅계수는 얼마인가? 이 작업자의 속도로 작업을 하는 경우에 관측시간치의 평균이 30초인 요소작업의 정미시간은 얼마인가?

풀이

(1) 기준시간은 5.5분/개, 실제 작업시간은 480분/92개 = 5.22분/개, 레이팅계수 = (5.5/5.22) × 100 = 105%
(2) 정미시간 = 30초 × (105/100) = 31.5초

1.42 정상시간 12분에서 실제 작업시간이 10분일 경우 레이팅계수를 구하시오.

풀이

레이팅계수(R) = $\frac{\text{기준수행도}}{\text{평가값}} \times 100\% = \frac{\text{정상 작업속도}}{\text{실제 작업속도}} \times 100\% = \frac{12}{10} \times 100\% = 120\%$

1.43 수행도 평가에서 객관적 평가법으로 정미시간 산정 시 작업난이도 특성을 평가하는 요소를 3가지 이상 열거하시오.

풀이

(1) 사용 신체 부위
(2) 페달 사용 여부
(3) 양손 사용 여부
(4) 눈과 손의 조화
(5) 취급의 주의정도
(6) 중량

1.44 웨스팅하우스(Westinghouse)의 수행도 평가기준 4가지를 기술하시오.

풀이

웨스팅하우스 평가법: 일명 평준화법이라고 불리는 이 방법은 S. M. Lowry, H. B. Maynard, G. J. Stegemerten 세 사람에 의해 Westinghouse Electric Corporation에서 연구된 것이다. 이 레이팅 방법은 작업자의 수행도를 숙련도, 노력, 작업환경, 일관성 등 네 가지 측면을 각각 평가하여, 각 평가에 해당하는 레벨점수를 합산하여 레이팅계수를 구한다.

1.45 시간연구에 의해 구해진 평균관측시간이 0.60분일 때 정미시간은 얼마인가? (단, 작업속도 평가는 웨스팅하우스 시스템법으로 숙련도 −0.22, 노력도 +0.06, 작업환경 조건 +0.04, 작업의 일관성 +0.04이다.)

풀이

(1) 웨스팅하우스 시스템 평가계수의 합 = −0.22 +0.06 +0.04 +0.04 = −0.08
(2) 정미시간 = 0.6 × (1−0.08) = 0.552(분)

1.46 수행도 평가에 대하여 설명하고, 수행도 평가방법 3가지를 쓰시오.

풀이

(1) 수행도 평가: 관측대상 작업 작업자의 작업 페이스를 정상작업 페이스 혹은 표준페이스와 비교하여 보정해주는 과정
(2) 수행도 평가방법: 속도평가법, 웨스팅하우스 시스템법, 객관적 평가법, 합성평가법

1.47 시간연구에 의해 구해진 평균관측시간이 0.8분일 때 정미시간을 구하시오. (단, 작업속도 평가는 웨스팅하우스 시스템법으로 한다.)

숙련도: −0.225, 노력도: +0.15, 작업조건: +0.05 작업일관성: +0.03

풀이

웨스팅하우스 시스템 평가계수의 합 = (−0.225) + 0.15 + 0.05 + 0.03 = 0.005
정미시간(NT) = 평균관측시간 * (1 + 평가계수들의 합) = 0.8 * (1 + 0.005) = 0.804분

1.48 수행도 평가방법인 객관적 평가법 3단계를 기술하시오.

풀이

1단계: 속도만 평가
2단계: 작업난이도 평가-사용 신체 부위, 발로 밟는 페달의 상황, 양손의 사용정도, 눈과 손의 조화, 취급의 주의정도, 중량 또는 저항정도
3단계: 작업난이도와 속도를 동시에 고려

1.49 어떤 요소작업의 관측시간의 평균값이 0.08분이고, 객관적 레이팅법에 의해 1단계 속도 평가계수는 125%, 2차 조정계수는 신체사용 10%, 페달 사용 여부 0%, 양손 사용 여부 0%, 눈과 손의 조화 4%, 취급의 주의정도 2%, 중량 31%로 평가되었다. 요소작업의 정미시간은 얼마인가?

풀이

(1) 2차 조정계수 = 10% + 4% + 2% + 31% = 47%
(2) 정미시간 = 관측시간의 평균값 × 속도평가계수 × (1 + 2차 조정계수)
= 0.08 × 1.25 × (1 + 0.47) = 0.147분

1.50 레이팅 훈련 중 어느 수강생의 관측 자료는 다음과 같다.

필름 번호	관측 레이트	올바른 레이트
1	100	110
2	95	100
3	80	85
4	110	110
5	100	100
6	115	120
7	120	140
8	50	75
9	110	115
10	100	100
11	120	125
12	50	40
13	60	50
14	85	90
15	105	110
16	100	105
17	90	100
18	100	100
19	125	100
20	85	75

(1) 이 수강생의 레이팅 성향을 분석하시오.

(2) 올바른 레이트의 ±5% 이내에 속할 확률을 구하시오.

풀이

x_i =장면 i의 올바른 레이팅계수

y_i =장면 i의 관측 레이팅계수

$y = \hat{a} + \hat{b}x = 15.68 + 0.81x$

(1) 이 수강생의 레이팅 성향은 어떠한가?

가. 100% 페이스의 작업을 관찰한다면 15.68 + 81 ≒ 97% 수준으로 평가하리라 예측되기 때문에 조금 박하다.

나. 회귀선의 기울기가 1보다 작기 때문에 보수적이다.

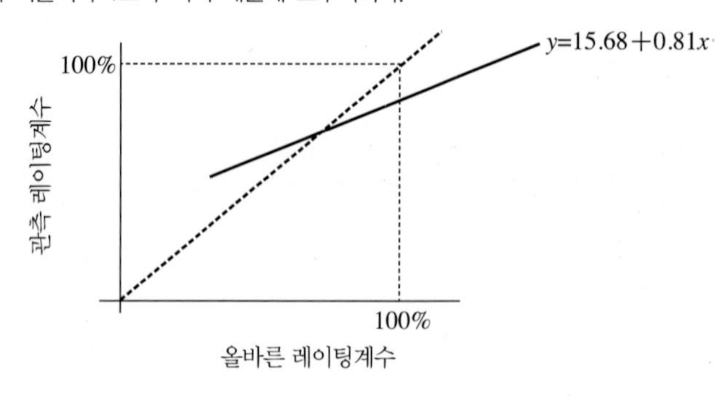

(2) ±5% 이내에 속할 확률은 얼마인가?

필름 번호	관측 레이트(y_i)	올바른 레이트(x_i)	레이트 오차($d_i = y_i - x_i$)
1	100	110	−10
2	95	100	−5
3	80	85	−5
4	110	110	0
5	100	100	0
6	115	120	−5
7	120	140	−20
8	50	75	−25
9	110	115	−5
10	100	100	0
11	120	125	−5
12	50	40	10
13	60	50	10
14	85	90	−5
15	105	110	−5
16	100	105	−5
17	90	100	−10
18	100	100	0
19	125	100	25
20	85	75	10

$\bar{d} = -2.5 \quad S_d = 10.82$

$z_1 = \frac{5-(-2.5)}{10.82} = 0.6932$

$z_2 = \frac{-5-(-2.5)}{10.82} = -0.2311$

$\therefore \int_{-0.23}^{0.69} \Phi(t)dt = 0.7549 - 0.4090 = 34.6\%$

1.51 다음은 합성평가법을 나타낸 표이며, 레이팅계수를 구하시오.

요소작업	관측시간 평균	작업 요소	PTS를 적용한 시간치	레이팅계수
1	0.22	인적요소	0.096	
2	0.34	인적요소		
3	0.11	인적요소		
4	0.54	인적요소		
5	0.41	인적요소	0.64	
6	0.09	인적요소		
7	0.23	인적요소		
8	0.20	기계요소		
9	0.31	인적요소		
10	0.37	인적요소		
11	0.42	인적요소		

풀이

합성평가법: 레이팅 시 관측자의 주관적 판단에 의한 결함을 보정하고, 일관성을 높이기 위해 제안되었다.
레이팅계수 = PTS를 적용하여 산정한 시간치/실제 관측 평균치

요소작업	관측시간 평균	작업 요소	PTS를 적용한 시간치	레이팅계수
1	0.22	인적요소	0.096	0.44
2	0.34	인적요소		
3	0.11	인적요소		
4	0.54	인적요소		
5	0.41	인적요소	0.64	1.56
6	0.09	인적요소		
7	0.23	인적요소		
8	0.20	기계요소		
9	0.31	인적요소		
10	0.37	인적요소		
11	0.42	인적요소		

1.52 여유시간의 종류 중 일반여유 3가지 분류를 쓰시오.

풀이

(1) 생리적 여유: 작업자의 생리적 · 심리적 요구에 의해 발생하는 지연시간
(2) 불가피한 지연여유: 작업자와 관계없이 발생하는 지연시간
(3) 피로여유: 정신적 · 육체적 피로를 회복하기 위해 부여하는 지연시간

1.53 ILO 피로 여유율에서 변동피로 여유율(9가지) 중 5가지를 기술하시오.

풀이

(1) 자세: 서 있는 자세
(2) 중량물취급(인상, 잡아당김, 밀기)
(3) 조명(light conditions)
(4) 공기조건(air conditions)
(5) 눈의 긴장(visual strain)
(6) 청각긴장도(aural strain)
(7) 정신적 긴장도(mental strain)
(8) 정신적 단조감(mental monotony)
(9) 신체적 단조감(physical monotony)

1.54 한 사이클의 관측평균시간이 0.8분, 레이팅계수가 115%이며 여유율이 15%일 때 개당 표준시간을 계산하시오. 이때 여유율을 나타내는 두 가지 방법에 따른 차이점을 설명하시오.

풀이

(1) 외경법
$ST = (0.8) \times (1.15) \times (1+0.15) = 1.058$분

(2) 내경법
$ST = (0.8) \times (1.15) \times \left(\frac{1}{1-0.15}\right) = 1.082$분

1.55 한 사이클의 관측평균시간이 10분, 레이팅계수가 120%이며 여유율이 10%일 때 개당 표준시간을 계산하시오. 이때 여유율을 나타내는 두 가지 방법에 따라 각각 구하시오.

풀이

(1) 외경법
$ST = (10)(1.2)(1+0.1) = 13.20$분

(2) 내경법
$ST = (10)(1.2)\left(\frac{1}{1-0.1}\right) = 13.33$분

1.56 어떤 작업을 시간연구로서 관측했더니 1작업사이클의 관측평균시간은 80초이고, 레이팅 계수는 90%였다. 만약 이 작업의 여유시간을 1일 실동시간 8시간(480분)에 대해 48분 부여할 경우 여유율을 정미시간의 비율로 산정하면 표준시간은 약 몇 초인가?

풀이

(1) $\text{여유율} = \dfrac{\text{여유시간}}{\text{정미시간}} \times 100 = \dfrac{48\text{분}}{480\text{분} - 48\text{분}} \times 100 = 11.11\%$

(2) $\text{표준시간} = \text{정미시간} \times (1 + \text{여유율})$

$= (\text{관측평균시간} \times \text{레이팅계수}) \times (1 + \text{여유율})$

$= (80\text{초} \times 0.9) \times (1 + 0.1111) \simeq 80\text{초}$

1.57 관측시간치의 평균이 0.8분, 레이팅계수는 110%, 여유시간을 8시간 근무 중에서 24분으로 설정한 경우 다음의 표준시간을 구하시오.

(1) 정미시간에 대한 표준시간

(2) 근무시간에 대한 표준시간

풀이

(1) 정미시간에 대한 표준시간(외경법)

가. $\text{작업여유율} = \dfrac{\text{여유시간}}{\text{정미시간}} = \dfrac{\text{여유시간}}{\text{근무시간} - \text{여유시간}} = \dfrac{24}{480 - 24} = \dfrac{1}{19}$

나. $\text{표준시간} = \text{관측시간} \times \text{레이팅계수} \times (1 + \text{작업여유율})$

$= 0.8 \times 1.1 \times \left(1 + \dfrac{1}{19}\right) = 0.8 \times 1.1 \times \dfrac{20}{19} = 0.93$

(2) 근무시간에 대한 표준시간(내경법)

가. $\text{근무여유율} = \dfrac{\text{여유시간}}{\text{근무시간}} = \dfrac{24}{480} = \dfrac{1}{20}$

나. $\text{표준시간} = 0.8 \times 1.1 \times \left(\dfrac{1}{1 - \dfrac{1}{20}}\right) = 0.8 \times 1.1 \times \dfrac{20}{19} = 0.93$

1.58 어떤 작업을 측정한 결과 관측평균시간이 1분, 레이팅계수가 110%, 여유율이 8%(외경법)일 때, 하루 8시간 생산량을 구하시오. (단, 오전, 오후 휴식시간은 각 10분씩이다.)

풀이

가. 정미시간 = 관측시간의 대푯값 $\times \frac{\text{레이팅계수}}{100} = 1 \times \frac{110}{100} = 1.1$분

나. 표준시간 = 정미시간$\times(1+$여유율$) = 1.1 \times (1+0.08) = 1.188$분

다. 실제 작업시간 = 총근무시간 − 휴식시간 = 480분 − 20분 = 460분

라. 하루 생산량 $= \frac{\text{하루 작업시간}}{\text{개당 표준시간}} = \frac{460}{1.188} = 387.21$

1.59 아래는 표준시간을 계산하는 표이다. 표의 빈칸을 알맞게 채우시오.

요소작업	측정횟수										레이팅	정미시간
	1	2	3	4	5	6	7	8	9	10		
1	1.9	2.0	2.2	1.8	1.9	2.1	2.1	1.8	2.0	2.2	95	
2	3.1	3.2	3.3	3.4	3.0	3.1	3.3	3.4	3.0	3.2	100	
3	2.5	2.4	2.4	2.6	2.6	2.6	2.6	2.4	2.4	2.5	105	
4	2.2	2.3	2.4	2.3	2.3	2.2	2.2	2.4	2.4	2.3	110	
여유시간											총 정미시간	
- 개인용무 및 피로: 5%											여유율	
- 지연여유 : 10%											표준시간	

풀이

① 정미시간

요소작업	평균시간	정미시간
1	20/10 = 2	2 * 0.95 = 1.9
2	32/10 = 3.2	3.2 * 1 = 3.2
3	25/10 = 2.5	2.5 * 1.05 = 2.625
4	23/10 = 2.3	2.3 * 1.1 = 2.53

② 총 정미시간 = 1.9 + 3.2 + 2.625 + 2.53 = 10.255

③ 여유율 = 5% + 10% = 15%

④ 표준시간 = 10.255 * (1 + 0.15) = 11.79325 ≈ 11.793

1.60 밀링작업의 시간연구 결과는 다음과 같다.

사이클당 생산량: 8개, 평균 사이클시간: 8.36분

이 중 작업자 요소작업 시간이 4.62분, 기계가공 시간이 3.74분이다.

레이팅계수: 115%, 기계여유율: 10%, 일반여유율: 15%

(1) 하루 8시간의 근무시간 동안 어느 작업자가 380개를 생산하였다면 이 작업자의 능률은 얼마나 되는가?

(2) 기본임금이 시간당 2,000원이라고 할 때 하루 임금은 얼마인가? 단, 생산량과 임금은 비례한다고 가정하시오.

풀이

사이클당 표준시간 = 4.62 × 1.15 × (1 + 0.15) + 3.74 × (1 + 0.1) = 10.224분

개당 표준시간 = 10.224 ÷ 8 = 1.278분

(1) 능률 $= \dfrac{(380)(1.278)}{60 \times 8} \times 100 = 101.18\%$

(2) 하루 임금 = 2,000 × 1.0118 × 8 = 16,189원

1.61 10회 측정하여 평균 관측시간이 2.2분, 표준편차가 0.35일 때 아래의 조건에 대한 답을 구하시오.

(1) 레이팅계수가 110%이고, 정미시간에 대한 여유율이 20%일 때, 표준시간과 8시간 근무 중 여유시간을 구하시오.

(2) 정미시간에 대한 여유율 20%를 근무시간에 대한 비율로 잘못인식, 표준시간 계산할 경우 기업과 근로자 중 어느 쪽에 불리하게 되는지 표준시간(분)을 구해서 설명하시오.

풀이

(1) 외경법 풀이(정미시간에 대한 비율을 여유율로 사용)

$$\text{정미시간} = \text{관측시간의 평균} \times \frac{\text{레이팅계수}}{100} = 2.2 \times \frac{110}{100} = 2.42$$

$$\text{표준시간} = \text{정미시간} \times (1 + \text{여유율}) = 2.42 \times (1 + 0.20) = 2.90$$

$$\text{표준시간에 대한 여유시간} = \text{표준시간} - \text{정미시간} = 2.90 - 2.42 = 0.48$$

$$\text{표준시간에 대한 여유시간 비율} = \frac{\text{표준시간에 대한 여유시간}}{\text{표준시간}} = \frac{0.48}{2.90} = 0.17$$

$$\text{8시간근무중여유시간} = 480 \times 0.17 = 81.6\text{분}$$

(2) 내경법 풀이(근무시간에 대한 비율을 여유율로 사용)

$$정미시간 = 관측시간의\ 평균 \times \frac{레이팅계수}{100} = 2.2 \times \frac{110}{100} = 2.42$$

$$표준시간 = 정미시간 \times \left(\frac{1}{1-여유율}\right) = 2.42 \times \left(\frac{1}{1-0.20}\right) = 3.03$$

외경법으로 구한 표준시간은 2.90, 내경법으로 구한 표준시간은 3.03으로 내경법으로 구한 표준시간이 크므로 기업 쪽에서 불리하다.

1.62 3개의 요소작업으로 구성된 작업의 10회 관측결과는 다음과 같다. 이때 신뢰수준 95%, 허용오차 ±5%일 때 필요 관측횟수를 구하시오.

	1	2	3	4	5	6	7	8	9	10
요소작업 1	0.07	0.09	0.06	0.07	0.08	0.08	0.07	0.08	0.09	0.07
요소작업 2	0.12	0.13	0.12	0.12	0.11	0.13	0.12	0.11	0.13	0.12
요소작업 3	0.56	0.57	0.55	0.56	0.57	0.56	0.54	0.56	0.56	0.55

풀이

3개의 요소작업에 대해 평균, 샘플표준편차를 구하고 $t_{9,\,0.975} = 2.262$를 이용하여 필요 관측횟수를 구하면 다음과 같다.

	S	$\overline{X}$	N
요소작업 1	0.0097	0.076	34
요소작업 2	0.0074	0.121	8
요소작업 3	0.0092	0.558	1

$$N_1 = \left(\frac{2.262 \times 0.0097}{0.05 \times 0.076}\right)^2 = 33.34 \le 34,\quad N_2 = \left(\frac{2.262 \times 0.0074}{0.05 \times 0.121}\right)^2 = 7.655 \le 8$$

$$N_3 = \left(\frac{2.262 \times 0.0092}{0.05 \times 0.558}\right)^2 = 0.556 \le 1$$

3개의 요소작업 중 N의 값이 최대인 $N_1 = 34$회가 필요 관측횟수가 된다.
따라서 24회의 추가관측이 필요하다.

1.63 19번 시간측정을 한 결과 어느 요소작업의 개별 시간치는 다음과 같다.

0.09	0.08	0.10	0.12	0.09
0.08	0.09	0.12	0.11	0.12
0.09	0.10	0.12	0.10	0.08
0.09	0.10	0.12	0.09	

95% 신뢰수준, ±5% 허용오차 하에서의 필요한 관측횟수를 결정하시오.

풀이

$$n=19,\ \overline{X}=0.099,\ S=0.0147,\ t_{18,\ 0.975}=2.101$$

$$N=\left(\frac{2.101\times 0.0147}{0.05\times 0.099}\right)^2=38.9\leq 39\text{회}$$

즉, 20회의 추가관측이 필요하다.

1.64 어느 요소작업의 10사이클 시간연구 결과 평균이 0.30분, 샘플표준편차가 0.03분이다. 허용오차 ±5%, 신뢰도 90%를 원할 때의 필요 측정횟수를 구하시오.

풀이

$$n=10$$
$$t_{9,\ 0.95}=1.83$$
$$N=[\frac{(1.83)(0.03)}{(0.3)(0.05)}]^2=13.4\leq 14\text{회}$$

따라서 4회의 추가관측이 필요하다.

1.65 어느 요소작업을 25번 측정한 결과 $\overline{X}=0.3$, $S=0.09$ 로 밝혀졌다. 신뢰도 95%, 상대허용오차 ±5%를 만족시키는 관측횟수를 구하시오.

풀이

$\alpha=0.05$이고, t분포표로부터 $t_{24,\ 0.975}=2.06$, $I=(0.30)(0.05)=0.015$이다.
따라서

$$N=\frac{(2.06)^2(0.09)^2}{(0.015)^2}=152.77\leq 153\text{회}$$

이 예에서 주목할 사항은 허용오차의 크기가 μ의 ±5%이지만 μ값을 알지 못하기 때문에 $\overline{X}$의 ±5%로 대체하여 사용하였다는 점이다.

1.66 다음의 시간치(단위: 분)는 어느 요소작업을 10번 관측한 자료이다.

0.35	0.33	0.40	0.37	0.34
0.32	0.39	0.30	0.39	0.41

신뢰도 90%, 절대허용오차 ±0.02분하에서 관측횟수가 충분한지 알아보시오.

풀이

주어진 자료로부터 관측시간의 합은 3.600이고, 평균은 0.360, 샘플표준편차는 0.037이다. $t_{9,\,0.95}=1.833$으로부터

$$N=\frac{(0.037)^2\,(1.83)^2}{(0.02)^2}=11.46\leq 12$$

$N=12$로부터 2번 정도의 추가관측이 필요하다.

관측횟수 결정 시 다음 사항을 참고로 한다.

(1) $N>n$일 때, 반드시 $(N-n)$개의 추가관측을 할 필요가 없다. 이때는 적당한 횟수 n_1번, $n_1<N-n$을 추가로 관측한 후, $(n+n_1)$번의 관측이 충분한지 검사하며 이 과정을 반복한다.

(2) 신뢰도는 90% 혹은 95%, 허용오차는 ±5% 혹은 ±10%가 일반적으로 사용된다.

1.67 5개의 요소작업으로 이루어진 작업을 10번 관찰한 자료는 다음과 같다.
$C=90\%$, $I=\mu$ 의 ±5%일 때 관측횟수가 충분한지 검토하시오.

요소작업	$\overline{X}$	S
1	12.6	1.1
2	4.8	0.4
3	1.7	0.2
4	12.4	1.25
5	7.6	0.8

풀이

위의 자료로부터

요소작업	1	2	3	4	5
I	0.63	0.24	0.085	0.62	0.38
S/I	1.75	1.67	2.35	2.02	2.11

따라서 S/I가 제일 큰 세 번째 요소작업 자료로부터 $N=t^2\,(S/I)^2$을 구하면 충분하다. 이때 $t=1.833$이므로

$$N=(1.83)^2\,(2.35)^2=18.49\leq 19$$

1.68 어떤 작업을 세 가지 요소작업으로 구분한 후 10번의 예비관측을 한 결과 다음과 같다고 한다.

요소작업	1	0.07	0.09	0.06	0.07	0.08	0.08	0.07	0.08	0.09	0.07
요소작업	2	0.12	0.13	0.12	0.12	0.11	0.13	0.12	0.11	0.13	0.12
요소작업	3	0.56	0.57	0.55	0.56	0.57	0.56	0.54	0.56	0.56	0.55

신뢰도 95%, 허용오차 ±5%하에서의 관측횟수를 구하시오. (단, 범위를 이용하여 구하시오, $d_2=3.078$)

풀이

위 자료를 정리하면,

요소작업	R	$\overline{X}$	I	R/I
1	0.03	0.076	0.0038	7.89
2	0.02	0.121	0.00605	3.31
3	0.03	0.558	0.0279	1.08

따라서 R/I 중 최대치 7.89와 $t_{9,\,0.975}=2.262$를 사용하여($d_2=3.078$)

$$N=\frac{(2.26)^2(7.89)^2}{(3.08)^2}=33.52\le 34$$

를 얻을 수 있다.

1.69 복사기의 가동비율이 500번 관측에 의해 40%로 나타났다. 신뢰도 95%, 상대오차는 ±10%로 주어진 경우에 추가관측이 필요한가를 결정하시오.

풀이

상대오차이므로 허용오차 $I=0.1\times0.4=0.04$

$I=Z_{1-\alpha/2}\sqrt{\frac{p(1-p)}{n}}$ 이므로

$$n=\frac{Z^2_{1-\alpha/2}\times p(1-p)}{I^2}=\frac{1.96^2\times0.4(1-0.4)}{0.04^2}=576.24$$

따라서 추가관측을 필요로 한다.

1.70 총 4,000번의 관측에서 기계의 유휴횟수는 1,400번, 가동횟수는 2,600번으로 나타났다. 만일 95.45%의 신뢰도로 주어진 경우에 현재의 관측횟수로 확보할 수 있는 절대오차와 상대오차는 얼마인가? ($Z_{0.9772}=2$)

풀이

$$p=2,600/4,000=0.65,\ Z_{1-\alpha/2}=2$$

$$I=Z_{1-\alpha/2}\sqrt{\frac{p(1-p)}{n}}=2\sqrt{\frac{0.65(1-0.65)}{4,000}}=0.015$$

절대오차는 ±1.5%가 되며 '상대오차=p×절대오차' 식을 이용하여 기계 가동비율의 상대오차는 0.65*0.015 =0.00975으로 ±0.975%가 된다.

1.71 지게차를 대상으로 600번 관측을 행한 결과는 다음과 같다.

관측항목	관측횟수
비가동	112
적재상태로 운행 중	317
빈 상태로 운행 중	125
적재 혹은 하역 중	46

(1) 각 관측항목의 비율의 추정치를 계산하시오.
(2) 신뢰수준 95%하에서 각 추정치의 절대오차의 크기는 얼마인가?
(3) 신뢰수준 95%하에서 각 추정치의 상대오차의 크기는 얼마인가?
(4) 비가동상태의 비율에 대하여 신뢰수준 95%, 절대오차 ±2%를 원한다면 어느 정도의 관측을 추가로 더 실시해야 하는가?
(5) (4)에서 상대오차 ±2%인 경우에는 어떠한가?

풀이

(1) A: 비가동
B: 적재상태로 운행 중
C: 빈 상태로 운행 중
D: 적재 혹은 하역 중

$\overline{P_A}=0.1867$ $\overline{P_B}=0.5283$
$\overline{P_C}=0.2083$ $\overline{P_D}=0.0767$

(2) $e = Z_{1-\frac{\alpha}{2}}\sqrt{\frac{pq}{n}}$ 로부터

$$e_A = 1.96\sqrt{\frac{(0.1867)(0.8133)}{600}} = 0.0312$$

$$e_B = 1.96\sqrt{\frac{(0.5283)(0.4717)}{600}} = 0.0399$$

$$e_C = 1.96\sqrt{\frac{(0.2083)(0.7917)}{600}} = 0.0325$$

$$e_D = 1.96\sqrt{\frac{(0.0767)(0.9233)}{600}} = 0.0213$$

(3) 절대오차 = 상대오차 × P

상대오차 = $\frac{절대오차}{P}$

$e_A' = e_A/\overline{p_A} = 0.1671$

$e_B' = e_B/\overline{p_B} = 0.0755$

$e_C' = e_C/\overline{p_C} = 0.1560$

$e_D' = e_D/\overline{p_D} = 0.2777$

(4) $N = \frac{(1.96)^2(0.1867)(0.8133)}{(0.02)^2} = 1458.3$

즉, 859회 정도 추가로 관측을 실시하여야 함

(5) $N = \frac{(1.96)^2(0.1867)(0.8133)}{[(0.1867)(0.02)]^2} = 41836.8$

즉, 41,237회 정도 추가로 관측을 실시하여야 함

1.72 3,200개의 관측치가 필요한 워크샘플링에서 한 번 순회하는 데 30분이 소요되고 순회당 10개의 관측치가 수집된다. 계획기간을 며칠 동안으로 잡아야 되는가? 또한 40일 동안에 이 연구를 끝내려면 하루 몇 차례 순회를 해야 하는가? (단, 하루 작업시간은 8시간이다.)

풀이

(1) 하루 최대관측횟수 = $\left(\frac{8시간 \times 60분}{30분}\right) \times 10개$ = 160개

계획기간 = 3,200개/160개 = 20일

(2) 3,200개/40일 = 80개/일

80개/10개 = 8회/일

1.73 어느 종합병원에 근무하는 간호사의 여유율을 산정하기 위하여 400회의 관측을 행한 결과 80번에 걸쳐 불가피 지연사유가 관측되었다. 신뢰수준 95%, 상대오차 ±10%에 해당하는 결과를 얻기 위해서는 얼마만큼의 관측이 필요한가?

풀이

$$e = (0.1)(0.2) = 0.02$$

$$Z_{0.975} = 1.96\text{이므로 } N = \frac{(1.96)^2(0.2)(0.8)}{(0.02)^2} = 1,537$$

1.74 워크샘플링의 오차 3가지를 설명하시오.

풀이

(1) 샘플링오차(sampling error): 샘플에 의하여 모집단의 특성을 추론할 경우 그 결과는 필연적으로 샘플링오차를 포함하게 된다. 그래서 샘플의 사이즈를 크게 하여 오차를 줄이도록 한다.
(2) 편의(bias): 편의는 관측자 혹은 피관측자의 고의적이고 의식적인 행동에 의하여 관측이 실시되는 과정에서 발생한다. 이 편의는 계획일정의 랜덤화를 통해서, 또한 연구결과에 의해 작업자가 손해보지 않는다는 상호 신뢰하는 분위기 조성에 의해서 막을 수 있다.
(3) 대표성의 결여: 추세나 계절적 요인을 충분히 반영해야 한다.

1.75 5개의 가공공정을 거쳐 완성되는 A 제품의 경우 제품단위당 각 공정의 소요시간을 각 10회씩 워크샘플링한 자료가 아래 표와 같다. 이 자료를 이용하여 평균시간, 정미시간, 표준시간을 구하시오. (단, 여유율은 정미시간에 대한 비율로 산정한다.)

공정	관측시간(분)										레이팅 계수	여유율
	1	2	3	4	5	6	7	8	9	10		
1	2.0	2.1	1.9	2.0	2.0	2.0	2.0	1.8	2.2	2.0	110%	10%
2	1.0	1.0	0.9	1.1	1.0	1.0	1.0	0.8	1.2	1.0	120%	11%
3	2.1	1.9	2.0	2.0	1.7	2.3	2.0	2.0	2.0	2.0	110%	12%
4	2.0	2.0	2.0	2.0	2.0	2.0	2.1	1.9	2.0	2.0	130%	11%
5	1.1	0.9	1.0	1.0	1.0	1.0	1.1	0.9	1.0	1.0	110%	10%

풀이

① 평균시간 = $\frac{\text{총 작업시간}}{\text{관측횟수}}$

② 정미시간 = $\frac{\text{관측평균시간} \times \text{레이팅계수}}{100}$

③ 표준시간 = 정미시간 × (1 + 여유율) …외경법: 정미시간에 대한 비율을 여유율로 사용

공정	평균시간(분)	정미시간(분)	표준시간(분)
1	20/10 = 2	2×1.1 = 2.2	2.2×(1 + 0.10) = 2.42
2	10/10 = 1	1×1.2 = 1.2	1.2×(1 + 0.11) = 1.33
3	20/10 = 2	2×1.1 = 2.2	2.2×(1 + 0.12) = 2.46
4	20/10 = 2	2×1.3 = 2.6	2.6×(1 + 0.11) = 2.89
5	10/10 = 1	1×1.1 = 1.1	1.1×(1 + 0.10) = 1.21

1.76 창틀 제조작업에서 5일 동안(40시간) 100개의 창틀을 제작하고 있다. 총 2,000번의 관측 중 아래의 표와 같이 작업별로 관측되었다. 이때 워크샘플링 기법을 적용하여 절단작업의 표준시간을 구하시오. (단, 수행도평가 = 0.9, 여유율 = 0.1, 정미시간 기준)

절단	1,200
용접	500
자재취급	200
작업지연	100
총계	2,000

풀이

(1) 정미시간 = $\left(\frac{\text{총 관측시간} \times \text{작업시간율}(P)}{\text{생산량}}\right) \times \text{레이팅계수}(\%)$

$= \left\{\frac{(40 \times 60) \times \left(\frac{1200}{2000}\right)}{100}\right\} \times 0.9$

= 14.4 * 0.9

= 12.96

(2) 표준시간 = 정미시간 × (1 + 여유율)

= 12.96 × (1 + 0.1)

= 14.26(분)

따라서 절단작업의 표준시간은 14.26(분)이다.

1.77 자동차부품 제작업소의 어느 엔지니어는 자동절삭 기계의 유휴비율 p를 추정하려고 한다.

(1) 과거의 경험으로부터 유휴비율이 30%인 것으로 짐작하고 있으며, 신뢰도 95%, 절대오차 ±3%를 원할 때 필요한 관측횟수 N을 계산하시오.

(2) 17일 동안 매일(N/17) 횟수만큼 관측하기로 하였으며, 10일 동안의 관측결과가 다음과 같다고 한다.

관측일	관측비율	관측일	관측비율
1	0.41	6	0.33
2	0.35	7	0.49
3	0.48	8	0.45
4	0.44	9	0.32
5	0.31	10	0.37

이 자료로부터 관리도를 작성하고 3σ 관리한계를 표시하시오. 이 결과를 이용하여 필요한 관측횟수를 다시 결정하시오.

풀이

(1) $\bar{p}=0.3$

$$N=\frac{(1.96)^2(0.7)(0.3)}{(0.03)^2}=897$$

(2) 897/17=52.8회/일, 따라서 매일 53회씩 관찰 후 $\bar{p}=0.395$

$$3\sigma \text{ 관리한계}=\bar{p}\pm 3\sqrt{\frac{\bar{p}(1-\bar{p})}{n}}$$

$$=0.395\pm 3\sqrt{\frac{(0.395)(0.605)}{53}}$$

$$=0.395\pm 0.2014$$

상한 = 0.5964　　하한 = 0.1936

관측기간 동안의 각 관측비율이 관리범위 내에 속하므로 $\bar{p}$를 그대로 사용하여 추가관측의 필요성을 점검한다.

$$N=\frac{(1.96)^2(0.395)(0.605)}{(0.03)^2}=1020.1$$

계속적인 관측이 필요하다.

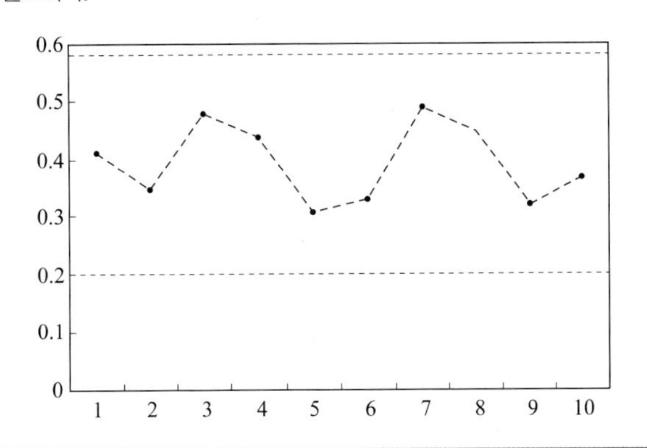

1.78 표준자료의 개념을 간략히 설명하시오.

풀이

작업의 정미시간에 영향을 주는 요인을 결정한 후에 정미시간을 종속변수, 요인을 독립변수로 놓고 표준시간에 관한 실적자료를 분석하여 두 변수 사이의 함수관계를 밝힌다. 일단 이 관계가 정립되면 새로운 작업의 경우에도 독립변수의 값만 대입함으로써 손쉽게 정미시간을 계산할 수 있다. 표준자료는 바로 이러한 함수관계를 의미한다.

1.79 작업측정의 방법 중 PTS법의 장점을 3가지 기술하시오.

풀이

(1) 직접 작업자를 대상으로 작업시간을 측정하지 않아도 된다.
(2) 실제 생산현장을 보지 않고도 작업대의 배치와 작업방법을 알면 표준시간의 산출이 가능하다.
(3) 표준시간의 설정에 논란이 되는 레이팅(rating)이 필요가 없어 표준시간의 일관성과 정확성이 높아진다.

1.80 MTM에서 사용되는 단위인 1 TMU는 몇 초인지 환산하시오.

풀이

1 TMU = 0.00001시간 = 0.0006분 = 0.036초
따라서, 1 TMU = 0.036초이다.

한국산업인력공단 출제기준에 따른 자격시험 준비서

인간공학기사 실기편

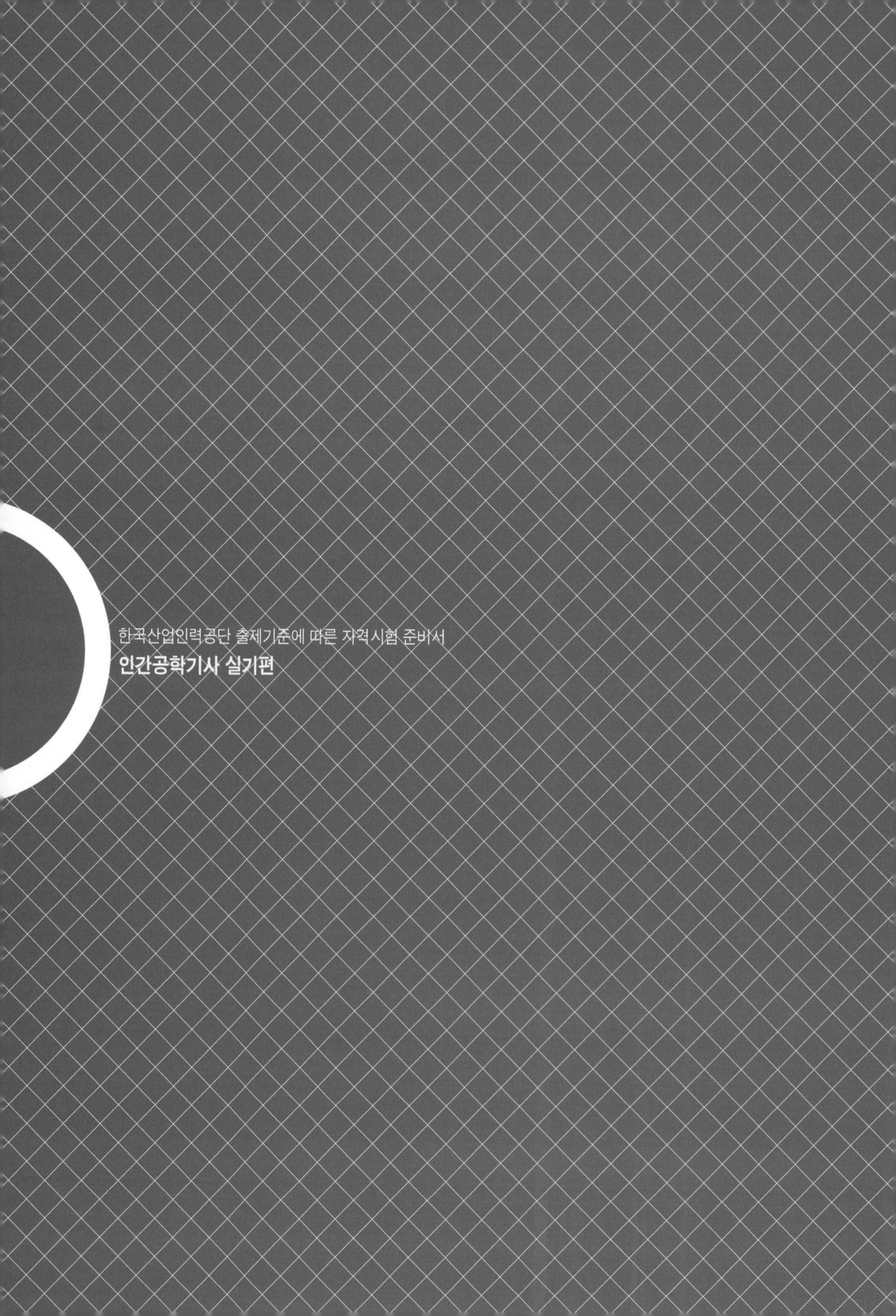
한국산업인력공단 출제기준에 따른 자격시험 준비서
인간공학기사 실기편

PART

인간공학 개요 및 평가

1장 | 인간공학적 접근

01 인간공학의 배경

1.1 인간공학의 철학적 배경

출제빈도 ★★★★

시스템이나 기기를 개발하는 과정에서 필수적인 한 공학분야로서 인간공학이 인식되기 시작한 것은 1940년대부터이며, 인간공학이 시스템의 설계나 개발에 응용되어 온 역사는 비교적 짧지만 많은 발전을 통해 여러 관점의 변화를 가져왔다.

(1) 기계 위주의 설계철학: 기계가 존재하고 여기에 맞는 사람을 선발하거나 훈련
(2) 인간 위주의 설계철학: 기계를 인간에게 맞춤(fitting the task to the man)
(3) 인간-기계 시스템 관점: 인간과 기계를 적절히 결합시킨 최적 통합체계의 설계를 강조
(4) 시스템, 설비, 환경의 창조과정에서 기본적인 인생의 가치기준(human values)에 초점을 두어 개인을 중시

02 인간공학의 정의

인간공학이란 인간활동의 최적화를 연구하는 학문으로 인간이 작업활동을 하는 경우에 인간으로서 가장 자연스럽게 일하는 방법을 연구하는 것이며, 인간과 그들이 사용하는 사물과 환경 사이의 상호작용에 대해 연구하는 것이다. 또한 인간공학은 인간의 행동, 능력, 한계, 특성 등에 관한 정보를 발견하고, 이를 도구, 기계, 시스템, 과업, 직무, 환경의 설계에 응용함으로써, 인간이 생산적이고 안전하며 쾌적하고 효과적으로 이용할 수 있도록 하는 것이다.

2.1 Jastrzebowski의 정의

폴란드의 학자인 자스트러제보스키(Jastrzebowski)는 1857년에 철학을 연구하는 학문, "과학의 본질로부터 나온 사실에 근거한 문헌"에서 인간공학이란 용어를 최초로 사용하였다.

(1) 그리스 단어 ergon(일 또는 작업)과 nomos(자연의 원리 또는 법칙)로부터 이 용어를 얻었다.

(2) 자스트러제보스키는 "일 또는 작업"이라는 용어의 사용이 직업적인 관점에서뿐만 아니라 매우 광범위한 함축의 뜻을 가지고 있음을 나타내었다.

우제익 자스트러제보스키
(Wojciech Jastrzebowski)

2.2 A. Chapanis의 정의

인간공학은 기계와 그 조작 및 환경조건을 인간의 특성 및 능력과 한계에 잘 조화되도록 설계하는 수단을 연구하는 것으로 인간과 기계의 조화 있는 체계를 갖추기 위한 학문이다.

(1) 인간공학의 초점은 인간이 만들어 생활의 여러 가지 면에서 사용하는 물질, 기구 또는 환경을 설계하는 과정에서 인간을 고려하는 데 있다.

(2) 인간이 만든 물건, 기구 또는 환경의 설계과정에서 인간공학의 목표는 2가지이다.

가. 사람이 잘 사용할 수 있도록 실용적 효능을 높이고 건강, 안정, 만족과 같은 특정한 인간의 가치 기준을 유지하거나 높이는 데 있다.

나. 인간의 복지를 향상시킨다.

(3) 인간공학의 접근방법은 인간이 만들어 사람이 사용하는 물질, 기구 또는 환경을 설계하는 데 인간의 특성이나 행동에 관한 적절한 정보를 체계적으로 적용하는 것이다.

2.3 인간공학 전문가 인증위원회(BCPE)의 정의

인간공학 전문가 인증위원회(The Board of Certification in Professional Ergonomics, 1993)는 다음과 같이 인간공학을 정의하였다.

(1) 인간공학은 디자인과 관련하여 인간능력, 인간한계, 그리고 인간특징에 관한 학문의 체계이다.
(2) 인간공학적 디자인은 공구, 기계, 시스템, 직무, 작업, 환경 등의 디자인에 있어서 인간이 안전하고, 편안하고, 그리고 효과적으로 사용하는 데 응용되는 학문의 체계이다.

2.4 미국 산업안전보건청(OSHA)의 정의

미국 산업안전보건청(The Occupational Safety and Health Administrator, 1999)은 인간공학을 다음과 같이 정의하였다.

(1) 인간공학은 사람들에게 알맞도록 작업을 맞추어 주는 과학(지식)이다.
(2) 인간공학은 작업 디자인과 관련된 다른 인간특징뿐만 아니라 신체적인 능력이나 한계에 대한 학문의 체계를 포함한다.

2.5 ISO(International Standard for Organization)의 정의

인간공학은 건강, 안전, 복지, 작업성과 등의 개선을 요구하는 작업, 시스템, 제품, 환경을 인간의 신체적·정신적 능력과 한계에 부합시키기 위해 인간과학으로부터 지식을 생성·통합한다.

03 인간공학의 필요성 및 기대효과

3.1 인간공학의 필요성

(1) 인간공학의 목적은 작업환경 등에서 작업자의 신체적인 특성이나 행동하는 데 받는 제약조건 등이 고려된 시스템을 디자인하여 인간과 기계 및 작업환경과의 조화가 잘 이루어질 수 있도록 하여 작업자의 안전, 작업능률을 향상시키는 데 있다.
   가. 일과 활동을 수행하는 효능과 효율을 향상시키는 것으로, 사용편의성 증대, 오류 감소, 생산성 향상 등을 들 수 있다.

나. 바람직한 인간가치를 향상시키고자 하는 것으로, 안전성 개선, 피로와 스트레스 감소, 쾌적감 증가, 사용자수용성 향상, 작업만족도 증대, 생활의 질 개선 등을 들 수 있다.

(2) 최근 기술개발의 속도가 빨라지면서 설계 초기단계에서부터 인간요소를 체계적으로 고려할 필요가 있게 되었다.

(3) 회사(기관)들은 인간공학을 적용하지 않을 경우 비용이 증가되는 것을 경험하게 되면서 인간공학에 대한 필요성이 증대되었다.

(4) 인간공학적 원칙을 반영한 디자인이 자주 광고되면서 관리자들은 '인간공학'이라는 용어와 의미에 친숙하게 되었다.

(5) 인간공학은 단순히 적용하면 좋은 것으로만 생각되었지만 지금은 해야 할 필요가 있는 것으로 인식되고 있다.

(6) 사업가들은 인간공학이 작업자에게 안전과 보건(건강)을 보장해주는 중요한 역할을 하기 때문에 회사에 비용을 절감해주고 이익을 주는 것으로 받아들이고 있다.

(7) 인간공학은 일과 일상생활에서 사용하는 제품, 장치, 설비, 수순, 환경 등과 인간의 상호작용에 초점을 둔다. 인간공학은 인간과 사물의 설계가 인간에게 미치는 영향에 초점을 두어, 사람들이 사용하는 사물과 그 사용 환경을 변경하여 사람의 능력, 한계, 요구에 한층 부합시키도록 만든다.

(8) 인간공학의 접근방법은 인간이 만들어 사람이 사용하는 물건, 기구 혹은 환경을 설계하는 데 인간의 특성이나 행동에 관한 적절한 정보를 체계적으로 적용하는 것이 원칙이다.

3.2 인간공학의 기대효과

출제빈도 ★★★★

(1) 생산성의 향상
(2) 작업자의 건강 및 안전 향상
(3) 직무만족도의 향상
(4) 제품과 작업의 질 향상
(5) 이직률 및 작업손실 시간의 감소
(6) 산재손실비용의 감소
(7) 기업 이미지와 상품 선호도의 향상
(8) 노사 간의 신뢰 구축
(9) 선진수준의 작업환경과 작업조건을 마련함으로써 국제적 경제력의 확보

04 연구절차 및 방법론

4.1 인간공학의 연구방법 및 실험계획

출제빈도 ★★★★

인간공학 분야의 주 접근방법은 인간의 특성과 행동에 관한 적절한 정보를 인간이 만든 물건, 기구 및 환경의 설계에 응용하는 것이다. 이러한 목적에 적합한 정보원으로는 본질적으로 경험과 연구 두 가지가 있다.

4.1.1 연구방법의 개관

(1) 연구에 사용되는 변수의 유형 및 용어의 개념

가. 가설검정(hypothesis test): 미지의 모수에 대해 가설을 설정하고 모집단으로부터 표본을 추출하여 조사한 표본결과에 따라 그 가설의 진위 여부를 결정하는 통계적 방법이다.

나. 귀무가설(H_0, null hypothesis): 모집단의 특성에 대해 옳다고 제안하는 잠정적인 주장 또는 가정이다.

다. 대립가설(H_1, alternative hypothesis): 귀무가설의 주장이 틀렸다고 제안하는 가설로서 H_0가 기각되면 채택하게 되는 가설이다.

라. 독립변수(independent variable)

① 연구자가 실험에 영향을 줄 것이라고 판단하는 변수로서 그 효과를 검증하기 위한 조작변수이다.

② 독립변수란 연구자가 반응(response)변수 또는 종속변수(관찰변수)를 관찰하기 위해서 조작되거나, 측정되거나, 선택되어진 변수이다.

③ 독립변수는 다른 변수에 영향을 줄 수 있는 변수로서 정량·정성조사에 관계없이 반드시 설정되어야 하며, 보통 실험의 목표와 가설에 일치되고, 독립변수가 도출된 근거가 있어야 한다. 예로서 조명, 기기의 설계, 정보경로, 중력 등과 같이 조사·연구되어야 할 인자이다.

마. 종속변수(dependent variable)

① 독립변수의 영향을 받아 변화될 것이라고 보는 변수이자 결과값이다. 즉, 독립변수에 대한 반응으로서 측정되거나 관찰이 된 변수를 말하므로 종속변수는 독립변수에 의해 항상 영향을 받는 변수이다.

② 또한 독립변수의 가능한 '효과'의 척도이다. 반응시간과 같은 성능의 척도일 경우가 많고, 종속변수는 보통 기준이라고도 부른다.

바. 통제변수(제어변수, control variable)

① 영향을 미칠지도 모르는 연구의 목적 이외의 다른 변수들의 영향을 통제시키고자 할 때 사용한다.

② 실험이나 서베이를 하는 동안 변수의 여러 가지 수준들 중에서 한 표본에 대해서 일정한 수준의 값이 유지되는 변수로서 외재변인(extraneous variable)이라고도 한다. 그러나 실질적으로 많은 실험연구나 설문조사 연구에서 모든 외재변인을 통제한다는 것은 사실상 불가능하다고 볼 수 있다. 예로서 로그인 빈도를 동일하게 맞춘 후 그룹 간 비교 등이 있다.

예제

사업장의 안전보건 관리자는 작업에 따라 산소소비량을 이용하여 육체적인 작업부하 정도를 조사하려 한다. 육체적 부하정도는 성별, 나이, 작업내용에 의하여 영향을 받는다고 알려져 있으나, 작업자들의 대부분이 남자이기 때문에 연구조사는 남자만 고려하고자 한다. 이 연구에서 종속변수, 독립변수, 제어변수는 무엇인가?

풀이

(1) 종속변수: 산소소비량
(2) 독립변수: 나이, 작업내용
(3) 제어변수: 성별

(2) 실험실 대 현장 연구

조사연구자가 특정한 연구목적을 생각하고 있을 때 흔히는 그 연구를 어떤 상황에서 실시할 것인가를 선택할 수 있다. 연구자가 선택할 수 있는 경우에는 결정을 내리는 데 실험의 목적, 변수관리 용이성, 사실성, 피실험자의 동기, 피실험자의 안전 등을 고려해야 한다.

가. 실험실 연구: 조사연구자가 진폭을 식별할 수 있는 threshold에 대해서 연구하고자 한다면, 실험실 밖에서는 이런 상황을 얻기 어려우므로 실험실에서 해야 할 것이다.

① 피실험자 내 실험: 실험하고자 하는 특성을 알아내기 위해 개인의 특성, 즉 실험조건이나 상황에 따라서 달라지는 개인의 특성을 연구하는 경우이다.

② 피실험자 간 실험: 군 간이나 집단 개개의 특성, 즉 서로 다른 개인들 간의 차이를 나타내는 특성을 연구하는 경우이다.

표 2.1.1 실험실 연구, 현장 연구, 모의실험의 장단점

구분	장점	단점
실험실 연구	변수통제 용이 환경간섭 제거 가능 안전 확보	사실성이나 현장감 부족
현장 연구	사실성이나 현장감	변수통제 곤란 환경간섭 제거 곤란 시간과 비용
모의실험	어느 정도 사실성 확보 변수통제 용이 안전 확보	고비용

나. **현장연구**: 속도표지판의 여러 가지 유형이 운전자의 행동에 얼마나 영향을 끼치는가 하는 것은 실험실에서는 사실적으로 연구할 수 없다. 이런 경우 실험자는 명백히 고속도로나 도로 연변에 '개점'할 것이다.

다. **모의실험**: 보통 현장상황에서 연구를 수행하는 것이 비실제적이거나 불가능할 때 이용된다. 어떤 상황에서는 컴퓨터 모의실험이나 가상현실이 이용되기도 한다.

(3) 표본 추출

가. 실제로 거의 모든 연구나 실험에서는 어떤 이론적 모집단으로부터의 표본을 다룬다.

나. 모집단으로부터 추출한 표본에서 나오는 자료는 모집단에 관해서 외삽하거나 추정하는 기초가 된다.

다. 표본은 모집단을 대표할 수 있을 만한 크기와 특성을 가져야 한다.

4.2 연구 및 체계개발에 있어서의 평가기준

출제빈도 ★★★★

4.2.1 평가기준의 유형

시스템은 수행할 공통의 목표를 가지고 있기 때문에 얼마나 효율적으로 목표가 수행되는가를 평가하기 위한 기준이 필요하다. 인간과 관련한 작업분석 영역은 다음의 세 가지 유형의 기준으로 구분된다(Meister, 1985).

(1) 시스템 기준(system-descriptive criteria)
(2) 작업성능 기준(task-performance criteria)
(3) 인간기준(human criteria)

4.2.2 평가기준의 요건

시스템의 평가기준을 어떻게 정의하느냐 하는 문제는 시스템이 달성하고자 하는 목표에 기반을 두고 정해야 한다. 사람이 관여하는 시스템에서는 평가기준을 어떤 것으로 정하느냐에 따라 시스템의 목표를 왜곡하는 방향으로 구성요소들이 작용할 수 있으므로 여러 가지 지수 중에서 어떤 지수를 평가기준으로 정할 것인가에 주의를 기울여야 한다.

또한 시스템의 목표를 하나의 지수로 평가하기 어려운 경우에는 복수의 평가기준들을 상호 보완적으로 사용해야 한다. 일반적으로 평가기준은 다음과 같은 요건을 만족해야 한다.

(1) 실제적 요건(practical requirement)

객관적이고, 정량적이며, 강요적이 아니고, 수집이 쉬우며, 특수한 자료수집 기반이나 기기가 필요 없고, 돈이나 실험자의 수고가 적게 드는 것이어야 한다.

(2) 타당성(validity) 및 적절성(relevance)

어느 것이나 공통적으로 변수가 실제로 의도하는 바를 어느 정도 평가하는가를 결정하는 것이다.

① 표면타당성: 어떤 기준이 의도한 바를 어느 정도 측정하는 것처럼 보이는가를 말함
② 내용타당성: 어떤 변수의 기준이 지식분야나 일련의 직무행동과 같은 영역을 망라하는 정도를 말함
③ 구조타당성: 임의기준이 실제로 관심을 가진 것의 하부구조(가령 행동의 기본유형이나 문제가 되는 능력)를 다루는 정도를 말함

(3) 신뢰성(repeatability)

시간이나 대표적 표본의 선정에 관계없이, 변수측정의 일관성이나 안정성을 말한다.

(4) 순수성 또는 무오염성(freedom from contamination)

측정하는 구조 외적인 변수의 영향을 받지 않는 것을 말한다.

(5) 측정의 민감도(sensitivity of measurement)

실험변수 수준 변화에 따라 기준 값의 차이가 존재하는 정도를 말하며, 피검자 사이에서 볼 수 있는 예상 차이점에 비례하는 단위로 측정해야 한다.

2장 | 인간의 감각기능

01 시각기능

인간은 주로 시각에 의존하여 외부세계의 상태에 대한 정보를 수집한다. 인간의 눈은 상당히 복잡하며, 많은 정보를 처리할 수 있다. 또한, 우리는 눈을 통해 정보의 약 80%를 수집한다.

1.1 시각과정

출제빈도 ★★★★

물체로부터 나오는 반사광은 동공을 통과하여 수정체에서 굴절되고 망막에 초점이 맞추어진다. 망막은 광 자극을 수용하고 시신경을 통하여 뇌에 임펄스를 전달한다.

1.1.1 눈의 구조

인간의 눈은 그 원리가 카메라와 매우 흡사하다. 동공을 통하여 들어온 빛은 수정체를 통하여 초점이 맞추어지고 감광 부위인 망막에 상이 맺히게 된다.

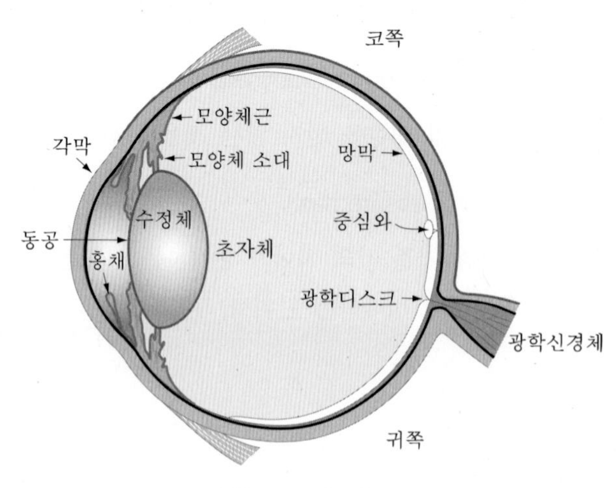

그림 2.2.1 눈의 구조

(1) 각막

눈의 가장 바깥쪽에 있는 투명한 무혈관 조직이다.

(2) 동공

홍채의 중앙에 구멍이 나 있는 부위를 말하며, 동공은 원형이며, 시야가 어두우면 그 크기가 커지고, 밝으면 작아져서 들어오는 빛의 양을 조절한다.

(3) 수정체

수정체의 크기와 모양은 타원형의 알약같이 생겼으며, 그 속에 액체를 담고 있는 주머니 모양을 하고 있다.

(4) 홍채

각막과 수정체 사이에 위치하며, 홍채의 색은 인종별, 개인적으로 차이가 있을 수 있다. 색소가 많으면 갈색, 적으면 청색으로 보이며, 홍채의 기능은 빛의 양을 조절하는 조리개 역할을 한다.

(5) 망막

안구 뒤쪽 2/3를 덮고 있는 투명한 신경조직으로 카메라의 필름에 해당하는 부위이다. 눈으로 들어온 빛이 최종적으로 도달하는 곳이며, 망막의 시세포들이 시신경을 통해 뇌로 신호를 전달하는 기능을 한다.

가. 망막은 원추체와 간상체로 되어 있다.

① 원추체

(a) 낮처럼 조도 수준이 높을 때 기능을 하며 색을 구별한다. 원추체가 없으면 색깔을 볼 수 없다.

(b) 600~700만 개의 원추체가 망막의 중심 부근, 즉 황반에 집중되어 있는데, 이 황반은 시력이 가장 예민한 영역이다.

(c) 물체를 분명하게 보려면 원추체를 활성화시키기에 충분한 빛이 있어야 하고, 물체의 상이 황반 위에 초점을 맞출 수 있는 방향에서 물체를 보아야 한다.

② 간상체

(a) 밤처럼 조도 수준이 낮을 때 기능을 하며 흑백의 음영만을 구분한다.

(b) 약 1억 3,000만 개의 간상체는 주로 망막 주변에 있는데, 황반으로부터 10~20도인 부분에서 밀도가 가장 크다.

(c) 조도가 낮을 때 기능을 하는 간상체는 주로 망막 주변에 있으므로, 희미한

물체를 바로 보기보다는 약간 비스듬히 보아야 잘 볼 수 있다.

③ 간상체나 원추체가 빛을 흡수하면 화학반응이 일어나며, 이어서 신경임펄스를 일으켜서 시신경을 거쳐 뇌로 전달한다. 뇌는 여러 임펄스를 통합하여 외부세계의 시각적 인상을 제공한다.

(6) 중심와

망막 중 뒤쪽의 빛이 들어와서 초점을 맺는 부위를 말한다. 이 부분은 망막이 얇고 색을 감지하는 세포인 원추체가 많이 모여 있다. 중심와의 시세포는 신경섬유와 연결되어 시신경을 통해 뇌로 영상신호가 전달한다.

1.1.2 시력

시력(visual acuity)은 세부적인 내용을 시각적으로 식별할 수 있는 능력을 말한다. 여러 유형의 시력은 주로 망막 위에 초점이 맞추어지도록 수정체의 두께를 조절하는 눈의 조절능력(accommodation)에 달려 있다.

(1) 시력의 척도

가. 최소분간시력(minimum separable acuity)

최소분간시력은 눈이 식별할 수 있는 과녁(target)의 최소특징이나 과녁 부분들 간의 최소공간을 말한다.

① 최소분간시력을 측정할 때에는 문자나 여러 가지 기하학적 형태를 가진 시각적 과녁을 사용한다.

② 시각적 과녁을 사용하여 시력을 측정할 때, 시력은 그가 정확히 식별할 수 있는 최소의 세부사항을 볼 때 생기는 시각의 역수로 측정한다.

③ 시각은 보는 물체에 의한 눈에서의 대각인데(그림 2.2.2 참조), 일반적으로 호의 분이나 초단위로 나타낸다($1° = 60' = 3{,}600''$). 시각에 대한 개념은 그림 2.2.2와 같으며, 시각이 10° 이하일 때는 다음 공식에 의해 계산된다.

$$\text{시각}(') = \frac{(57.3)(60)H}{D}$$

여기서, H: 시각자극(물체)의 크기(높이)

D: 눈과 물체 사이의 거리

(57.3)(60): 시각이 600′ 이하일 때 라디안(radian) 단위를 분으로 환산하기 위한 상수

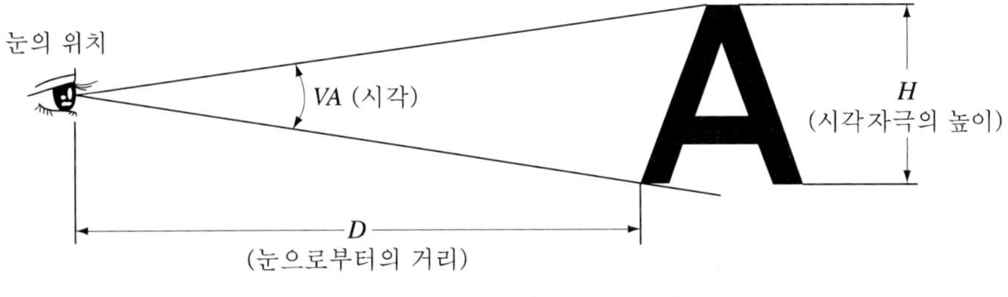

그림 2.2.2 시각(visual angle)

④ 보통 시력의 우열을 가늠하는 기본척도로, 시각 1분의 역수를 표준단위로 사용하는데, 표 2.2.1에 몇 가지 최소시각에 대한 시력을 나타내었다.

표 2.2.1 최소시각에 대한 시력

최소각	시 력
2분(′)	0.5
1분	1
30초(″)	2
15초	4

주) 라디안(radian): 원의 중심에서 인접한 두 반지름에 의해 형성된 호(arc)의 길이가 반지름의 길이와 같은 경우 각의 크기(1 rad: 57.3°)

나. 최소지각시력(minimum perceptible acuity)

배경으로부터 한 점을 분간하는 능력이다.

예제

5 m 떨어진 곳에서 1 mm 벌어진 틈을 구분할 수 있는 사람의 시력은 얼마인가?

풀이

(1) 시각은 보는 물체에 의한 눈에서의 대각인데, 일반적으로 호의 분이나 초 단위로 나타낸다(1° =60′=3600″). 시각에 대한 개념은 다음 그림과 같으며, 시각이 10° 이하일 때는 다음 공식에 의해 계산된다.

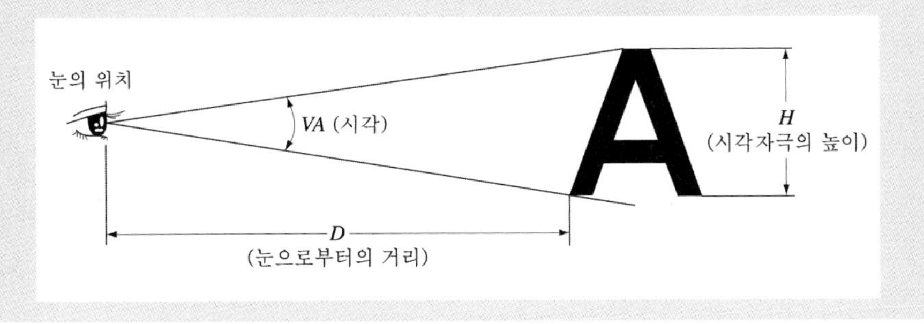

$$시각(') = \frac{(57.3)(60)H}{D} = \frac{(57.3)(60)(1)}{5000} = 0.6876$$

H: 시각자극(물체)의 크기(높이)

D: 눈과 물체 사이의 거리

(57.3)(60): 시각이 600′ 이하일 때 라디안(radian) 단위를 분으로 환산하기 위한 상수

(2) 인간의 시력을 측정하는 방법에는 여러 가지가 있으나 가장 보편적으로 사용되는 것은 최소가분시력(minimal separable acuity)으로, 이는 눈이 식별할 수 있는 표적의 최소공간을 말한다.

$$시력(최소가분시력) = \frac{1}{시각} = \frac{1}{0.6876} \fallingdotseq 1.5$$

(2) 푸르키네 효과(Purkinje effect)

푸르키네 효과란 조명 수준이 감소하면 장파장에 대한 시감도가 감소하는 현상이다. 즉, 밤에는 같은 밝기를 갖는 적색보다 청색을 더 잘 볼 수 있다.

1.1.3 순응

갑자기 어두운 곳에 들어가면 아무것도 보이지 않게 된다. 또한, 밝은 곳에 갑자기 노출되면 눈이 부셔서 보기 힘들다. 그러나 시간이 지나면 점차 사물의 현상을 알 수 있다. 이러한 새로운 광도 수준에 대한 적응을 순응(adaptation)이라고 한다. 동공의 축소, 확대라는 기능에 의해 이루어진다. 우선 어두운 곳에서는 동공이 확대되어 눈으로 더 많은 양의 빛을 받아들이고, 밝은 곳에서는 동공이 축소되어 눈에 들어오는 빛의 양을 제한한다.

(1) 암순응(dark adaptation)

밝은 곳에서 어두운 곳으로 이동할 때의 순응을 암순응이라 하며, 두 가지 단계를 거치게 된다.

가. 두 가지 순응단계

① 약 5분 정도 걸리는 원추세포의 순응단계

② 약 30~35분 정도 걸리는 간상세포의 순응단계

나. 어두운 곳에서 원추세포는 색에 대한 감수성을 잃게 되고, 간상세포에 의존하게 되므로 색의 식별은 제한된다.

(2) 명순응(lightness adaptation)

밝은 곳에서의 순응을 명순응이라 하는데, 어두운 곳에 있는 동안 빛에 아주 민감하게 된 시각계통을 강한 광선이 압도하게 되기 때문에 일시적으로 안 보이게 되는 것이다.

가. 완전 암순응에는 보통 30~40분이 걸리지만, 명순응은 몇 초밖에 안 걸리며, 넉넉잡아 1~2분이다.

나. 같은 밝기의 불빛이라도 적색이나 보라색보다는 백색 또는 황색 광이 암순응을 더 빨리 파괴한다. 즉, 암순응되어 있는 눈이 적색이나 보라색으로의 변화에 가장 둔감하다는 것이다.

1.2 시식별에 영향을 주는 인자

출제빈도 ★★★★

인간의 시식별 능력은 그의 시각적 기술, 특히 시력과 같은 개인차 외에도 시식별에 영향을 주는 외적 변수(조건)들이 있다.

1.2.1 조도(illuminance)

조도는 어떤 물체나 표면에 도달하는 광의 밀도를 말한다.

(1) 척도

foot-candle과 lux가 흔히 쓰인다(그림 2.2.3 참조).

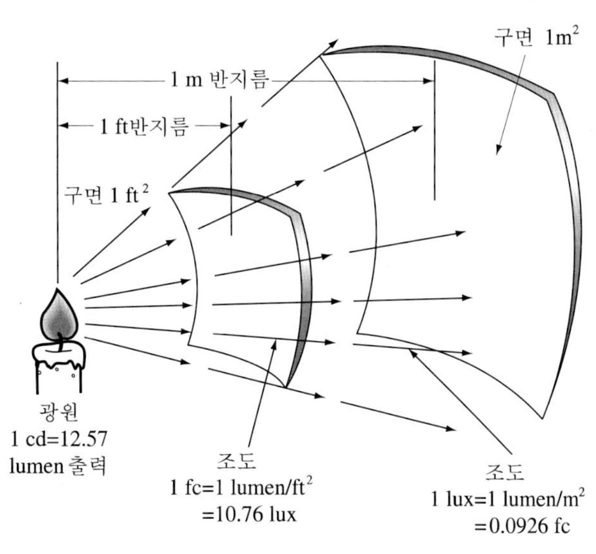

그림 2.2.3 조도와 거리의 관계

가. foot-candle(fc): 1 cd의 점광원으로부터 1 foot 떨어진 구면에 비추는 광의 밀도; 1 lumen/ft^2

나. lux(meter-candle): 1 cd의 점광원으로부터 1 m 떨어진 구면에 비추는 광의 밀도; 1 lumen/m^2

(2) 광량

광량을 비교하기 위한 목적으로 제정된 표준은 고래기름으로 만든 국제표준촛불(Candle)이었으나, 현재는 Candela(cd)를 채택하고 있다. 광속(luminous flux)의 개념으로 표시하면 1 cd의 광원이 발하는 광량은 $4\pi(12.57)$ lumen이다.

(3) 거리가 증가할 때에 조도는 다음 식에서처럼 거리의 제곱에 반비례한다. 이는 점광원에 대해서만 적용된다.

$$\text{조도} = \frac{\text{광량}}{\text{거리}^2}$$

(4) 광도(휘도, luminance)

대부분의 표시장치에서 중요한 척도가 되는데, 단위면적당 표면에서 반사 또는 방출되는 광량(luminous intensity)을 말하며, 종종 휘도라고도 한다. 단위로는 L(Lambert)을 쓴다.

$$B = \frac{dF}{dA} \text{ [lambert]}$$

여기서, B: 광도

dA: 단위면적

dF: 단위당 광속발산량

Lambert(L): 완전발산 및 반사하는 표면이 표준촛불로 1 cm 거리에서 조명될 때의 조도와 같은 광도

(5) 반사율(reflectance)

표면에 도달하는 빛과 결과로서 나오는 광도와의 관계이다. 빛을 완전히 발산 및 반사시키는 표면의 반사율은 100%가 된다. 그러나 실제로는 거의 완전히 반사하는 표면에서 얻을 수 있는 최대반사율은 약 95% 정도이다.

$$\text{반사율(\%)} = \frac{\text{광도}}{\text{조도(조명)}} = \frac{fL}{fc} \quad \text{혹은} \quad \frac{\text{cd/m}^2 \times \pi}{\text{lux}}$$

예제

1 cd의 점광원으로부터 3 m 떨어진 구면의 조도는 몇 Lux인가?

풀이

$$\text{조도} = \frac{\text{광량}}{\text{거리}^2} = \frac{1}{3^2} = \frac{1}{9}\ \text{Lux}$$

1.2.2 대비(contrast)

(1) 대비는 보통 과녁의 광도(L_t)와 배경의 광도(L_b)의 차를 나타내는 척도이다. 일부 학자는 대비의 공식에 광도 대신에 반사율을 사용하기도 한다.

$$\text{대비}(\%) = \frac{L_b - L_t}{L_b} \times 100 = \frac{\text{반사율}_b - \text{반사율}_t}{\text{반사율}_b} \times 100$$

(2) 과녁이 배경보다 어두울 경우는 대비가 0에서 100 사이에 오며, 과녁이 배경보다 밝을 경우에는 0에서 $-\infty$ 사이에 오게 된다. 그러나 과녁과 배경의 구분이 모호하고 밝고 어두운 부분이 같을 경우에는 밝은 부분의 광도를 배경으로 보고 대비를 계산한다.

예제

종이의 반사율이 80%, 글자의 반사율이 20%일 때 대비를 구하시오.

풀이

$$\text{대비}(\%) = 100 \times 100 \times \frac{L_b - L_t}{L_b} = 100 \times \frac{80-20}{80} = 75\%$$

02 청각기능

2.1 청각과정

출제빈도 ★★★★

청각과정(hearing process)에 대하여 검토하기 위해서 귀의 해부학적 특성과 귀에서 감지하는 물리적 자극(즉, 음의 진동)에 대하여 알아본다.

2.1.1 귀의 구조

귀는 그림 2.2.4에 있는 것과 같이 해부학적으로 외이, 중이, 내이로 나뉜다.

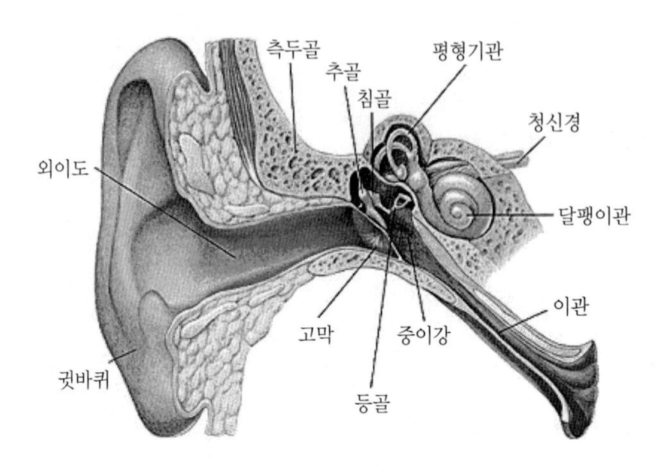

그림 2.2.4 귀의 구조

2.1.2 음의 특성 및 측정

음(sound)은 어떤 음원으로부터 발생되는 진동에 의하여 발생되며, 여러 가지 매체를 통해서 전달된다. 음의 가장 기본이 되는 특성으로는 음의 진동수(또는 주파수)와 강도(또는 진폭)가 있다.

(1) 음파의 진동수(frequency of sound wave)

가. 음차(tuning fork; 소리굽쇠)

① 음차를 두드리면 음차는 고유진동수로 진동하게 되는데, 음차가 진동함에 따라 공기의 입자는 전후방으로 움직이게 된다. 이에 따라 공기의 압력은 증가 또는 감소한다.

② 정현파(sine wave; 사인파)

(a) 음차 같은 간단한 음원의 진동은 정현파를 만든다.

(b) 단순 사인파는 중심선 상하가 거울상의 파형을 보이며, 이러한 파형이 계속 반복된다.

(c) 1초당 사이클 수를 음의 진동수(주파수)라 하고, Hz(hertz) 또는 cps(cycle/s)로 표시한다.

(d) 물리적 음의 진동수는 인간이 감지하는 음의 높낮이와 관련된다.

나. 음계(musical scale)에서 중앙의 C(도)음은 256 Hz이며, 음이 한 옥타브(octave) 높아질 때마다 진동수는 2배씩 높아진다. 보통 인간의 귀는 약 20~20,000 Hz의 진동수를 감지할 수 있으나 진동수마다 감도가 다르고 개인에 따라 차이가 있다.

(2) 음의 강도(sound intensity)

가. 음의 강도는 단위면적당의 에너지(Watt/m^2)로 정의되며, 일반적으로 음에 대한 값은 그 범위가 매우 넓기 때문에 로그(log)를 사용한다.

나. Bell(B; 두 음의 강도비의 로그 값)을 기본 측정단위로 사용하고, 보통은 dB(decibel)을 사용한다(1 dB = 0.1 B).

다. 음은 정상기압에서 상하로 변하는 압력파이기 때문에 음의 진폭 또는 강도의 측정은 이러한 기압의 변화를 이용하여 직접 측정할 수 있다. 그러나 음에 대한 기압 값은 그 범위가 너무 넓어서 음압수준을 사용하는 것이 일반적이다.

라. 음압수준(Sound-Pressure Level; SPL): 음원출력(sound power of source)은 음압비의 제곱에 비례하므로, 음압수준은 다음과 같이 정의될 수 있다.

$$\mathrm{SPL(dB)} = 10\log_{10}\left(\frac{P_1^2}{P_0^2}\right)$$

여기서, P_1: 측정하고자 하는 음압

P_0: 기준음압($P_0 = 20\ \mu\mathrm{N/m^2}$)

이 식을 다시 정리하면 다음과 같다.

$$\mathrm{SPL(dB)} = 20\log_{10}\left(\frac{P_1}{P_0}\right)$$

또한 dB은 상대적인 단위이며, 두 음압 P_1, P_2를 갖는 두 음의 강도차는 다음과 같다.

$$\mathrm{SPL_2} - \mathrm{SPL_1} = 20\log\left(\frac{P_2}{P_0}\right) - 20\log\left(\frac{P_1}{P_0}\right) = 20\log\left(\frac{P_2}{P_1}\right)$$

그리고 거리에 따른 음의 강도 변화는 다음과 같다.

$$\mathrm{dB_2} = \mathrm{dB_1} - 20\log(d_2/d_1)$$

여기서, d_1, d_2: 음원으로부터 떨어진 거리

예제

자동차로부터 25 m 떨어진 곳에서의 음압수준이 120 dB이라면 4,000 m에서의 음압은 몇 dB인가?

풀이

$$dB_2 = dB_1 - 20\log\left(\frac{d_2}{d_1}\right) = 120 - 20\log\left(\frac{4000}{25}\right) = 75.92(dB)$$

2.1.3 음량(sound volume)

소리의 크고 작은 느낌은 주로 강도와 진동수에 의해서 일부 영향을 받는다. 음량의 기본속성에는 phon, sone, 인식수준(PLdB)의 세 가지 척도가 있다.

(1) phon

가. 두 소리가 있을 때 그중 하나를 조정해 나가면 두 소리를 같은 크기가 되도록 할 수 있는데, 이러한 기법을 사용하여 정량적 평가를 하기 위한 음량수준척도를 만들 수 있다. 이때의 단위가 phon이다.

나. 어떤 음의 음량수준을 나타내는 phon값은 이 음과 같은 크기로 들리는 1,000 Hz 순음의 음압수준(dB)을 의미한다(예: 20 dB의 1,000 Hz는 20 phon이 된다).

다. 순음의 등음량 곡선: 특정 세기의 1,000 Hz 순음의 크기와 동일하다고 판단되는 다른 주파수위 음의 세기를 표시한 등음량 곡선을 나타내고 있다(Robinson 등, 1957).

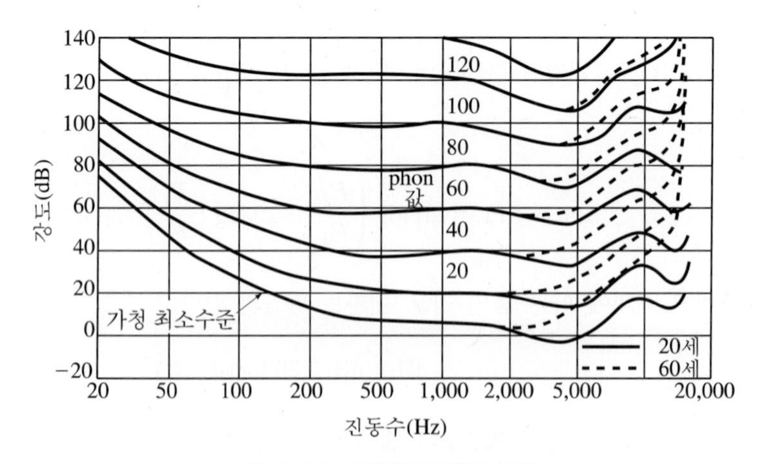

그림 2.2.5 순음의 등음량 곡선

라. phon은 여러 음의 주관적 등감도(equality)는 나타내지만, 상이한 음의 상대적 크기에 대한 정보는 나타내지 못하는 단점을 지니고 있다(예: 40 phon과 20 phon 음 간의 크기 차이 정도).

(2) sone

다른 음의 상대적인 주관적 크기에 대해서는 sone이라는 음량척도를 사용한다.

가. 40 dB의 1,000 Hz 순음의 크기(40 phon)를 1 sone이라 한다. 그리고 이 기준음에 비해서 몇 배의 크기를 갖느냐에 따라 음의 sone값이 결정된다. 기준음보다 10배 크게 들리는 음이 있다면 이 음의 음량은 10 sone이다.

나. 음량(sone)과 음량수준(phon) 사이에는 다음과 같은 공식이 성립된다.

$$\text{sone값} = 2^{(\text{phon값} - 40)/10}$$

(20 phon 이상의 순음 또는 복합음의 경우)

즉, 음량수준이 10 phon 증가하면 음량(sone)은 2배가 된다(Stevens, 1955). 일반적으로, 같은 dB 수준을 가질 때 복합음의 음량(sone)은 순음의 음량보다 크다.

예제

40 dB 1,000 Hz의 음과 80 dB 1,000 Hz 음의 상대적인 주관적 크기를 비교하여 설명하시오.

풀이

sone: 다른 음의 상대적 주관적 크기를 나타내는 음량척도

phon: 1,000 Hz 순음의 음압수준(dB)을 의미(예: 20 dB의 1,000 Hz는 20 phon이 된다.)

$$\text{sone} = 2^{\frac{(\text{Phon값} - 40)}{10}}$$

$$40 \text{ phon}(1{,}000 \text{ Hz, } 40 \text{ dB}),\ 2^{\frac{(40-40)}{10}} = 1 \text{ sone}$$

$$80 \text{ phon}(1{,}000 \text{ Hz, } 80 \text{ dB}),\ 2^{\frac{(80-40)}{10}} = 16 \text{ sone}$$

따라서 상대적 크기는 16배이다.

3장 | 인간의 정보처리

01 정보처리 과정

1.1 인간의 정보처리 과정

(1) 여러 가지 인간활동에 있어서 인간이 취하는 신체적 반응은 어떤 입력에 대해 직접적이고 분명한 관계를 갖는다. 그러나 교통이 폭주하는 속에서 운전할 때와 같이 좀 더 복잡한 임무에 있어서는 정보입력 단계와 실제반응 사이에(판단 및 의사결정을 포함하여) 더 많은 정보처리를 하게 된다.

(2) 정보처리의 복잡한 정도의 차이는 있다 할지라도 여러 중간 과정들은 일반화하여 나타낼 수 있다. 일반화된 표현은 그림 2.3.1과 같다.

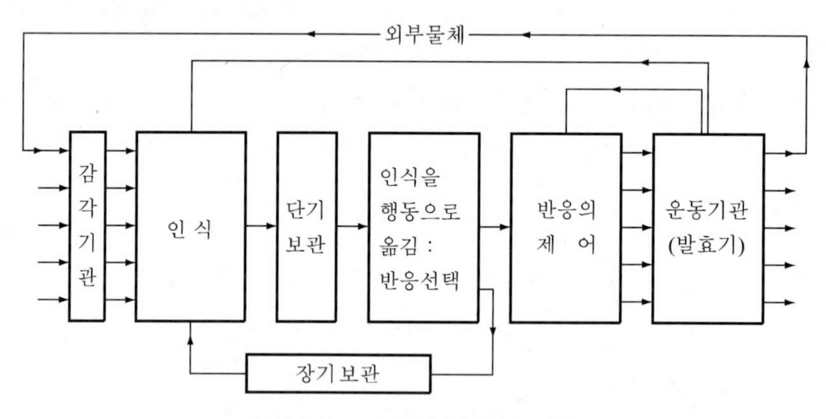

그림 2.3.1 인간의 정보처리 과정

1.2 자극차원

출제빈도 ★★★★

(1) 인간이 시각, 청각 등 어떤 특정 감각을 통하여 환경으로부터 받아들이는 자극입력은 그 특성이 다양하다(크기, 색, 위치 등의 시각적 식별과 진동수 등의 청각적 식별을 한다).

(2) 표시장치를 통해 정보를 전달할 때에는 사용되는 자극의 특성을 단순하게 하는 것이 보통이어서 진동수의 변화와 같이 자극들의 어떤 한 가지 종류 내의 변화로 이루어지는 것이 전형적이며, 이를 하나의 자극차원이라고 한다.

(3) 어떤 자극차원이라도 정보를 전달하기 위한 효용성은 어떤 한 자극을 다른 자극과 변별하는 데 필요한 인간의 감각 및 인식적 판별력에 달려 있다.

(4) 인간의 절대식별 능력은 일반적으로 상대적으로 식별하는 능력에 비해서 훨씬 떨어진다(상대적 색 비교: 100,000~300,000구별, 절대적 색 식별: 10~20개 정도).

(5) 상대식별: 웨버의 법칙(Weber's law)

물리적 자극을 상대적으로 판단하는 데 있어 특정 감각의 변화감지역은 기준자극의 크기에 비례한다. 웨버의 비가 작을수록 감각의 분별력이 뛰어나다.

$$\text{웨버의 비} = \frac{\text{변화감지역}}{\text{기준자극의 크기}}$$

여기서, 변화감지역(JND; Just Noticeable Difference)은 두 자극 사이의 차이를 식별할 수 있는 최소강도의 차이를 말한다. 웨버의 법칙의 예시는 다음과 같다.

가. **무게감지**: 웨버의 비가 0.02라면 100 g을 기준으로 무게의 변화를 느끼려면 2 g 정도면 되지만, 10 kg의 무게를 기준으로 한 경우에는 200 g이 되어야 무게의 차이를 감지할 수 있다.

나. **마케팅**: 제품의 가격과 관련한 소비자들의 웨버의 비를 조사하여 변화감지역 내에서 제품가격을 인상한다면 소비자가 가격이 인상된 것을 쉽게 지각하지 못한다.

다. **제조과정**: 맥주 제조업체들은 계절에 따라 원료의 점도와 효소의 양을 변화감지역의 범위 안에서 조절함으로써 소비자로 하여금 맥주의 맛이 사계절 동일하다고 느끼게 한다.

(6) 절대식별

절대식별은 다음 두 종류(가, 나)의 상황에서 필요하다.

가. 한 자극차원 내의 몇 가지 이산적인 위치수준 또는 수치가 암호로 사용되어 각 위치가 각기 다른 정보를 나타내는 경우(진동수가 다른 여러 가지 음을 자극으로 사용하는 경우이며 듣는 사람은 특정한 음을 식별하여야 한다.)

나. 자극이 연속변수로서 자극차원 내의 어떤 값도 가질 수 있으며, 사람이 그 차원 내에서의 수치나 위치를 판별해야 하는 경우

다. 인간이 한 자극차원 내의 자극을 절대적으로 식별할 수 있는 능력은 대부분의 자

극차원의 경우 크지 못하며, 표 2.3.1에서와 같이 일반적으로 4~9개 정도, bit 수로 2.0에서 3.0 bit 정도이다.

표 2.3.1 자극차원별 절대식별 능력

자극차원	평균식별수	bit 수
단순음	5	2.3
음량	4~5	2~2.3
보는 물체의 크기	5~7	2.3~2.8
광도	3~5	1.7~2.3

라. 신비의 수 7±2: Miller는 절대식별 범위가 대개 7±2(5~9)라고 하였다.

1.3 인간기억 체계

출제빈도 ★★★★

인간의 기억체계는 다음과 같이 감각보관, 작업기억, 장기기억의 3가지 하부체계로 개념화된다.

1.3.1 감각보관(sensory storage)

(1) 개개의 감각경로는 임시 보관장치를 가지고 있으며, 자극이 사라진 후에도 잠시 동안 감각이 지속된다. 촉각 및 후각의 감각보관에 대한 증거가 있다. 잘 알려진 감각보관은 시각계통의 상(像) 보관(iconic storage)과 청각계통의 향(響) 보관(echoic storage)이다.

가. **상 보관**: 시각적인 자극이 영사막에 순간적으로 비춰지며, 상 보관기능은 잔상을 잠시 유지하여 그 영상을 좀 더 처리할 수 있게 한다(1초 이내 지속).

나. **향 보관**: 청각적 정보도 향 보관기능을 통해서 비슷한 양상으로 일어나며, 수 초나 지속된 후에 사라진다.

(2) 감각보관은 비교적 자동적이며, 좀 더 긴 기간 동안 정보를 보관하기 위해서는 암호화되어 작업기억으로 이전되어야 한다.

1.3.2 작업기억(working memory)

(1) 인간의 정보보관의 유형에는 오래된 정보를 보관하도록 마련되어 있는 것과 순환하는 생각이라 불리며, 현재 또는 최근의 정보를 기록하는 일을 맡는 두 가지의 유형이 있다.

(2) 감각보관으로부터 정보를 암호화하여 작업기억 혹은 단기기억으로 이전하기 위해서는

인간이 그 과정에 주의를 집중해야 한다.

(3) 복송(rehearsal): 정보를 작업기억 내에 유지하는 유일한 방법
(4) 작업기억 내의 정보는 시간이 흐름에 따라 쇠퇴할 수 있다.
(5) 작업기억에 저장될 수 있는 정보량의 한계: 7±2 chunk
(6) chunk: 의미 있는 정보의 단위를 말한다.
(7) chunking(recoding): 입력정보를 의미가 있는 단위인 chunk로 배합하고 편성하는 것을 말한다.
(8) 시공간 스케치북

가. 시공간 스케치북은 주차한 차의 위치, 편의점에서 집까지 오는 길과 같이 시각적, 공간적 정보를 잠시 동안 보관하는 것을 가능하게 해준다.

나. 사람들에게 자기 집 현관문을 떠올리라고 지시하고 문손잡이가 어느 쪽에 위치하는지를 물으면, 사람들은 마음속에 떠올린 자기 집 현관문의 손잡이가 문 왼쪽에 있는지 오른쪽에 있는지 볼 수 있다.

다. 이러한 시각적 심상을 떠올리는 능력은 시공간 스케치북에 의존한다.

(9) 음운고리(phonological loop)

가. 음운고리는 짧은 시간 동안 제한된 수의 소리를 저장한다. 음운고리는 제한된 정보를 짧은 시간 동안 청각부호로 유지하는 음운저장소와 음운저장소에 있는 단어들을 소리 없이 반복할 수 있도록 하는 하위 발성암송 과정이라는 하위요소로 이루어져 있다.

나. 음운고리의 제한된 저장공간은 발음시간에 따른 국가 이름 암송의 차이에 대한 연구로 알 수 있다. 예를 들어, 가봉, 가나 같은 국가의 이름은 빨리 발음할 수 있지만, 대조적으로 리히텐슈타인이나 미크로네시아와 같은 국가의 이름은 정해진 시간 안에 제한된 수만을 발음할 수 있다.

다. 따라서 이러한 긴 목록을 암송해야 하는 경우에 부득이 일부 국가 이름은 음운고리에서 사라지게 된다.

1.3.3 장기기억(long-term memory)

(1) 작업기억 내의 정보는 의미론적으로 암호화되어 그 정보에 의미를 부여하고 장기기억에 이미 보관되어 있는 정보와 관련되어 장기기억에 이전된다.
(2) 장기기억에 많은 정보를 저장하기 위해서는 정보를 분석하고, 비교하고, 과거지식과 연계시켜 체계적으로 조직화하는 작업이 필요하다.

(3) 체계적으로 조직화되어 저장된 정보는 시간이 지나서도 회상(retrieval)이 용이하다.
(4) 정보를 조직화하기 위해 기억술(mnemonics)을 활용하면 회상이 용이해진다.

1.4 인체반응의 정보량

출제빈도 ★★★★

인체반응도 정보를 전달한다. 사람들이 인체반응을 통해서 정보를 전송하는 효율은 최초 정보입력의 특성과 요구되는 반응의 종류에 달려 있다.

1.4.1 막대꽂기 실험

(1) 좀 더 복잡한 임무로 작은 막대를 구멍에 끼우는 작업에서 유극(막대와 구멍의 지름차)과 진폭(이동거리)을 변화시켜가며 정보량을 분석한 실험
(2) bit 단위로 정보량을 측정한 결과: 여러 실험조건하에서 정보량은 3~10 bit이다.
(3) 피츠의 법칙(Fitts' law)

막대꽂기 실험에서와 같이 A는 표적중심선까지의 이동거리, W는 표적폭이라 하고, 난이도(ID; index of difficulty)와 이동시간(MT; movement time)을 다음과 같이 정의한다.

$$\text{ID(bits)} = \log_2 \frac{2A}{W}$$

$$\text{MT} = a + b \cdot \text{ID}$$

여기서, a: 이동을 위한 준비시간과 관련된 상수
b: 로그함수의 상수

이를 피츠의 법칙이라 한다.

가. 표적이 작을수록, 그리고 이동거리가 길수록 작업의 난이도와 소요 이동시간이 증가한다.
나. 사람들이 신체적 반응을 통하여 전송할 수 있는 정보량은 상황에 따라 다르지만, 대체적으로 그 상한값은 약 10 bit/sec 정도로 추정된다.

예제

너비가 2 cm인 버튼을 누르기 위해 손가락을 8 cm 이동시키려고 한다. 피츠의 법칙에서 로그함수의 상수가 10이고, 이동을 위한 준비시간과 관련된 상수가 5이다. 이동시간(ms)은 얼마인가?

풀이

A는 표적중심선까지의 이동거리, W는 표적폭이라 하고, 난이도(index of difficulty)를 다음과 같이 정의하면,

$$\text{ID(bits)} = \log_2 \frac{2A}{W}$$

$$\text{MT} = a + b \cdot \text{ID}$$

의 형태를 취하며, 이를 피츠의 법칙이라 한다. 따라서,

$$\text{ID(bits)} = \log_2 \frac{2 \times 8}{2} = 3$$

$$\text{MT} = 5 + 10 \cdot 3 = 35$$

1.5 반응시간

출제빈도 ★★★★

(1) 어떤 자극에 대한 반응을 재빨리 하려고 하여도 인간의 경우에는 감각기관만이 아니고, 반응하기 위해 시간이 걸린다. 즉, 어떠한 자극을 제시하고 여기에 대한 반응이 발생하기까지의 소요시간을 반응시간(RT; Reaction Time)이라고 하며, 반응시간은 감각기관의 종류에 따라서 달라진다.

(2) 하나의 자극만을 제시하고 여기에 반응하는 경우를 단순반응, 두 가지 이상의 자극에 대해 각각에 대응하는 반응을 고르는 경우를 선택반응이라고 한다. 이때 통상 되도록 빨리 반응 동작을 일으키도록 지시되어 최대의 노력을 해서 반응했을 때의 값으로 계측된다. 이 값은 대뇌중추의 상태를 짐작할 수 있도록 해주며, 정신적 사건의 과정을 밝히는 도구나 성능의 실제적 척도로서 사용된다.

가. 단순반응 시간(simple reaction time)

① 하나의 특정 자극에 대해 반응을 시작하는 시간으로 항상 같은 반응을 요구한다.

② 통제된 실험실에서의 실험을 수행하는 것과 같은 상황을 제외하고 단순반응 시간과 관련된 상황은 거의 없다. 실제상황에서는 대개 자극이 여러 가지이고, 이에 따라 다른 반응이 요구되며, 예상도 쉽지 않다.

③ 단순반응 시간에 영향을 미치는 변수에는 자극양식(강도, 지속시간, 크기 등), 공간주파수(spatial frequency), 신호의 대비 또는 예상, 연령, 자극 위치, 개인차 등이 있다.

나. 선택반응 시간(choice reaction time)

① 여러 개의 자극을 제시하고, 각각에 대해 서로 다른 반응을 요구하는 경우의 반응시간이다.

② 일반적으로 정확한 반응을 결정해야 하는 중앙처리 시간 때문에 자극과 반응의 수가 증가할수록 반응시간이 길어진다. 힉－하이만의 법칙(Hick-Hyman's law)에 의하면 인간의 반응시간(RT; Reaction Time)은 자극정보의 양에 비례한다고 한다. 즉, 가능한 자극－반응 대안들의 수(N)가 증가함에 따라 반응시간(RT)이 대수적으로 증가한다. 이것은 $RT = a + b\log_2 N$(a는 상수, b는 로그함수의 상수, N은 자극정보의 수)의 공식으로 표시될 수 있다.

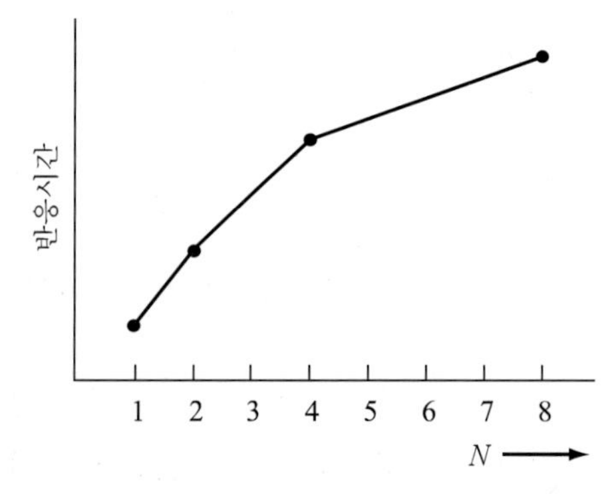

그림 2.3.2 반응시간(RT)에 대한 힉–하이만의 법칙

예제

힉–하이만의 법칙(Hick-Hyman's law)에 의하면 인간의 반응시간(RT; Reaction Time)은 자극정보의 양에 비례한다고 한다. 인간의 반응시간(RT)이 다음 식과 같이 예견된다고 하면, 자극정보의 개수가 2개에서 8개로 증가한다면 반응시간은 몇 배 증가하겠는가? (단, $RT = a \times \log_2 N$, a : 상수, N : 자극정보의 수)

풀이

a는 상수이므로 자극정보의 수만으로 계산을 한다. $\log_2 2 = 1$이고, $\log_2 8 = 3$이므로 3배 증가한다.

③ 선택반응 시간은 자극발생확률의 함수이다. 대안수가 증가하면 하나의 대안에 대한 확률은 감소하게 되고, 선택반응 시간이 증가하게 된다. 여러 개의 자극이 서로 다른 확률로 발생하면, 발생 가능성이 많은 자극에 대한 반응시간은 짧아지고 발생 가능성이 높은 자극에 대한 반응시간은 길어진다.

④ 발생 가능성이 높은 자극이 발생하면 미리 이에 대한 반응을 준비하고 있기 때문에 적절한 반응을 찾는 시간이 빨라져서 반응시간이 빠르다. 그 반대의 경우에는 예상한 자극이 아니므로, 적절한 반응을 찾는 데 시간이 걸리게 된다.

⑤ 선택반응 시간에 영향을 미치는 인자는 자극의 발생 가능성 이외에도 많은데, 그 인자들로는 자극과 응답의 양립성(compatibility), 연습(practice), 경고(warning), 동작유형(type of movement), 자극의 수 등이 있다.

(3) 반응시간은 여러 가지 조건에 따라서 상당한 변동을 나타낸다. 시각, 청각, 촉각의 자극별 반응시간을 비교하면 시각자극이 가장 크며, 청각, 촉각의 차이는 적으며, 또한 자극의 강도, 크기와도 관계가 있다.

(4) 청각적 자극은 시각적 자극보다도 시간이 짧고, 신속하게 반응할 수 있는 이점이 있다. 청각자극이 경보로서 사용되고 있는 것도 이 때문이다. 즉, 감각기관별 반응시간은 청각 0.17초, 촉각 0.18초, 시각 0.20초, 미각 0.29초, 통각 0.70초이다.

(5) 시각 및 청각자극은 자극하는 강도의 저하는 반응시간의 연장을 초래한다. 그리고 다른 여러 가지 요인들이 반응시간에 영향을 미친다.

02 정보이론

정보이론이란 여러 가지 상황하에서의 정보전달을 다루는 과학적 연구분야이다. 정보이론은 공학분야뿐만 아니라 심리학이나 생체과학 같은 다른 분야에도 널리 응용될 수 있다.

2.1 정보의 측정단위

출제빈도 ★★★

(1) 과학적 탐구를 하기 위해서는 연구에 관련된 변수들을 비교적 계량적이고 객관적인 입장에서 측정하거나 식별할 수 있어야 한다. 이러한 점에서 본다면 정보이론의 주된 업적은 정보의 척도인 bit(binary digit의 합성어)의 개발이라 할 수 있다.

(2) bit란 실현가능성이 같은 2개의 대안 중 하나가 명시되었을 때 우리가 얻는 정보량으로 정의된다.

(3) 일반적으로 실현 가능성이 같은 n개의 대안이 있을 때 총 정보량 H는 다음 공식으로부터 구한다.

$$H = \log_2 n$$

그리고 각 대안의 실현확률(즉, n의 역수)로 표현할 수 있다. 즉, p를 각 대안의 실현확률이라 하면,

$$H = \log_2 \frac{1}{p}$$

이 된다.

(4) 두 대안의 실현확률의 차이가 커질수록 정보량 H는 줄어든다.

(5) 여러 개의 실현 가능한 대안이 있을 경우에는 평균정보량은 각 대안의 정보량에다가 실현확률을 곱한 것을 모두 합하면 된다.

$$H = \sum_{i=1}^{n} P_i \log_2\left(\frac{1}{P_i}\right) \quad (P_i : \text{각 대안의 실현확률})$$

예제

동전을 3번 던졌을 때 뒷면이 2번 나오는 경우 정보량은 얼마인가?

풀이

$$H = \frac{1}{8} \times \log_2\left(\frac{1}{\frac{1}{8}}\right) + \frac{1}{8} \times \log_2\left(\frac{1}{\frac{1}{8}}\right) + \frac{1}{8} \times \log_2\left(\frac{1}{\frac{1}{8}}\right)$$
$$= 1.125 \text{ bit}$$

2.2 정보량

출제빈도 ★★★★

자극의 불확실성과 반응의 불확실성은 정보전달을 완벽하게 할 수 없게 한다. X는 자극의 입력, Y는 반응의 출력을 나타낸 것이고, 중복된 부분은 제대로 전달된 정보량을 나타낸다(그림 2.3.3 참조).

(1) 정보의 전달량은 다음 식과 같이 나타낼 수 있다.

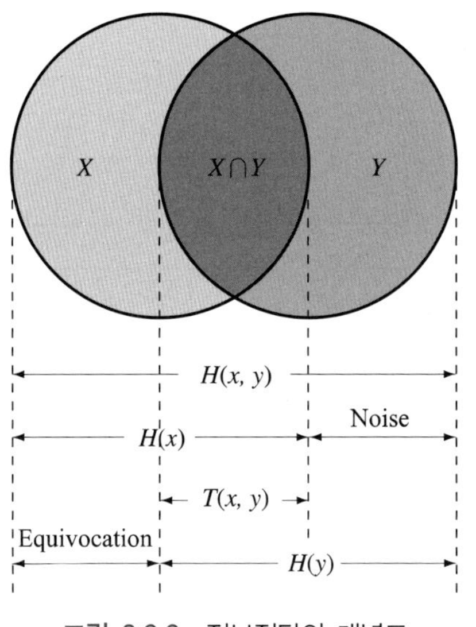

그림 2.3.3 정보전달의 개념도

$$T(X, Y) = H(X) + H(Y) - H(X, Y)$$

(2) 정보전달체계는 완벽하지 못하기 때문에 전달하고자 하는 자극의 정보량 $H(X)$, 반응의 정보량 $H(Y)$, 전달된 정보량 $T(X, Y)$이 다를 수 있는데, 이는 정보손실량(equivocation)과 정보소음량(noise)이 존재하기 때문이다.

가. **정보손실량**(equivocation): 전달하고자 의도한 입력정보량 중 일부가 체계 밖으로 빠져나간 것을 말한다.

$$\text{Equivocation} = H(X) - T(X, Y) = H(X, Y) - H(Y)$$

나. **정보소음량**(noise): 전달된 정보량 속에 포함되지 않았지만 전달체계 내에서 또는 외부에서 생성된 잡음으로 출력정보량에 포함된다.

$$\text{Noise} = H(Y) - T(X, Y) = H(X, Y) - H(X)$$

예제

낮은 음이 들리면 빨강 버튼을 누르고, 중간 음은 노랑 버튼, 높은 음은 파랑 버튼을 누르도록 하는 자극-반응실험을 총 100회 시행한 결과가 다음 표와 같다. 자극-반응표를 이용하여 자극정보량 $H(X)$, 반응정보량 $H(Y)$, 자극-반응 결합정보량 $H(X, Y)$, 전달된 정보량 $T(X, Y)$, 손실정보량, 소음정보량을 구하시오.

소리 \ 버튼		Y 빨강	노랑	파랑	ΣX
X	낮은 음	33	0	0	33
	중간 음	14	20	0	34
	높은 음	0	0	33	33
ΣY		47	20	33	100

풀이

(1) $H(X) = 0.33\log_2(1/0.33) + 0.34\log_2(1/0.34) + 0.33\log_2(1/0.33)$
$= 1.585$ bits

(2) $H(Y) = 0.47\log_2(1/0.47) + 0.2\log_2(1/0.2) + 0.33\log_2(1/0.33)$
$= 1.504$ bits

(3) $H(X, Y) = 0.33\log_2(1/0.33) + 0.14\log_2(1/0.14) + 0.2\log_2(1/0.2) + 0.33\log_2(1/0.33)$
$= 1.917$ bits

(4) $T(X, Y) = H(X) + H(Y) - H(X, Y)$
$= 1.585 + 1.504 - 1.917 = 1.172$ bits

(5) 손실정보량 $= H(X, Y) - H(Y)$
$= 1.917 - 1.504$
$= 0.413$ bits

(6) 소음정보량 $= H(X, Y) - H(X)$
$= 1.917 - 1.585$
$= 0.332$ bits

03 신호검출 이론

어떤 상황에서는 의미 있는 자극이 이의 감수를 방해하는 '잡음(noise)'과 함께 발생하며, 잡음이 자극검출에 끼치는 영향을 다루는 것이 신호검출 이론이다. 신호검출 이론은 식별이 쉽지 않은 독립적인 두 가지 상황에 적용된다. 레이더 상의 점, 배경 속의 신호등, 시끄러운 공장에서의 경고음 등이 그 좋은 예이다.

3.1 신호검출 이론(SDT; Signal Detection Theory)의 근거 출제빈도 ★★★★

(1) 잡음은 공장에서 발생하는 소음처럼 인간의 외부에 있을 수도 있지만 신경활동처럼 내

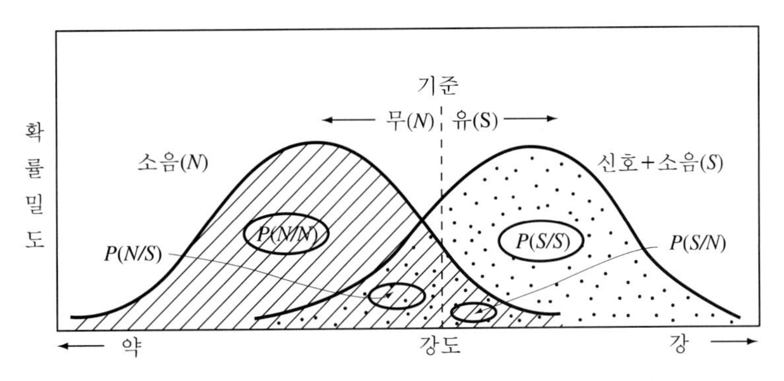

그림 2.3.4 소리강도를 매개변수로 사용한 신호검출 이론(SDT)의 개념 설명

부에 있는 것도 있다.

(2) 잡음은 시간에 따라 변하며 그 강도의 높고 낮음은 정규분포를 따른다고 가정한다. 신호의 강도는 배경 잡음에 추가되어 전체 강도가 증가된다.

(3) 음의 강도가 매우 약하거나 강할 경우에는 소음만 있는지 신호도 있는지 판정하는데 별 문제가 없다. 그러나 중첩된 부분에서는 혼동이 일어나기 쉽다. 이 경우 신호로 혼동할 확률 또는 소음으로 혼동할 실제 확률은 그림 2.3.4에서 두 분포가 중첩되는 부분의 상대적 크기에 따른다.

(4) 신호의 유무를 판정하는 과정에서 네 가지의 반응 대안이 있으며, 각각의 확률은 다음과 같이 표현한다.

가. **신호의 정확한 판정(Hit)**: 신호가 나타났을 때 신호라고 판정, $P(S/S)$

나. **허위경보(False Alarm)**: 잡음을 신호로 판정, $P(S/N)$

다. **신호검출 실패(Miss)**: 신호가 나타났는데도 잡음으로 판정, $P(N/S)$

라. **잡음을 제대로 판정(Correct Noise)**: 잡음만 있을 때 잡음이라고 판정, $P(N/N)$

예제

다음 표는 100개의 제품 불량 검사 과정에 나타난 결과이다. 정상 제품을 정상 판정 내리는 것을 Hit라고 할 때, 각각의 확률을 구하시오.

구분	불량 제품	정상 제품
불량 판정	2	5
정상 판정	3	90

(1) P(S/S)

(2) P(S/N)

(3) P(N/S)

(4) P(N/N)

풀이

(1) Hit[P(S/S)]: 정상을 정상으로 판정 = 90/95 = 0.95

(2) False Alarm[P(S/N)]: 불량을 정상으로 판정 = 3/5 = 0.6

(3) Miss[P(N/S)]: 정상을 불량으로 판정 = 5/95 = 0.05

(4) Correct Noise[P(N/N)]: 불량을 불량으로 판정 = 2/5 = 0.4

3.2 신호검출 이론의 의의

(1) 신호 및 경보체계의 설계 시 가능하다면 잡음에 실린 신호의 분포는 잡음만의 분포와는 뚜렷이 구분될 수 있도록 설계하여 민감도가 커지도록 하는 것이 좋다. 이는 신호 및 경보의 관측자가 신호와 잡음을 혼동함으로써 발생하는 인간실수를 줄일 수 있는 방안이 될 수 있다.

(2) 현실적으로 신호와 잡음의 분포를 뚜렷이 구분할 수 없는 경우가 발생할 수 있다. 이렇게 신호와 잡음의 중첩이 불가피할 경우에는 허위경보와 신호를 검출하지 못하는 실수 중 어떤 실수를 좀 더 묵인할 수 있는가를 결정하여 판정자의 반응기준을 제공하여야 한다.

(3) 경제적 관점에서의 반응기준 설정의 한 예

가. 변수정의

① $P(N)$: 잡음이 나타날 확률

② $P(S)$: 신호가 나타날 확률

③ V_{CN}: 잡음을 제대로 판정했을 경우 발생하는 이익

④ V_{HIT}: 신호를 제대로 판정했을 경우 발생하는 이익

⑤ C_{FA}: 허위경보로 인한 손실

⑥ C_{MISS}: 신호를 검출하지 못함으로써 발생하는 손실

나. 판정자가 어떤 반응기준에 의하여 판정했을 경우 발생할 수 있는 기댓값

$$기댓값(EV,\ \text{Expected Value}) = V_{CN}\times P(N)\times P(N/N) + V_{HIT}\times P(S)\times P(S/S) - C_{FA}\times P(N)\times P(S/N) - C_{MISS}\times P(S)\times P(N/S)$$

다. 식에서 $P(N)$, $P(S)$, V_{CN}, C_{FA}, C_{MISS}는 구할 수 있고, 반응기준에 의해서 네 가지 반응대안의 확률은 결정된다. 따라서 구해진 기대값을 최대화하는 반응기준을 제공하는 것이 경제적 관점에서의 반응기준 제시라고 할 수 있다.

4장 | 인간-기계 시스템

01 인간-기계 시스템의 개요

시스템을 설계하는 데에는 많은 방법이 있으며, 인간성능에 대해서 각별한 고려가 필요하다.

1.1 인간-기계 시스템의 정의

(1) 인간과 기계가 조화되어 하나의 시스템으로 운용되는 것을 인간-기계 시스템(man-machine system)이라 한다.

(2) 인간이 기계를 사용해서 어떤 목적물을 생산하는 경우에 인간이 갖는 생리기능에 의한 동작의 메커니즘의 구사와 기계에 도입된 에너지에 의해서 움직이도록 되어 있는 메커니즘이 하나로 통합된 계열로 운동, 동작함으로써 이루어지는 것을 말한다.

1.2 인간-기계 시스템의 구조

출제빈도 ★★★★

(1) 인간-기계 시스템에서의 주체는 어디까지나 인간이며, 인간과 기계의 기능분배, 적합성, 작업환경 검토, 그리고 시스템의 평가와 같은 역할을 수행한다.

(2) 인간-기계 시스템은 정보라는 매개물을 통하여 서로 기능을 수행하며, 전체적인 시스템의 상호작용을 하게 된다. 이때의 정보는 인간의 감각기관을 통해 자극의 형태로 입력된다.

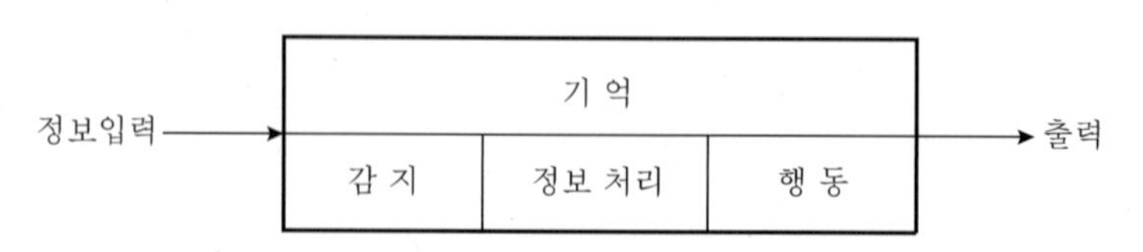

그림 2.4.1 인간-기계 시스템의 일반적인 구조

(3) 인간과 기계의 접점이 되는 표시장치나 조종장치의 하드웨어와 소프트웨어를 man-machine interface라고 한다. 이 표시장치나 조종장치는 인간의 감각, 정보처리, 동작의 생리학적, 심리학적 특성에 부합되도록 설계되어야 한다.

1.3 인간과 기계의 능력 비교

인간과 기계의 장점과 단점은 표 2.4.1과 같다.

표 2.4.1 인간과 기계의 능력

구분	장점	단점
인간	1. 시각, 청각, 촉각, 후각, 미각 등의 작은 자극도 감지한다. 2. 각각으로 변화하는 자극패턴을 인지한다. 3. 예기치 못한 자극을 탐지한다. 4. 기억에서 적절한 정보를 꺼낸다. 5. 결정 시에 여러 가지 경험을 꺼내 맞춘다. 6. 원리를 여러 문제해결에 응용한다. 7. 주관적인 평가를 한다. 8. 아주 새로운 해결책을 생각한다. 9. 조작이 다른 방식에도 몸으로 순응한다. 10. 귀납적인 추리가 가능하다.	1. 어떤 한정된 범위 내에서만 자극을 감지할 수 있다. 2. 드물게 일어나는 현상을 감시할 수 없다. 3. 수 계산을 하는 데 한계가 있다. 4. 신속고도의 신뢰도로서 대량정보를 꺼낼 수 없다. 5. 운전작업을 정확히 일정한 힘으로 할 수 없다. 6. 반복작업을 확실하게 할 수 없다. 7. 자극에 신속 일관된 반응을 할 수 없다. 8. 장시간 연속해서 작업을 수행할 수 없다.
기계	1. 초음파 등과 같이 인간이 감지하지 못하는 것에도 반응한다. 2. 드물게 일어나는 현상을 감지할 수 있다. 3. 신속하면서 대량의 정보를 기억할 수 있다. 4. 신속 정확하게 정보를 꺼낸다. 5. 특정 프로그램에 대해서 수량적 정보를 처리한다. 6. 입력신호에 신속하고 일관된 반응을 한다. 7. 연역적인 추리를 한다. 8. 반복동작을 확실히 한다. 9. 명령대로 작동한다. 10. 동시에 여러 가지 활동을 한다. 11. 물리량을 셈하거나 측량한다.	1. 미리 정해 놓은 활동만을 할 수 있다. 2. 학습을 한다든가 행동을 바꿀 수 없다. 3. 추리를 하거나 주관적인 평가를 할 수 없다. 4. 즉석에서 적응할 수 없다. 5. 기계에 적합한 부호화된 정보만 처리한다.

1.4 인간-기계 시스템의 기능

출제빈도 ★★★★

인간공학적 측면에서의 인간-기계 시스템의 기능은 다음 3가지 기능에 대한 가정으로 만들어진다.

(1) 인간-기계 시스템에서의 효율적 인간기능이다. 만약 인간이 시스템에서 효과적으로 기능을 수행하지 못하면 그 시스템의 역할은 아마도 퇴화될 것이다.

(2) 작업에 대한 동기부여이다. 작업자는 작업에 대해 적당한 동기가 부여됨으로써 좀 더 적극적으로 행동하게 될 것이다.

(3) 인간의 수용능력과 정신적 제약을 고려한 설계이다. 제품, 장비, 작업자, 그리고 작업방법들이 인간의 수용능력과 정신적 제약을 고려하여 설계된다면 시스템 수행에 대한 결과는 더욱 향상될 것이다.

1.4.1 인간-기계 시스템에서의 기본적인 기능

인간-기계 시스템에서의 인간이나 기계는 감각을 통한 정보의 수용, 정보의 보관, 정보의 처리 및 의사결정, 행동의 네 가지 기본적인 기능을 수행한다.

(1) 감지(sensing; 정보의 수용)

가. 인간: 시각, 청각, 촉각과 같은 여러 종류의 감각기관이 사용된다.

나. 기계: 전자, 사진, 기계적인 여러 종류가 있으며, 음파탐지기와 같이 인간이 감지할 수 없는 것을 감지하기도 한다.

(2) 정보의 보관(information storage)

인간-기계 시스템에 있어서의 정보보관은 인간의 기억과 유사하며, 여러 가지 방법으로 기록된다. 또한, 대부분은 코드화나 상징화된 형태로 저장된다.

가. 인간: 인간에 있어서 정보보관이란 기억된 학습내용과 같은 말이다.

나. 기계: 기계에 있어서 정보는 펀치 카드(punch card), 형판(template), 기록, 자료표

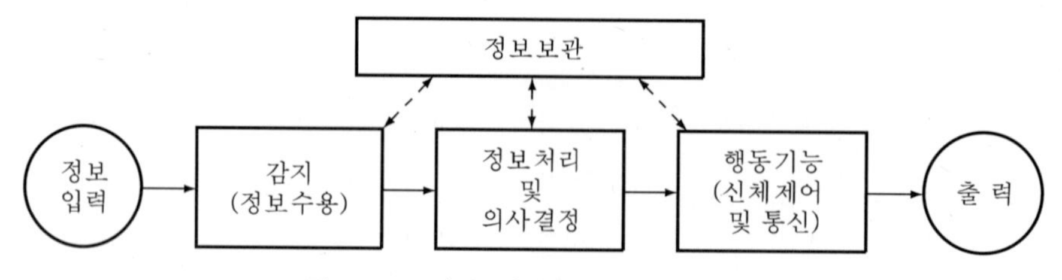

그림 2.4.2 인간-기계 시스템의 기본 기능

등과 같은 물리적 기구에 여러 가지 방법으로 보관될 수 있다. 나중에 사용하기 위해서 보관되는 정보는 암호화(code)되거나 부호화(symbol)된 형태로 보관되기도 한다.

(3) 정보처리 및 의사결정(information processing and decision)

정보처리란 수용한 정보를 가지고 수행하는 여러 종류의 조작을 말한다.

가. 인간의 정보처리 과정은 그 과정의 복잡성에 상관없이 행동에 대한 결정으로 이어진다. 즉 인간이 정보처리를 하는 경우에는 의사결정이 뒤따르는 것이 일반적이다.

나. 기계에 있어서는 정해진 절차에 의해 입력에 대한 예정된 반응으로 이루어지는 것처럼, 자동화된 기계장치를 쓸 경우에는 가능한 모든 입력정보에 대해서 미리 프로그램된 방식으로 반응하게 된다.

(4) 행동기능(action function)

시스템에서의 행동기능이란 결정 후의 행동을 의미한다. 이는 크게 어떤 조종기기의 조작이나 수정, 물질의 취급 등과 같은 물리적인 조종행동과 신호나 기록 등과 같은 전달행동으로 나눌 수 있다.

1.5 인간-기계 시스템의 분류

출제빈도 ★★★★

인간-기계 시스템을 분류할 때, 정보의 피드백(feedback) 여부에 따른 분류와 인간에 의한 제어의 정도와 자동화의 정도에 따른 기준으로 시스템을 분류할 수 있다.

1.5.1 정보의 피드백(feedback) 여부에 따른 분류

시스템은 정보의 피드백 여부에 따라 개회로 시스템과 폐회로 시스템으로 구분한다.

(1) 개회로(open-loop) 시스템

가. 일단 작동되면 더 이상 제어가 안 되거나 제어할 필요가 없는 미리 정해진 절차에 의해 진행되는 시스템이다.

나. 예를 들면, 총이나 활을 쏘는 것 등이다.

(2) 폐회로(closed-loop) 시스템

가. 현재출력과 시스템 목표와의 오차를 연속적으로 또는 주기적으로 피드백 받아 시스템의 목적을 달성할 때까지 제어하는 시스템이다.

나. 예를 들면, 차량운전과 같이 연속적인 제어가 필요한 것 등이다.

1.5.2 인간에 의한 제어정도에 따른 분류

인간에 의한 제어의 정도에 따라 수동 시스템, 기계화 시스템, 자동화 시스템의 3가지로 분류한다.

(1) 수동 시스템(manual system)

가. 입력된 정보에 기초해서 인간 자신의 신체적인 에너지를 동력원으로 사용한다.

나. 수공구나 다른 보조기구에 힘을 가하여 작업을 제어하는 고도의 유연성이 있는 시스템이다.

(2) 기계화 시스템(mechanical system)

가. 반자동 시스템(semiautomatic system)이라고도 하며, 여러 종류의 동력 공작기계와 같이 고도로 통합된 부품들로 구성되어 있다.

나. 일반적으로 이 시스템은 변화가 별로 없는 기능들을 수행하도록 설계되어 있다.

다. 동력은 전형적으로 기계가 제공하며, 운전자의 기능이란 조종장치를 사용하여 통제를 하는 것이다.

라. 인간은 표시장치를 통하여 체계의 상태에 대한 정보를 받고 정보 처리 및 의사결정 기능을 수행하여 결심한 것을 조종장치를 사용하여 실행한다. 다시 말하면 인간 운전자는 기계적·전자적 표시장치와 기계의 조종장치 사이에 끼워진 유기체적인 데이

표 2.4.2 인간에 의한 제어의 정도에 따른 분류

시스템의 분류	수동 시스템	기계화 시스템	자동화 시스템
구성	수공구 및 기타 보조물	동력기계 등 고도로 통합된 부품	동력기계화 시스템 고도의 전자회로
동력원	인간 사용자	기계	기계
인간의 기능	동력원으로 작업을 통제	표시장치로부터 정보를 얻어 조종장치를 통해 기계를 통제	감시 정비유지 프로그래밍
기계의 기능	인간의 통제를 받아 제품을 생산	동력원을 제공 인간의 통제 아래에서 제품을 생산	감시, 정보처리, 의사결정 및 행동의 프로그램에 의해 수행
예	목수와 대패 대장장이와 화로	Press 기계, 자동차 Milling M/C	자동교환대, 로봇, 무인공장, NC 기계

터 전송 및 처리 유대를 나타낸다.

(3) 자동화 시스템(automated system)

가. 자동화 시스템은 인간이 전혀 또는 거의 개입할 필요가 없다.

나. 장비는 감지, 의사 결정, 행동기능의 모든 기능들을 수행할 수 있다.

다. 이 시스템은 감지되는 모든 가능한 우발상황에 대해서 적절한 행동을 취하게 하기 위해서는 완전하게 프로그램되어 있어야 한다.

02 인간-기계 시스템의 설계

2.1 기본단계와 과정

출제빈도 ★★★★

시스템 설계 시 인간요소와 연관된 기능들은 그림 2.4.3과 같이 복잡한 체계에 적용된다.

(1) 제1단계-목표 및 성능명세 결정

시스템이 설계되기 전에 우선 그 목적이나 존재 이유가 있어야 한다.

가. 시스템 목적은 목표라고 불리며, 통상 개괄적으로 표현된다.

나. 시스템 성능명세는 목표를 달성하기 위해서 시스템이 해야 하는 것을 서술한다.

다. 시스템 성능명세는 기존 혹은 예상되는 사용자 집단의 기술이나 편제상의 제약을 고려하는 등 시스템이 운영될 맥락을 반영해야 한다.

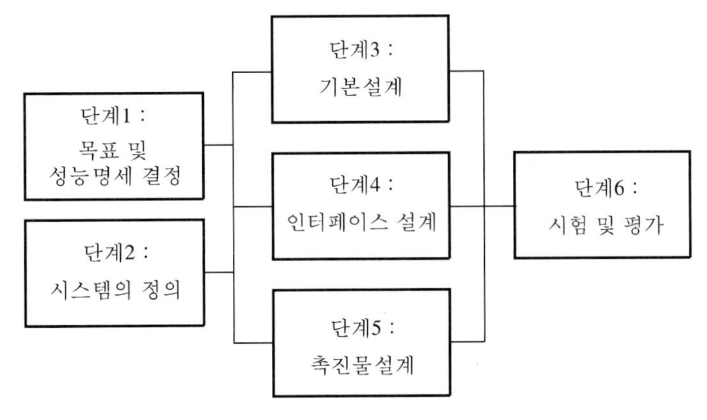

그림 2.4.3 시스템 설계과정의 주요단계

(2) 제2단계 – 시스템의 정의

가. 시스템의 목표나 성능에 대한 요구사항들이 모두 식별되었으면, 적어도 어떤 시스템의 경우에 있어서는 목적을 달성하기 위해서 특정한 기본적인 기능들이 수행되어야 한다(예: 우편업무 – 우편물의 수집, 일반 구역별 분류, 수송, 지역별 분류, 배달 등).

나. 기능분석 단계에 있어서는 목적의 달성을 위해 어떠한 방법으로 기능이 수행되는가보다는 어떤 기능들이 필요한가에 관심을 두어야 한다.

(3) 제3단계 – 기본설계

시스템 개발 단계 중 이 단계에 와서 시스템이 형태를 갖추기 시작한다.

가. 인간, 하드웨어, 소프트웨어에 기능을 할당 수행되어야 할 기능들이 주어졌을 때, 특정한 기능을 인간에게 또는 물리적 부품에게 할당해야 할지를 명백한 이유를 통해 결정해야 한다.

나. 인간–기계 비교의 한계점

① 일반적인 인간 – 기계 비교가 항상 적용되지 않는다.

② 상대적인 비교는 항상 변하기 마련이다.

③ 최선의 성능을 마련하는 것이 항상 중요한 것은 아니다.

④ 기능의 수행이 유일한 기준은 아니다.

⑤ 기능의 할당에서 사회적인 또는 이에 관련된 가치들을 고려해야 한다.

다. 인간성능 요건명세

설계팀이 인간에 의해서 수행될 기능들을 식별한 후에는, 다음 단계는 그 기능들의 인간성능 요구조건을 결정하는 것이다.

① 인간성능 요건이란 시스템이 요구조건을 만족하기 위하여 인간이 달성하여야 하는 성능 특성들이다.

② 필요한 정확도, 속도, 숙련된 성능을 개발하는 데 필요한 시간 및 사용자 만족도 등이 있다.

라. 직무분석

다음 2가지 목표를 향한 어떤 형태의 직무분석이 이루어져야 한다.

① 설계를 좀 더 개선시키는 데 기여해야 한다.

② 최종설계에 사실상 있게 될 각 작업의 명세를 마련하기 위한 것이며, 이러한 명세는 요원명세, 인력수요, 훈련계획 등의 개발 등 다양한 목적에 사용된다.

마. 작업설계

사람들이 사용하는 장비나 다른 설비의 설계는 그들이 수행하는 작업의 특성을 어느 정도 미리 결정한다. 따라서 어떤 종류의 장비를 설계하는 사람은 사실상 그 장비를 사용하는 사람의 작업을 설계하는 것이다. 작업능률과 동시에 작업자에게 작업만족의 기회를 제공하는 작업설계가 이루어져야 한다.

(4) 제4단계 – 인터페이스 설계

이 시기에 내려지는 설계결정들의 특성은 사용자에게 영원히 불편을 주어 시스템의 성능을 저하시킬 수 있다.

가. 작업공간, 표시장치, 조종장치, 제어, 컴퓨터 대화 등이 포함된다.

나. 인간 – 기계 인터페이스는 사용자의 특성을 고려하여 신체적 인터페이스, 지적 인터페이스, 감성적 인터페이스로 분류할 수 있다.

다. 인터페이스 설계를 위한 인간요소 자료

① 상식과 경험: 디자이너가 기억하고 있는 것, 타당한 것도 있고, 그렇지 못한 것도 있음

② 상대적인 정량적 자료: 두 종류의 시각적 계기를 읽을 때의 상대적 정확도 등

③ 정량적 자료집: 인구표본의 인체 계측값, 여러 직무를 수행할 때의 착오율 등

④ 원칙: 가능하면 휘광을 최소화하라는 원칙과 같이 상당한 경험과 연구를 통한 것으로써 설계의 지침을 제공하는 것

⑤ 수학적 함수와 등식: 특정한 모의실험모형에서와 같이 인간성능에 대한 특정한 기본 관계를 묘사하는 것

⑥ 도식적 설명물: 계산도표 등

⑦ 전문가의 판단

⑧ 설계 표준 혹은 기준: 표시장치, 조종장치, 작업구역, 소음수준 등과 같은 특정 응용방면에 대한 명세

(5) 제5단계 – 촉진물 설계

시스템 설계과정 중 이 단계에서의 주 초점은 만족스러운 인간성능을 증진시킬 보조물에 대해서 계획하는 것이다. 지시수첩(instruction manual), 성능보조자료 및 훈련도구와 계획이 포함된다.

가. 내장훈련

훈련 프로그램이 시스템에 내장되어 있어 설비가 실제 운용되지 않을 때에는 훈련

방식으로 전환될 수 있는 것을 말한다.

나. 지시수첩

시스템을 어떻게 운전하고 경우에 따라서는 보전하는 것까지도 명시한 시스템 문서의 한 형태이다.

(6) 제6단계－시험 및 평가

가. 시스템 개발과 연관된 평가: 시스템 개발의 산물(기기, 절차 및 요인)이 의도된 대로 작동하는가를 입증하기 위하여 산물을 측정하는 것이다.

나. 인간요소적 평가: 인간성능에 관련되는 속성들이 적절함을 보증하기 위하여 이러한 산물들을 검토하는 것을 말한다.

① 실험절차

② 시험조건

③ 피실험자

④ 충분한 반복횟수

2.2 인간–기계 시스템 설계원칙

출제빈도 ★★★★

(1) 양립성: 자극과 반응, 그리고 인간의 예상과의 관계를 말하는 것으로, 인간공학적 설계의 중심이 되는 개념이다. 양립성에는 개념양립성(정보암호화, 색상), 운동양립성(방향에 대한 심리), 배치양립성(표시장치, 조종장치)의 3가지 개념으로 분류할 수 있다.

(2) 정합성(整合性, matching): 정합성은 양립성의 3가지 개념이 효과적일 때, 학습효과, 작업방법, 기능의 습득이 가능하다. 또한 시스템을 이루는 물리적 부품 간의 상호용량이 잘 맞아 전체 시스템의 유효성을 극대화할 수 있을 때, 부품 간에는 정합성이 좋다고 말한다. 예를 들면, 증폭기의 출력용량이 20 W로 설계되어 있으면 스피커의 용량도 20 W를 연결해야지, 40 W 또는 10 W를 연결하면 제대로의 성능을 발휘할 수 없다. 마찬가지 논리로 인간–기계 시스템의 설계에서도 인간의 형태적, 기능적 치수와 기계의 치수 간에, 또는 인간의 근력과 조절기구의 조작에 필요한 힘 간에 정합이 되어야 좋은 시스템이라고 할 수 있다.

(3) 계기판이나 제어장치의 배치는 중요성, 사용빈도, 사용순서, 기능에 따라 이루어져야 한다.

(4) 인체특성에 적합하여야 한다.

(5) 인간의 기계적 성능에 부합되도록 설계하여야 한다.

2.3 인간–기계 시스템에 사용되는 표시장치

출제빈도 ★★★★

인간–기계 시스템에 사용되는 표시장치는 정보입력의 시간경과에 따라 동적 표시장치와 정적 표시장치로 대별된다.

(1) 인간–기계 시스템에서 청각장치와 시각장치 사용의 특성

인간–기계 시스템에서 청각장치와 시각장치 사용의 특성은 다음 표 2.4.3과 같다.

표 2.4.3 청각장치와 시각장치 사용의 특성

청각장치가 이로운 경우	시각장치가 이로운 경우
1. 전달정보가 간단하고 짧을 때	1. 전달정보가 복잡하고 길 때
2. 전달정보가 후에 재참조되지 않을 경우	2. 전달정보가 후에 재참조될 경우
3. 전달정보가 시간적인 사상(event)을 다룰 때	3. 전달정보가 공간적인 위치를 다룰 때
4. 전달정보가 즉각적인 행동을 요구할 때	4. 전달정보가 즉각적인 행동을 요구하지 않을 때
5. 수신자의 시각 계통이 과부하 상태일 때	5. 수신자의 청각 계통이 과부하 상태일 때
6. 수신장소가 너무 밝거나 암조응 유지가 필요할 때	6. 수신장소가 시끄러울 때
7. 직무상 수신자가 자주 움직이는 경우	7. 직무상 수신자가 한 곳에 머무르는 경우

2.4 인간에 대한 감시방법

출제빈도 ★★★★

인간–기계시스템에서 인간에 대한 감시방법을 다음과 같이 5가지로 구분할 수가 있다.

(1) 셀프 모니터링 방법(자기 감시)

자극, 고통, 피로, 권태, 이상 감각 등의 자각에 의해서 자신의 상태를 알고 행동하는 감시(monitoring) 방법이다. 결과를 파악하여 자신 또는 monitoring center에 전달하는 경우가 있다.

(2) 생리학적 모니터링 방법

맥박수, 호흡 속도, 체온, 뇌파 등으로 인간 자체의 상태를 생리적으로 모니터링(monitoring)하는 방법이다.

(3) 비주얼 모니터링 방법(시각적 감시)

작업자의 태도를 보고 작업자의 상태를 파악하는 것으로, 졸리는 상태는 생리적으로 분석하는 것보다 태도를 보고 상태를 파악하는 것이 더 쉽고 정확하다.

(4) 반응에 대한 모니터링 방법(반응적 감시)

인간에게 어떤 종류의 자극을 가하여 이에 대한 반응을 보고 정상 또는 비정상을 판단하는 방법이다.

(5) 환경의 모니터링 방법

간접적인 감시방법으로서 환경조건의 개선으로 인체의 안락과 기분을 좋게 하여 정상작업을 할 수 있도록 만드는 방법이다.

5장 | 인체측정 및 응용

01 인체측정의 개요

1.1 인체측정의 의의

일상생활에서 우리는 의자, 책상, 작업대, 작업공간, 피복, 안경, 보호구 등 신체의 모양이나 치수에 관계있는 설비들을 자주 사용한다. 경험을 통해서도 알 수 있듯이, 이런 설비가 얼마나 사람에게 잘 맞는가는 신체의 안락뿐만 아니라 인간의 성능에까지 영향을 미치게 하므로 인간－기계 시스템(man-machine system)을 인간공학적 입장에서 조화 있게 설계하여 개선을 할 때 가장 기초가 되는 것이 인체측정 자료이다.

1.2 인체측정의 방법

출제빈도 ★★★★

인체측정학과 또 이와 밀접한 관계를 가지고 있는 생체역학(biomechanics)에서는 신체 부위의 길이, 무게, 부피, 운동범위 등을 포함하여 신체모양이나 기능을 측정하는 것을 다루며, 일반적으로 몸의 치수측정을 정적측정과 동적측정으로 나눈다.

1.2.1 정적측정(구조적 인체치수)

(1) 형태학적 측정이라고도 하며, 표준자세에서 움직이지 않는 피측정자를 인체측정기로 구조적 인체치수를 측정하여 특수 또는 일반적 용품의 설계에 기초자료로 활용한다.
(2) 사용 인체측정기: 마틴식 인체측정기(Martin type Anthropometer)
(3) 측정항목에 따라 표준화된 측정점과 측정방법을 적용한다.
(4) 측정원칙: 나체측정을 원칙으로 한다.

1.2.2 동적측정(기능적 인체치수)

(1) 동적 인체측정은 일반적으로 상지나 하지의 운동, 체위의 움직임에 따른 상태에서 측정하는 것이다.

(2) 동적 인체측정은 실제의 작업 혹은 실제 조건에 밀접한 관계를 갖는 현실성 있는 인체치수를 구하는 것이다.

(3) 동적측정은 마틴식 계측기로는 측정이 불가능하며, 사진 및 시네마 필름을 사용한 3차원(공간) 해석장치나 새로운 계측 시스템이 요구된다.

(4) 동적측정을 사용하는 것이 중요한 이유는 신체적 기능을 수행할 때, 각 신체 부위는 독립적으로 움직이는 것이 아니라 조화를 이루어 움직이기 때문이다.

02 인체측정 자료의 응용

인체측정 자료를 물건의 설계를 이용할 때는 그 자료가 그 물건을 사용할 집단을 대표하는 것이어야 한다. 대개의 경우 대상 집단은 '대부분의 사람들'로 구성되지만, 설계특성은 광범위한 사람들에게 맞아야 한다. 특수집단을 위한 물건을 설계할 때는 특정 국가나 문화권에서 특정 집단에 맞는 자료를 사용해야 한다.

2.1 인체측정 자료의 응용원칙

출제빈도 ★★★★

특정 설계 문제에 인체측정 자료를 응용할 때에는 각각 다른 상황에 적용되는 세 가지 일반원리가 있다.

(1) 극단치를 이용한 설계

특정한 설비를 설계할 때, 어떤 인체측정 특성의 한 극단에 속하는 사람을 대상으로 설계하면 거의 모든 사람을 수용할 수 있는 경우가 있다.

가. 최대집단값에 의한 설계

① 통상 대상 집단에 대한 관련 인체측정변수의 상위 백분위수를 기준으로 하여 90, 95 혹은 99%값이 사용된다.

② 문, 탈출구, 통로 등과 같은 공간여유를 정하거나 줄사다리의 강도 등을 정할 때 사용한다.

③ 예를 들어, 95%값에 속하는 큰 사람을 수용할 수 있다면, 이보다 작은 사람은 모두 사용된다.

나. 최소집단값에 의한 설계

① 관련 인체측정 변수분포의 1%, 5%, 10% 등과 같은 하위 백분위수를 기준으로 정한다.

② 선반의 높이, 조정장치까지의 거리 등을 정할 때 사용된다.

③ 예를 들어, 팔이 짧은 사람이 잡을 수 있다면, 이보다 긴 사람은 모두 잡을 수 있다.

(2) 조절식 설계

체격이 다른 여러 사람에게 맞도록 조절식으로 만드는 것을 말한다.

가. 자동차 좌석의 전후조절, 사무실 의자의 상하조절 등을 정할 때 사용한다.

나. 통상 5%값에서 95%값까지의 90% 범위를 수용대상으로 설계하는 것이 관례이다.

다. 퍼센타일(%ile) 인체치수 = 평균 ± 퍼센타일(%ile)계수 × 표준편차

(3) 평균치를 이용한 설계

가. 인체측정학 관점에서 볼 때 모든 면에서 보통인 사람이란 있을 수 없다. 따라서 이런 사람을 대상으로 장비를 설계하면 안 된다는 주장에도 논리적 근거가 있다.

나. 특정한 장비나 설비의 경우, 최대집단값이나 최소집단값을 기준으로 설계하기도 부적절하고 조절식으로 하기도 불가능할 경우 평균값을 기준으로 하여 설계하는 경우가 있다.

다. 평균신장의 손님을 기준으로 만들어진 은행의 계산대가 특별히 키가 작거나 큰 사람을 기준으로 해서 만드는 것보다는 대다수의 일반 손님에게 덜 불편할 것이다.

2.2 인체측정치의 적용절차

인체측정치를 제품설계에 적용하는 절차는 다음과 같다

(1) 설계에 필요한 인체치수의 결정

(2) 설비를 사용할 집단의 정의
(3) 적용할 인체자료 응용원리를 결정(극단치, 조절식, 평균치설계)
(4) 적절한 인체측정 자료의 선택
(5) 특수복장 착용에 대한 적절한 여유를 고려
(6) 설계할 치수의 결정
(7) 모형을 제작하여 모의실험

예제

남성의 90퍼센타일로 설계 시 민원이 발생하여 여성 5퍼센타일에서 남성 95퍼센타일로 재설계하고자 한다. 인체치수는 다음의 표와 같다. 남성과 여성의 평균치 및 조절범위를 구하시오.

	여성	남성
90퍼센타일	390 mm	420 mm
표준편차	20 mm	19 mm
	$Z_{0.90} = 1.282$	$Z_{0.95} = 1.645$

풀이

① 여성의 평균치

90퍼센타일 = 평균치 + (1.282 × 20) 이므로

390 = X + (1.282 × 20)

X = 364.36

② 남성의 평균치

90퍼센타일 = 평균치 + (1.282 × 19) 이므로

420 = X + (1.282 × 19)

X = 395.64

③ 조절범위

여성 5퍼센타일 = 364.36 - (1.645 × 20) = 331.46

남성 95퍼센타일 = 395.64 + (1.645 × 19) = 426.90

따라서 331.46 ~ 426.90 (mm)로 재설계한다.

2.3 인체측정 자료 활용 시의 주의사항

(1) 측정값에는 연령, 성별, 민족, 직업 등의 차이 외에 지역차 혹은 장기간의 근로조건, 스포츠의 경험에 따라서도 차이가 있다. 따라서 설계대상이 있는 집단에 적용할 때는 참고로 하는 측정값 데이터의 출전이나 계측시기 등 여러 요인을 고려할 필요가 있다.

(2) 측정값의 표본수는 신뢰성과 재현성이 높은 것이 보다 바람직하며, 최소표본수는 50~100명으로 되어 있다.

(3) 인체측정값은 어떤 기준에 따라 측정된 것인가를 확인할 필요가 있다. 가령 신장이나 앉은키 등은 계측 시의 자세의 규제에 따라 차이가 생긴다.

(4) 인체측정값은 일반적으로 나체치수로서 나타나는 것이 통상이며, 설계대상에 그대로 적용되지 않는 때가 많다. 장치를 조작할 때는 작업 안전복이나 개인장비로서 안전화, 안전모, 각종의 보호구 등을 착용하므로 실제의 상태에 맞는 보정이 필요하다. 또, 동작공간의 설계에서는 인체측정값에 사람의 움직임을 고려한 약간의 틈(clearance)을 치수에 가감할 필요가 있다.

(5) 설계대상의 집단은 항상 일정하게 안정된 것이 아니므로 적용범위로서의 여유를 고려할 필요가 있다. 일반적으로 평균값을 사용하면 좋을 것이라고 생각할 것이나, 평균값으로서는 반수의 사람에게는 적합하지 않으므로 주의해야 할 것이다.

03 작업공간 설계

3.1 작업공간

출제빈도 ★★★★

(1) 작업공간포락면(workspace envelope)

한 장소에서 앉아서 수행하는 작업활동에서 사람이 작업하는 데 사용하는 공간을 말한다. 포락면을 설계할 때에는 물론 수행해야 하는 특정 활동과 공간을 사용할 사람의 유형을 고려하여 상황에 맞추어 설계해야 한다.

(2) 파악한계(grasping reach)

앉은 작업자가 특정한 수작업기능을 편히 수행할 수 있는 공간의 외곽 한계이다.

(3) 개별 작업공간 설계지침

표시장치와 조종장치를 포함하는 작업장을 설계할 때 따를 수 있는 지침은 다음과 같다(Van Cott and KinKade).

가. 1순위: 주된 시각적 임무

나. 2순위: 주시각 임무와 상호작용하는 주조종장치

다. 3순위: 조종장치와 표시장치 간의 관계

라. 4순위: 순서적으로 사용되는 부품의 배치

마. 5순위: 체계 내 혹은 다른 체계의 여타 배치와 일관성 있게 배치

바. 6순위: 자주 사용되는 부품을 편리한 위치에 배치

3.2 부품배치의 원칙

출제빈도 ★★★★

(1) 중요성의 원칙

부품을 작동하는 성능이 체계의 목표달성에 긴요한 정도에 따라 우선순위를 설정한다.

(2) 사용빈도의 원칙

부품을 사용하는 빈도에 따라 우선순위를 설정한다.

(3) 기능별 배치의 원칙

기능적으로 관련된 부품들(표시장치, 조종장치 등)을 모아서 배치한다.

(4) 사용순서의 원칙

사용순서에 따라 장치들을 가까이에 배치한다.

6장 | 인체의 구성요소

01 인체의 구성

1.1 인체의 기본적 구성

유사한 세포가 모여 조직을 구성하고 조직이 모여 기관을 이루고 많은 계통이 모여 인체라는 유기체를 형성한다. 인체는 중요한 기관들이 들어 있는 체간부와 운동을 할 수 있는 사지부로 크게 나눌 수 있다.

1.2 인체의 구조와 관련된 용어

출제빈도 ★★★★

(1) 해부학적 자세

인체의 각 부위 또는 장기들의 위치 또는 방향을 표현하기 위한 인체의 기본자세를 일컫는 것으로 전방을 향해 똑바로 서서 양쪽 손바닥을 펴고 발가락과 함께 전방을 향한 자세를 해부학적 자세라고 한다.

(2) 인체의 면을 나타내는 용어

가. 시상면(sagittal plane): 인체를 좌우로 양분하는 면을 시상면이라 하고, 정중면(median plane)은 인체를 좌우대칭으로 나누는 면이다.

나. 관상면(frontal 또는 coronal plane): 인체를 전후로 나누는 면이다.

다. 횡단면, 수평면(transverse 또는 horizontal plane): 인체를 상하로 나누는 면이다.

(3) 위치 및 방향을 나타내는 용어

가. 전측(anterior)과 후측(posterior): 인체 또는 장기에서 앞면(배쪽)을 전측이라 하고, 뒷면(등쪽)을 후측이라 한다.

I. 작업환경 분석 및 관리
II. 인간공학개요 및 평가
III. 시스템 설계 및 개선
IV. 시스템 관리
V. 근골격계질환 관리

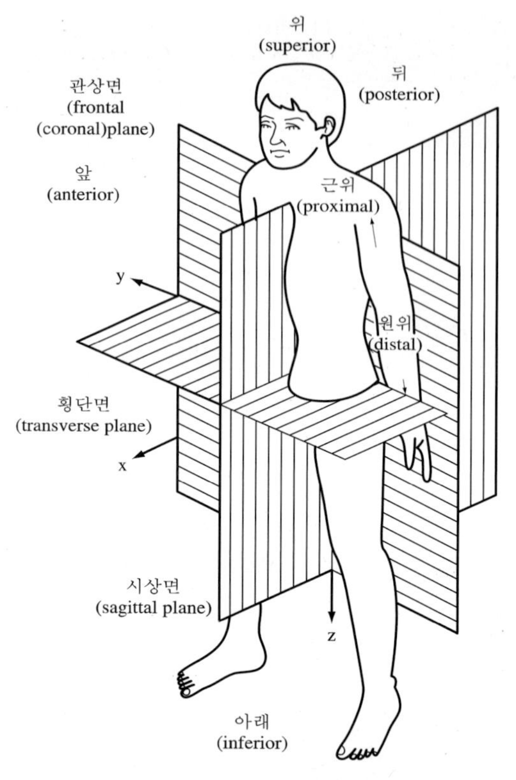

그림 2.6.1 해부학적 자세

나. 내측(medial)과 외측(lateral): 인체 또는 장기에서 정중면에 가까운 위치를 내측이라 하고, 먼 위치를 외측이라 한다.

다. 근위(proximal)와 원위(distal): 인체 또는 장기에서 중심에 가까운 위치를 근위라 하고, 먼 위치를 원위라 한다.

라. 천부(superficial)와 심부(deep): 인체 또는 장기에서 표면에 가까운 위치나 얕은 부분을 천부라 하고, 깊은 부위를 심부라 한다.

마. 상지에서 손바닥 쪽을 향할 때 장측(palmar)이라 하고, 내측을 척골측(ulnar), 외측을 요골측(radial)이라 한다. 하지에서는 발바닥 쪽으로 향할 때 저측(plantar)이라 하고, 내측을 경골측(tibial), 외측을 비골측(fibular)이라 한다. 손등 또는 발등 쪽을 등측(dorsal)이라 한다.

02 근골격계 해부학적 구조

2.1 골격

출제빈도 ★★★★

2.1.1 구성

(1) 인체의 골격계

인체의 골격계는 전신의 뼈(bone), 연골(cartilage), 관절(joint), 인대(ligament)로 구성된다.

(2) 뼈의 구성

뼈는 다시 골질(bone substance), 연골막((cartilage substance), 골막(periosteum)과 골수(bone marrow)의 4부분으로 구성된다.

2.1.2 기능

(1) 인체의 지주 역할을 한다.
(2) 가동성 연결, 즉 관절을 만들고, 골격근의 수축에 의해 운동기로서 작용한다.
(3) 체강의 기초를 만들고 내부의 장기들을 보호한다.
(4) 골수는 조혈기능을 갖는다.
(5) 칼슘, 인산의 중요한 저장고가 되며, 나트륨과 마그네슘 이온의 작은 저장고 역할을 한다.

2.1.3 전신의 뼈

각 뼈들은 기능상 많은 차이가 존재하며, 전신은 크고 작은 206개의 뼈로 구성된다.

(2) 몸통뼈(axial skeleton)

가. 머리뼈(skull): 23개

나. 흉곽(thoracic cage): 25개, 늑골(ribs) 12쌍, 흉골(sternum) 1개

다. 척주(vertebral column): 32~35개, 몸통을 이루는 32~35개의 척추골과 각 척추골 사이의 척추골사이원반으로 이루어졌으며, 몸통의 지주를 이루고, 상단의 두개골과 하단의 골반을 연결한다.

① 척추골은 위로부터
경추(cervical vertebrae) 7개,
흉추(thoracic vertebrae) 12개,

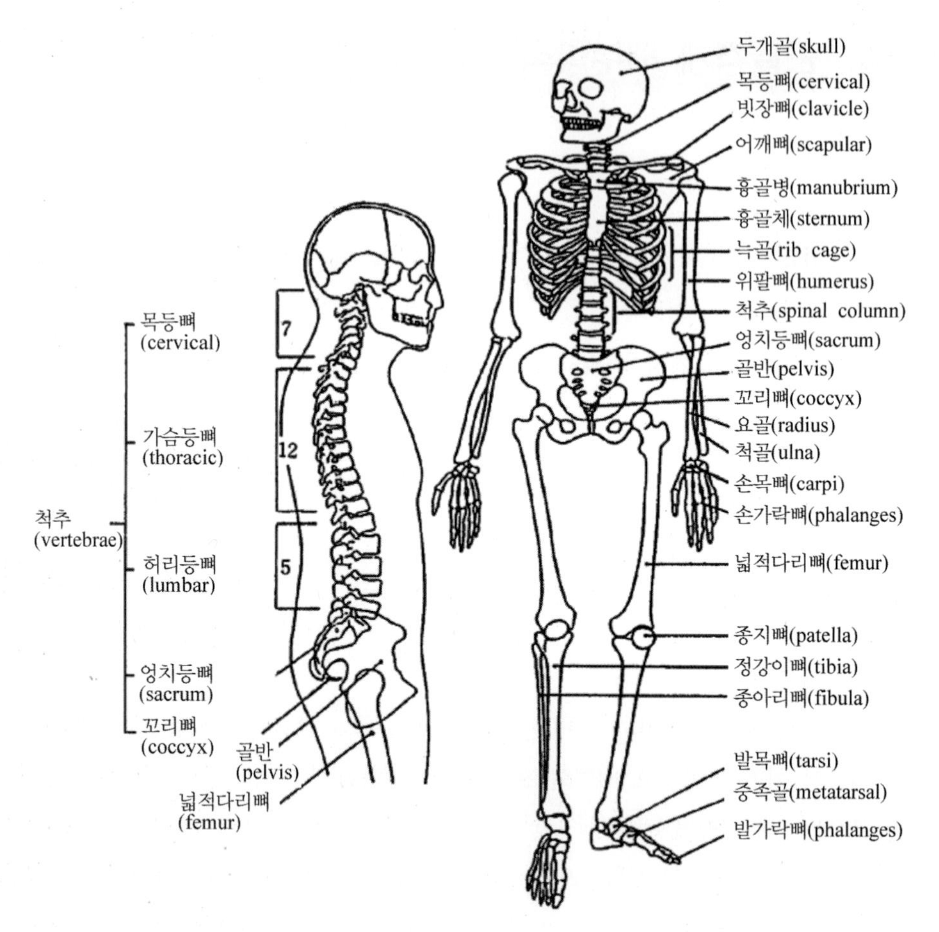

그림 2.6.2 골격의 구조

요추(lumbar vertebrae) 5개,

선추(sacrum vertebrae) 5개,

미추(coccygeal vertebrae) 3~5개로 구성된다.

2.2 근육

출제빈도 ★★★★

2.2.1 근육의 종류

근육은 수축성이 강한 조직으로 인체의 여러 부위를 움직이는데, 근육이 위치하는 부위에 따라 그 역할이 다르다. 인체의 근육은 골격근, 심장근, 평활근으로 나눌 수 있다.

(1) 골격근(skeletal muscle 또는 striated muscle)

가. 형태: 가로무늬근, 원주형세포

나. 특징: 뼈에 부착되어 전신의 관절운동에 관여하며 뜻대로 움직여지는 수의근(뇌척수신경의 운동신경이 지배)이다. 명령을 받으면 짧은 시간에 강하게 수축하며 그만큼 피로도 쉽게 온다. 체중의 약 40%를 차지한다.

(2) 심장근(cardiac muscle)

가. 형태: 가로무늬근, 단핵세포로서 원주상이지만 전체적으로 그물조직

나. 특징: 심장벽에서만 볼 수 있는 근으로 가로무늬가 있으나 불수의근이다. 규칙적이고 강력한 힘을 발휘한다. 재생이 불가능하다.

(3) 평활근(smooth muscle)

가. 형태: 민무늬근, 긴 방추형으로, 근섬유에 가로무늬가 없고 중앙에 1개의 핵이 존재한다.

나. 특징: 소화관, 요관, 난관 등의 관벽이나 혈관벽, 방광, 자궁 등을 형성하는 내장근이다. 뜻대로 움직여지지 않는 불수의근으로 자율신경이 지배한다.

(4) 신경자극에 반응하는 특성에 따른 근육의 분류

가. 골격근(skeletal muscle): 전신의 골격에 붙어 있으면서 근육을 수축시켜 관절운동을 하게 하며, 횡문근이며 수의근이다.

나. 내장근(visceral muscle): 기도, 소화관, 방광 또는 혈관벽을 구성하는 근육으로 평활근이며 불수의근이다.

다. 심근(cardiac muscle): 심장의 벽을 이루는 근육으로 횡문근이며 불수의근이다.

(5) 지배하는 신경에 따른 근육의 분류

가. 수의근(voluntary muscle): 뇌와 척수신경의 지배를 받는 근육으로 의사에 따라서 움직이며, 골격근이 이에 속한다.

나. 불수의근(involuntary muscle): 자율신경의 지배를 받으며 스스로 움직이는 근육으로 내장근과 심장근이 이에 속한다.

2.2.2 인체의 동작

(1) 골격근(skeletal muscle)은 원칙적으로 관절을 넘어서 두 뼈에 걸쳐서 기시부와 정지부를 가지고 있으며, 그 수축에 의해 관절운동을 한다.

(2) 근원섬유인 액틴(actin, 얇은 필라멘트)과 미오신(myosin, 굵은 필라멘트)의 작용에 의해 근육의 수축 및 이완작용을 한다.

(3) 근육작용의 표현

가. 주동근(agonist): 운동 시 주역을 하는 근육

나. 협력근(synergist): 운동 시 주역을 하는 근을 돕는 근육, 동일한 방향으로 작용하는 근육

다. 길항근(antagonist): 주동근과 반대되는 작용을 하는 근육

라. 예를 들어, 주관절이 굴곡되는 경우 굴곡에 주로 참여하는 주관절의 굴곡근이 주동근이 되고 반대방향으로 이완되는 근육인 주관절의 신장근이 길항근으로 작용한다.

2.3 관절

출제빈도 ★★★★

2.3.1 관절의 분류

관절이란 둘 이상의 뼈들 사이의 연결을 말한다. 관절은 운동성이 매우 좋은 가동관절, 약간의 움직임이 있는 반가동관절, 전혀 움직임이 없는 부동관절로 되어 있다.

2.3.2 윤활관절

인체의 윤활관절(synovial joint)은 가동관절이고, 대부분의 뼈가 이 결합양식을 하고 있으며, 2개 또는 3개가 가동성으로 연결되어 있는 관절이다. 결합되는 두 뼈의 관절면이 반드시 연골로 되어 있다.

(1) 종류

가. 구상(절구)관절(ball and socket joint): 관절머리와 관절오목이 모두 반구상의 것이며, 3개의 운동축을 가지고 있어 운동범위가 가장 크다.

예 어깨관절, 대퇴관절

나. 경첩관절(hinge joint): 두 관절면이 원주면과 원통면 접촉을 하는 것이며, 한 방향으로만 운동할 수 있다.

예 무릎관절, 팔굽관절, 발목관절

다. **안장관절**(saddle joint): 두 관절면이 말안장처럼 생긴 것이며, 서로 직각방향으로 움직이는 2축성 관절이다.

예 엄지손가락의 손목손바닥뼈관절

라. **타원관절**(condyloid joint): 두 관절면이 타원상을 이루고, 그 운동은 타원의 장단축에 해당하는 2축성 관절이다.

예 요골손목뼈관절

마. **차축관절**(pivot joint): 관절머리가 완전히 원형이며, 관절오목 내를 자동차 바퀴와 같이 1축성으로 회전운동을 한다.

예 위아래 요골척골관절

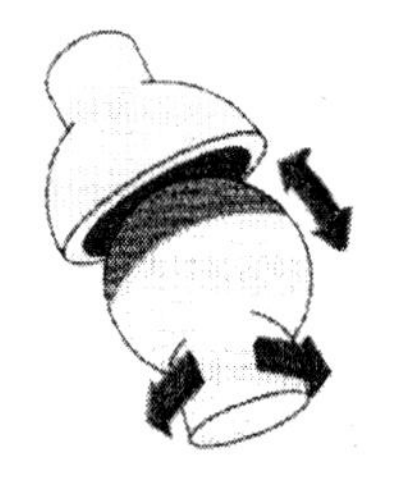

절구관절
(ball and socket joint)

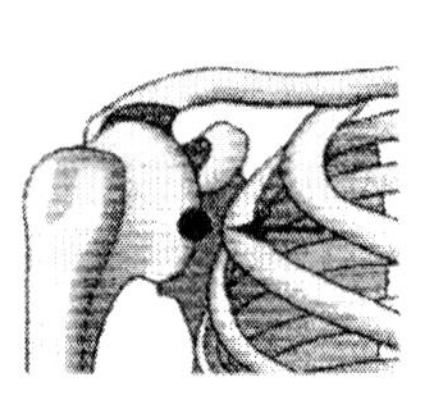

견관절
(shoulder joint)

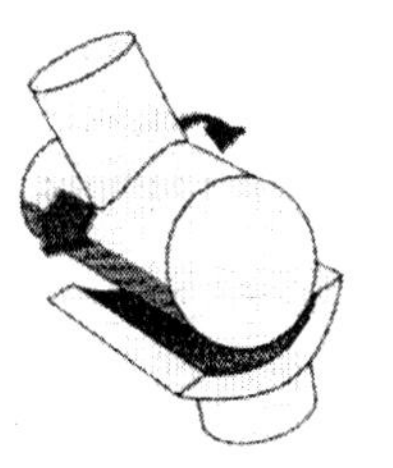

경첩관절
(hinge joint)

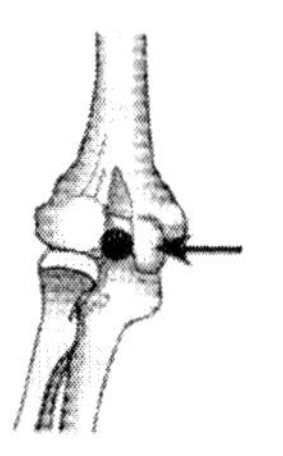

주관절
(elbow joint)

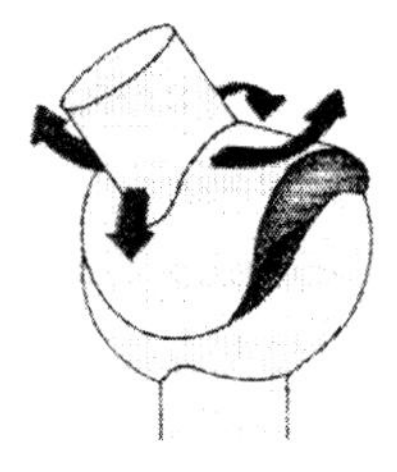

안장관절
(saddle joint)

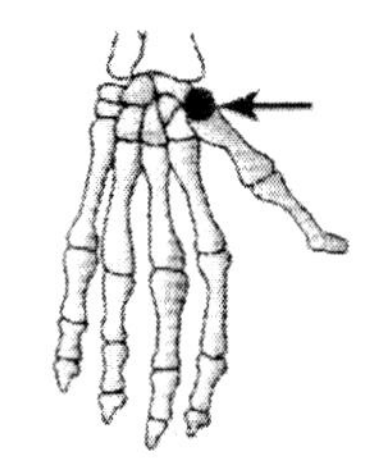

무지의 수근중수관절
(carpometacarpal joint of thumb)

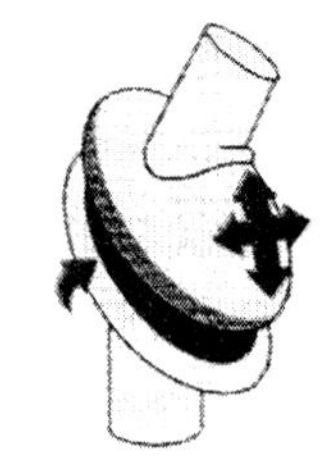

타원관절
(condyloid joint)

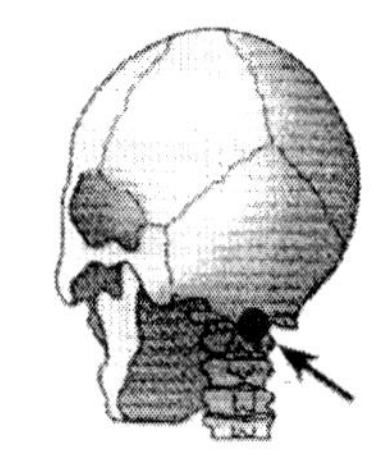

환추후두관절
(atlantooccipital joint)

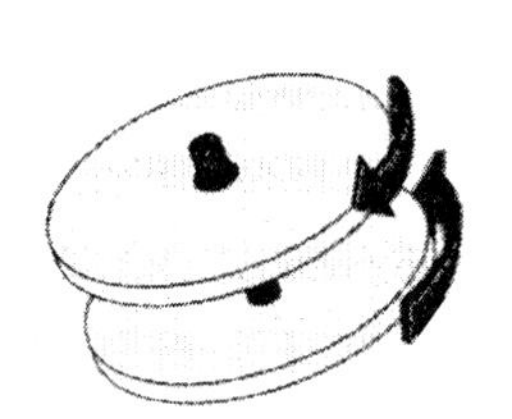

차축관절
(pivot joint)

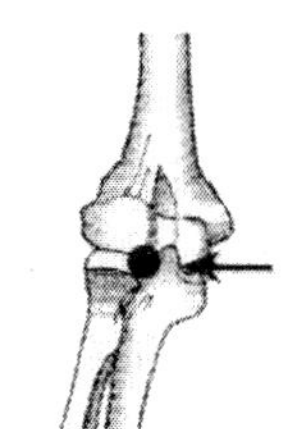

척골과 반대로 회전하는 요골두(head of radius rotating against ulna)

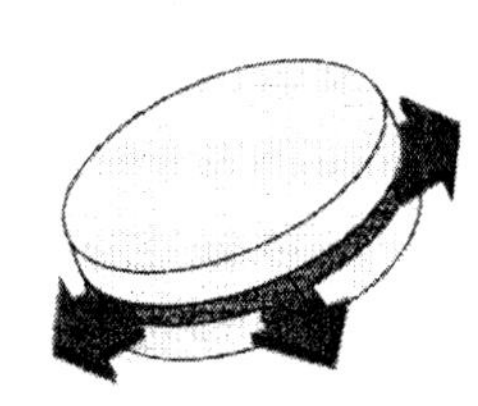

평면(활주)관절
(plane or gliding joint)

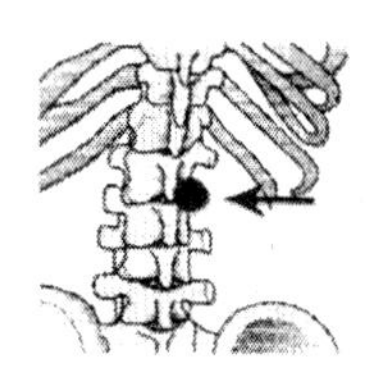

척주의 관절돌기
(articular process between vertebrae)

그림 2.6.3 윤활관절의 종류

바. **평면관절(gliding joint)**: 관절면이 평면에 가까운 상태로서, 약간의 미끄럼운동으로 움직인다.

예 손목뼈관절, 척추사이관절

2.4 신경

출제빈도 ★★★★

2.4.1 신경계의 구성

(1) 신경계의 정의

신경계는 인체의 내부와 외부에서 일어나는 여러 가지 자극을 받아들이고, 이를 적절하게 반응하는 데 필요한 고도로 발달된 지각, 감각, 운동, 정신작용을 지배하는 동물의 특수조직계통이다.

(2) 신경계의 기능

가. 수용기로서의 피부 및 감각기, 인체의 모든 조직과 기관으로부터의 자극을 수용한다.
나. 자극에 대응해서 중추(뇌와 척수)에 반응과 흥분을 일으킨다.
다. 변화를 근육이나 샘에 전달하는 운동성, 분비성 말초신경이다.
라. 세포가 정상적으로 기능하기 위해서는 내부 환경이 적당한 범위(항상성) 내에서 조절되어야 한다. 이것은 자율신경에 의한 신경성 조절과 내분비계에 의한 체액성 조절에 의해 유지된다. 신경성 조절은 조절속도가 빠르고 효과가 짧고, 내분비계 조절은 조절속도가 느리고 효과는 오래 지속된다.

(3) 신경계의 구성

가. **중추신경계통**: 뇌와 척수로 구성된다.
나. **말초신경계통**: 체성신경과 자율신경으로 구성된다. 체성신경은 말초에서 중추신경계에 이르는 뇌신경(12쌍)과 척수신경으로 구성되며, 자율신경은 각 장기를 자율적으로 지배하는 교감신경과 부교감신경으로 구성된다.

(4) 신경계의 구조적 분류

가. **중추신경계**: 뇌와 척수로 구성되며 말초로부터 전달된 신체 내, 외부의 자극 정보를 받고 다시 말초 신경을 통하여 적절한 반응을 전달하는 중추적인 신경이다.
나. **말초신경계**: 수용기로부터 흥분을 뇌와 척수로 전달하며 중추로부터의 흥분을 효과기에 전달하는 말초적인 역할을 하는 신경이다.

(5) 신경계의 기능적 분류

가. 체신경계: 외부의 환경에 따라서 자신의 의사대로 움직일 수 있는 신경으로 피부, 골격근 등에 분포하며, 뇌신경과 척수신경으로 구분된다.

나. 자율신경계: 신체 내부의 활동과 같이 자신의 의사와 상관없이 움직이는 신경으로 심장근 등에 분포되어 있으며, 교감신경과 부교감신경으로 구분된다.

03 순환계 및 호흡계

3.1 순환계

출제빈도 ★★★★

3.1.1 순환계의 기능

순환계는 인체의 각 조직의 산소와 영양소를 공급하고, 대사산물인 노폐물과 이산화탄소를 제거해 주는 폐쇄회로 기관이다.

3.1.2 순환경로

순환경로는 다음과 같다.

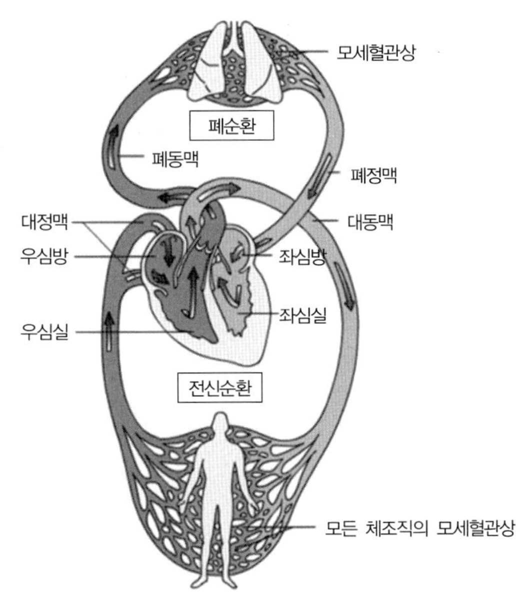

그림 2.6.4 체순환과 폐순환

① 체순환(대순환): 혈액이 심장으로부터 온몸을 순환한 후 다시 심장으로 되돌아오는 순환로이다. 좌심실 → 대동맥 → 동맥 → 소동맥 → 모세혈관 → 소정맥 → 대정맥 → 우심방

② 폐순환(소순환): 심장과 폐 사이의 순환로이며, 체순환에 비하여 훨씬 짧다. 우심실 → 폐동맥 → 폐 → 폐정맥 → 좌심방

3.2 호흡계

출제빈도 ★★★★

3.2.1 호흡계의 기능

기도를 통하여 폐의 폐포 내에 도달한 공기와 폐포벽을 싸고 있는 폐동맥과 폐정맥의 모세혈관망 사이에서 가스 교환을 하는 기관계이다. 즉, 공기 중에서 산소를 취해서 이것을 혈액에 주고 혈액 중의 탄산가스를 공기 중으로 내보내는 작용을 한다. 호흡계의 기능을 요약하면 다음과 같다.

(1) 가스 교환
(2) 공기의 오염물질, 먼지, 박테리아 등을 걸러내는 흡입공기 정화작용
(3) 흡입된 공기를 진동시켜 목소리를 내는 발성기관의 역할
(4) 공기를 따뜻하고 부드럽게 함

3.2.2 호흡계의 구성

호흡계는 코, 인두, 후두, 기관·기관지, 폐로 이루어진다. 코, 인두, 후두, 기관·기관지는 공기의 출입과 발성에 관여하며, 폐는 공기와 혈액 사이의 가스 교환을 하는 장소이다.

7장 | 작업생리

01 작업생리학의 개요

1.1 정의

작업생리학(Work Physiology)은 근로자가 근력을 이용한 작업을 수행할 때 받게 되는 다양한 형태의 스트레스와 관련 인간조직체(organism)의 생리학적 기능에 대한 연구를 주 연구대상으로 한다. 이러한 연구의 궁극적인 목적은 근로자들이 과도한 피로 없이 작업을 수행할 수 있도록 하는 데 있다.

1.2 작업생리학의 요소

작업생리학은 작업 시 개인의 능력에 영향을 줄 수 있는 여러 요소에 대한 이해를 돕는 데 그 목적이 있다. 에너지 생성과정에 영향을 주는 여러 요소들은 생리학적 특성뿐만 아니라, 작업 자체의 특성과 작업이 수행되는 환경 및 작업자의 건강상태와 동기부여 등 다양한 분야를 포함하고 있다. 이러한 요소는 근육 대사에 필요한 영양분과 산소를 공급하는 생리적 서비스 기능을 통하여 에너지 출력에 영향을 미친다.

02 대사작용

2.1 근육의 운동원리

출제빈도 ★★★★

2.1.1 근육수축의 원리

(1) 근육수축 이론(sliding filament theory)

근육은 자극을 받으면 수축을 하는데, 이러한 수축은 근육의 유일한 활동으로 근육의 길이는 단축된다. 근육이 수축할 때 짧아지는 것은 미오신 필라멘트 속으로 액틴 필라멘트가 미끄러져 들어간 결과이다.

(2) 특징

가. 액틴과 미오신 필라멘트의 길이는 변하지 않는다.

나. 근섬유가 수축하면 I대와 H대가 짧아진다. 최대로 수축했을 때는 Z선이 A대에 맞닿고 I대는 사라진다.

다. 각 섬유는 일정한 힘으로 수축하며, 근육 전체가 내는 힘은 활성화된 근섬유 수에 의해 결정된다.

2.1.2 근육활동의 측정

관절운동을 위해 근육이 수축할 때 전기적 신호를 검출할 수 있는데, 근무리가 있는 부위의 피부에 전극을 부착하여 기록할 수 있다. 근육에서의 전기적 신호를 기록하는 것을 근전도라 하며, 국부근육활동의 척도로서 사용된다.

2.1.3 근육수축의 유형

(1) 등장성 수축(isotonic contraction)

수축할 때 근육이 짧아지며 동등한 내적 근력을 발휘한다.

(2) 등척성 수축(isometric contraction)

수축과정 중에 근육의 길이가 변하지 않는다.

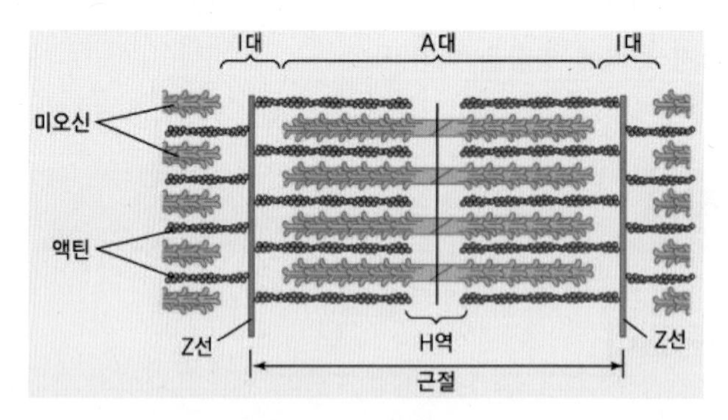

그림 2.7.1 근육의 구조

2.2 근육의 활동 및 대사

출제빈도 ★★★★

2.2.1 근육활동의 신경통제

근육활동의 조절은 체성감관(proprioceptor)과 운동신경(motor nerve)에 의해서 일어나며, 실질적으로 운동신경에 의해서 근육의 운동이 제어된다.

(1) 신경충동

가. 신경세포는 본체와 하나의 긴 신경돌기(axon)로 이루어져 있다.

나. 신경돌기는 신경충동(nerve impulse)을 전달한다.

다. 신경충동이란 신경에 의해 전달되는 물리화학적 변화로 감각세포로부터 얻은 정보를 뇌로 전달하고, 또 뇌로부터 내려진 명령을 근육세포에 전달한다.

라. 연축: 골격근 또는 신경에 전기적인 단일자극을 가하면, 자극이 유효할 때 활동전위가 발생하여 급속한 수축이 일어나고 이어서 이완현상이 생기는 것을 말한다.

(2) 막전위차(membrane potential)

신경세포와 신경돌기 내외부의(K^+이온과 단백질$^-$) 이온 간의 전위차를 말하며, 평형상태에서 전위차는 -90 mV이다.

(3) 활동전위차(action potential)

신경세포에 자극이 주어지면, 세포막은 갑자기 Na^+ 이온을 투과시키고, 그 후에 세포는 K^+ 이온을 투과시켜 평형전위차가 이루어지도록 한다. 이러한 세포의 급격한 기복의 전위차를 활동전위차라 하고, -85~$+60$ mV까지 변한다.

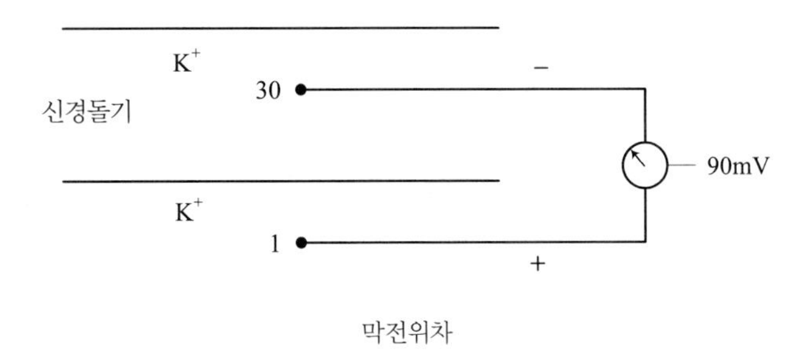

막전위차

2.2.2 근육의 대사

(1) 신진대사(metabolism)

구성물질이나 축적되어 있는 단백질, 지방 등을 분해하거나 음식을 섭취하여 필요한 물질을 합성하여 기계적인 일이나 열을 만드는 화학적인 과정이다. 기계적인 일은 내부적으로 호흡과 소화, 그리고 외부적으로 육체적인 활동에 사용되며, 이때 열이 외부로 발산된다.

가. 무기성 환원과정(무산소성 해당과정)

충분한 산소가 공급되지 않을 때, 에너지가 생성되는 동안 피루브산이 젖산으로 바뀐다. 활동 초기에 순환계가 대사에 필요한 충분한 산소를 공급하지 못할 때 일어난다.

① 무기성 대사: 근육 내 포도당 + 수소 → 젖산 + 열 + 에너지

나. 유기성 산화과정

산소가 충분히 공급되면 피루브산은 물과 이산화탄소로 분해되면서 많은 양의 에너지를 방출한다. 이 과정에 의해 공급되는 에너지를 통해 비교적 긴 시간 동안 작업을 수행할 수 있다.

① 유기성 대사: 근육 내 포도당 + 산소 → CO_2 + H_2O + 열 + 에너지

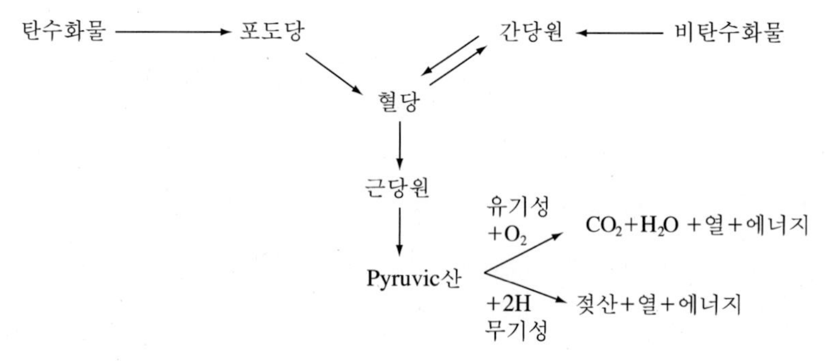

그림 2.7.2 대사과정

(2) 젖산의 축적 및 근육의 피로

가. 젖산의 축적

인체활동의 초기에서는 일단 근육 내의 당원을 사용하지만, 이후의 인체활동에서는 혈액으로부터 영양분과 산소를 공급받아야 한다. 이때 인체활동 수준이 너무 높아 근육에 공급되는 산소량이 부족한 경우에는 혈액 중에 젖산이 축적된다.

나. 근육의 피로

육체적으로 격렬한 작업에서는 충분한 양의 산소가 근육활동에 공급되지 못해 무기성 환원과정에 의해 에너지가 공급되기 때문에 근육에 젖산이 축적되어 근육의 피로를 유발하게 된다.

(3) 산소 빚(oxygen debt)

평상시보다 활동이 많아지거나 인체활동의 강도가 높아질수록 산소의 공급이 더 요구되는데 이런 경우 호흡수를 늘리거나 심박수를 늘려서 필요한 산소를 공급한다. 그러나 활동수준이 더욱 많아지면 근육에 공급되는 산소의 양은 필요량에 비해 부족하게 되고 혈액에는 젖산이 축적된다.

이렇게 축적된 젖산의 제거속도가 생성속도에 미치지 못하면 작업이 끝난 후에도 남아 있는 젖산을 제거하기 위하여 산소가 필요하며 이를 산소 빚이라고 한다. 그 결과 산소 빚을 채우기 위해서 작업종료 후에도 맥박수와 호흡수가 휴식상태의 수준으로 바로 돌아오지 않고 서서히 감소하게 된다.

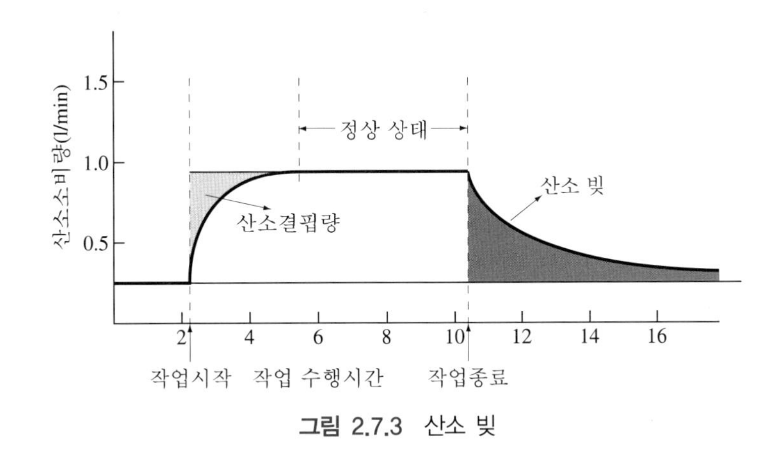

그림 2.7.3 산소 빚

2.3 육체적 작업부하

출제빈도 ★★★★

2.3.1 육체활동에 따른 에너지소비량

여러 종류의 인체활동에 따른 에너지소비량은 다음과 같으며 걷기, 뛰기와 같은 인체적 운동에서는 동작속도가 증가하면 에너지소비량은 더 빨리 증가한다.

예 수면 1.3 kcal/분, 앉아 있기 1.6 kcal/분, 서 있기 2.25 kcal/분, 걷기(평지) 2.1 kcal/분, 세탁/다림질 2.0~3.0 kcal/분, 자전거 타기(16 km/시간) 5.2 kcal/분

인체활동에 따른 에너지소비량에는 개인차가 있지만 몇몇 특정 작업에 대한 추산치는 그림 2.7.4와 같다.

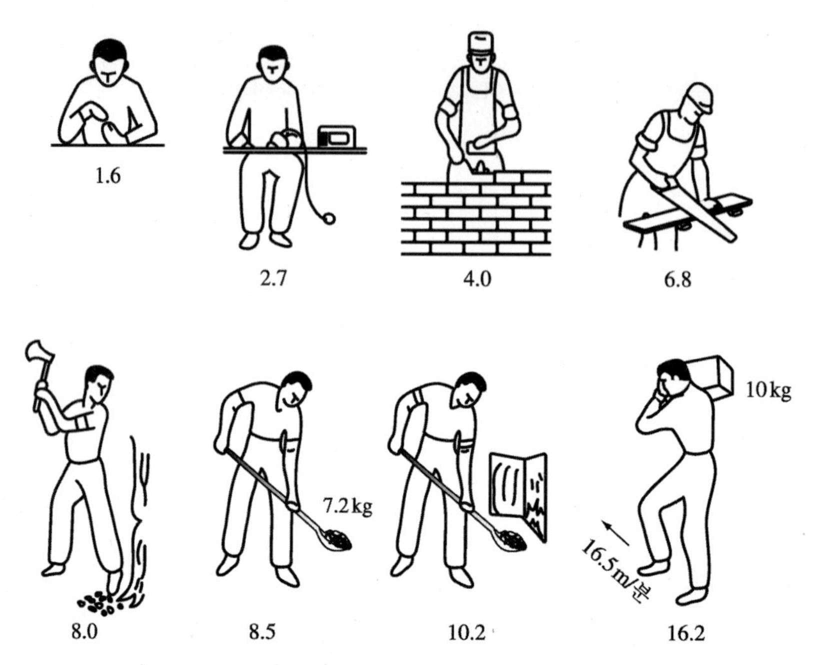

그림 2.7.4 인체활동에 따른 에너지소비량(kcal/분)

2.3.2 작업등급

일상활동의 생리적 부담(physiological cost)을 나타내 보면, 육체적 활동의 종류에 따른 에너지소비량의 수치를 얻을 수 있다.

(1) 기초대사량(BMR; Basal Metabolic Rate)

생명을 유지하기 위한 최소한의 에너지소비량을 의미하며, 성, 연령, 체중은 개인의 기초대사량에 영향을 주는 중요한 요인이다.

가. 성인 기초대사량: 1,500~1,800 kcal/일

나. 여가대사량(기초대사량 포함): 2,300 kcal/일

다. 작업 시 정상적인 에너지소비량: 4,300 kcal/일

(2) 에너지대사율(RMR; Relative Metabolic Rate)

작업강도 단위로서 산소소비량으로 측정한다. 작업 시의 에너지대사량은 휴식 후부터 작업 종료 시까지의 에너지대사량을 나타내며, 총 에너지소모량은 기초에너지대사량과 휴식 시 에너지대사량, 작업 시 에너지대사량을 합한 것으로 나타낼 수 있다. 에너지대사율은 기초대사량에 대한 작업대사량의 비로 정의된다.

가. 계산식

$$R = \frac{\text{작업 시 소비 에너지} - \text{안정 시 소비 에너지}}{\text{기초대사량}} = \frac{\text{작업대사량}}{\text{기초대사량}}$$

나. 작업강도

① 초중작업: 7 RMR 이상 ② 중(重)작업: 4~7 RMR

③ 중(中)작업: 2~4 RMR ④ 경(輕)작업: 0~2 RMR

예제

근로자가 작업 중에 소비한 에너지가 5 kcal/min이고, 휴식 중에는 1.5 kcal/min의 에너지를 소비하였다면 이 작업의 에너지대사율(RMR)은 얼마인가? (단, 근로자의 기초대사량은 분당 1 kcal라고 한다.)

풀이

에너지대사율(RMR)

$$R = \frac{\text{작업 시 소비 에너지} - \text{안정 시 소비 에너지}}{\text{기초대사량}} = \frac{\text{작업대사량}}{\text{기초대사량}}$$

$$= \frac{5(\text{kcal/min}) - 1.5(\text{kcal/min})}{1(\text{kcal/min})} = 3.5(\text{kcal/min})$$

03 작업부하 및 휴식시간

3.1 육체적 작업능력

출제빈도 ★★★★

육체적 작업능력(physical work capacity)은 작업을 할 수 있는 개인의 능력을 의미한다. 육체적 작업능력은 최대산소소비량을 측정함으로써 평가할 수 있다. 육체적 작업능력을 평가하는 목적은 작업에 필요한 능력과 개인의 능력을 맞춤으로써 과도한 피로를 방지하는 데 있다. NIOSH(미국국립산업안전보건연구원)에서는 직무를 설계할 때 작업자의 육체적 작업능력의 33%보다 높은 조건에서 8시간 이상 계속 작업하지 않도록 권장한다.

3.1.1 최대산소소비량의 직접측정(maximum stress test)

(1) 낮은 단계의 부하에서 운동을 시작하여 최대한계부하까지 일정한 시간 간격으로 피실험자가 완전히 지칠 때까지 부하를 증가시킨다.

(2) 부하가 증가하더라도 더 이상 산소소비량이 증가하지 않고 일정하게 유지되는 수준이 최대산소소비량이다.

(3) 피실험자에게 극도의 피로를 유발하며 상해의 위험이 있다.

(4) 최대에너지소비량은 산소소비량으로부터 계산할 수 있다(산소 1 L=5 kcal).

3.1.2 최대산소소비량의 간접측정(submaximal stress test)

(1) 직접측정법에 비해 피로와 위험이 적으나 정확성이 떨어진다.

(2) 심박수(heart rate)와 산소소모량은 선형관계라고 가정한다.

(3) 최대심박수는 나이에 따라 비교적 정확히 예측할 수 있다.

$$HR_{\mathrm{MAX}} = 220 - \text{나이}$$

$$HR_{\mathrm{MAX}} = 190 - 0.62(\text{나이} - 25)$$

(4) 절차

가. 3개 이상의 작업수준에서 산소소비량과 심박수를 측정한다.

나. 회귀분석을 통하여 산소소비량과 심박수의 선형관계를 파악한다.

다. 피실험자의 최대심박수를 계산한다.

라. 최대산소소비량을 회귀분석을 통하여 구한다.

3.2 휴식시간의 산정

출제빈도 ★★★★

인간은 요구되는 육체적 활동수준을 오랜 시간 동안 유지할 수 없다. 작업부하 수준이 권장한계를 벗어나면, 휴식시간을 삽입하여 초과분을 보상하여야 한다. 피로를 가장 효과적으로 푸는 방법은 총 작업시간 동안 휴식을 짧게 여러 번 주는 것이다.

Murrell(1965)은 작업활동에 필요한 휴식시간을 추산하는 공식을 다음과 같이 제안하였다.

(1) 휴식시간 계산

작업에 대한 평균에너지값의 상한을 5 kcal/분으로 잡을 때 어떤 활동이 이 한계를 넘는다면 휴식시간을 삽입하여 에너지값의 초과분을 보상해 주어야 한다. 작업의 평균에

너지값이 E[kcal/분]이라 하고, 60분간의 총 작업시간에 포함되어야 하는 휴식시간 R(분)은

$$E \times (\text{작업시간}) + 1.5 \times (\text{휴식시간}) = 5 \times (\text{총 작업시간})$$

즉, $E(60 - R) + 1.5R = 5 \times 60$이어야 하므로

$$R = \frac{60(E-5)}{E-1.5}$$

여기서, E는 작업에 소요되는 에너지가, 1.5는 휴식시간 중의 에너지소비량 추산값이고, 5는 평균에너지값이다.

예제

작업이 다음과 같을 때 1시간 총 작업시간에 포함되어야 하는 휴식시간 R(분)은 얼마인가? (단, 평균작업 에너지소비량 5 kcal/min, 휴식 시의 에너지소비량 1.5 kcal/min, 권장 평균에너지소비량 4 kcal/min)

풀이

$$\text{Murrell의 공식 } R = \frac{T(E-S)}{E-1.5}$$

R: 휴식시간(분)
T: 총 작업시간(분)
E: 평균작업 에너지소모량(kcal/min)
S: 권장 평균에너지소모량(kcal/min)

$$\therefore \text{ 휴식시간 } R = \frac{60 \times (5-4)}{5-1.5} = 17.14(\text{분})$$

I. 작업환경 분석 및 관리
II. 인간공학 개요 및 평가
III. 시스템 설계 및 개선
IV. 시스템 관리
V. 그룹작업집합 관리

8장 | 생체역학

생체역학은 인체를 뉴턴(Newton)의 운동법칙과 생명체의 생물학적 법칙에 의하여 움직이는 하나의 시스템으로 보고 인체에 작용하는 힘과 그 결과로 생기는 운동에 관하여 연구한다. 생체역학은 인체에 작용하는 힘이 평형상태인 정지하고 있는 인체를 연구하는 정역학(Statics)과 운동하고 있는 인체를 연구하는 동역학(Dynamics)으로 나누어지며, 동역학은 다시 운동학(Kinematics)과 운동역학(Kinetics)으로 세분된다. 운동학은 힘과 관계되는 운동 중의 인체변위, 속도 및 가속도 등을 연구하고, 운동역학은 운동을 생기게 하거나 변화시키게 하는 힘을 연구한다.

01 인체동작의 유형과 범위

1.1 인체동작의 유형

출제빈도 ★★★★

(1) 굴곡(屈曲, flexion)

팔꿈치로 팔굽히기를 할 때처럼 관절에서의 각도가 감소하는 인체 부분의 동작

(2) 신전(伸展, extension)

굴곡과 반대방향의 동작으로서, 팔꿈치를 펼 때처럼 관절에서의 각도가 증가하는 동작. 몸통을 아치형으로 만들 때처럼 정상 신전자세 이상으로 인체 부분을 신전하는 것을 과신전(過伸展, hyperextension)이라 한다.

(3) 외전(外轉, abduction)

팔을 옆으로 들 때처럼 인체 중심선(midline)에서 멀어지는 측면에서의 인체 부위의 동작

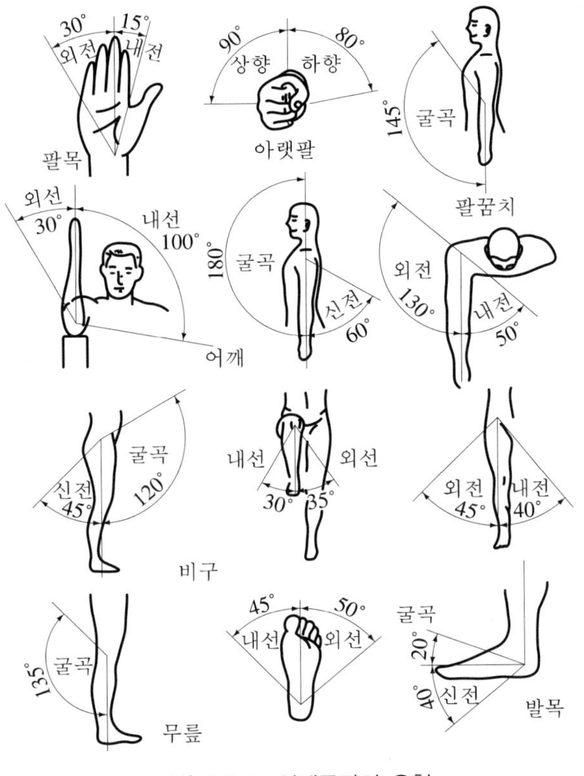

그림 2.8.1 인체동작의 유형

(4) 내전(內轉, adduction)

팔을 수평으로 편 위치에서 수직위치로 내릴 때처럼 중심선을 향한 인체 부위의 동작

(5) 회전(回轉, rotation)

인체 부위 자체의 길이 방향 축 둘레에서 동작. 인체의 중심선을 향하여 안쪽으로 회전하는 인체 부위의 동작을 내선(內旋, medial rotation)이라 하고, 바깥쪽으로 회전하는 인체 부위의 동작을 외선(外旋, lateral rotation)이라 한다. 손과 전완의 회전의 경우에는 손바닥이 아래로 향하도록 하는 회전을 회내(pronation), 손바닥을 위로 향하도록 하는 회전을 회외(supination)라고 한다.

(6) 선회(旋回, circumduction)

팔을 어깨에서 원형으로 돌리는 동작처럼 인체 부위의 원형 또는 원추형 동작

02 힘과 모멘트

2.1 힘

힘은 기계적 교란(disturbance)이나 부하(load)로 정의된다. 물체를 밀거나 끌 때 힘을 가하게 된다. 힘은 근육의 활동을 야기시킨다. 물체에 가해진 힘은 물체를 변형시키거나 운동상태를 변화시킨다.

2.1.1 힘의 분류

(1) 외적인(external) 힘

대부분의 알려진 힘들은 외적인 힘으로, 망치질이나 박스를 밀거나, 의자에 앉거나, 볼을 차는 경우를 들 수 있다.

(2) 내적인(internal) 힘

외적으로 가해진 힘 아래에서 물체를 쥐고 있을 때, 그 물체 내에서 자체적으로 생성된 힘이 내적인 힘이다. 내적인 힘의 예로는 인체의 경우, 근육의 수축(contraction)을 들 수 있다. 내적인 힘은 스트레스(stress)라고도 표현된다.

2.1.2 힘과 힘계

(1) 하나의 물체에 두 개 이상의 힘이 작용할 때 이를 힘계(force system)라 한다.

(2) 힘은 한 점에 작용하는 집중력(concentrated force)과 특정한 표면 부위에 분포되어 작용하는 분포력(distributed force)이 있다.

(3) 힘의 특성(3요소)

크기(magnitude), 방향(direction), 작용점(point of application)

(4) 힘의 효과

가. 외적 효과: 힘을 받는 강체에서 일어나는 지점의 반력과 가속도

나. 내적 효과: 힘을 받는 변형체에서 일어나는 변형

(5) 힘계

가. 동시힘계(concurrent force system): 모든 힘들이 한 점에 작용하는 힘계

나. 평행력계(parallel force system): 모든 힘들의 작용선이 평행한 힘계

다. 일반력계(general force system): 힘들이 모두 한 점에 모이지도 않고 모두 평행하지도 않은 힘계

2.1.3 수직(정상)힘과 접선힘

표면에 작용하는 힘은 그 표면에 대하여 수직방향으로 작용한다. 이 힘을 정상(normal)힘 또는 수직힘이라 한다. 만일 수평 책상 위에 책을 민다고 가정하면, 이 힘의 크기는 책의 중량(weight)과 같다. 접선(tangential)힘은 표면과 평행(parallel)한 방향으로 표면에 작용하는 힘이다. 접선힘의 좋은 예는 마찰력이다.

2.1.4 인장력과 압축력

인장력(tensile force)은 물체를 펴게 하는 경향을 가진 힘이며, 압축력(compression force)은 힘이 작용하는 방향에서 물체를 움츠리게(shrink) 하는 경향을 가진 힘이다. 근육수축은 근육에 부착된 뼈를 잡아당기는 인장력을 생성하게 된다. 하지만 근육은 압축력을 생성하지 않는다.

2.1.5 동일평면상의 힘

모든 힘이 2차원(평면: plane) 표면에 작용한다면, 이 힘계는 동일평면상(coplanar)이라 한다. 동일평면계를 형성하는 힘은 x와 y의 2차원 좌표에서 최소한 2개의 0이 아닌 힘이 존재해야 한다.

2.1.6 동일직선상의 힘

모든 힘이 공통의 작용선(line of action)을 가지고 있다면, 이 힘계는 동일직선상(collinear)이라고 한다. 줄당기기 시합에서 줄에 가해진 힘과 같은 경우이며, 이와 유사하게 박스를 한 방향으로 앞에서 끌고 뒤에서 미는 경우도 동일직선상의 힘이라 한다.

2.1.7 동시의 힘

힘의 작용선이 공통된 삽입점(insertion point)을 가지고 있다면, 이 힘계(동시힘계 또는 공점력계)를 동시적(concurrent)이라 한다. 이러한 예는 여러 도르래의 장치에서 찾아볼 수 있다. 이때 케이블에 미치는 힘은 인장력(tensile force)이다.

2.1.8 평행의 힘

힘의 작용선이 서로 평행일 때, 이를 평행힘계라 한다.

2.1.9 힘의 평형

주어진 힘들의 영향이 미치지 않는 경우, 한 점에 작용하는 모든 힘의 합력이 0이면 이 질점(particle)은 평형상태에 있다. 이 경우, 모든 힘의 합력은 0이다($\Sigma F = 0$).

(1) 공간에서 한 질점이 평형을 이루기 위한 필요충분조건

$$\Sigma F_x = 0$$
$$\Sigma F_y = 0$$
$$\Sigma F_z = 0$$

(2) 문제풀이 방법

가. 평형상태에 있는 질점과 그 질점에 작용하는 모든 힘들을 표시한 자유물체도를 그린다.
나. 평형식: $\Sigma F_x = 0$, $\Sigma F_y = 0$, $\Sigma F_z = 0$을 작성한다.
다. 세 미지수에 대해 푼다.

2.2 모멘트

출제빈도 ★★★★

물체에 가해진 힘은 물체를 이동시키거나, 변형시키거나, 또는 회전시킨다. 모멘트는 회전(rotation)이나 구부러짐(bending)을 야기시킨다.

2.2.1 모멘트의 크기

모멘트(또는 토크)는 M으로 표시되며, 힘 × 모멘트팔(moment arm), 즉 $M = F \times d$로 표현

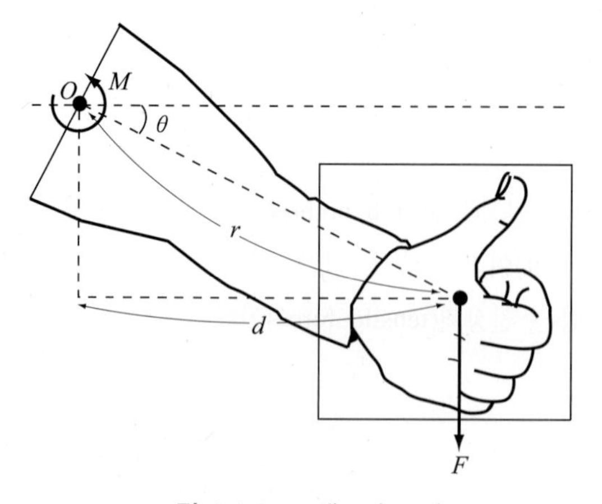

그림 2.8.2 모멘트의 크기

된다. 모멘트팔은 레버팔(lever arm) 또는 지렛대팔이라고도 불리며, 점 O와 힘 F의 작용선 간의 짧은 거리(d)를 나타낸다. 점 O에서의 힘 F의 모멘트는 $M = F \cdot d = F \cdot r \cdot \cos\theta$이다.

2.2.2 모멘트의 방향

(1) 한 점에서의 모멘트는 그 점과 힘이 놓인 면(plane)에 대해 수직으로 작용한다.
(2) 모멘트 M의 방향은 오른손의 법칙(right-hand-rule)에 의하여 정해진다. 엄지손가락으로 힘을 가리키면, 나머지 손가락은 모멘트의 방향을 가리키게 된다.
(3) 모멘트벡터의 방향은 시계방향이나 반시계방향으로 표시된다.

2.2.3 알짜모멘트

물체에 하나 이상의 힘이 미치는 경우, 한 점에 대한 모멘트의 합(resultant moment)은 그 점에 대해 물체에 미치는 여러 힘의 모멘트에 대한 벡터 합으로 계산할 수 있으며, 이를 알짜모멘트(net moment) 또는 "합모멘트"라 한다.

2.2.4 선형평형

만일 여러 힘이 물체에 작용한다면, 여러 힘의 합, 즉 알짜힘(net force)은 0이 되어야 한다. 즉, $\sum F = 0$이다. 물체에 작용하는 알짜 힘이 0일 때, 물체는 "선형평형(TE; Translational Equilibrium)" 상태에 있다고 말할 수 있다.

2.2.5 회전평형

물체의 각 점에 알짜모멘트가 외부에 작용하는 힘 때문에 0이 될 때, 물체는 "회전평형(RE; Rotational Equilibrium)" 상태에 있다고 말할 수 있다. 즉, $\sum M = 0$이다.

2.2.6 자유물체도(FBD; Free-Body Diagram)

자유물체도(FBD)는 시스템의 개별적 구성요소들에 작용하는 힘과 모멘트를 파악하는 것을 돕기 위해 그리게 된다. 그림 2.8.3은 박스를 미는 사람에 대한 자유물체도를 표시한 것이다.

자유물체도는 필요한 선형평형과 회전평형을 표시하고, 2차원 좌표에서는 3개의 방정식 ($\sum F_x = 0$, $\sum F_y = 0$, $\sum M_0 = 0$)으로 표현된다.

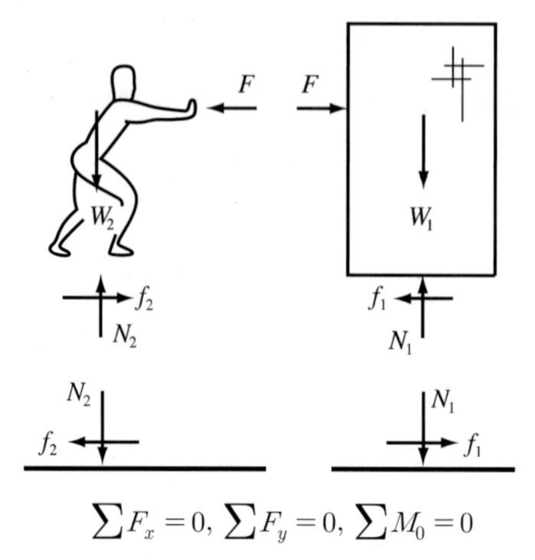

$$\sum F_x = 0,\ \sum F_y = 0,\ \sum M_0 = 0$$

그림 2.8.3 박스를 미는 사람의 자유물체도

2.2.7 일정한 힘에 의해 한 일

(1) 정의

일(work)은 힘과 변위(displacement)의 곱으로 정의된다.

$$W = F \cdot s$$

수평과 θ의 각도를 이루고 있을 때 수평면에 작용하는 힘의 성분은 F_x이며, 이는 $F_x = F\cos\theta$가 되기 때문에 한 일은 $W = F\cos\theta \times s$ 가 된다.

(2) 일의 표시

가. 일은 양(positive)이나 음(negative)의 부호로 표시된다. 바벨을 들 때는 양의 일을 하고 있으며, 정지하고 있을 때는 아무런 한 일이 없으며. 바벨을 내릴 때는 음의 일을 하게 된다.

나. 마찰력이 표면에 작용한다면, 마찰력은 음의 일을 한다. 이것은 $W_f = -f \times s$ 로 표시되며, 알짜 한 일(W_{net})은 $W_{\neq \mathrm{t}} = F \times s - f \times s$ 로 표시된다.

2.2.8 변하는 힘에 의해 한 일

변화하는 힘(varying force)에 의해 한 일은 변위(거리)에 대한 힘의 적분(integral)으로 표시된다.

2.2.9 에너지(energy)

(1) 에너지의 정의

다른 시스템에 대한 어떤 시스템의 일할 수 있는 능력을 말한다.

(2) 에너지의 구분

가. 잠재적 에너지(ϵ_P)=중력잠재에너지($\epsilon_{Pg}= Wh = mgh$)+탄성잠재에너지($\epsilon_{Ke}=kx^2/2$)

나. 운동역학적 에너지(ϵ_K)= $mv^2/2$

2.2.10 에너지의 보존

(1) 힘의 보존

두 점 사이의 물체를 움직이는 힘이 취한 경로와 독립적이라면, 힘은 보존된다고 말할 수 있다. 보존되는 힘의 대표적인 예는 중력과 용수철의 복원력이며, 보존되지 않는 힘의 예는 마찰력이다.

(2) 에너지보존의 법칙

보존되는 힘에 의해 시스템에 한 일은 운동역학적 에너지(ϵ_K)나 잠재에너지(ϵ_P)로 전환될 수 있다. 운동역학적 에너지와 잠재에너지의 합은 움직이는 시스템의 어느 위치에서도 일정하다. 이를 기계적 에너지보존의 법칙이라 한다.

$$\epsilon_{K1}+\epsilon_{P1}=\epsilon_{K2}+\epsilon_{P2}$$(위치 1에서 2 사이의 에너지보존의 법칙)

2.2.11 운동량과 충격량

(1) 운동량(momentum) 또는 선형(linear) 운동량: 질량 × 속도로 정의되며, $p = m \times \underline{v}$로 표현된다.

(2) 충격량(impulse): 짧은 시간간격 사이에 가해진 힘의 효과

2.3 생체역학적 모형

생체역학 모델링은 정적(static)모델과 동적(dynamic)모델로 나눌 수 있으며, 이것은 다시 몸을 몇 분절로 나누어서 관찰하느냐, 그리고 2차원이냐 3차원의 관찰이냐에 따라서 세분된다. 여기에서는 한 부분 정적모델과 척추모델을 살펴보기로 한다.

2.3.1 한 분절 정적모델(single-segment static model)

인체를 한 분절씩 고려하는 가장 간단하고 계산하기 쉬운 간단한 모델로서 앞 팔과 손을 하나의 인체분절로 가정한다. 50번째 백분위수에 해당하는 남자 작업자가 양손에 20 kg 질량무게를 가진 물체를 허리쯤에서 쥐고 있는 경우 작업자의 팔꿈치에 작용하는 힘과 회전 모멘트의 크기와 방향은 다음과 같이 계산된다.

뉴턴의 운동법칙 중 관성의 법칙과 작용-반작용 법칙을 사용하고, 평형상태에 있는 경우 정적 인체에는 힘과 모멘트의 합이 0이 된다는 사실을 이용하여 풀 수 있다. 들고 있는 물체의 질량을 m, 중력을 g, 물체의 중량을 W라고 하면, 물체의 중량은 $W = mg$ =(20 kg)(9.8 m/s^2)=196 N이 되며 대칭하중이므로, 각 손에 걸리는 하중은 다음과 같다.

$$\sum F = 0$$
$$-196\ \mathrm{N} + 2R_H = 0$$
$$R_H = 98\ \mathrm{N}$$

하중의 작용선이 손의 중력중심을 거쳐서 지나간다고 가정한다. 그리고 50번째 백분위수 남자 인체치수에 해당하는 팔꿈치에서 아래팔-손 질량의 중력중심까지는 17.2 cm, 손 질량의 중력중심까지는 35.5 cm이며, 아래팔-손 질량의 중량은 15.7 N이다. 팔꿈치에 걸리는 반작용 힘(R_E)은 다음과 같이 계산된다.

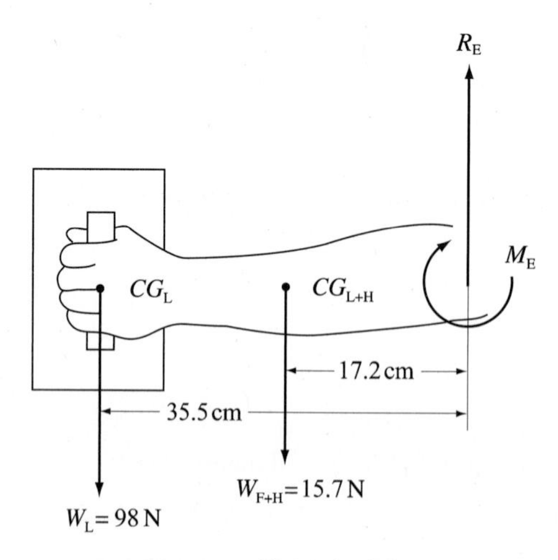

그림 2.8.4 한 분절 정적모델

$$\sum F = 0$$
$$-98\ \mathrm{N} - 15.7\ \mathrm{N} + R_E = 0$$
$$R_E = 113.7\ \mathrm{N}$$

이 반작용 힘은 밑으로의 선형운동에 저항하게 되며, 반시계방향(ccw)의 회전운동을 멈출 수는 없다. 팔꿈치 모멘트 M_E는 다음과 같다.

$$\sum M = 0$$
$$(-98\ \mathrm{N})(0.355\ \mathrm{m}) + (-15.7\ \mathrm{N})(0.172\ \mathrm{m}) + M_E = 0$$
$$M_E = 37.5\mathrm{Nm}$$

예제

다음 그림과 같이 작업자가 한 손을 사용하여 무게(W_L)가 98 N인 작업물을 수평선을 기준으로 30° 팔꿈치 각도로 들고 있다. 물체의 쥔 손에서 팔꿈치까지의 거리는 0.35 m이고, 손과 아래팔의 무게(W_A)는 16 N이며, 손과 아래팔의 무게중심은 팔꿈치로부터 0.17 m에 위치해 있다. 팔꿈치에 작용하는 모멘트는 얼마인가?

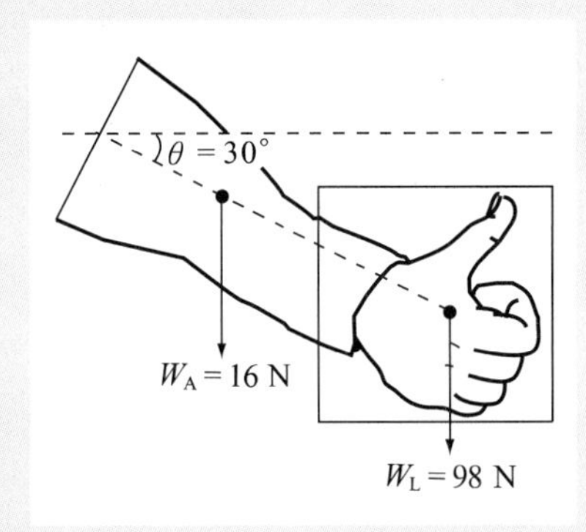

풀이

$\sum M = 0$ (모멘트 평형방정식)

$\Rightarrow (F_1(=W_L) \times d_1 \times \cos\theta) + (F_2(=W_A) \times d_2 \times \cos\theta) + M_E(\text{팔꿈치 모멘트}) = 0$

$\Rightarrow (-98\mathrm{N} \times 0.35\mathrm{m} \times \cos 30°) + (-16\mathrm{N} \times 0.17\mathrm{m} \times \cos 30°) + M_E(\text{팔꿈치 모멘트}) = 0$

$\therefore\ M_E = 32.06\ \mathrm{Nm}$

예제

어떤 작업자가 그림과 같이 손에 전동공구를 쥐고 있는 동안에 주관절(elbow joint)에서 등척성 근육의 힘이 발휘되고 있을 때 다음 물음에 답하시오. (단, 그림과 같은 자세로 평형상태에 있다고 가정한다.)

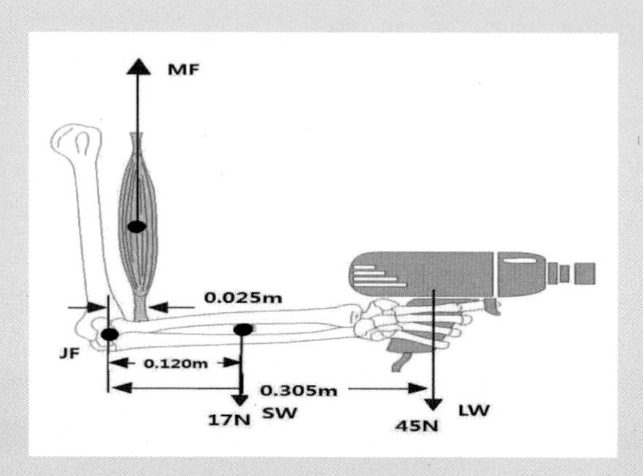

(1) 내적인 근육에 의해 생성되는 모멘트를 계산하시오.

(2) 정적인 자세로 전완을 유지하는 데 요구되는 상완이두근의 힘(MF)을 계산하시오.

(3) 주관절에서의 관절반작용력(JF)을 계산하시오.

풀이

(1) $\sum M = 0$

$(-45N \times 0.305\ \text{m}) + (-17N \times 0.120\ \text{m}) + M_E = 0$

$\therefore\ M_E = 15.8\ \text{Nm}$

(2) $\sum F = 0$

$15.8 = MF \times 0.025\ \text{m}$

$\therefore\ MF = \dfrac{15.8}{0.025} = 632.0\ \text{N}$

(3) $\sum F = 0$

$JF + MF - W - L = 0$

$JF = -MF + W + L$

$= -632.0 + 17 + 45$

$= -570.0$

$\therefore\ JF = -570.0\ \text{N}$

9장 | 생체반응 측정

01 측정의 원리

1.1 인체활동의 측정원리

출제빈도 ★★★★

인간이 활동을 할 때는 바람직하지 않은 고통이나 반응을 일으키는 스트레스와 스트레스의 결과로 나타나는 스트레인을 받는다. 스트레스의 근원은 작업, 환경 등에 따라 생리적·정신적 근원으로 구별되며, 스트레인 또한 생리적·정신적 스트레인으로 구분된다.

(1) 압박 또는 스트레스(stress)

개인에게 작용하는 바람직하지 않은 상태나 상황, 과업 등의 인자와 같이 내외부로부터 주어지는 자극을 말하며, 스트레스의 원인으로는 과중한 노동, 정적 자세, 더위와 추위, 소음, 정보의 과부하, 권태감 등이 있다. 표 2.9.1은 압박 주요근원을 생리적·심리적으로 세분화한 표이다.

표 2.9.1 스트레스(압박)의 주요근원

주요근원	생리적	심리적
작업	중노동 부동위치	정보과부하 경계
환경	대기 소음/진동 열/냉	위험 유폐
일주 리듬	수면부족	수면부족

(2) 긴장 또는 스트레인(strain)

압박의 결과로 인체에 나타나는 고통이나 반응을 말하며, 혈액의 화학적 변화, 산소소비량, 근육이나 뇌의 전기적 활동, 심박수, 체온 등의 변화를 관찰하여 스트레인을 측정할 수 있다. 표 2.9.2는 긴장의 주요척도를 나타낸다.

표 2.9.2 스트레인(긴장)의 주요척도들

생리적 긴장			심리적 긴장	
화학적	전기적	인체적	활동	태도
혈액성분 요성분 산소소비량 산소결손 산소회복곡선 열량	뇌전도(EEG) 심전도(ECG) 근전도(EMG) 안전도(EOG) 전기피부반응(GSR)	혈압 심박수 부정맥 박동량 박동결손 인체온도 호흡수	작업속도 실수 눈 깜박수	권태 기타 태도요소

가. 특징

사람에 따라 스트레스의 원인이 다르며, 같은 수준의 스트레스일지라도 스트레인의 양상과 수준은 사람에 따라 크게 다르다. 이러한 개인차는 육체적·정신적인 특성이 개인마다 다르기 때문이다.

(3) 작업의 종류에 따른 생체신호 측정방법

작업을 할 때에 인체가 받는 부담은 작업의 성질에 따라 상당한 차이가 있다. 이 차이를 연구하기 위한 방법이 생체신호를 측정하는 것이다. 다시 말하면 산소소비량, 근전도(EMG), 에너지대사율(RMR), 플리커치(CFF), 심박수, 전기피부 반응(GSR) 등으로 인체의 생리적 변화를 측정하는 것이다. 또, 이것과 동시에 측정할 수 있는 방법으로는 뇌파, 혈압, 안구운동(EOG) 등을 들 수 있다.

가. 동적근력 작업(動的筋力作業): 에너지량, 즉 에너지대사율(RMR), 산소섭취량, CO_2 배출량 등과 호흡량, 심박수, 근전도(EMG) 등

나. 정적근력 작업(靜的筋力作業): 에너지대사량과 심박수와의 상관관계, 또 그 시간적 경과, 근전도 등

다. 정신(심)적 작업: 플리커치 등

라. 작업부하, 피로 등의 측정: 호흡량, 근전도(EMG), 플리커치

① 근전도(EMG; electromyogram): 근육활동의 전위차를 기록한 것으로 심장근의 근전도를 특히 심전도(ECG; electrocardiogram)라 한다.

② 점멸융합주파수(플리커치): 빛을 일정한 속도로 점멸시키면 '반짝반짝'하게 보이나 그 속도를 증가시키면 계속 켜져 있는 것처럼, 한 점으로 보이게 된다. 이때

의 점멸빈도(Hz)를 점멸융합주파수(CFF; Critical Flicker Frequency of fusion light)라 한다. 점멸융합주파수는 피곤함에 따라 빈도가 감소하기 때문에 중추신경계의 피로 즉, '정신피로'의 척도로 사용될 수 있다.

마. 긴장감측정: 심박수, GSR(전기피부 반응)

① 전기피부 반응(GSR; Galvanic Skin Response): 작업부하의 정신적 부담도가 피로와 함께 증대하는 양상을 수장(手掌) 내측의 전기저항의 변화에서 측정하는 것으로, 피부 전기저항 또는 정신전류 현상이라고 한다.

02 육체작업 부하평가

2.1 산소소비량의 측정

출제빈도 ★★★★

(1) 호흡

호흡이란 폐세포를 통하여 혈액 중에 산소를 공급하고 혈액 중에 축적된 탄산가스를 배출하는 작용이다. 작업수행 시의 산소소비량을 알게 되면 생체에서 소비된 에너지를 간접적으로 알 수가 있다.

(2) 산소소비량 측정

산소소비량을 측정하기 위해서는 더글라스(Douglas)낭 등을 사용하여 우선 배기를 수집한다. 질소는 체내에서 대사되지 않고, 또 배기는 흡기보다 적으므로 배기 중의 질소 비율은 커진다. 이 질소 변화로 흡기의 부피(흡기 시; $O_2=21\%$, $CO_2=0\%$, $N_2=79\%$)를 구할 수 있다.

$$\text{흡기부피} = \frac{100\% - O_2\% - CO_2\%}{79\%} \times \text{배기부피}$$

$$O_2\ \text{소비량} = 21\% \times \text{흡기부피} - O_2\% \times \text{배기부피}$$

(3) 에너지소비량 계산

작업의 에너지값은 흔히 분당 또는 시간당 산소소비량으로 측정하며, 이 수치는 1 L O_2 소비=5 kcal의 관계를 통하여 분당 또는 시간당 kcal값으로 바꿀 수 있다.

예제

어떤 작업을 50분 진행하는 동안에 5분간에 걸쳐 더글라스낭에 배기를 받아 보았더니 90 L였다. 이 중에서 산소는 16%이고, 이산화탄소는 4%였다. 분당 산소소비량과 에너지가는 얼마인가?

풀이

① 분당배기량 $= \dfrac{90\text{ L}}{5\text{분}} = 18\text{ L/분}$

② 분당흡기량 $= \dfrac{(1.0 - 0.16 - 0.04)}{0.79} \times 18\text{ L} = 18.23\text{ L/분}$

③ 산소소비량 $= 0.21 \times 18.23\text{ L/분} - 0.16 \times 18\text{ L/분} = 0.948\text{ L/분}$

④ 에너지가 $= 0.948 \times 5 = 4.74\text{ kcal/분}$

2.2 근육활동의 측정

출제빈도 ★★★★

(1) 근육활동

근육이 움직일 때 나오는 미세한 전기신호를 근전도(EMG; electromyogram)라 하고, 이것을 종이나 화면에 기록한 것을 근전계(electromyograph)라고 한다. 근전도는 근육의 활동 정도를 나타낸다.

(2) 근전도의 종류

가. 심전도(ECG): 심장근육의 전위차를 기록한 근전도
나. 뇌전도(EEG): 뇌의 활동에 따른 전위차를 기록한 것
다. 안전도(EOG): 안구를 사이에 두고 수평과 수직방향으로 붙인 전위차를 기록한 것

(3) 근전도의 활용

특정 부위의 근육활동을 측정하기에 좋은 방법이고, 정성적인 정보를 정량화할 수 있다. 만약 심한 작업을 할 때는 인체 전체를 측정할 수 있는 산소소비량과 심장박동수가 더 좋은 방법이다.

(4) 근전도와 근육피로

근육이 피로해지면, 근육통제중추의 수행주파수가 감소하게 된다. 특히, 정적수축으로 인한 피로일 경우 진폭의 증가와 저주파성분의 증가가 동시에 근전도상에 관측된다. 또한, 휴식기의 근전도 상의 평균주파수는 피로한 근육의 경우보다 2배 정도 높게 나타난다.

(5) 근전도의 측정

가. 근육활동을 측정하고자 하는 근육에 전극을 부착하여 활동전위차를 검출한다.

나. 표면전극을 붙이는 위치는 조사하고자 하는 근육의 근위(proximal)단에 +전극을 붙이고 원위(distal)단에는 −전극을 붙이며, reference electrode는 이들 근육과 관계없는 부위에 붙인다.

다. 전극을 측정 부위에 부착한 다음, 보정(calibration)시켜 측정한다.

라. 측정방법에는 정성적 분석법과 정량적 분석법이 있다.

① 정성적 분석법: EMG 신호의 파형을 유형별로 서로 비교

② 정량적 분석법: Amplitude 분석, Frequency 분석, IEMG 분석 등

마. 측정방법 중 표면전극과 주사바늘 형태의 전극(침전극)을 사용할 때의 장단점은 다음 표 2.9.3과 같다.

표 2.9.3 표면전극과 침전극을 사용할 때의 장단점 비교

구분	표면전극	주삿바늘 형태
장점	측정이 용이함 통증이 없음	원하는 근육의 근전도를 정확히 측정할 수 있음
단점	피부에 가까운 근육만 측정되고 주위의 근육이나 심부의 근육은 측정되지 않음	시술이 필요함 동적인 움직임 측정 시 통증을 수반함

03 정신작업 부하평가

3.1 정신활동 측정

출제빈도 ★★★★

3.1.1 정신부하의 측정목적

(1) 정신부하에 기초하여 인간과 기계에 합리적인 작업을 배정한다.

(2) 부과된 작업의 부하를 고려하여 대체할 장비 등을 비교·평가한다.

(3) 작업자가 행하는 작업의 난이도를 검정하고, 이에 따라 합리적인 작업배정을 한다.

(4) 고급인력을 적재적소에 배치한다.

3.1.2 부정맥

심장박동이 비정상적으로 늦어지거나 빨라지는 등 불규칙해지는 현상을 부정맥(不整脈, cardiac arrhythmia)이라 하고, 정상적이고 규칙적인 심장박동을 정맥이라고 한다. 맥박간격의 표준편차나 변동계수(coefficient of variation, 표준편차/평균치) 등으로 표현되며, 정신부하가 증가하면 부정맥 점수가 감소한다.

3.1.3 점멸융합주파수

(1) 점멸융합주파수(CFF; Critical Flicker Fusion Frequency, VFF; Visual Fusion Frequency)는 빛을 어느 일정한 속도로 점멸시키면 깜박거려 보이나 점멸의 속도를 빨리하면 깜박임이 없고 융합되어 연속된 광으로 보일 때의 점멸주파수를 말한다.

(2) 점멸융합주파수는 피곤함에 따라 빈도가 감소하기 때문에 중추신경계의 피로, 즉 '정신 피로'의 척도로 사용될 수 있다. 잘 때나 멍하게 있을 때에 CFF가 낮고, 마음이 긴장되었을 때나 머리가 맑을 때에 높아진다.

(3) VFF에 영향을 미치는 요소

가. VFF는 조명강도의 대수치에 선형적으로 비례한다.

나. 시표와 주변의 휘도가 같을 때 VFF는 최대로 영향을 받는다.

다. 휘도만 같으면 색은 VFF에 영향을 주지 않는다.

라. 암조응 시는 VFF가 감소한다.

마. VFF는 사람들 간에는 큰 차이가 있으나. 개인의 경우 일관성이 있다.

바. 연습의 효과는 아주 적다.

3.1.4 뇌파

인간이 활동하거나 수면을 취하고 있는 동안 대뇌의 표층을 덮는 신피질의 영역에서 어떤 리듬을 가진 미약한 전기활동이 일어나고 있다. 이 현상을 인간에 관해서 처음으로 기록한 것은 베르거(H. Berger)이며, 이것을 뇌파(EEG; electroencephalogram)라고 명명하였다.

(1) 뇌파의 종류

가. δ(델타)파: 4 Hz 이하의 진폭이 크게 불규칙적으로 흔들리는 파

나. θ(세타)파: 4~8 Hz의 서파

다. α(알파)파: 8~14 Hz의 규칙적인 파

라. β(베타)파: 14~30 Hz의 저진폭 파

마. γ(감마)파: 30 Hz 이상의 파

3.1.5 보그 스케일(Borg's scale)

자신의 작업부하가 어느 정도 힘든가를 주관적으로 평가하여 언어적으로 표현할 수 있도록 척도화한 것이다. 작업자들이 주관적으로 지각한 신체적 노력의 정도를 6에서 20 사이의 척도로 평가한다. 이 척도의 양끝은 각각 최소심장박동률과 최대심장박동률을 나타낸다.

3.1.6 NASA-TLX(Task Load Index)

NASA-TLX는 1980년대 초반에 미 항국우주국(NASA)에서 개발한 주관적 작업부하 평가 방법으로서, 해당 직무를 경험한 작업자에게 직접 질문을 하여 작업자가 느끼는 작업부하를 평가하는 방법이다.

(1) NASA-TLX의 6가지 척도

가. 정신적 요구(Mental Demand)
나. 육체적 요구(Physical Demand)
다. 일시적 요구(Temporal Demand)
라. 수행(Performance)
마. 노력(Effort)
바. 좌절(Frustration)

10장 | 감성공학적 평가

01 감성공학 개요

"감성공학"이라는 말은 일본에서 나온 최신어이기 때문에 다른 나라의 일반인에게도 익숙하지 않은 말이다. 최근까지 "정서공학"이라고 불리다가 "정서"라는 말이 외국에서는 통용되지 않아서 "감성공학"이라고 바뀌어서 불리고 있다. "감성공학"이란 인간-기계 체계 인터페이스 설계에 감성적 차원의 조화성을 도입하는 공학이라고 정의할 수 있다.

1.1 감성공학의 의미

출제빈도 ★★★★

일본의 자동차회사 마쓰다 사의 야마모토 회장이 1986년 미국 미시간대학에서 자동차 문화론을 강연하면서 감성공학을 이용한 자동차 설계를 제안하였는데, 이때 처음으로 "감성공학"이란 용어가 등장하였다. 나가마치 교수(1989)의 정의에 의하면, 인간이 가지고 있는 소망으로서의 이미지나 감성을 구체적인 제품설계로 실현해 내는 공학적인 접근방법이라고 하였다. 쉽게 이야기하자면, 인간의 이미지를 구체적인 물리적 설계요소로 번역하여 그것을 실현하는 기술인 것이다.

1.2 감성(feeling, image)이란?

감성이라는 말은 여러 가지로 사용되어 간단히 정의하기 어렵다. 그러나 기기 설계라는 공학적 입장에서 보면 "외계의 물리적 자극에 부응하여 생긴 감각, 지각으로 사람의 내부에서 야기되는 고도의 심리적 체험"이라고 생각할 수 있다. 따라서 생리적 반응과는 달리 보편성이 적고 분석적으로 취급하기 어려운 특징이 있다.

02 감성공학 유형 및 절차

2.1 감성공학적 접근방법

감성공학이란 그림 2.10.1과 같이 어휘적으로 표현된 이미지를 구체적으로 설계하여 표현하기 위해 번역하는 시스템을 말한다. 인간의 이미지를 물리적인 설계 요소로 번역하는 방법은 여러 가지 접근방법이 있겠으나 이 중 3가지 방법을 소개하기로 한다.

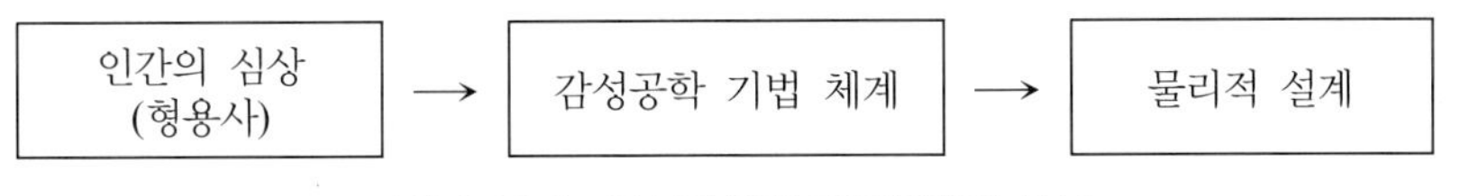

그림 2.10.1 감성공학적 접근방법의 흐름

2.2 감성공학 I류

출제빈도 ★★★★

인간의 심상을 물리적인 설계요소로 번역하는 방법으로는 여러 가지 접근 방법이 있겠으나 지금까지 고안된 방법 중에서 가장 기본적인 감성공학 기법 I류를 소개한다. 인간의 감성은 거의 대부분의 경우 형용사로 표현할 수 있다. 의미미분(SD; Semantic Difference)법이란 형용사를 소재로 하여 인간의 심상 공간을 측정하는 방법이다.

감성공학 I류는 SD법으로 심상을 조사하고, 그 자료를 분석해 심상을 구성하는 설계요소를 찾아내는 방법이다. 주택, 승용차, 유행 의상 등 사용자의 감성에 의해 제품이 선택될 기회가 많은 대상에 대하여 어떠한 감성이 어떠한 설계요소로 번역되는지에 관한 자료 기반(data base)을 가지며, 그로부터 의도적으로 제품개발을 추진하는 방법이다.

2.2.1 1단계

먼저, 제품개발의 대상을 정하고 이에 관련된 감성 조사를 하는 단계이다. 가령, 승용차를 1,500~2,000 cc급으로 제한하고, 연령으로서는 청년으로부터 중년까지의 판매층을 대상으로 하는 제품개발을 한다고 생각해 보자.

맨 처음 해야 할 것은 승용차에 관한 감성어휘의 수집이다. 녹음기를 이용하여 고객과 판매원 사이에서 교환되는 어휘를 녹음하고 그중에서 차의 감성어휘를 추출하는 작업을 실행하거나 차에 관한 잡지 중에서 이용되고 있는 어휘로부터 감성어휘를 추출하는 것이다. 현재 600개 이상의 감성어휘의 자료 기반이 만들어져 있다. 600개의 감성어휘 가운데서 평소에 거의 사용되지 않는 말을 버리고 많이 사용되거나 혹은 개발에서 열쇠가 되는 어휘만을 묶어 나간다. 표 2.10.1는 그중의 한 예이며, 이것을 차의 외관설계용의 감성어휘로서 42개로 집약하고 있다. 몇 개의 감성어휘로 집약하는가에 대해서는 제약이나 조건도 없으며, 개발에 사용되기 위한 다양성에 달렸다.

표 2.10.1과 같이 감성어휘를 반의어로 SD 척도의 형식으로 정리한다. 평가 척도는 5단계 평가로 충분하며, 단계의 수를 늘려도 더 정밀하게 되지는 않을 것이다. 어느 감성어휘를 남기고 어느 것을 버릴 것인가에 대해서는 다음 제3단계의 통계 분석 결과를 참조하는 것이 바람직하다.

표 2.10.1 차의 설계를 위한 SD 척도

실험자 No.		년 월 일 성명 ( ) 운전 면허 유 · 무 운전 경력 년
1 귀엽다	□□□□□	귀엽지 않다
2 質感이 있다	□□□□□	질감이 없다
3 변화가 있다	□□□□□	변화가 없다
4 乘車者 지향적	□□□□□	萬人 지향적
5 流動感이 있다	□□□□□	유동감이 없다
～～～		
41 타고 싶다	□□□□□	타고 싶지 않다
42 빠르다	□□□□□	늦다

2.2.2 2단계

다음에 여러 가지 형의 차를 준비해 놓고 각각의 외관에 관한 슬라이드를 작성하고 한 장씩에 대하여 표 2.10.1의 척도로 평가시킨다. 이때 고려할 수 있는 모든 디자인의 차가 포함될 수 있도록 해두는 것이 바람직하다. 기존의 디자인에서는 장래를 내다본 감성공학 기법 체계가 파악되지 않으므로 디자이너에게 미래 제품을 상상시켜 그린 묘출(rendering) 같은 것만으로 슬라이드를 작성하는 방법도 있다.

2.2.3 3단계

2단계의 평가가 끝나면 통계분석에 들어간다. 먼저 자료에 요인(factor)분석이나 주성분(principal component) 분석을 하여 요인구조를 파악한 후 각 요인 축으로부터 설계에 있어서 중요하다고 생각되는 것만을 추출하여(예를 들어, 42개) 심상 형용사로 집약한다. 이렇게 얻어진 집약 평가 자료를 다변량(multivariate) 분석 기법을 이용하여 감성어휘를 외적 기준(exogenous criteria)으로 한 차 외관의 분석을 한다. 그렇게 하면 각각의 감성어휘에 대하여 어떤 디자인 요소가 어떻게 공헌하고 있는지를 알 수 있다.

2.2.4 4단계

다변량 분석 기법에 의한 분석결과를 감성어휘마다에 종합하고, 어떤 감성을 실현하는 데는 어떤 설계요소를 중요시하고 어떻게 표현하는 것이 중요한가를 일람표로 요약해 두는 것이 좋다. 이를 제품개발 매뉴얼로 구축해 두면 디자이너에게 있어서 대단히 유익하게 된다. 또한, 위에서 언급한 절차 중에서 시장 동향, 유행과 그 경향, 상품 등도 분석하여 이들과의 관련성을 맺어두면 한층 유익하게 될 것이다.

2.3 감성공학 II류

출제빈도 ★★★★

감성어휘로 표현했을지라도 성별이나 연령차에 따라 품고 있는 이미지에는 다소의 차이가 있게 된다. 특히, 생활양식이 다르면 표출하고 있는 이미지에 커다란 차이가 존재한다. 연령, 성별, 연간 수입 등의 인구 통계적 특성 이외에 생활양식 등을 포함하여 이러한 관련성으로부터 그 사람의 이미지를 구체적으로 결정하는 방법을 감성공학 II류라고 한다.

이 방법에도 몇 가지의 방법이 있으나 그중에서 하나를 실례로 들어보면 평가원(panel)의 여러 가지 속성 외에 생활양식에 대한 질문을 해 둔다. 별도로 그들의 생활에 필요한 제품요구도 조사해 둔다. 양자에 대한 군집(cluster)분석을 하면 생활양식과 제품요구에 대한 관계가 연결되며 여기에 감성을 부가시켜 두면 생활양식 감성 제품요구 3자 간의 관계를 알 수 있다.

2.4 감성공학 III류

출제빈도 ★★★★

감성어휘 대신에 평가원이 특정한 시제품을 사용하여 자기의 감각 척도로 감성을 표출하고, 이에 대하여 번역 체계를 완성하거나 혹은 제품개발을 수행하는 방법을 감성공학 III류라고 한다. 이 경우의 특징은 인간 평가원의 감성을 목적함수로 하고, 이를 실현해 나가기 위한 수학적 모형을 구축하고 그 계수를 특정화하는 데 있다. 감성공학 III류도 감성에 관한 기법이지만 3가지 종류 중에서 가장 공학적인 기법이다.

실기시험 기출문제

2.1 인간공학의 철학적 배경에 대하여 서술하시오.

풀이

시스템이나 기기를 개발하는 과정에서 필수적인 한 공학 분야로서 인간공학이 인식되기 시작한 것은 1940년대부터로 인간공학이 시스템의 설계나 개발에 응용되어 온 역사는 비교적 짧지만 많은 발전을 통해 여러 관점의 변화를 가져왔다.

(1) 기계 위주의 설계철학: 기계가 존재하고 여기에 맞는 사람을 선발하거나 훈련
(2) 인간 위주의 설계철학: 기계를 인간에게 맞춤(fitting the task to the man)
(3) 인간-기계 시스템 관점: 인간과 기계를 적절히 결합시킨 최적 통합체계의 설계를 강조
(4) 시스템, 설비, 환경의 창조과정에서 기본적인 인생의 가치기준(human values)에 초점을 두어 개인을 중시

2.2 인간공학의 정의를 기술하시오.

풀이

인간공학이란 인간활동의 최적화를 연구하는 학문으로 인간이 작업활동을 하는 경우에 인간으로서 가장 자연스럽게 일하는 방법을 연구하는 것이며, 인간과 그들이 사용하는 사물과 환경 사이의 상호작용에 대해 연구하는 것이다.

(1) Jastrzebowski의 정의: ergon(일 또는 작업)과 nomos(자연의 원리 또는 법칙)로부터 인간공학의 용어를 얻었다.

(2) A. Chapanis의 정의
  가. 인간공학은 기계와 그 조작 및 환경조건을 인간의 특성 및 능력과 한계에 잘 조화되도록 설계하는 수단을 연구하는 것으로 인간과 기계의 조화 있는 체계를 갖추기 위한 학문이다.
  나. 인간공학의 접근방법은 인간이 만들어 사람이 사용하는 물질, 기구 또는 환경을 설계하는 데 인간의 특성이나 행동에 관한 적절한 정보를 체계적으로 적용하는 것이다.

(3) 인간공학 전문가 인증위원회(BCPE)의 정의
  가. 인간공학은 디자인과 관련하여 인간능력, 인간한계, 그리고 인간특징에 관한 학문의 체계이다.
  나. 인간공학적 디자인은 안전하고, 편안하고, 그리고 효과적인 사용에 대하여 공구, 기계, 시스템, 직무, 작업, 그리고 환경의 디자인에 있어서 이러한 학문의 체계에 대한 응용이다.

(4) 미국산업안전보건청(OSHA)의 정의
  가. 인간공학은 사람들에게 알맞도록 작업을 맞추어 주는 과학(지식)이다.
  나. 인간공학은 작업 디자인과 관련된 다른 인간 특징뿐만 아니라 신체적인 능력이나 한계에 대한 학문의 체계를 포함한다.

(5) ISO(International Standard for Organization)의 정의
  인간공학은 건강, 안전, 작업성과 등의 개선을 요구하는 작업, 시스템, 제품, 환경을 인간의 신체적·정신적 능력과 한계에 부합시키는 것이다.

2.3 인간공학의 목적을 기술하시오.

풀이

인간공학의 목적은 작업환경 등에서 작업자의 신체적인 특성이나 행동하는 데 받는 제약조건 등이 고려된 시스템을 디자인하여 인간과 기계 및 작업환경과의 조화가 잘 이루어질 수 있도록 하여 작업자의 안전, 작업능률, 쾌적성(만족도)을 향상시키고자 함에 있다.
인간공학의 기업 적용에 따른 기대효과는 다음과 같다.

(1) 생산성의 향상
(2) 작업자의 건강 및 안전 향상
(3) 직무만족도의 향상
(4) 제품과 작업의 질 향상
(5) 이직률 및 작업손실 시간의 감소
(6) 산재손실 비용의 감소
(7) 기업 이미지와 상품 선호도 향상
(8) 노사 간의 신뢰 구축
(9) 선진수준의 작업환경과 작업조건을 마련함으로써 국제적 경제력 확보

2.4 실험실 연구, 현장 연구, 모의실험의 선택기준과 장단점을 기술하시오.

풀이

선택기준: 실험의 목적, 변수관리 용이성, 사실성, 피실험자의 동기, 피실험자의 안전

구분	장점	단점
실험실 연구	변수통제 용이 환경간섭 제거 가능 안전확보	사실성이나 현장감 부족
현장 연구	사실성이나 현장감	변수통제 곤란 환경간섭 제거 곤란 시간과 비용
모의실험	어느 정도 사실성 확보 변수통제 용이 안전확보	고비용

2.5 일반적인 연구조사에 사용되는 기준 3가지에는 어떠한 것이 있는지 각각에 대해 간단히 설명하시오.

풀이

(1) 적절성: 기준이 의도된 목적에 적당하다고 판단되는 정도를 말한다.
(2) 무오염성: 기준척도는 측정하고자 하는 변수 외의 다른 변수들의 영향을 받아서는 안 된다.
(3) 기준척도의 신뢰성: 다루게 될 체계나 부품의 신뢰도개념과는 달리 사용되는 척도의 신뢰성, 즉 반복성(repeatability)을 말한다.

2.6 다음의 물음에 답하시오.

(1) 원추체란 무엇인가?

(2) 간상체란 무엇인가?

풀이

(1) 원추체: 낮처럼 조도수준이 높을 때 기능을 하며 색깔을 구분하는 세포

(2) 간상체: 밤처럼 조도수준이 낮을 때 기능을 하며 흑백의 음영만을 구분하는 세포

2.7 다음 문제를 보고 알맞은 내용을 쓰시오.

(1) 색을 구별하며, 황반에 집중되어 있는 세포 (   )

(2) 주로 망막 주변에 있으며 밤처럼 조도수준이 낮을 때 기능을 하며 흑백의 음영만을 구분하는 세포 (   )

풀이

(1) 원추체

(2) 간상체

2.8 푸르키네 효과(Purkinje effect)가 무엇인지 설명하시오.

풀이

푸르키네 효과란 조명수준이 감소하면 장파장에 대한 시감도가 감소하는 현상이다. 즉, 밤에는 같은 밝기를 갖는 적색보다 청색을 더 잘 볼 수 있다.

2.9 조도가 무엇인지 공식을 포함하여 설명하시오.

풀이

조도는 어떤 물체나 표면에 도달하는 광의 밀도를 말하며, 척도로는 foot-candle과 lux가 흔히 쓰인다.

(1) foot-candle(fc): 1 cd의 점광원으로부터 1 foot 떨어진 구면에 비추는 광의 밀도; 1 lumen/ft^2

(2) lux(meter-candle) : 1 cd의 점광원으로부터 1 m 떨어진 구면에 비추는 광의 밀도; 1 lumen/m^2

거리가 증가할 때에 조도는 다음의 식에서처럼 거리의 제곱에 반비례한다. 이는 점광원에 대해서만 적용된다.

$$\text{조도} = \frac{\text{광량}}{\text{거리}^2}$$

2.10 반사경 없이 모든 방향으로 빛을 발하는 점광원에서 2 m 떨어진 곳의 조도가 120 lux라면 3 m 떨어진 곳의 조도는?

풀이

$$조도 = \frac{광량}{(거리)^2} = \frac{120 \times 2^2}{3^2} = 53.33(\text{lux})$$

2.11 반사경 없이 모든 방향으로 빛을 발하는 점광원에서 3 m 떨어진 곳의 조도가 50 lux라면 5 m 떨어진 곳의 조도는 얼마인가?

풀이

$$조도 = \frac{광량}{(거리)^2} = \frac{50}{(\frac{5}{3})^2} = 18(\text{lux})$$

2.12 배경의 광도(L_b)가 80, 과녁의 광도(L_t)가 10일 때 대비를 구하시오.

풀이

$$\begin{aligned} 대비(\%) &= 100 \times \frac{L_b - L_t}{L_b} \\ &= 100 \times \frac{80-10}{80} \\ &= 87.5\% \end{aligned}$$

2.13 반사율에 대해 설명하시오.

풀이

표면에 도달하는 빛과 결과로서 나오는 광도와의 관계이다. 빛을 완전히 발산 및 반사시키는 표면의 반사율은 100%가 된다. 그러나 실제로는 거의 완전히 반사하는 표면에서 얻을 수 있는 최대반사율은 약 95% 정도이다.

$$반사율(\%) = \frac{광도}{조도} = \frac{fL}{fc} \quad 혹은 \quad \frac{\text{cd/m}^2 \times \pi}{\text{lux}}$$

2.14 비행기에서 15 m 떨어진 거리에서 잰 제트엔진(jet engine)의 소음이 130 dB(A)이었다면, 100 m 떨어진 격납고에서의 소음수준은 얼마인가?

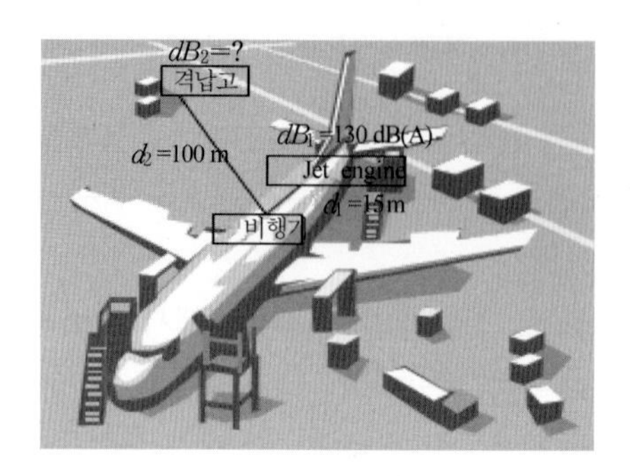

풀이

$$dB_2 = dB_1 - 20\log\frac{d_2}{d_1} = 130\ dB(A) - 20\log\frac{100\ m}{15\ m} = 113.52\ dB(A)$$

2.15 50 m 떨어진 거리에서 잰 소음이 120 dB(A)이었다면, 1,000 m 떨어진 거리에서의 소음수준은 얼마인가?

풀이

거리에 따른 음의 강도 변화

$$dB_2 = dB_1 - 20\log(d_2/d_1) = 120 - 20\log(1{,}000/50) = 93.98\ dB$$

2.16 음압이 $10^{1/2}$이 증가할 때, dB은 얼마인가?

풀이

$$\begin{aligned} SPL(dB) &= 20\log_{10}\left(\frac{P_1}{P_0}\right) \\ &= 20\log_{10}(10^{1/2}) \\ &= 10\ dB \end{aligned}$$

여기서, P_1 : 측정하고자 하는 음압
P_0 : 기준음압

2.17 최소변화감지역에 대해 설명하시오.

최소변화감지역은 두 자극 사이의 차이를 식별할 수 있는 최소강도의 차이이다.
예) 웨버의 비가 0.02라면 100 g을 기준으로 무게의 변화를 느끼려면 2 g 정도면 되지만, 10 kg의 무게를 기준으로 한 경우에는 200 g이 되어야 무게의 차이를 감지할 수 있다.

2.18 다음을 설명하시오.

(1) 시공간 스케치북

(2) 음운고리

풀이

(1) 시공간 스케치북: 시공간 스케치북은 주차한 차의 위치, 편의점에서 집까지 오는 길과 같이 시각적, 공간적 정보를 잠시 동안 보관하는 것을 가능하게 해준다. 사람들에게 자기 집 현관문을 떠올리라고 지시하고 문손잡이가 어느 쪽에 위치하는지 물으면, 비록 자신이 생생한 이미지를 떠올리지 못한다고 말하는 사람들도 마음속에 떠올린 자기 집 현관문의 손잡이가 문 왼쪽에 있는지 오른쪽에 있는지'볼'수 있다. 이러한 시각적 심상을 떠올리는 능력은 시공간 스케치북에 의존한다.

(2) 음운고리: 음운고리(phonological loop)는 짧은 시간 동안 제한된 수의 소리를 저장한다. 제한된 정보를 짧은 시간 동안 청각부호로 유지하는 음운저장소와 음운저장소에 있는 단어들을 소리 없이 반복할 수 있도록 하는 하위발성 암송과정이라는 하위요소로 이루어져 있다. 음운고리의 제한된 저장공간은 발음시간에 따른 국가이름 암송의 차이에 대한 연구로 알 수 있다. 예를 들어 가봉, 가나 같은 국가의 이름은 빨리 발음할 수 있지만, 대조적으로 리히텐슈타인이나 미크로네시아 같은 국가의 이름은 정해진 시간 안에 제한된 수만을 발음할 수 있다. 따라서 이러한 긴 목록을 암송해야 하는 경우에 부득이 일부 국가 이름은 음운고리에서 사라지게 된다.

2.19 인간의 감각(sensing)기능에 대한 웨버(Weber)의 법칙을 설명하고, 하나의 예를 설명하시오.

풀이

물리적 자극을 상대적으로 판단하는 데 있어 특정 감각의 변화감지역은 기준자극의 크기에 비례한다.

$$\text{웨버의 비} = \frac{\text{변화감지역}}{\text{기준자극의 크기}}$$

예 1) 무게 감지: 웨버의 비가 0.02라면 100 g을 기준으로 무게의 변화를 느끼려면 2 g 정도면 되지만, 10 kg의 무게를 기준으로 한 경우에는 200 g이 되어야 무게의 차이를 감지할 수 있다.

예 2) 마케팅: 제품의 가격과 관련한 소비자들의 웨버의 비를 조사하여 변화감지역 내에서 제품가격을 인상한다면 소비자는 가격이 인상된 것을 쉽게 지각하지 못한다.

예 3) 제조과정: 맥주 제조업체들은 계절에 따라 원료의 점도와 효소의 양을 변화감지역의 범위 안에서 조절함으로써 소비자가 맥주의 맛이 사계절 동일하다고 느끼게 한다.

2.20 웨버(Weber)의 비가 1/60이면, 길이가 20 cm인 경우 직선상에 어느 정도의 길이에서 감지할 수 있는가?

> **풀이**
>
> 웨버의 법칙(Weber's law): 물리적 자극을 상대적으로 판단하는 데 있어 특정 감가의 변화감지역은 기준자극의 크기에 비례한다. 웨버의 비가 작을수록 감각의 분별력이 뛰어나다.
> 웨버의 비가 1/60이라면 20 cm를 기준으로 길이의 변화를 감지하려면 0.33 cm 정도의 길이 변화가 있어야 한다.
>
> $$\text{웨버의 비} = \frac{\text{변화감지역}}{\text{기준자극의 크기}},\ \frac{1}{60} = \frac{x}{20} \qquad \text{따라서, } x = 0.33\text{cm}$$

2.21 다음 그림과 같은 작업자 A, B가 순서대로 앉아서 작업을 수행 중이다. 작업자 A는 양품과 불량품을 선별한다. 불량률은 50%이다. 선별된 양품만 작업자 B에게 전해진다. 작업자 B는 양품을 1, 2, 3, 4등급으로 각각 구분한다. 각 등급의 비율은 25%이다. 두 작업에 대한 반응시간은 Hick의 법칙(RT$= a + b\log_2 N$)으로 알려져 있다.

(1) 제품 1개에 대한 A, B의 반응시간을 비교하면 누가 얼마나 더 빠른가?
(2) 각 100개씩 생산라인에 투입된다면 A, B 중 1일 누적 반응시간이 누가 얼마나 더 긴가?

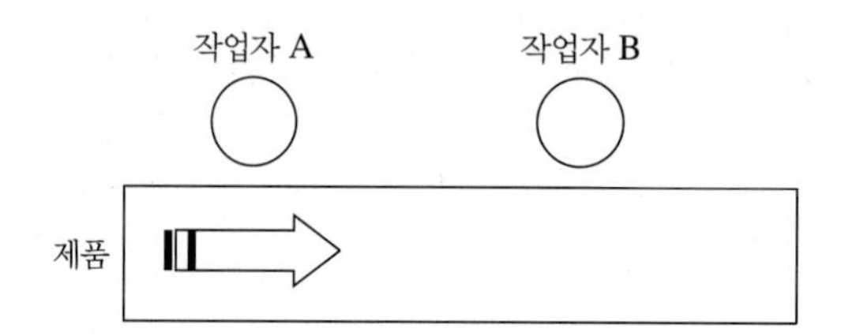

> **풀이**
>
> (1) a, b는 상수이므로 자극정보의 수(N)로 계산을 하면, 작업자 A의 반응시간은 $\log_2 2 = 1$, 작업자 B의 반응시간은 $\log_2 4 = 2$로 작업자 A가 B보다 배로 빠르다.
> (2) 작업자 A의 반응시간은 $\log_2 200 = 7.64$, 작업자 B의 반응시간은 $\log_2 400 = 8.64$로 작업자 B가 A보다 1.00 더 길다.

2.22 단순반응 시간 0.2초, 1 bit 증가당 0.5초의 기울기, 자극수가 8개일 때 반응시간을 구하시오.

풀이

Hick's law에 의해 반응시간(RT; Reaction Time) $= a + b\log_2 N$

$= 0.2 + 0.5 \times \log_2 8$

$= 1.7$초

2.23 A에서 Z까지 임의로 선택 시 정보량은 얼마인가?

풀이

A~Z까지는 총 26개

정보량 $= \log_2 26 = 4.70$ bit

2.24 아래 표의 자극정보량(bit)과 반응정보량(bit)을 구하시오.

	통과	정지
빨강	3	2
파랑	5	0

풀이

① 자극정보량: $0.5\log_2(\frac{1}{0.5}) + 0.5\log_2(\frac{1}{0.5}) = 1$

② 반응정보량: $0.8\log_2(\frac{1}{0.8}) + 0.2\log_2(\frac{1}{0.2}) = 0.2575 + 0.4644 = 0.7219$

2.25 낮은 음이 들리면 빨강 버튼을 누르고, 중간 음은 노랑 버튼, 높은 음은 파랑 버튼을 누르도록 하는 자극–반응실험을 총 100회 시행한 결과가 아래 표와 같다. 자극–반응표를 이용하여 자극정보량 $H(x)$, 반응정보량 $H(y)$, 자극–반응 결합정보량 $H(x, y)$, 전달된 정보량 $T(x, y)$, 손실정보량, 소음정보량을 구하시오.

소리 \ 버튼		y 빨강	노랑	파랑	$\sum x$
x	낮은 음	33	0	0	33
	중간 음	14	20	0	34
	높은 음	0	0	33	33
$\sum y$		47	20	33	100

풀이

(1) $H(x) = 0.33\log_2(1/0.33) + 0.34\log_2(1/0.34) + 0.33\log_2(1/0.33)$
$= 1.585$ bits

(2) $H(y) = 0.47\log_2(1/0.47) + 0.2\log_2(1/0.2) + 0.33\log_2(1/0.33)$
$= 1.504$ bits

(3) $H(x, y) = 0.33\log_2(1/0.33) + 0.14\log_2(1/0.14) + 0.2\log_2(1/0.2) + 0.33\log_2(1/0.33)$
$= 1.917$ bits

(4) $T(x, y) = 1.585 + 1.504 - 1.917 = 1.172$ bits

(5) 손실정보량 $= H(x, y) - H(y) = 1.917 - 1.504 = 0.413$ bits

(6) 소음정보량 $= H(x, y) - H(x) = 1.917 - 1.585 = 0.332$ bits

2.26 다음 물음에 답하시오.

신호가 나타났을 때 신호라고 판정: 신호의 정확한 판정(Hit)

(1) 잡음을 신호로 판정:

(2) 신호를 잡음으로 판정:

(3) 잡음을 잡음으로 판정:

풀이

① 잡음을 신호로 판정: 허위 경보(False Alarm)
② 신호를 잡음으로 판정: 신호검출 실패(Miss)
③ 잡음을 잡음으로 판정: 잡음을 제대로 판정(Correct Noise)

2.27 신호검출 이론에서 신호의 유무를 판정하는 네 가지 반응대안을 쓰시오.

풀이

① 신호의 정확한 판정(Hit): 신호가 나타났을 때 신호라고 판정, $P(S/S)$
② 허위경보(False Alarm): 잡음을 신호로 판정, $P(S/N)$
③ 신호검출 실패(Miss): 신호가 나타났는데도 잡음으로 판정, $P(N/S)$
④ 잡음을 제대로 판정(Correct Noise): 잡음만 있을 때 잡음이라고 판정, $P(N/N)$

2.28 신호검출이론에서 다음 문제를 보고 괄호 안에 알맞은 내용을 쓰시오.

가. 신호가 나타났을 때 신호라고 판정하는 것을 (   )이라고 한다.
나. 잡음을 신호로 판정하는 것을 (   )라고 한다.
다. 신호를 잡음으로 판정하는 것을 (   )라고 한다.
라. 잡음을 잡음으로 판정하는 것을 (   )이라고 한다.

풀이

가. 신호가 나타났을 때 신호라고 판정하는 것을 (신호의 정확한 판정, Hit)이라고 한다.
나. 잡음을 신호로 판정하는 것을 (허위경보, False Alarm)라고 한다.
다. 신호를 잡음으로 판정하는 것을 (신호검출실패, Miss)라고 한다.
라. 잡음을 잡음으로 판정하는 것을 (잡음을 제대로 판정, Correct Noise)이라고 한다.

2.29 문제를 보고 괄호 안에 알맞은 말을 쓰시오.

– 허위신호란 (   )을(를) (   )로 판단하는 것을 말한다.

풀이

허위신호(False Alarm): 잡음을 신호로 판정하는 것

2.30 신호검출 이론에서 Missing 확률, $P(N/S) = 0.05$이고, False Alarm 확률 $P(S/N) = 0.8$일 때 Hit 확률 및 Correct Noise 확률을 구하시오.

풀이

(1) Hit 확률($P(S/S)$, 신호가 나타났을 때 신호라고 판정할 확률)
= 전체 확률 − Missing 확률($P(N/S)$, 신호가 나타나도 잡음으로 판정할 확률)
= 1 − 0.05 = 0.95
(2) Correct Noise 확률($P(N/N)$, 잡음만 있을 때 잡음이라고 판정할 확률)
= 전체 확률 − False Alarm 확률($P(S/N)$, 잡음을 신호로 판정할 확률)
= 1 − 0.8 = 0.2

2.31 A와 B의 양품과 불량품을 선별하는 기대치를 구하고, 보다 경제적인 대안을 고르시오.

– 양품을 불량으로 판별한 경우 발생비용: 60만원

– 불량품을 양품으로 판별할 경우 발생비용: 10만원

	양품을 불량으로 오류 내지 않을 확률	불량품을 양품으로 오류 내지 않을 확률
A	60%	95%
B	80%	80%

풀이

(1) A의 경우

양품을 불량으로 판별할 경우 발생비용: 60만원×0.4=24만원

불량품을 양품으로 판별할 경우 발생비용: 10만원×0.05=5천원

A의 기대치 = 24만 5천원

(2) B의 경우

양품을 불량으로 판별할 경우 발생비용: 60만원×0.2=12만원

불량품을 양품으로 판별할 경우 발생비용: 10만원×0.2=2만원

B의 기대치 = 14만원

따라서 A>B이므로 B의 경우가 더 경제적인 대안이다.

2.32 Fitts의 실험에 따르면 움직인 거리(A)와 목표물의 너비(W)에 따라 동작시간은 어떤 식으로 표현되는가?

풀이

$$MT = a + b \cdot \log_2 \frac{2A}{W}$$

MT: 동작시간 a, b: 실험상수 A: 움직인 거리 W:목표물의 너비

2.33 인간-기계 시스템에서 인간과 기계의 장·단점을 비교하여 설명하시오.

풀이

구분	장점	단점
인간	1. 시각, 청각, 촉각, 후각, 미각 등의 작은 자극도 감지한다. 2. 각각으로 변화하는 자극패턴을 인지한다. 3. 예기치 못한 자극을 탐지한다. 4. 기억에서 적절한 정보를 꺼낸다. 5. 결정 시에 여러 가지 경험을 꺼내 맞춘다. 6. 귀납적으로 추리한다. 7. 원리를 여러 문제해결에 응용한다. 8. 주관적인 평가를 한다. 9. 아주 새로운 해결책을 생각한다. 10. 조작이 다른 방식에도 몸으로 순응한다. 11. 귀납적인 추리가 가능하다.	1. 어떤 한정된 범위 내에서만 자극을 감지할 수 있다. 2. 드물게 일어나는 현상을 감시할 수 없다. 3. 수 계산을 하는 데 한계가 있다. 4. 신속고도의 신뢰도로서 대량정보를 꺼낼 수 없다. 5. 운전작업을 정확히 일정한 힘으로 할 수 없다. 6. 반복작업을 확실하게 할 수 없다. 7. 자극에 신속 일관된 반응을 할 수 없다. 8. 장시간 연속해서 작업을 수행할 수 없다.
기계	1. 초음파 등과 같이 인간이 감지하지 못하는 것에도 반응한다. 2. 드물게 일어나는 현상을 감지할 수 있다. 3. 신속하면서 대량의 정보를 기억할 수 있다. 4. 신속 정확하게 정보를 꺼낸다. 5. 특정 프로그램에 대해서 수량적 정보를 처리한다. 6. 입력신호에 신속하고 일관된 반응을 한다. 7. 연역적인 추리를 한다. 8. 반복동작을 확실히 한다. 9. 명령대로 작동한다. 10. 동시에 여러 가지 활동을 한다. 11. 물리량을 셈하거나 측량한다.	1. 미리 정해놓은 활동만을 할 수 있다. 2. 학습을 한다든가 행동을 바꿀 수 없다. 3. 추리를 하거나 주관적인 평가를 할 수 없다. 4. 즉석에서 적용할 수 없다. 5. 기계에 적합한 부호화된 정보만 처리한다.

2.34 인간-기계체계에서 [   ] 안에 알맞은 말을 쓰시오.

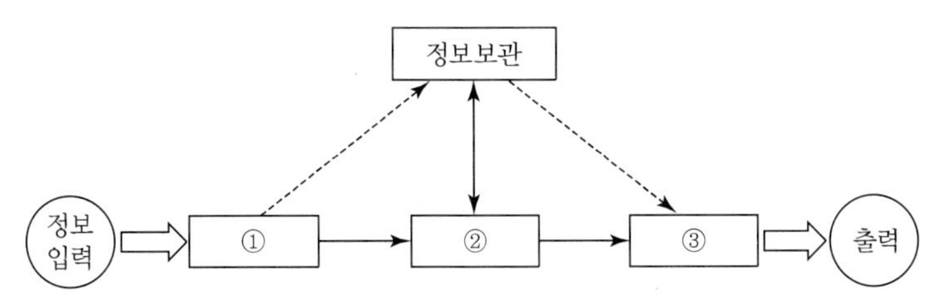

풀이

(1) 감지(정보수용)
(2) 정보처리 및 의사결정
(3) 행동기능(신체제어 및 통신)

2.35 인간-기계 시스템의 네 가지 기본기능을 기술하시오.

풀이

(1) 감지(sensing: 정보의 수용)
가. 인간: 시각, 청각, 촉각과 같은 여러 종류의 감각기관이 사용된다.
나. 기계: 전자, 사진, 기계적인 여러 종류가 있으며, 음파탐지기와 같이 인간이 감지할 수 없는 것을 감지하기도 한다.

(2) 정보의 보관(information storage)
인간-기계 시스템에 있어서의 정보보관은 인간의 기억과 유사하며, 여러 가지 방법으로 기록된다. 또한 대부분은 코드화나 상징화된 형태로 저장된다.
가. 인간: 인간에 있어서 정보보관이란 기억된 학습내용과 같은 말이다.
나. 기계: 기계에 있어서 정보는 펀치카드(punch card), 형판(template), 기록, 자료표 등과 같은 물리적 기구에 여러 가지 방법으로 보관될 수 있다. 나중에 사용하기 위해서 보관되는 정보는 암호화(code)되거나 부호화(symbol)된 형태로 보관되기도 한다.

(3) 정보처리 및 결정(information processing and decision)
인간의 정보처리 과정은 그 과정의 복잡성에 상관없이 행동에 대한 결정으로 이어진다. 기계에 있어서는 정해진 절차에 의해 입력에 대한 예정된 반응으로 이루어진다.

(4) 행동기능(action function)
시스템에서의 행동기능이란 결정 후의 행동을 의미한다. 이는 크게 어떤 조종기기의 조작이나 수정, 물질의 취급 등과 같은 물리적인 조종행동과 신호나 기록 등과 같은 전달행동으로 나눌 수 있다.

2.36 개회로 시스템과 폐회로 시스템에 대해서 설명하시오.

풀이

(1) 개회로 시스템: 일단 작동되면 더 이상 제어가 안 되거나 제어할 필요가 없는 미리 정해진 절차에 의해 진행되는 시스템
예) 총이나 활을 쏘는 것

(2) 폐회로 시스템: 현재 출력과 시스템 목표와의 오차를 연속적으로 또는 주기적으로 피드백 받아 시스템의 목적을 달성할 때까지 제어하는 시스템

2.37 인간-기계 시스템을 인간에 의한 제어정도에 따라 3가지로 분류하여 설명하시오.

풀이

시스템의 분류	수동 시스템	기계화 시스템	자동화 시스템
구성	수공구 및 기타 보조물	동력기계 등 고도로 통합된 부품	동력기계화 시스템 고도의 전자회로
동력원	인간사용자	기계	기계
인간의 기능	동력원으로 작업을 통제	표시장치로부터 정보를 얻어 조종장치를 통해 기계를 통제	감시 정비유지 프로그래밍
기계의 기능	인간의 통제를 받아 제품을 생산	동력원을 제공 인간의 통제 아래에서 제품을 생산	감시, 정보처리, 의사결정 및 행동의 프로그램에 의해 수행
예	목수와 대패 대장장이와 화로	Press 기계, 자동차 Milling M/C	자동교환대, 로봇, 무인공장, NC 기계

2.38 다음 물음에 답하시오.

가. 다음 표에 나와 있는 인간-기계 시스템의 설계과정을 보고 알맞은 순서로 나열하시오.

> ① 시스템 정의 ② 기본설계 ③ 인터페이스 설계 ④ 목표 및 성능명세 결정
> ⑤ 촉진물 설계 ⑥ 평가

나. 인간-기계 시스템에서 자동제어에서의 인간의 기능을 2가지 적으시오.

풀이

가. ④ → ① → ② → ③ → ⑤ → ⑥
나. 감시, 정비유지, 프로그래밍

2.39 인간-기계 시스템의 설계과정의 6가지 주요단계를 쓰시오.

풀이

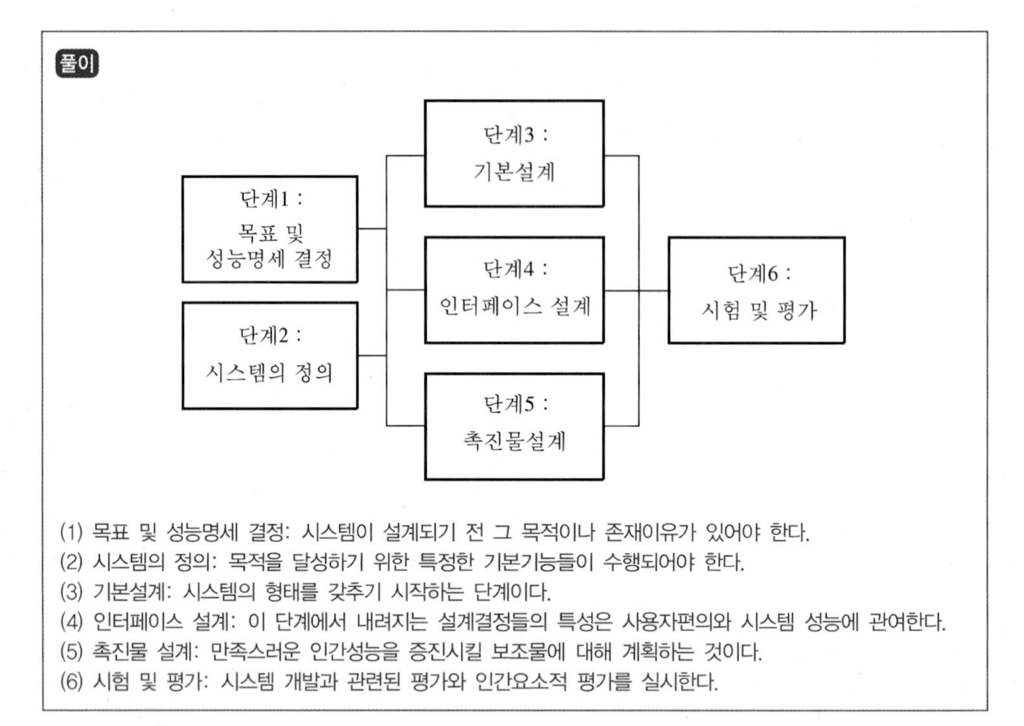

(1) 목표 및 성능명세 결정: 시스템이 설계되기 전 그 목적이나 존재이유가 있어야 한다.
(2) 시스템의 정의: 목적을 달성하기 위한 특정한 기본기능들이 수행되어야 한다.
(3) 기본설계: 시스템의 형태를 갖추기 시작하는 단계이다.
(4) 인터페이스 설계: 이 단계에서 내려지는 설계결정들의 특성은 사용자편의와 시스템 성능에 관여한다.
(5) 촉진물 설계: 만족스러운 인간성능을 증진시킬 보조물에 대해 계획하는 것이다.
(6) 시험 및 평가: 시스템 개발과 관련된 평가와 인간요소적 평가를 실시한다.

2.40 다음은 양립성에 대한 예이다. 각각 어떠한 양립성에 해당하는지 기술하시오.

(1) 레버를 올리면 압력이 올라가고, 아래로 내리면 압력이 내려간다.
(2) 오른쪽 스위치를 켜면 오른쪽 전등이 켜지고, 왼쪽 스위치를 켜면 왼쪽 스위치가 켜진다.
(3) 검은색 통은 간장, 하얀색 통은 식초

풀이

① 운동양립성(movement compatibility): 조종기를 조작하여 표시장치상의 정보가 움직일 때 반응결과가 인간의 기대와 양립
② 공간양립성(spatial compatibility): 공간적 구성이 인간의 기대와 양립
③ 개념양립성(concept compatibility): 코드나 심벌의 의미가 인간이 갖고 있는 개념과 양립

2.41 인간-기계 시스템의 설계에서 정합성(整合性, matching)이란 무엇인지 설명하시오.

풀이

시스템을 이루는 물리적 부품 간의 상호용량이 잘 맞아 전체 시스템의 유효성을 극대화할 수 있을 때, 부품 간에는 정합성이 좋다고 말한다. 예를 들어, 증폭기의 출력용량이 20 W로 설계되어 있으면 스피커의 용량도 20 W짜리를 연결해야지, 40 W 또는 10 W짜리를 연결하면 제대로의 성능을 발휘할 수 없는 것이다. 마찬가지의 논리로 인간-기계 시스템의 설계에서도 인간의 형태적·기능적 치수와 기계의 치수 간에, 또는 인간의 근력과 조절기구의 조작에 필요한 힘 간에 정합이 되어야 좋은 시스템이라고 할 수 있다.

2.42 시각적, 청각적 표시장치를 사용해야 하는 경우를 각각 3가지씩 적으시오.

풀이

(1) 시각장치가 이로운 경우
- 가. 전달정보가 복잡하고 길 때
- 나. 전달정보가 후에 재참조될 경우
- 다. 전달정보가 공간적인 위치를 다룰 때
- 라. 전달정보가 즉각적인 행동을 요구하지 않을 때
- 마. 수신자의 청각 계통이 과부하 상태일 때
- 바. 수신장소가 시끄러울 때
- 사. 직무상 수신자가 한 곳에 머무르는 경우

(2) 청각장치가 이로운 경우
- 가. 전달정보가 간단하고 짧을 때
- 나. 전달정보가 후에 재참조되지 않을 경우
- 다. 전달정보가 시간적인 사상을 다룰 때
- 라. 전달정보가 즉각적인 행동을 요구할 때
- 마. 수신자의 시각 계통이 과부하 상태일 때
- 바. 수신장소가 너무 밝거나 암조응 유지가 필요할 때
- 사. 직무상 수신자가 자주 움직이는 경우

2.43 인간-기계 시스템에서 청각장치가 이로운 경우 4가지를 기술하시오.

풀이

- 전달정보가 간단하고 짧을 때
- 전달정보가 후에 재참조되지 않을 경우
- 전달정보가 시간적인 사상(event)을 다룰 때
- 전달정보가 즉각적인 행동을 요구할 때
- 수신자의 시각계통이 과부하상태일 때
- 수신장소가 너무 밝거나 암조응 유지가 필요할 때
- 직무상 수신자가 자주 움직이는 경우

2.44 인간-기계 시스템에서 인간에 대한 감시방법을 5가지로 구분하여 설명하시오.

풀이

(1) 셀프 모니터링 방법(자기감시)
자극, 고통, 피로, 권태, 이상감각 등의 자각에 의해서 자신의 상태를 알고 행동하는 감시(monitoring) 방법이다. 결과를 파악하여 자신 또는 monitoring center에 전달하는 경우가 있다.

(2) 생리학적 모니터링 방법
맥박수, 호흡속도, 체온, 뇌파 등으로 인간자체의 상태를 생리적으로 모니터링(monitoring)하는 방법이다.

(3) 비주얼 모니터링 방법(시각적 감시)
작업자의 태도를 보고 작업자의 상태를 파악하는 것으로 졸리는 상태는 생리적으로 분석하는 것보다 태도를 보고 상태를 파악하는 것이 쉽고 정확하다.

(4) 반응에 대한 모니터링 방법(반응적 감시)
인간에게 어떤 종류의 자극을 가하여 이에 대한 반응을 보고 정상 또는 비정상을 판단하는 방법이다.

(5) 환경의 모니터링 방법
간접적인 감시방법으로서 환경에 따라 쾌적, 기분 나쁨 등을 주관적으로 판단하는 방법이다.

2.45 인체측정의 방법 중 구조적/기능적 인체치수를 구분하여 표의 빈칸을 알맞게 채우시오.

구분	인체측정 방법
신장	( )
손목굴곡 범위	( )
수직파악 한계	( )
정상작업 영역	( )
대퇴여유	( )

풀이

구분	인체측정 방법
신장	(구조적 인체치수)
손목굴곡 범위	(기능적 인체치수)
수직파악 한계	(구조적 인체치수)
정상작업 영역	(기능적 인체치수)
대퇴여유	(구조적 인체치수)

(1) 구조적 인체치수(정적측정)
① 형태학적 측정이라고도 하며, 표준자세에서 움직이지 않는 피측정자를 인체측정기로 구조적 인체치수를 측정하여 특수 또는 일반적 용품의 설계에 기초자료로 활용한다.

(2) 기능적 인체치수(동적측정)
① 동적 인체측정은 일반적으로 상지나 하지의 운동, 체위의 움직임에 따른 상태에서 측정하는 것이다.
② 동적 인체측정은 실제의 작업 혹은 실제 조건에 밀접한 관계를 갖는 현실성 있는 인체치수를 구하는 것이다.
③ 동적측정을 사용하는 것이 중요한 이유는 신체적 기능을 수행할 때, 각 신체 부위는 독립적으로 움직이는 것이 아니라 조화를 이루어 움직이기 때문이다.

2.46 인체측정의 방법에는 정적측정과 동적측정이 있다. 두 방법을 비교하여 설명하시오.

풀이

(1) 정적측정(구조적 인체치수)

가. 형태학적 측정이라고도 하며, 표준자세에서 움직이지 않는 피측정자를 인체측정기로 구조적 인체치수를 측정하여 특수 또는 일반적 용품의 설계에 기초자료로 활용한다.

나. 사용 인체측정기: 마틴식 인체측정기(Martin type anthropometer)

다. 측정원칙: 나체측정을 원칙으로 한다.

(2) 동적측정(기능적 인체치수)

가. 동적 인체측정은 일반적으로 상지나 하지의 운동, 체위의 움직임에 따른 상태에서 측정하는 것이다.

나. 동적 인체측정은 실제의 작업 혹은 실제 조건에 밀접한 관계를 갖는 현실성 있는 인체치수를 구하는 것이다.

다. 동적측정은 마틴식 계측기로는 측정이 불가능하며, 사진 및 시네마 필름을 사용한 3차원(공간) 해석장치나 새로운 계측 시스템이 요구된다.

라. 동적측정을 사용하는 것이 중요한 이유는 신체적 기능을 수행할 때, 각 신체 부위는 독립적으로 움직이는 것이 아니라 조화를 이루어 움직이기 때문이다.

2.47 인체 계측자료의 응용원칙 중에서 "평균치를 이용한 설계원칙"과 "극단치를 이용한 설계원칙"에 대하여 설명하고 그 사례를 각각 1가지씩 쓰시오.

풀이

(1) 평균치를 이용한 설계원칙

인체측정학 관점에서 볼 때 모든 면에서 보통인 사람이란 있을 수 없다. 따라서 이런 사람을 대상으로 장비를 설계하면 안 된다는 주장에도 논리적 근거가 있다. 특정한 장비나 설비의 경우, 최대집단값이나 최소집단값을 기준으로 설계하기도 부적절하고 조절식으로 하기도 불가능할 경우 평균값을 기준으로 하여 설계하는 경우가 있다.

예) 평균신장의 손님을 기준으로 만들어진 은행의 계산대가 특별히 키가 작거나 큰 사람을 기준으로 해서 만드는 것보다는 대다수의 일반손님에게 덜 불편할 것이다.

(2) 극단치를 이용한 설계원칙

특정한 설비를 설계할 때, 어떤 인체측정 특성의 한 극단에 속하는 사람을 대상으로 설계하면 거의 모든 사람을 수용할 수 있는 경우가 있다.

가. 최대집단값에 의한 설계: 통상 대상 집단에 대한 관련 인체측정 변수의 상위 백분위수를 기준으로 하여 90, 95 혹은 99%값이 사용된다.

예) 문, 탈출구, 통로 등과 같은 공간 여유를 정할 때 사용되고 만약 95%값에 속하는 큰 사람을 수용할 수 있다면, 이보다 작은 사람은 모두 사용된다.

나. 최소집단값에 의한 설계: 관련 인체측정 변수분포의 1, 5, 10% 등과 같은 하위 백분위수를 기준으로 정한다.

예) 선반의 높이, 조정장치까지의 거리 등을 정할 때 사용되고 만약 팔이 짧은 사람이 잡을 수 있다면, 이보다 긴 사람은 모두 잡을 수 있다.

2.48 90퍼센타일을 설명하시오.

풀이

통상 대상 집단에 대한 관련 인체측정 변수의 백분위를 기준으로 하위 90% 범위 내에 포함되는 사람

2.49 보기를 보고 알맞은 숫자를 적어 넣으시오.

[보기]
① 남 95퍼센타일
② 남 5퍼센타일
③ 여 95퍼센타일
④ 여 5퍼센타일
⑤ 남여 평균 합산 50퍼센타일

(1) 조절치 (　　　　) ~ (　　　　)
(2) 최소극단치 (　　　　)
(3) 최대극단치 (　　　　)
(4) 평균치 (　　　　)

풀이

조절치: ④ (여 5퍼센타일) ~ ① (남 95퍼센타일)
최소극단치: ④ (여 5퍼센타일)
최대극단치: ① (남 95퍼센타일)
평균치: ⑤ (남여 평균 합산 50퍼센타일)

2.50 ○○회사는 제품을 적재할 수 있는 인간공학적 선반을 설계하려고 한다. 선반의 최대높이는 작업자의 어깨높이로 하고, 최소높이는 무릎높이로 하고, 선반의 깊이는 팔꿈치까지의 길이로 하려 한다. 이 회사의 홍길동 대리는 인간공학적 설계에 대한 지식이 부족하여 다음과 같이 설계를 하였다. 이를 수정하여 올바르게 설계하시오. (단, $Z_{0.05} = -1.65$, $Z_{0.95} = 1.65$이다.)

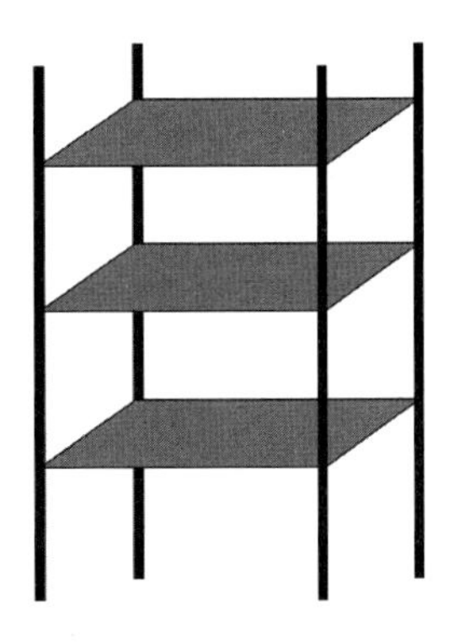

– 인체치수

		어깨높이	무릎높이	팔꿈치까지의 길이
남자	평균	138.71 cm	44.03 cm	32.64 cm
	표준편차	5.03 cm	2.36 cm	1.68 cm
여자	평균	127.51 cm	40.06 cm	29.90 cm
	표준편차	4.38 cm	2.06 cm	1.53 cm

– 홍길동 대리의 설계

	설계원리	설계치수
선반의 최대높이	남자 50퍼센타일	138.71 cm
선반의 최소높이	여자 50퍼센타일	40.06 cm
선반의 깊이	남자 50퍼센타일	32.64 cm

풀이

– 수정한 설계

구분	설계원리	설계치수
선반의 최대높이	여자 5퍼센타일 (최소집단값에 의한 설계)	127.51 − 4.38×1.65 = 120.28 cm
선반의 최소높이	남자 95퍼센타일 (최대집단값에 의한 설계)	44.03 + 2.36×1.65 = 47.924 cm
선반의 깊이	여자 5퍼센타일 (최소집단값에 의한 설계)	29.90 − 1.53×1.65 = 27.38 cm

2.51 남녀 인체치수가 다음과 같이 주어졌을 경우 아래의 설계치수를 구하시오. (단, $Z_{0.05} = -1.65$, $Z_{0.95} = 1.65$이다.)

	남자		여자	
	평균	표준편차	평균	표준편차
키	174.2	5.3	162.3	4.2
어깨높이	140.1	4.5	132.4	5.5
목뒤 겨드랑이점	132.7	5.7	120.6	4.3
허리	94.2	3.3	78.1	2.5
팔꿈치	104.6	4.1	92.3	3.4
손끝	70.3	4.6	58.4	5.2

(1) 조절식 입식작업대의 상한치와 하한치를 각각 구하시오.

(2) 조절식으로 설계하기 어려움이 있는 경우 작업대 높이를 구하고 타당한 이유를 설명하시오.

풀이

(1) 조절식 입식작업대의 상한치와 하한치

① 상한치: 남자 팔꿈치높이의 95퍼센타일 = 104.6 + 4.1 × 1.65 = 111.365

② 하한치: 여자 팔꿈치높이의 5퍼센타일 = 92.3 − 3.4 × 1.65 = 86.69

(2) 조절식으로 설계하기 어려움이 있는 경우 작업대 높이와 타당한 이유: 조절식으로 설계하기 어려운 경우 어떤 인체측정 특성의 한 극단에 속하는 사람을 대상으로 설계하면 거의 모든 사람을 수용할 수 있는 경우에 극단치를 이용한 설계를 한다. 입식작업대의 경우 최소치수를 이용한다면 키가 작은 사람들은 물론 대다수의 사람들이 사용하기에 만족할 것이다.

여자 팔꿈치높이의 5퍼센타일 = 92.3 − 3.4 × 1.65 = 86.69

2.52 가벼운 정도의 힘을 사용하고 정교한 동작을 위한 조절식 입식작업대를 5~95퍼센타일의 범위로 설계하시오. (단, 경사진 작업대는 고려하지 않고, 정규분포를 따르며, 5퍼센타일계수는 1.645이다.)

	팔꿈치의 높이	어깨높이
평균	105	138
표준편차	3	4

풀이

퍼센타일 인체치수 = 평균 ± 표준편차 × 퍼센타일계수

① 상한치: 95퍼센타일 = 105 + 3 * 1.645 = 109.94(cm)

② 하한치: 5퍼센타일 = 105 − 3 * 1.645 = 100.07(cm)

따라서 조절식 입식작업대의 높이를 100.07~109.94(cm)의 범위로 설계한다.

2.53 다음은 40~49세 한국인 남녀의 앉은 오금높이에 대한 데이터이다.

	남	여
평균	392 mm	363 mm
표준편차	20.6 mm	19.5 mm

(1) "조절식 설계원칙"을 적용하여 의자의 높이를 설계하시오. (단, 신발의 두께는 2.5 cm 가정, 퍼센타일값을 결정계수)

퍼센타일	5	10	50	90	95
결정계수	−1.64	−1.28	0	1.28	1.64

(2) 남자의 앉은 오금높이의 CV(변동계수)값을 구하시오.

풀이

(1)

가. 최소치 설계: 여자의 5퍼센타일값을 이용: 최솟값 = 363 − 1.64 * 19.5 + 25 = 356.02 mm

나. 최대치 설계: 남자의 95퍼센타일값을 이용: 최댓값 = 392 + 1.64 * 20.6 + 25 = 450.78 mm

다. 조절식 범위: 356.02~450.78 mm

(2) $CV = \frac{표준편차}{평균} \times 100 = \frac{20.6}{392} \times 100 = 5.26$

2.54 성인용 책상과 의자 설계에 필요한 인체측정치수들이 다음과 같이 주어져 있을 때 설계치수들을 구하시오. (단, $Z_{0.05} = -1.65$, $Z_{0.95} = 1.65$이다.)

(1) 의자 높이

(2) 의자깊이

(3) 책상 높이

(4) 의자너비

성별	구분	오금높이	무릎뒤길이	지면팔꿈치높이	엉덩이너비
남자	평균 표준편차	413 mm 19 mm	459 mm 24 mm	673 mm 23 mm	335 mm 19 mm
여자	평균 표준편차	380 mm 17 mm	444 mm 21 mm	632 mm 21 mm	330 mm 19 mm

풀이

구분	설계원리	설계치수
(1) 의자 높이	조절식 설계 (5퍼센타일 여자~95퍼센타일 남자)	5퍼센타일 여자: 38.0 cm − 1.7×1.65 = 35.195 cm 95퍼센타일 남자: 41.3 cm + 1.9×1.65 = 44.435 cm → 35.195~44.435 cm 높이로 조절식 설계
(2) 의자 깊이	최소집단값에 의한 설계 (5퍼센타일 여자를 기준으로 설계)	5퍼센타일 여자: 44.4 cm − 2.1×1.65 = 40.935 cm
(3) 책상 높이	조절식 설계 (5퍼센타일 여자~95%ile 남자)	5퍼센타일 여자: 63.2 cm − 2.1×1.65 = 59.735 cm 95퍼센타일 남자: 67.3 cm + 2.3×1.65 = 71.095 cm → 59.735~71.095 cm 높이로 조절식 설계
(4) 의자 너비	최대집단값에 의한 설계 (95퍼센타일 남자를 기준으로 설계)	95퍼센타일 남자: 33.5 cm + 1.9×1.65 = 36.635 cm

2.55 드라이버 조립작업에 사용되는 나사를 담는 부품상자의 깊이를 설계하고자 한다. 남자의 손길이(mean = 18.7 cm, SD = 1.45 cm), 여자의 손길이(mean = 17.4 cm, SD = 1.07 cm) 치수를 이용하여 적절한 부품상자의 깊이를 제시하시오. (단, $Z_{0.05} = -1.65$, $Z_{0.95} = 1.65$ 이다.)

풀이

나사를 담는 부품상자의 깊이를 설계하기 위해서는 남녀 모두가 손쉽게 접근할 수 있어야 한다. 따라서 여자의 손이 쉽게 닿을 수 있는 깊이로 설계해야 하기 때문에, 손이 짧은 여자가 닿을 수 있는 깊이여야 한다.

5퍼센타일 여자의 손길이 = 17.4 cm − 1.07 × 1.65 = 15.635 cm

따라서 15.635 cm 미만으로 상자의 깊이를 설계하여야 한다.

2.56 다음의 각 질문에 답하시오.

(1) 퍼센타일 인체치수를 구하는 식을 쓰시오.

(2) A집단의 평균신장 170.2 cm, 표준편차가 5.20일 때 신장의 95퍼센타일은 얼마인가?

풀이

(1) 퍼센타일 인체치수를 구하는 식은?
　퍼센타일 인체치수 = 평균 ± 표준편차 × 퍼센타일계수

(2) 신장의 9퍼센타일은?
　95퍼센타일값 = 평균 + (표준편차 × 1.645)
　　= 170.2 + (5.20 * 1.645)
　　= 178.75
　따라서 신장의 95퍼센타일은 178.75(cm)이다.

2.57 평균 눈높이가 160 cm이고 표준편차가 5.4일 때 눈높이 5퍼센타일값을 구하시오. (단, 퍼센타일계수: 1% = 0.28, 5% = 1.65)

> **풀이**
>
> 퍼센타일 인체치수 = 평균 ± 표준편차 × 퍼센타일계수
> 눈높이 5퍼센타일값 = 160 − (5.4 × 1.65) = 151.09 cm

2.58 평균 눈높이가 170 cm이고 표준편차 5.4일 때 눈높이 5퍼센타일값과 95퍼센타일값을 구하시오. (단, 1퍼센타일계수는 0.28, 5퍼센타일계수는 1.65)

(1) 5퍼센타일

(2) 95퍼센타일

> **풀이**
>
> (1) 5퍼센타일 = 평균 − (표준편차 × 퍼센타일계수) = 170 cm − (5.4 × 1.65) = 161.09 cm
> (2) 95퍼센타일 = 평균 + (표준편차 × 퍼센타일계수) = 170 cm + (5.4 × 1.65) = 178.91 cm

2.59 손 안의 둘레 데이터 20개가 있다. 5퍼센타일의 값을 구하라. (단, 데이터는 정규분포를 따르지 않는다.)

5.4	4.0	3.1	5.0	4.5	4.7	6.0	5.1	5.3	3.6
4.2	4.9	5.7	6.4	3.9	4.2	5.1	5.1	5.3	3.9

> **풀이**
>
> 20(데이터 개수)*5퍼센타일 = 1, 값이 정수이므로 오름차순으로 1번째 값을 찾음
> 따라서 5퍼센타일값 = 3.1

2.60 사다리의 한계중량 설계가 아래와 같이 주어졌을 경우 다음의 각 질문에 답하시오. (단, $Z_{0.01} = 2.326$)

	평균	표준편차	최대치	최소치
남	70.1 kg	9	93.6 kg	50.9 kg
여	54.8 kg	4.49	77.6 kg	41.5 kg

(1) 한계중량을 설계할 때 적용해야 할 응용원칙과 그 이유를 쓰시오.

(2) 응용한 설계원칙에 따라 사다리의 한계중량을 계산하시오.

풀이

(1) 한계중량을 설계할 때 적용해야 할 응용원칙과 그 이유
① 응용원칙: 극단적 설계를 이용한 최대치수 적용
② 이유: 한계중량을 설계할 때 측정중량의 최대치를 이용하여 설계하면 그 이하의 모든 중량은 수용할 수 있기 때문이다.

(2) 응용한 설계원칙에 따른 사다리의 한계중량 계산
설계원칙에 따라 최대치를 이용하여 설계하므로

퍼센타일 인체치수 = 평균 + (표준편차 × 퍼센타일값) = 70.1 + (9 × 2.326) = 91.03 kg

2.61 다음은 앉은 오금 높이에 대한 데이터이다. 조절식으로 의자를 설계할 경우 90퍼센타일 값을 수용할 수 있는 의자의 높이 범위를 구하시오. (단, 신발의 두께는 2.5 cm, 옷의 두께는 0.5 cm이다.)
※ 의자높이를 조절식으로 구하는 식
= 90퍼센타일을 수용 범위치수 + 신발의 두께(2.5 cm) + 옷의 두께(0.5 cm)

퍼센타일	1%	5%	50%	95%	99%
실제치수	23.2 cm	24.4 cm	34.8 cm	45.2 cm	46.2 cm

풀이

조절식 설계: 체격이 다른 여러 사람에게 맞도록 조절식으로 만드는 것을 말한다. 따라서 통상 5%~95%까지 범위의 값을 수용대상으로 하여 설계한다.

5퍼센타일 = 5퍼센타일의 실제치수 + 신발의 두께(2.5 cm) + 옷의 두께(0.5 cm)
= 24.4 cm + 2.5 cm + 0.5 cm = 27.4 cm
95퍼센타일 = 95퍼센타일의 실제치수 + 신발의 두께(2.5 cm) + 옷의 두께(0.5 cm)
= 45.2 cm + 2.5 cm + 0.5 cm = 48.2 cm
따라서 90퍼센타일값을 수용할 수 있는 의자의 높이 범위는 27.4~48.2 cm이다.

2.62 조절식 의자설계에 필요한 인체측정치수들이 다음과 같이 주어져 있을 때 좌판깊이와 좌판높이의 기준치수를 구하시오. (단, 정규분포를 따르며, $Z_{0.05} = -1.645$, $Z_{0.95} = 1.645$이다.)

성별	구분	오금높이	무릎 뒤 길이	지면 팔꿈치 높이	엉덩이너비
남자	평균	41.3 cm	45.9 cm	67.3 cm	33.5 cm
	표준편차	1.9 cm	2.4 cm	2.3 cm	1.9 cm
여자	평균	38 cm	44.4 cm	63.2 cm	33 cm
	표준편차	1.7 cm	2.1 cm	2.1 cm	1.9 cm

풀이

구분	설계원리	설계치수
좌판깊이	최소집단값에 의한 설계 (5퍼센타일 여자를 기준으로 설계: 무릎 뒤 길이)	5퍼센타일 여자: 44.4 − 2.1×1.645 = 40.95 cm
좌판높이	조절식 설계 (5퍼센타일 여자~95퍼센타일 남자: 오금높이)	5퍼센타일 여자: 38 − 1.7×1.645 = 35.20 cm 95퍼센타일 남자: 41.3 + 1.9×1.645 = 44.43 cm (35.195~44.435 cm) 높이로 조절식 설계

2.63 인체계측 자료의 응용원칙 3가지에 대하여 설명하시오.

풀이

(1) 극단치를 이용한 설계원칙
특정한 설비를 설계할 때, 어떤 인체측정 특성의 한 극단에 속하는 사람을 대상으로 설계하면 거의 모든 사람을 수용할 수 있는 경우가 있다.
가. 최대집단값에 의한 설계: 통상 대상 집단에 대한 관련 인체측정 변수의 상위 백분위수를 기준으로 하여 90, 95 혹은 99%값이 사용된다.
나. 최소집단값에 의한 설계: 관련 인체측정 변수분포의 1, 5, 10% 등과 같은 하위 백분위수를 기준으로 정한다.

(2) 조절식 설계원칙
체격이 다른 여러 사람에게 맞도록 조절식으로 만드는 것을 말한다. 따라서 통상 5~95%까지 범위의 값을 수용 대상으로 하여 설계한다.

(3) 평균치를 이용한 설계원칙
인체측정학 관점에서 볼 때 모든 면에서 보통인 사람이란 있을 수 없다. 따라서 이런 사람을 대상으로 장비를 설계하면 안 된다는 주장에도 논리적 근거가 있다. 특정한 장비나 설비의 경우, 최대집단값이나 최소집단값을 기준으로 설계하기도 부적절하고 조절식으로 하기도 불가능할 경우 평균값을 기준으로 하여 설계하는 경우가 있다.

2.64 아래와 같은 경우의 설계에 적용할 수 있는 인체치수 설계원칙을 적으시오.

비상구의 높이	열차의 좌석간 거리	그네의 중량하중

풀이

최대집단값에 의한 설계
- 통상 대상집단에 대한 관련 인체측정변수의 상위 백분위수를 기준으로 하여 90, 95 혹은 99%값이 사용된다.
- 문, 탈출구, 통로 등과 같은 공간여유를 정하거나 줄사다리의 강도 등을 정할 때 사용한다.
- 예를 들어, 95%값에 속하는 큰 사람을 수용할 수 있다면, 이보다 작은 사람은 모두 사용된다.

2.65 A집단의 평균 신장이 170.2 cm, 표준편차가 5.2일 때 신장의 95퍼센타일, 50퍼센타일, 5퍼센타일을 구하시오. (단, 정규분포를 따르며, $Z_{0.05} = -1.645$, $Z_{0.95} = 1.645$이다.)

풀이

(1) 95퍼센타일값 = 평균 + (표준편차 × 퍼센타일 계수)
= 170.2 + (5.2 × 1.645)
= 178.75 cm

(2) 50퍼센타일값 = (95퍼센타일값 + 5퍼센타일값)/2
= (178.75 + 161.65)/2
= 170.2 cm

(3) 5퍼센타일값 = 평균 + (표준편차 × 퍼센타일 계수)
= 170.2 − (5.2 × 1.645)
= 161.65 cm

2.66 한 장소에서 앉아서 수행하는 작업활동에서 사람이 작업하는 데 사용하는 공간을 무엇이라 하는지 쓰시오.

풀이

작업공간포락면(workspace envelope): 한 장소에서 앉아서 수행하는 작업활동에서 사람이 작업하는 데 사용하는 공간을 말한다.

2.67 아래의 빈칸에 들어갈 알맞은 인체치수 설계원칙을 적으시오.

의자 좌판을 설계할 경우 좌판의 앞뒤 거리는 (   )을 이용한다.

풀이

(1) 최소집단값에 의한 설계: 작은 사람이 앉아서 허리를 지지할 수 있으면, 이보다 큰 사람들은 허리를 지지할 수 있다.

(2) 최소집단값에 의한 설계
가. 관련 인체측정 변수분포의 1%, 5%, 10% 등과 같은 하위 백분위수를 기준으로 정한다.
나. 선반의 높이, 조정장치까지의 거리 등을 정할 때 사용된다.
다. 예를 들어, 팔이 짧은 사람이 잡을 수 있다면, 이보다 긴 사람은 모두 잡을 수 있다.

2.68 칼과 드라이버 같은 수공구 손잡이의 크기를 극단적 설계원칙을 적용하여 설명하시오.

풀이

극단적 설계원칙이란 특정한 설비를 설계할 때, 어떤 인체측정 특성의 한 극단에 속하는 사람을 대상으로 설계하면 거의 모든 사람을 수용할 수 있는 원칙을 말한다. 칼과 드라이버의 손잡이를 최소집단값에 의한 설계에 맞추어 설계를 한다면 거의 모든 사람을 수용할 수 있을 것이다.

2.69 부품배치의 4원칙을 설명하시오.

풀이

(1) 중요성의 원칙
부품을 작동하는 성능이 체계의 목표달성에 긴요한 정도에 따라 우선순위를 설정한다.

(2) 사용빈도의 원칙
부품을 사용하는 빈도에 따라 우선순위를 설정한다.

(3) 기능별 배치의 원칙
기능적으로 관련된 부품들(표시장치, 조종장치 등)을 모아서 배치한다.

(4) 사용순서의 원칙
사용순서에 따라 장치들을 가까이에 배치한다.

2.70 해부학적 자세에 대하여 설명하고, 인체의 면을 나타내는 3가지 용어에 대하여 설명하시오.

풀이

(1) 해부학적 자세
인체의 각 부위 또는 장기들의 위치 또는 방향을 표현하기 위한 인체의 기본자세를 일컫는 것으로 전방을 향해 똑바로 서서 양쪽 손바닥을 펴고 발가락과 함께 전방을 향한 자세를 말한다.

(2) 인체의 면을 나타내는 용어 3가지
가. 시상면(sagittal plane): 인체를 좌우로 양분하는 면을 시상면이라 하고, 정중면(median plane)은 인체를 좌우대칭으로 나누는 면이다
나. 관상면(frontal 또는 coronal plane): 인체를 전후로 나누는 면이다.
다. 횡단면 또는 수평면(transverse 또는 horizontal plane): 인체를 상하로 나누는 면이다.

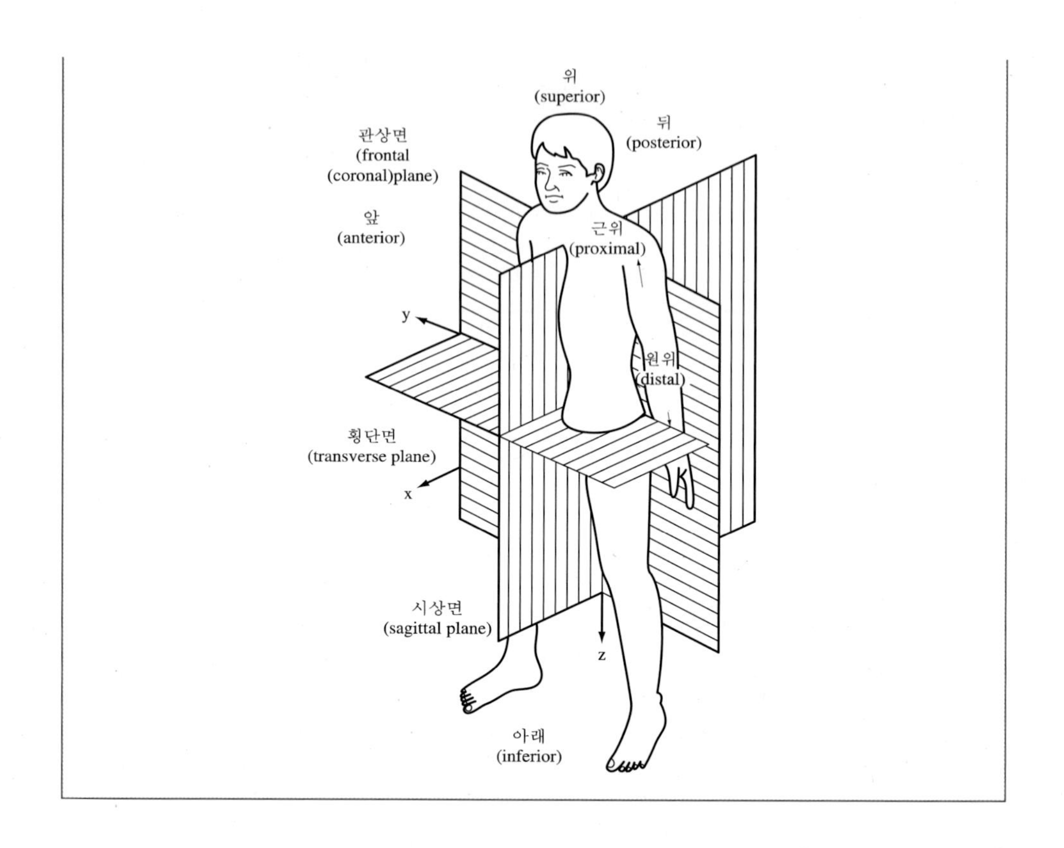

2.71 골격계를 이루는 가장 중요한 뼈의 기능에 대하여 설명하시오.

풀이

(1) 신체의 지주 역할을 한다. 즉, 신체를 지지하고 외형을 유지한다.
(2) 신체의 중요한 기관을 보호한다.
(3) 체강을 형성하고 내부 장기를 보호한다.
(4) 골수는 조혈작용을 한다.

2.72 인체골격계의 기능을 5가지 서술하시오.

풀이

(1) 인체의 지주 역할을 한다.
(2) 가동성 연결, 즉 관절을 만들고, 골격근의 수축에 의해 운동기로서 작용한다.
(3) 체강의 기초를 만들고 내부의 장기들을 보호한다.
(4) 골수는 조혈기능을 갖는다.
(5) 칼슘, 인산의 중요한 저장고가 되며, 나트륨과 마그네슘 이온의 작은 저장고 역할을 한다.

2.73 척추골의 구성을 간단하게 설명하시오.

풀이

척추골은 위로부터 경추(cervical vertebrae) 7개, 흉추(thoracic vertebrae) 12개, 요추(lumbar vertebrae) 5개, 선추(sacrum vertebrae) 5개, 미추(coccygeal vertebrae) 3~5개로 구성된다.

2.74 인체의 근육을 3가지로 구분하여 설명하시오.

풀이

(1) 골격근(skeletal muscle 또는 striated muscle)
  가. 형태: 가로무늬근, 원주형세포
  나. 특징: 뼈에 부착되어 전신의 관절운동에 관여하며 뜻대로 움직여지는 수의근(뇌척수신경의 운동신경이 지배)이다. 명령을 받으면 짧은 시간에 강하게 수축하며 그만큼 피로도 쉽게 온다. 체중의 약 40%를 차지한다.

(2) 심장근(cardiac muscle)
  가. 형태: 가로무늬근, 단핵세포로서 원주상이지만 전체적으로 그물조직
  나. 특징: 심장벽에서만 볼 수 있는 근으로 가로무늬가 있으나 불수의근이다. 규칙적이고 강력한 힘을 발휘한다. 재생이 불가능하다.

(3) 평활근(smooth muscle)
  가. 형태: 민무늬근, 긴 방추형으로 근섬유에 가로무늬가 없고 중앙에 1개의 핵이 존재
  나. 특징: 소화관, 요관, 난관 등의 관벽이나 혈관벽, 방광, 자궁 등을 형성하는 근이다. 뜻대로 움직여지지 않는 불수의근으로 자율신경이 지배한다.

2.75 근육을 작용방법에 따라 3가지로 구분하여 설명하시오.

풀이

(1) 주동근(agonist): 운동 시 주역을 하는 근육
(2) 협력근(synergist): 운동 시 주역을 하는 근을 돕는 근육, 동일한 방향으로 작용하는 근육
(3) 길항근(antagonist): 주동근과 반대되는 작용을 하는 근육

2.76 작업공간포락면(workspace envelope)과 파악한계(grasping reach)를 설명하시오.

풀이

(1) 작업공간포락면(workspace envelope)
  한 장소에 앉아서 수행하는 작업활동에서 사람이 작업하는 데 사용하는 공간을 말한다. 이 포락면을 설계할 때에는 물론 수행해야 하는 특정 활동과 공간을 사용할 사람의 유형을 고려하여 상황에 맞추어 설계해야 한다.

(2) 파악한계(grasping reach)
  작업자가 앉은 자세에서 특정한 수작업기능을 편히 수행할 수 있는 공간의 외곽한계이다.

2.77 근육의 종류를 신경자극에 반응하는 특성과 신경지배에 따라 분류하시오.

풀이

(1) 신경자극에 반응하는 특성에 따른 분류

가. 골격근(skeletal muscle): 전신의 골격에 붙어 있으면서 근육을 수축시켜 관절운동을 하게 한다. 횡문근이며 수의근이다.

나. 내장근(visceral muscle): 기도, 소화관, 방광 또는 혈관벽을 구성하는 근육으로 평활근이며 불수의근이다.

다. 심근(cardiac muscle): 심장의 벽을 이루는 근육으로 횡문근이며 불수의근이다.

(2) 신경지배에 따른 분류

가. 수의근(voluntary muscle): 뇌와 척수신경의 지배를 받는 근육으로 의사에 따라서 움직인다. 골격근이 이에 속한다.

나. 불수의근(involuntary muscle): 자율신경의 지배를 받으며 스스로 움직이는 근육으로 내장근과 심근이 이에 속한다.

2.78 근육의 운동을 주도하는 주동근(agonist)과 이에 반대되는 운동을 하는 길항근(antagonist)에 관하여 설명하시오.

풀이

(1) 주동근: 근육의 운동을 주도하는 근육

(2) 길항근: 주동근에 반대되는 운동을 하는 근육

예를 들어, 주관절이 굴곡되는 경우 굴곡에 주로 참여하는 주관절의 굴곡근이 주동근이 되고 반대방향으로 이완되는 근육인 주관절의 신장근이 길항근으로 작용한다.

2.79 윤활관절의 종류를 6가지로 구분하여 설명하시오.

풀이

(1) 절구관절(ball and socket joint): 관절머리와 관절오목이 모두 반구상의 것이며 운동이 가장 자유롭고, 다축성으로 이루어진다.
예) 어깨관절, 대퇴관절

(2) 경첩관절(hinge joint): 두 관절면이 원주면과 원통면 접촉을 하는 것이며, 한 방향으로만 운동할 수 있다.
예) 무릎관절, 팔굽관절, 발목관절

(3) 안장관절(saddle joint): 두 관절면이 말안장처럼 생긴 것이며, 서로 직각방향으로 움직이는 2축성 관절이다
예) 엄지손가락의 손목손바닥뼈관절

(4) 타원관절(condyloid joint): 두 관절면이 타원상을 이루고, 그 운동은 타원의 장단축에 해당하는 2축성 관절이다
예) 요골손목뼈관절

(5) 차축관절(pivot joint): 관절머리가 완전히 원형이며, 관절오목 내를 자동차 바퀴와 같이 1축성으로 회전운동을 한다.
예) 위아래 요골척골관절

(6) 평면관절(gliding joint): 관절면이 평면에 가까운 상태로서, 약간의 미끄럼운동으로 움직인다.

예) 손목뼈관절, 척추사이관절

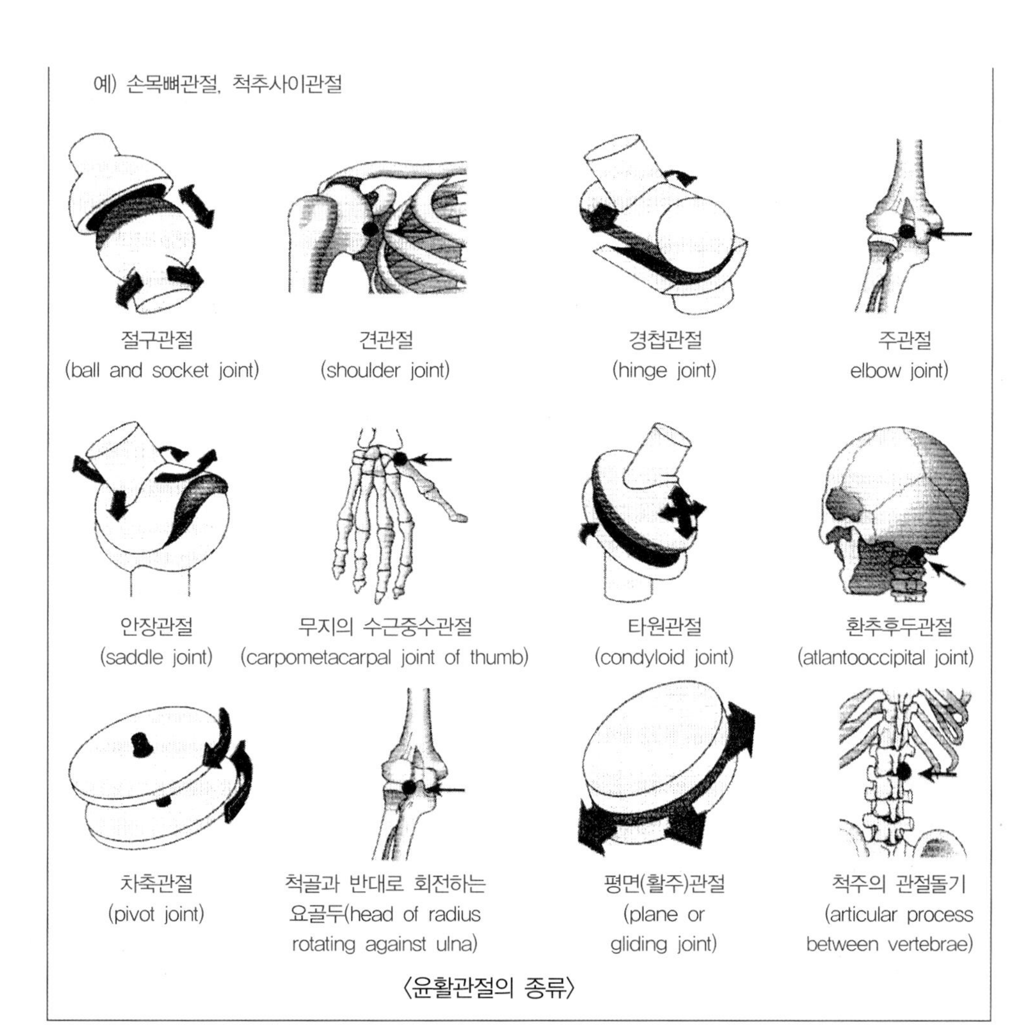

〈윤활관절의 종류〉

2.80 활액관절(synovial joint)인 경첩관절(hinge joint), 차축(회전)관절(pivot joint), 절구(구상)관절(ball-and-socket joint)에 해당하는 예를 아래 보기에서 각각 고르시오.

[보기]
팔굽관절(elbow joint), 무릎, 목, 어깨, 고관절(hip joint)

풀이

(1) 경첩관절: 팔굽관절(elbow joint), 무릎
(2) 회전관절: 목
(3) 구상관절: 어깨, 고관절(hip joint)

2.81 신경계를 구조적, 기능적으로 분류하여 설명하시오.

풀이

(1) 구조적 분류

가. 중추신경계: 뇌와 척수로 구성되며 말초로부터 전달된 신체 내외부의 자극정보를 받고 다시 말초신경을 통하여 적절한 반응을 전달하는 중추적인 신경

나. 말초신경계: 수용기로부터 흥분을 뇌와 척수로 전달하며 중추로부터의 흥분을 효과기에 전달하는 말초적인 역할을 하는 신경

(2) 기능적 분류

가. 체신경계: 외부의 환경에 따라서 자신의 의사대로 움직일 수 있는 신경으로 피부, 골격근 등에 분포한다. 뇌신경과 척수신경으로 구분된다.

나. 자율신경계: 신체 내부의 활동과 같이 자신의 의사와 상관없이 움직이는 신경으로 심장근 등에 분포되어 있다. 교감신경과 부교감신경으로 구분된다.

2.82 폐순환과 체순환 과정을 그리고, 순환 과정을 설명하시오.

풀이

(1) 체순환(대순환): 혈액이 심장으로부터 온몸을 순환한 후 다시 심장으로 되돌아오는 순환로이다.
좌심실 → 대동맥 → 동맥 → 소동맥 → 모세혈관 → 소정맥 → 대정맥 → 우심방

(2) 폐순환(소순환): 심장과 폐 사이의 순환로이며, 체순환에 비하여 훨씬 짧다.
우심실 → 폐동맥 → 폐→ 폐정맥 → 좌심방

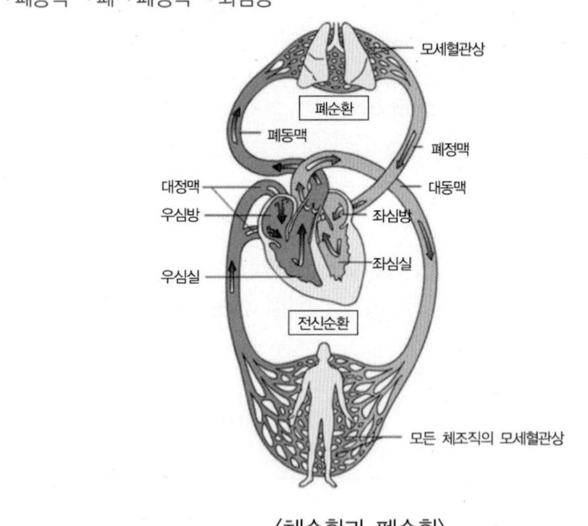

〈체순환과 폐순환〉

2.83 호흡기계에 포함되는 기관과 호흡기계의 기능에 관하여 설명하시오.

풀이

(1) 기관
  코, 인두, 후두, 기관, 기관지, 폐

(2) 기능
  가. 가스 교환
  나. 공기의 오염물질, 먼지, 박테리아 등을 걸러내는 흡입공기 정화작용
  다. 흡입된 공기를 진동시켜 목소리를 내는 발성기관의 역할
  라. 공기를 따뜻하고 부드럽게 함

2.84 근육이 수축할 때 미오신 필라멘트 속으로 액틴 필라멘트가 미끄러져 들어간 결과로 근육이 짧아지는 이론을 무엇이라 하는가?

풀이

근육수축 이론: 근육은 자극을 받으면 수축을 하는데, 이러한 수축은 근육의 유일한 활동으로 근육의 길이는 단축된다. 근육이 수축할 때 짧아지는 것은 미오신 필라멘트 속으로 액틴 필라멘트가 미끄러져 들어간 결과이다.

2.85 근육수축 이론(sliding filament theory)에 대하여 설명하고 그 특징을 3가지 기술하시오.

풀이

(1) 근육수축 이론: 근육은 자극을 받으면 수축을 하는데, 이러한 수축은 근육의 유일한 활동으로 근육의 길이는 단축된다. 근육이 수축할 때 짧아지는 것은 미오신 필라멘트 속으로 액틴 필라멘트가 미끄러져 들어간 결과이다.

(2) 특징
  가. 액틴과 미오신 필라멘트의 길이는 변하지 않는다.
  나. 근섬유가 수축하면 I대와 H대가 짧아진다. 최대로 수축했을 때는 Z선이 A대에 맞닿고 I대는 사라진다.
  다. 각 섬유는 일정한 힘으로 수축하며, 근육 전체가 내는 힘은 활성화된 근섬유 수에 의해 결정된다.

2.86 근육수축은 두 가지 유형을 가지고 있다. 각각을 설명하시오.

풀이

(1) 등장성 수축(isotonic contraction): 수축할 때 근육이 짧아지며 동등한 내적 근력을 발휘한다.
(2) 등척성 수축(isometric contraction): 수축과정 중에 근육의 길이가 변하지 않는다.

2.87 근육 수축 시 미오신과 액틴은 길이가 변하지 않는다. 이때 액틴과 미오신 사이의 짙은 갈색 부분을 무엇이라고 하는지 쓰시오.

> **풀이**
>
> A대: 액틴과 미오신의 중첩된 부분, 어둡게 보임

2.88 무산소성 해당과정을 설명하시오.

> **풀이**
>
> 산소가 충분히 공급되지 않은 경우에 일어나는 대사작용으로 글루코스 1 mole은 2 mole의 피루브산으로 분해되고 2 mole의 ATP를 생성하며 피루브산은 젖산으로 전환된다. 이러한 젖산은 혈류를 통하여 신장을 거쳐 배출된다.

2.89 근육 내의 포도당이 분해되어 근육수준에 필요한 에너지를 만드는 과정은 산소의 이용 여부에 따라 유기성 대사와 무기성 대사로 구분된다. 아래에 있는 대사과정에서 ( ) 속에 적절한 용어 또는 화학식을 적으시오.

(1) 유기성 대사: 근육 내 포도당 + 산소 → (　　) + (　　) + 열 + 에너지

(2) 무기성 대사: 근육 내 포도당 + 수소 → (　　) + 열 + 에너지

> **풀이**
>
> (1) 유기성 대사: 근육 내 포도당 + 산소 → (CO_2) + (H_2O) + 열 + 에너지
>
> (2) 무기성 대사: 근육 내 포도당 + 수소 → (젖산) + 열 + 에너지

2.90 활동전위차(action potential)를 정의하고, 활동전위차가 일어나는 동안의 막전위의 변화를 설명하시오.

> **풀이**
>
> 신경세포에 자극을 주면 자극을 받은 부위에서 Na^+과 K^+의 농도가 순간적으로 변하게 된다. 즉, 바깥쪽에서 Na^+의 농도가 600배 이상 커지면서 세포막 안쪽으로 들어오게 되어 세포 안쪽의 전위가 +300 mV를 나타내게 되는데, 이를 활동전위차라 한다.

2.91 기초대사량(BMR; Basal Metabolic Rate)이란 무엇이며, 성인의 경우 1일 기초대사량은 얼마인가?

풀이

(1) 기초대사량이란 생명을 유지하기 위한 최소한의 에너지소비량을 의미하며, 성, 연령, 체중은 개인의 기초대사량에 영향을 주는 중요한 요인이다.
(2) 성인의 경우 1일 기초대사량은 1,500~1,800 kcal/일 정도이다.

2.92 생체기능을 유지하기 위해 일정량의 에너지가 필요하다. 단위시간당 에너지량을 무엇이라 하는지 쓰시오.

풀이

기초대사량(BMR; Basal Metabolic Rate): 생명을 유지하기 위한 최소한의 에너지소비량

2.93 최대산소소비량에 대하여 설명하시오.

풀이

작업의 속도가 증가하면 산소소비량이 선형적으로 증가하여 일정한 수준에 이르게 되고, 작업의 속도가 증가하더라도 산소소비량은 더 이상 증가하지 않고 일정하게 되는 수준에서의 산소소모량이다.

2.94 남성 근로자의 8시간 조립작업에서 대사량을 측정한 결과 산소소비량이 1.1 L/min로 측정되었다(남성 권장 에너지소비량: 5 kcal/min).

(1) 남성 근로자의 휴식시간을 계산하시오.
(2) 휴식시간이 120분이 되려면 산소소비량은 몇 L 이하여야 하는지 계산하시오.

풀이

① Murrell의 공식 $R = \frac{T(E-S)}{E-1.5}$

R: 휴식시간(분)
T: 총 작업시간(분)
E: 작업 에너지소비량(kcal/min)
S: 권장 에너지소비량(kcal/min)

∴작업의 에너지소비량 = 1.1 L/min x 5 kcal/L = 5.5 kcal/min

∴ 휴식시간 $R = \frac{480 \times (5.5-5)}{5.5-1.5} = 60$분

② $120 = 480 \times (5x-5)/(5x-1.5)$
$x = 1.23$ 이하

2.95 어떤 작업의 평균에너지값이 6 kcal/분이라고 할 때 60분간의 총 작업시간 내에 포함되어야 하는 휴식시간은 몇 분인가? (단, 기초대사를 포함한 작업에 대한 평균에너지값의 상한은 5 kcal/분이다.)

풀이

$$R=\frac{T(E-S)}{E-1.5}$$

R: 휴식시간(분)
T: 총 작업시간(분)
E: 평균에너지값(kcal/분) = 6 kcal/분
S: 권장 평균에너지값(kcal/분) = 5 kcal/분

$$R=\frac{60(6-5)}{6-1.5}=13.3\text{분}$$

2.96 어떤 작업의 총 작업시간이 50분이고, 작업 중 분당 평균산소소비량이 1.5 L로 측정되었다면 이때 필요한 휴식시간은 약 얼마인가? (단, Murrell의 공식을 이용하며, 산소 1 L당 방출할 수 있는 에너지는 5 kcal이다.)

풀이

$$R=\frac{60(E-5)}{E-1.5},\quad E=1.5\times 5\text{ kcal}=7.5\text{ kcal}$$

총 작업시간이 50분이므로,

$$R=\frac{50(7.5-5)}{(7.5-1.5)}=\frac{125}{6}=20.833 \fallingdotseq 21\text{분}$$

2.97 남성작업자의 육체작업에 대한 에너지가를 평가한 결과 산소소모량이 2 L/min이 나왔다. 작업자의 8시간에 대한 휴식시간은 약 몇 분 정도인가? (단, Murrell의 공식을 이용한다.)

풀이

Murrell의 공식: $R=\frac{T(E-S)}{E-1.5}$

R: 휴식시간(분)
T: 총 작업시간(분)
E: 평균에너지소모량(kcal/min) = 2 L/min x 5 kcal/L = 10 kcal/min
S: 권장 평균에너지소모량 = 5(kcal/min)

따라서, $R=\frac{480(10-5)}{10-1.5}$
$=282.4\text{분}$

2.98 여성근로자의 8시간 조립작업에서 대사량을 측정한 결과 산소소비량이 1.1 L/min로 측정되었다(권장 에너지소비량 남성: 5 kcal/min, 여성: 3.5 kcal/min). 이 작업의 휴식시간을 구하시오.

풀이

$$\text{휴식시간: } R = T\frac{(E-S)}{(E-1.5)}$$

여기서, T: 총 작업시간(분)
E: 작업의 에너지소비량(kcal/min)
S: 에너지소비량(kcal/min)

(1) 해당 작업의 에너지소비량 = 1.1 L/min × 5 kcal/L = 5.5 kcal/min

(2) 휴식시간 $= 480\frac{(5.5-3.5)}{(5.5-1.5)} = 240\text{분}$

2.99 인체동작의 유형 중 굴곡(flexion), 신전(extension), 외전(abduction), 내전(adduction)에 대하여 설명하시오.

풀이

(1) 굴곡(屈曲, flexion): 팔꿈치로 팔굽히기할 때처럼 관절에서의 각도가 감소하는 인체 부분의 동작
(2) 신전(伸展, extension): 굴곡과 반대방향의 동작으로서, 팔꿈치를 펼 때처럼 관절에서의 각도가 증가하는 동작. 몸통을 아치형으로 만들 때처럼 정상 신전자세 이상으로 인체 부분을 신전하는 것을 과신전(過伸展, hyperextension)이라 한다.
(3) 외전(外轉, abduction): 팔을 옆으로 들 때처럼 인체중심선(midline)에서 멀어지는 측면에서의 인체 부위의 동작
(4) 내전(內轉, adduction): 팔을 수평으로 편 위치에서 수직위치로 내릴 때처럼 중심선을 향한 인체 부위의 동작

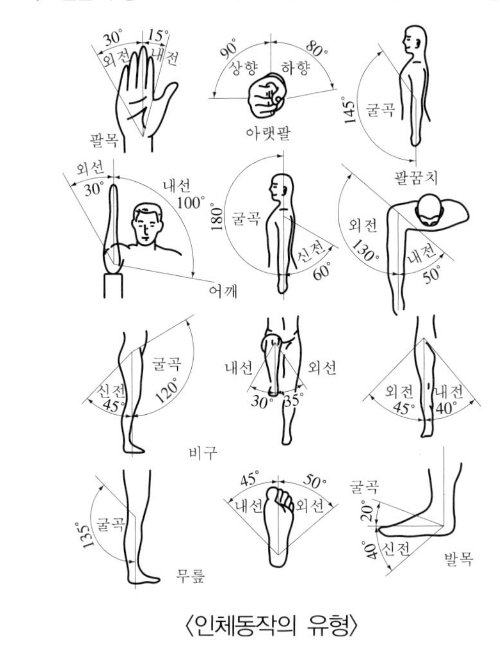

〈인체동작의 유형〉

2.100 다음 그림과 같이 작업자가 한손을 사용하여 무게(W_L)가 98 N인 작업물을 수평선을 기준으로 30° 팔꿈치각도로 들고 있다. 물체의 쥔 손에서 팔꿈치까지의 거리는 0.35 m이고, 손과 아래팔의 무게(W_A)는 16 N이며, 손과 아래팔의 무게중심은 팔꿈치로부터 0.17 m에 위치해 있다. 팔꿈치에 작용하는 모멘트는 얼마인가?

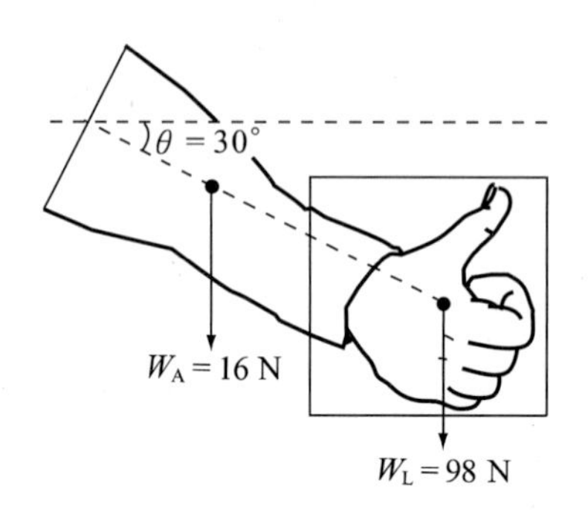

풀이

$\sum M = 0$(모멘트 평형방정식)

$\Rightarrow (F_1(=W_L) \times d_1 \times \cos\theta) + (F_2(=W_A) \times d_2 \times \cos\theta) + M_E(\text{팔꿈치모멘트}) = 0$

$\Rightarrow (-98\,\text{N} \times 0.35\,\text{m} \times \cos 30°) + (-16\,\text{N} \times 0.17\,\text{m} \times \cos 30°) + M_E(\text{팔꿈치모멘트}) = 0$

$\therefore\ M_E = 32.06\,\text{Nm}$

2.101 스트레스(압박)와 스트레인(긴장)과의 관계를 설명하시오.

풀이

(1) 스트레스
인체에 가해지는 여러 자극에 대한 체내에서 일어나는 반응으로, 그 원인은 내적 원인과 외적 원인으로 나눌 수 있다.

(2) 스트레인
스트레스에 의하여 나타나는 반응으로, 피로와 불면증, 근육통이나 경직 등의 신체적 증상과 집중력, 기억력의 감소와 같은 정신적 증상이 나타난다.

2.102 생체신호를 이용한 스트레인의 주요척도 4가지를 쓰시오.

풀이

(1) 뇌전도(EEG)
(2) 심전도(ECG)
(3) 근전도(EMG)
(4) 안전도(EOG)
(5) 전기피부 반응(GSR)

2.103 작업종류에 따른 생체신호의 측정방법에는 여러 가지가 있다. 아래 작업 종류에 적합한 측정방법을 다음 보기에서 고르시오.

[보기]
에너지대사율, 산소섭취량, EMG, ECG, 심박수, 호흡량, 플리커치

(1) 동적근력 작업: (　　　)
(2) 정적근력 작업: (　　　)
(3) 신경적 작업: (　　　)
(4) 심적 작업: (　　　)
(5) 작업부하, 피로 등의 측정: (　　　)

풀이

(1) 에너지대사율, 산소섭취량, 심박수, EMG
(2) EMG, 에너지대사율과 심박수의 관계
(3) 심박수
(4) 플리커치
(5) 호흡량, EMG, 플리커치

2.104 어떤 작업을 60분 진행하는 동안에 3분간 걸쳐 더글라스(Douglas)낭에 배기를 받아 보았더니 57 L였다. 이 중에서 산소는 14%이고, 이산화탄소는 6%였다. 이때 필요한 휴식시간은 얼마인가?

풀이

(1) 흡기부피 $= \dfrac{(100 - O_2\% - CO_2\%) \times \text{배기부피}}{79} = \dfrac{(1 - 0.14 - 0.06) \times 57}{0.79} = 57.7\ \mathrm{L}$

(2) 산소소비량 $= 21\% \times \text{흡기부피} - O_2\% \times \text{배기부피} = 0.21 \times 57.7 - 0.14 \times 57 = 4.137l$

(3) 평균에너지값 $E = \dfrac{4.137}{3} \times 5\ \mathrm{kcal/min} = 6.9\ \mathrm{kcal/min}$

(4) 휴식시간 $R = \dfrac{60(E-5)}{E-1.5} = \dfrac{60(6.9-5)}{6.9-1.5} = 21.1\text{분}$

2.105 특정 작업에 대한 60분의 작업 중 3분간의 산소소비량을 측정한 결과 57 L의 배기량에 산소가 14%, 이산화탄소가 6%로 분석되었다. 다음 물음에 답하시오. (단, 공기 중 산소는 21vol%, 질소는 79vol%라고 한다.)

(1) 분당 에너지소비량을 구하시오.
(2) 남자와 여자를 구분하여 휴식시간을 계산하시오.

풀이

(1) 분당 에너지소비량

가. 분당 흡기량: $\frac{(100-O_2\%-CO_2\%)}{N_2\%}\times$ 분당 배기량

$=\frac{(1-0.14-0.06)}{0.79}\times\frac{57}{3}=19.24\ \text{L/min}$

나. 산소소비량: $(21\%\times$ 분당 흡기량$)-(O_2\%\times$ 분당 배기량$)$

$=(19.24\times0.21)-(19\times0.14)=1.38\ \text{L/min}$

다. 산소 1 L당 열량: 5 kcal/L

따라서 분당 에너지소비량 $=(5\ \text{kcal/L}\times1.38\ \text{L/min})=6.9\ \text{kcal/min}$

(2) 남자와 여자를 구분한 휴식시간

(T: 총 작업시간(분), E: 작업 에너지소비량, S: 권장 에너지소비량)

휴식시간: $R=T\times\frac{(E-S)}{(E-1.5)}$

남자: $R=60\times\frac{(6.9-5)}{(6.9-1.5)}=21.1$분

여자: $R=60\times\frac{(6.9-3.5)}{(6.9-1.5)}=37.78$분

2.106 도장작업을 50분 진행하는 동안에 5분간에 걸쳐 더글라스(Douglas)낭에 배기를 받아 보았더니 90 L였다. 이 중에서 산소는 16%이고, 이산화탄소는 4%였다. 분당 산소소비량과 에너지가는 얼마인가?

풀이

(1) 분당 배기량$=\frac{90\ \text{L}}{5\text{분}}=18\ \text{L/분}$

(2) 분당 흡기량$=\frac{(1-0.16-0.04)}{0.79}\times18\ \text{L}=18.23\ \text{L/분}$

(3) 산소소비량$=0.21\times18.23\ \text{L/분}-0.16\times18\ \text{L/분}=0.948\ \text{L/분}$

(4) 에너지가$=0.948\times5=4.74\ \text{kcal/분}$

2.107 근전도 측정방법 중 표면전극과 주사바늘 형태의 전극(침전극)을 사용할 때의 장단점을 설명하시오.

풀이

구분	표면전극	주삿바늘 형태
장점	측정이 용이함 통증이 없음	원하는 근육의 근전도를 정확히 측정
단점	피부에 가까운 근육만 측정되고 주위의 근육이나 심부의 근육은 측정되지 않음	시술이 필요함 동적인 움직임 측정 시 통증을 수반함

2.108 부정맥(cardiac arrhythmia)지수에 대한 정의를 서술하시오.

풀이

부정맥지수: 심장박동이 비정상적으로 빨라지거나 느려지는 등과 같이 불규칙적인 활동을 하는 것, 평가척도로는 맥박 간의 표준편차나 변동계수 등으로 부정맥지수를 사용한다.

2.109 점멸융합주파수(CFF)에 대해 설명하시오.

풀이

점멸융합주파수(CFF; Critical Flicker Frequency of fusion light): 빛을 일정한 속도로 점멸시키면 깜박거려 보이나 점멸의 속도를 빨리하면 깜박임이 없고 융합되어 연속된 광으로 보일 때 점멸주파수이다. 점멸융합주파수는 피곤함에 따라 빈도가 감소하기 때문에 중추신경계의 피로, 즉 '정신피로'의 척도로 사용될 수 있다. 잘 때나 멍하게 있을 때에 CFF가 낮고, 마음이 긴장되었을 때나 머리가 맑을 때에 높아진다.

2.110 문제를 보고 괄호 안에 알맞은 단어를 ○표 하시오.

– 정신적 부하가 증가하면 부정맥 지수가 (증가, 감소)하며, 정신적 부하가 감소하면 점멸융합주파수가 (증가, 감소)한다.

풀이

정신적 부하가 증가하면 부정맥 지수가 (감소)하며, 정신적 부하가 감소하면 점멸융합주파수가 (증가)한다.

(1) 부정맥: 심장박동이 비정상적으로 늦어지거나 빨라지는 등 불규칙해지는 현상을 부정맥(不整脈, cardiac arrhythmia)이라 하고, 정상적이고 규칙적인 심장박동을 정맥이라고 한다. 맥박간격의 표준편차나 변동계수(coefficient of variation, 표준편차/평균치) 등으로 표현되며, 정신부하가 증가하면 부정맥 점수가 감소한다.

(2) 점멸융합주파수: 점멸융합주파수(CFF; Critical Flicker Fusion Frequency, VFF; Visual Fusion Frequency)는 빛을 어느 일정한 속도로 점멸시키면 깜박거려 보이나 점멸의 속도를 빨리 하면 깜박임이 없고 융합되어 연속된 광으로 보일 때 점멸주파수이다. 점멸융합주파수는 피곤함에 따라 빈도가 감소하기 때문에 중추신경계의 피로, 즉 '정신피로'의 척도로 사용될 수 있다. 잘 때나 멍하게 있을 때에 CFF가 낮고, 마음이 긴장되었을 때나 머리가 맑을 때에 높아진다.

2.111 뇌파의 종류를 주파수를 기준으로 설명하시오.

풀이

(1) δ(델타)파: 4 Hz 이하의 진폭이 크게 불규칙적으로 흔들리는 파
(2) θ(세타)파: 4~8 Hz의 서파
(3) α(알파)파: 8~14 Hz의 규칙적인 파
(4) β(베타)파: 14~30 Hz의 저진폭 파
(5) γ(감마)파: 30 Hz 이상의 파

2.112 정신적 피로도를 측정하는 NASA-TLX(Task Load Index)의 6가지 척도를 적으시오.

풀이

(1) 정신적 요구(Mental Demand)
(2) 육체적 요구(Physical Demand)
(3) 일시적 요구(Temporal Demand)
(4) 수행(Performance)
(5) 노력(Effort)
(6) 좌절(Frustration)

2.113 감성공학을 간단히 설명하시오.

풀이

인간이 가지고 있는 소망으로서의 이미지나 감성을 구체적인 제품설계로 실현해 내는 공학적인 접근방법으로, 인간 감성의 정성 · 정량적 측정, 이의 분석과 평가를 통한 제품, 환경설계에서의 반영과정을 포함한다.

2.114 감성공학의 접근방법 중 Osgood의 의미분별척도법(SD)을 설명하시오.

풀이

인간의 감성은 거의 대부분의 경우 형용사로 표현할 수 있으나 형용사를 소재로 하여 인간의 심상공간을 측정하는 방법으로, 의미분별척도법(SD; Semantic Difference)이 있다.

2.115 감성공학에서 인간이 어떤 제품에 대해 가지는 이미지를 물리적 설계요소로 번역해 주는 방법을 쓰시오.

풀이

(1) 감성공학 I류

SD법(SD; Semantic Difference)으로 심상을 조사하고, 그 자료를 분석해 심상을 구성하는 설계요소를 찾아내는 방법이다. 주택, 승용차, 유행 의상 등 사용자의 감성에 의해 제품이 선택될 기회가 많은 대상에 대하여 어떠한 감성이 어떠한 설계요소로 번역되는지에 관한 자료기반(database)을 가지며, 그로부터 의도적으로 제품개발을 추진하는 방법이다.

(2) 감성공학 II류

감성어휘로 표현했을지라도 성별이나 연령차에 따라 품고 있는 이미지에는 다소의 차이가 있게 된다. 특히, 생활양식이 다르면 표출하고 있는 이미지에 커다란 차이가 존재한다. 연령, 성별, 연간수입 등의 인구통계적(demographic) 특성 이외에 생활양식 등을 포함하여 이러한 관련성으로부터 그 사람의 이미지를 구체적으로 결정하는 방법을 감성공학 II류라고 한다.

(3) 감성공학 Ⅲ류
감성어휘 대신에 평가원(panel)이 특정한 시제품을 사용하여 자기의 감각척도로 감성을 표출하고, 이에 대하여 번역체계를 완성하거나 혹은 제품개발을 수행하는 방법을 감성공학 Ⅲ류라고 한다.

2.116 다음은 인간공학 법칙 및 방법에 대해서 열거되어 있다. 다음 물음에 답하시오.

(1) 형용사를 이용하여 인간의 심상을 측정하는 방법은 무엇인지 쓰시오.
(2) 어떤 자료를 나타내는 특성치가 몇 개의 변수에 영향을 받을 때 이들 변수의 특성치에 대한 영향의 정도를 명확히 하는 자료해석법은 무엇인지 쓰시오.
(3) 2차원, 3차원 좌표에 도형으로 표시를 하여 데이터의 상관관계 등을 파악하기 위해 점을 찍어 측정하는 통계기법이 무엇인지 쓰시오.

풀이

(1) 의미미분(SD; Semantic Difference)법
(2) 다변량분석법
(3) 산점도

2.117 형용사를 사용하여 감성을 표현할 수 있으며 3, 5, 7점을 주면서 평가하는 척도를 무엇이라 하는가?

풀이

의미분별척도법(SD; Semantic Difference): 형용사를 이용하여 인간의 심상을 측정하는 방법으로 형용사를 소재로 하여 인간의 심상공간을 측정함

한국산업인력공단 출제기준에 따른 자격시험 준비서

인간공학기사 실기편

PART

시스템 설계 및 개선

1장 | 표시장치 설계 및 개선

01 표시장치(display)

1.1 시각적 표시장치

출제빈도 ★★★★

1.1.1 정량적 표시장치

정량적 표시장치는 온도와 속도 같이 동적으로 변화하는 변수나 자로 재는 길이와 같은 정적변수의 계량값에 관한 정보를 제공하는 데 사용된다.

(1) 정량적인 동적 표시장치의 3가지

가. 동침(moving pointer)형: 눈금이 고정되고 지침이 움직이는 형

나. 동목(moving scale)형: 지침이 고정되고 눈금이 움직이는 형

다. 계수(digital)형: 전력계나 택시요금 계기와 같이 기계, 전자적으로 숫자가 표시되는 형

(2) 정량적 눈금의 세부특성

가. 눈금의 길이

눈금 단위의 길이란 판독해야 할 최소측정단위의 수치를 나타내는 눈금상의 길이를 말하며, 정상 시거리인 71 cm를 기준으로 정상조명에서는 1.3 mm, 낮은 조명에서는 1.8 mm가 권장된다.

나. 눈금의 표시

일반적으로 읽어야 하는 매 눈금 단위마다 눈금표시를 하는 것이 좋으며, 여러 상황하에서 1/5 또는 1/10 단위까지 내삽을 하여도 만족할 만한 정확도를 얻을 수 있다 (Cohen and Follert).

다. 눈금의 수열

일반적으로 0, 1, 2, 3, …처럼 1씩 증가하는 수열이 가장 사용하기 쉬우며, 색다른 수열은 특수한 경우를 제외하고는 피해야 한다.

동침형

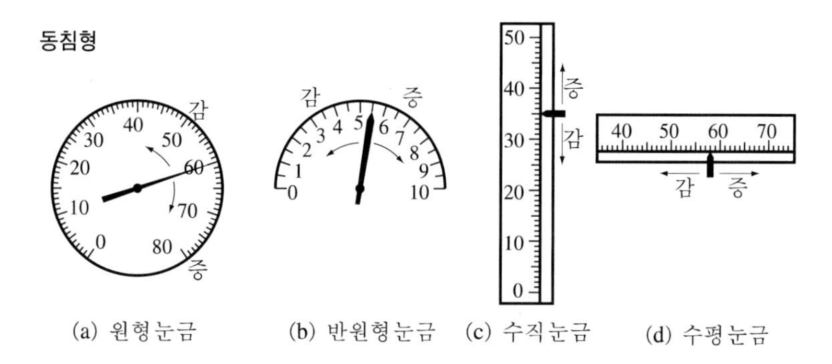

(a) 원형눈금 (b) 반원형눈금 (c) 수직눈금 (d) 수평눈금

동목형

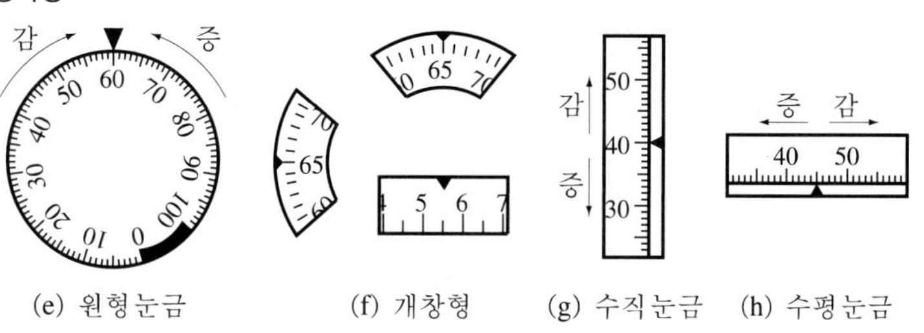

(e) 원형눈금 (f) 개창형 (g) 수직눈금 (h) 수평눈금

계수형

4 3 4 2 1

(i) 계수형 표시장치

그림 3.1.1 정량적 정보 제공에 사용되는 표시장치의 예

라. 지침설계

① (선각이 약 20° 되는) 뾰족한 지침을 사용하라.

② 지침이 끝은 작은 눈금과 맞닿되 겹치지 않게 하라.

③ (원형 눈금의 경우) 지침의 색은 선단에서 눈금의 중심까지 칠하라.

④ (시차(時差)를 없애기 위해) 지침을 눈금면과 밀착시키라.

예제

5 m 거리에서 볼 수 있는 아날로그 시계의 분침의 최소간격은 얼마인가?

풀이

정량적 표시장치 눈금설계 시 정상시거리라고 칭하는 것은 0.71 m(71 cm)를 말하는데 이러한 정상조건에서 눈금 간의 최소간격을 1.3 mm로 권장하고 있다. 따라서 주어진 거리(5 m)를 비례식에 적용하면

$$0.71 : 1.3 = 5 : X$$

$$X = 6.5/0.71$$

$$X = 9.15(\text{mm})$$

1.1.2 정성적 표시장치

(1) 정성적 정보를 제공하는 표시장치는 온도, 압력, 속도와 같이 연속적으로 변하는 변수의 대략적인 값이나 변화 추세, 비율 등을 알고자 할 때 주로 사용한다.

(2) 정성적 표시장치는 색을 이용하여 각 범위의 값들을 따로 암호화하여 설계를 최적화시킬 수 있다.

(3) 색채암호가 부적합한 경우에는 구간을 형상 암호화할 수 있다.

(4) 정성적 표시장치는 상태점검, 즉 나타내는 값이 정상상태인지의 여부를 판정하는 데에도 사용한다.

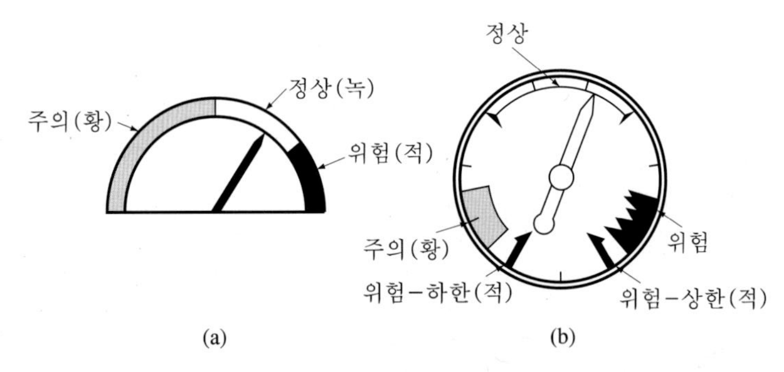

그림 3.1.2 표시장치의 색채 및 형상 암호화

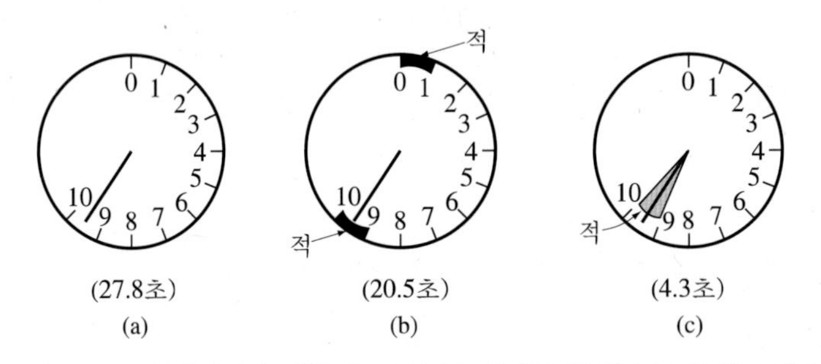

그림 3.1.3 상태점검에 사용되는 정성적 계기의 설계형과 평균반응시간

1.1.3 시각적 정보전달의 유효성을 결정하는 요인

(1) 명시성(legibility)

두 색을 서로 대비시켰을 때 멀리서 또렷하게 보이는 정도를 말한다. 명도, 채도, 색상의 차이가 클 때 명시도가 높아진다. 특히 노랑과 검정의 배색은 명시도가 높아서 교통표지판 등에 많이 쓰인다.

(2) 가독성(readability)

얼마나 더 편리하게 읽힐 수 있는가를 나타내는 정도이다. 인쇄, 타자물의 가독성(읽힘성)은 활자 모양, 활자체, 크기, 대비, 행 간격, 행의 길이, 주변 여백 등 여러 가지 인자의 영향을 받는다.

1.1.4 문자-숫자 및 연관표시 장치

문자-숫자 및 상형문자를 통한 의사전달의 효율성은 글자체, 내용, 단어의 선택, 문체 등과 같은 여러 인자에 달려 있다.

(1) 글자체

문자-숫자의 글자체란 글자들의 모양과 이들의 배열상태를 말한다.

가. 획폭(strokewidth)

① 문자-숫자의 획폭은 보통 문자나 숫자의 높이에 대한 획 굵기의 비로 나타낸다.

② 획폭비: 높이에 대한 획 굵기의 비

(a) 영문자

㉠ 양각(black on white) 1 : 6~1 : 8

㉡ 음각(white on black) 1 : 8~1 : 10

(b) 광삼효과: 흰 모양이 주위의 검은 배경으로 번져 보이는 현상

나. 종횡비(width-height ratio)

① 문자-숫자의 폭 대 높이의 관계는 통상 종횡비로 표시된다.

② 영문 대문자는 1 : 1이 적당하며, 3 : 5까지 줄더라도 독해성에 큰 영향이 없다.

③ 숫자의 경우 약 3 : 5를 표준으로 권장하고 있다.

④ 한글의 경우 1 : 1이 일반적이다.

1.2 청각적 표시장치

출제빈도 ★★★★

1.2.1 청각신호 수신기능 및 신호의 검출

(1) 청각신호 수신기능

가. 청각신호 검출

신호의 존재 여부를 결정한다. 즉, 어떤 특정한 정보를 전달해 주는 신호가 존재할

때에 그 신호음을 알아내는 것을 말한다.

나. 상대 식별

두 가지 이상의 신호가 근접하여 제시되었을 때 이를 구별한다. 예를 들면, 어떤 특정한 정보를 전달하는 신호음이 불필요한 잡음과 공존할 때에 그 신호음을 구별하는 것을 말한다.

다. 절대 식별

어떤 부류에 속하는 특정한 신호가 단독으로 제시되었을 때 이를 식별한다. 즉, 어떤 개별적인 자극이 단독적으로 제시될 때, 그 음만이 지니고 있는 고유한 강도, 진동수와 제시된 음의 지속시간 등과 같은 청각요인들을 통해 절대적으로 식별하는 것을 말한다.

(2) 청각신호의 근사성(approximation)

복잡한 정보를 나타내고자 할 때 2단계의 신호를 고려하는 것을 말한다.

가. 주의신호: 주의를 끌어서 정보의 일반적 부류를 식별

나. 지정신호: 주의신호로 식별된 신호에 정확한 정보를 지정

2장 | 제어장치 설계 및 개선

01 조종장치(control)

모든 기계에는 작동을 통제할 수 있는 장치를 해야 하며, 따라서 인간과 기계의 기능계에서 조종이 중요한 문제로 다루어지고 있다. 조종장치의 조작은 여러 형태의 정신운동작용을 요하므로 그 기능을 효과적으로 설계하여야 한다.

1.1 조종-반응비율(control-response ratio)

출제빈도 ★★★★

(1) 개념

조종-표시장치 이동비율(control-display ratio)을 확장한 개념으로 조종장치의 움직이는 거리(회전수)와 체계반응이나 표시장치상의 이동요소의 움직이는 거리의 비이다. 표시장치가 없는 경우에는 체계반응의 어떤 척도가 표시장치 이동거리 대신에 사용된다. 특히, 조이스틱의 C/R비 공식은 다음과 같다.

$$\text{C/R비} = \frac{(a/360) \times 2\pi L}{\text{표시장치 이동거리}}$$

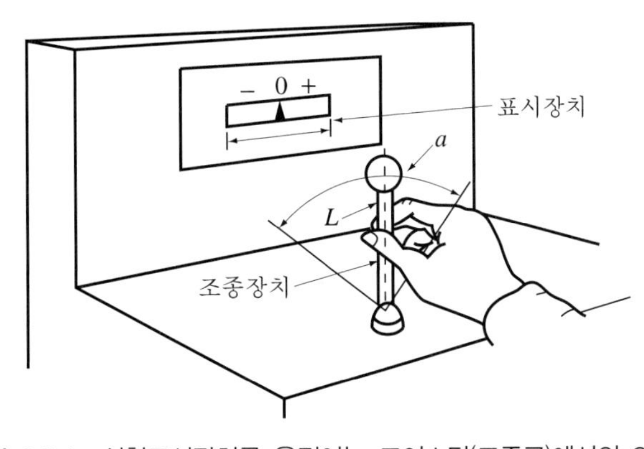

그림 3.2.1 선형표시장치를 움직이는 조이스틱(조종구)에서의 C/R비

여기서, a: 조종장치가 움직인 각도

L: 반지름(지레의 길이)

(2) 최적 C/R비

일반적으로 표시장치의 연속위치에 또는 정량적으로 맞추는 조종장치를 사용하는 경우에 두 가지 동작이 수반하는데 하나는 큰 이동동작이고, 또 하나는 미세한 조종동작이다. 최적 C/R비를 결정할 때에는 이 두 요소를 절충해야 한다. Jenkins와 Connor는 노브의 경우 최적 C/R비는 0.2~0.8, Chapanis와 Kinkade는 조종간의 경우 2.5~4.0이라고 주장하였다.

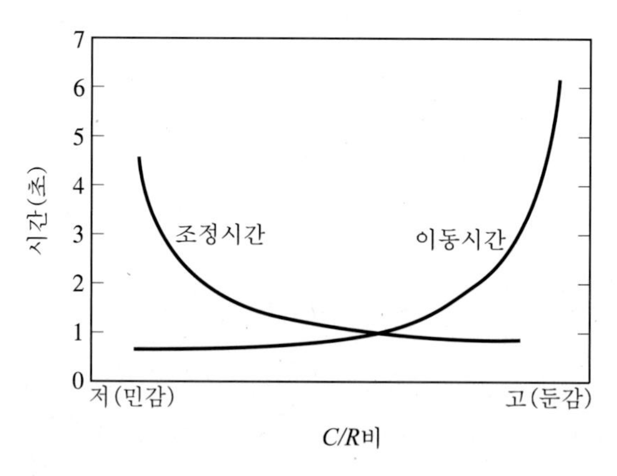

그림 3.2.2 C/R비에 따른 이동시간과 조종시간의 관계

(3) 최적 C/R비 설계 시 고려사항

가. 계기의 크기

계기의 조절시간이 가장 짧게 소요되는 크기를 선택해야 하며 크기가 너무 작으면 오차가 커지므로 상대적으로 생각해야 한다.

나. 공차

계기에 인정할 수 있는 공차는 주행시간의 단축과의 관계를 고려하여 짧은 주행시간 내에서 공차의 인정 범위를 초과하지 않는 계기를 마련해야 한다. 이것은 요구되는 정비도와 깊은 관계를 갖는다.

다. 목시거리

작업자의 눈과 표시장치의 거리는 주행과 조절에 크게 관계된다. 목시거리가 길면 길수록 조절의 정확도는 낮고 시간이 걸리게 된다.

라. 조작시간

조종장치의 조작시간 지연은 직접적으로 C/R비가 가장 크게 작용하고 있다. 작업자의 조절동작과 계기의 반응운동 간에 지연시간을 가져오는 경우에는 C/R비를 감소시키는 것 이외에 방법이 없다.

마. 방향성

조종장치의 조작방향과 표시장치의 운동방향에 일치하지 않으면 작업자의 동작에 혼란이 생기고, 조작시간이 오래 걸리며 오차가 커진다. 특히, 조작의 정확성을 감소시키고 조작시간을 지연시킨다. 계기의 방향성은 안전과 능률에 크게 영향을 미치고 있으므로 설계 시 주의해야 한다.

(4) 코리올리 착각

비행기와 함께 선회하던 조종사가 머리를 선회면 밖으로 움직일 때 평형감각을 상실하여 발생하는 착각을 말한다.

예제

조종장치의 손잡이 길이가 10 cm이고 30도 움직였을 때 표시장치에서 1 cm가 이동하였다. C/R비는 얼마인가?

풀이

$$\text{C/R비} = \frac{(a/360)\times 2\pi L}{\text{표시장치의 이동거리}} = \frac{(30/360)\times(2\times 3.14\times 10)}{1} = 5.23$$

1.2 조종장치의 인간공학적 설계지침

출제빈도 ★★★★

1.2.1 코딩(암호화)

여러 개의 콘솔이나 기기에서 사용되는 조종장치의 손잡이는 운용자가 쉽게 인식하고 조작할 수 있도록 코딩을 해야 한다. 가장 자연스러운 코딩 방법은 공통의 조종장치를 각 콘솔이나 조종장치 패널의 같은 장소에 배치하는 것이다. 이 밖에 손잡이의 형상이나 색을 사용하는 방법도 있다.

(1) 코딩 설계 시 고려사항

가. 이미 사용된 코딩의 종류

나. 사용될 정보의 종류

다. 수행될 과제의 성격과 수행조건

라. 사용 가능한 코딩 단계나 범주의 수

마. 코딩의 중복 혹은 결합에 대한 필요성

바. 코딩 방법의 표준화

(2) 코딩의 종류

가. 색 코딩: 색에 특정한 의미가 부여될 때(예를 들어, 비상용 조종장치에는 적색) 매우 효과적인 방법이 된다.

나. 형상 코딩: 조종장치는 시각뿐만 아니라 촉각으로도 식별 가능해야 하며, 날카로운 모서리가 없어야 한다. 조종장치에 대한 형상 코딩의 주요 용도는 촉감으로 조종장치의 손잡이나 핸들을 식별하는 것이다.

조종장치를 선택할 때에는 일반적으로 상호간에 혼동이 안 되도록 해야 한다. 이러한 점을 염두에 두어 15종류의 꼭지를 고안하였는데 용도에 따라 크게 다회전용, 단회전용, 이산멈춤 위치용이 있다.

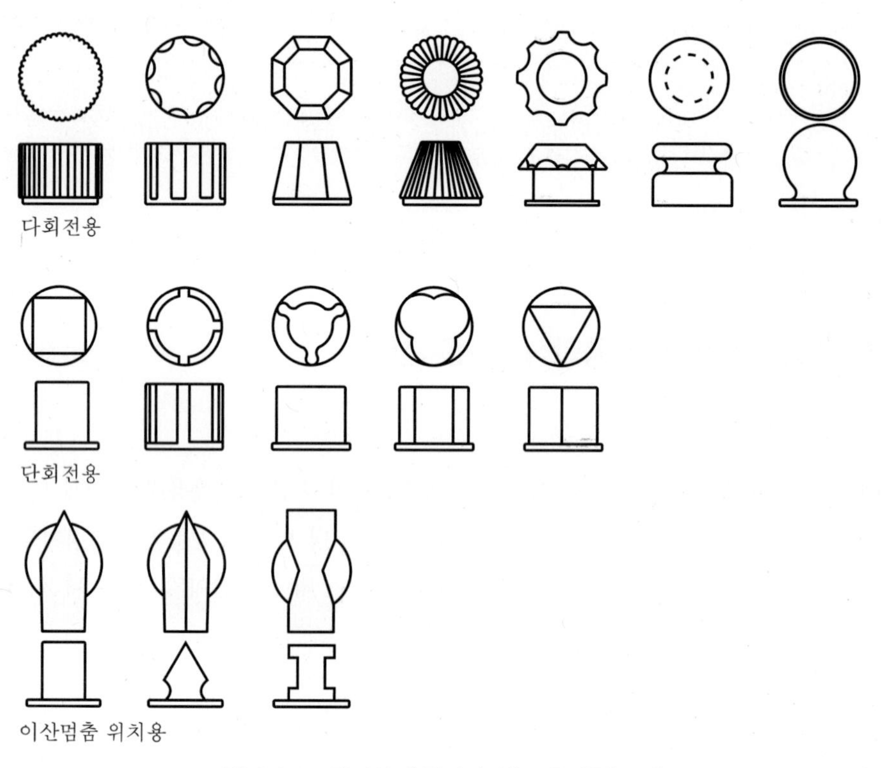

그림 3.2.3 만져서 혼동되지 않는 꼭지들(Hunt)

다. 크기 코딩: 운용자가 적절한 조종장치를 선택하기 전에 촉감으로 구별하지 못할 때는 조종장치의 크기를 두 종류 혹은 많아야 세 종류만 사용하여야 한다(지름 1.3 cm, 두께 0.95 cm 차이 이상이면 촉각에 의해서 정확하게 구별할 수 있다).

라. 촉감 코딩: 표면의 촉감을 달리하는 코딩을 할 수 있다. 흔히 사용되는 표면가공 중 매끄러운 면, 세로 홈, 깔쭉면 표면의 3종류로 정확하게 식별할 수 있다.

마. 위치 코딩: 유사한 기능을 가진 조종장치는 모든 패널에서 상대적으로 같은 위치에 있어야 하며, 운용자는 조종장치가 그들의 정면에 있을 때 위치를 좀 더 정확하게 구별할 수 있다.

① 깜깜한 방의 전등을 켜기 위해 스위치를 더듬는 것은 위치 암호화에 반응하는 것이다.

② 여러 개의 비슷한 조종장치 중에서 선택을 해야 할 때에는 이들이 우리의 근육운동 감각으로 분별할 수 있을 정도로 충분히 멀리 떨어져 있지 않다면 정확한 것을 찾기가 힘들 것이다.

③ 눈을 가린 피실험자들에게 손을 뻗어 수평과 수직판에 배열된 "똑딱" 스위치들을 잡도록 해보면 수직 배열의 정확도가 더 높다.

④ 수직 배열의 경우, 정확한 위치 동작을 위해서는 13 cm의 차이가 적당하고, 수평배열의 경우에는 20 cm 이상이 되어야 한다.

바. 작동방법에 의한 코딩: 작동방법에 의해서 조종장치를 암호화하면 각 조종장치는 고유한 작동방법을 갖게 된다. 예를 들면, 하나는 밀고 당기는 종류이고, 다른 것은 회전식인 경우이다.

1.3 추적작업

출제빈도 ★★★★

1.3.1 추적작업

(1) 추적작업은 체계의 목표를 달성하기 위하여 인간이 체계를 제어해 나가는 과정이다. 목표와 추종요소의 관계를 표시하는 방법은 보정추적 표시장치(compensatory tracking)와 추종추적 표시장치(pursuit tracking)가 있다. 일반적으로 추종추적 표시장치가 보정추적 표시장치보다 우월하다.

가. 보정추적 표시장치

목표와 추종요소 중 하나가 고정되고 나머지는 움직이며 목표와 추종요소의 상대적

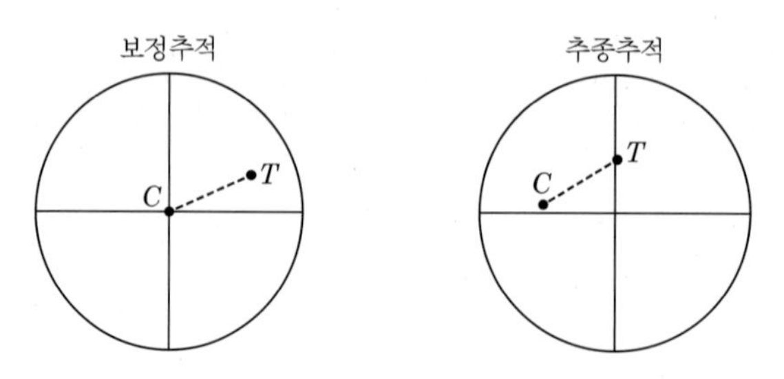

그림 3.2.4 보정추적 및 추종추적 표시장치(T=목표, C=추종요소)

위치의 오차만을 표시하는 장치이다. 둘이 중첩된 경우는 목표상에 있는 것이며 조종자의 가능은 조종장치를 조작하여 오차를 최소화시키는 것이다. 그러나 오차의 원인을 진단할 수 없으며, 목표가 움직였는지, 진로를 바꾸었는지, 추적이 부정확한지를 나타내지 않는다.

나. 추종추적 표시장치

목표와 추종요소가 다 움직이며 표시장치가 나타내는 공간에 대한 각각의 위치를 보여준다.

다. 추종추적 표시장치는 두 요소의 실제 위치에 대한 정보를 조종자에게 제공하는 데 반해, 보정추적 표시장치는 절대오차나 차이만을 보여줄 뿐이다. 그러나 보정추적 표시장치는 두 요소의 가능한 값이나 위치의 전 범위를 나타낼 필요가 없기 때문에 계기판의 공간을 절약하는 실질적인 이점이 있을 때가 있다.

(2) 촉진(促進, quickening)

제어체계를 궤환(feedback) 보상해 주는 것이다. 본질적으로 폐회로 체계를 수정하여 조작자 자신이 미분 기능을 수행할 필요성을 덜어주는 절차이다.

02 양립성

2.1 양립성의 유형

출제빈도 ★★★★

양립성(compatibility)이란 자극들 간의, 반응들 간의 혹은 자극-반응조합의 공간, 운동 혹은 개념적 관계가 인간의 기대와 모순되지 않는 것을 말한다. 표시장치나 조종장치가 양립성이 있으면 인간성능은 일반적으로 향상되므로 이 개념은 이들 장치의 설계와 밀접한 관계가 있다.

(1) 개념양립성(conceptual compatibility)

코드나 심벌의 의미가 인간이 갖고 있는 개념과 양립(예: 비행기 모형-비행장)

(2) 공간양립성(spatial compatibility)

공간적 구성이 인간의 기대와 양립(예: button의 위치와 관련 display의 위치가 양립)

(3) 운동양립성(movement compatibility)

조종기를 조작하여 표시장치상의 정보가 움직일 때 반응결과가 인간의 기대와 양립(예: 라디오의 음량을 줄일 때 조절장치를 반시계 방향으로 회전)

(4) 양식양립성(modality compatibility)

직무에 알맞은 자극과 응답의 양식의 존재에 대한 양립

2.2 공간적 양립성

출제빈도 ★★★★

(1) 표시장치와 이에 대응하는 조종장치 간의 실체적(physical) 유사성이나 이들의 배열 혹은 비슷한 표시(조종)장치군들의 배열 등이 공간적 양립성과 관계된다.

(2) 4개의 표시등과 누름단추의 5종류 배열형태에 대해서 표시등에 불이 켜지면 관련 누름단추를 눌러 끄도록 하는 실험

가. 4개의 표시등의 배열

나. 4개의 누름단추의 위치는 (1)과 동일

다. 숫자는 반응시간(초)을 나타낸다.

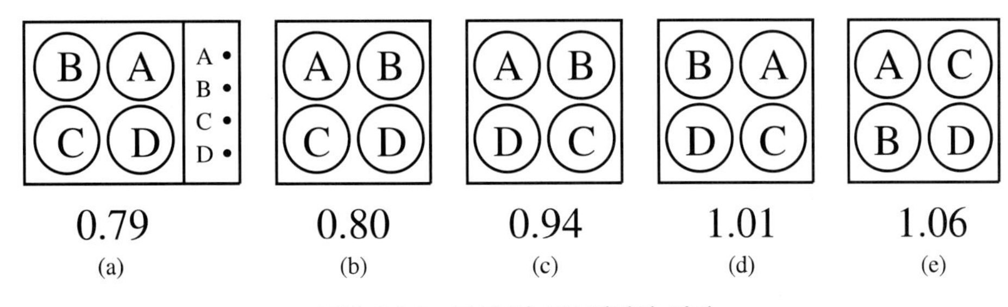

그림 3.2.5 표시 및 조종장치의 배열

2.3 운동관계의 양립성

출제빈도 ★★★★

대부분이 운동관계에는 차를 우회전하기 위하여 운전륜을 우회전하는 것 같이 자연적으로 타고난 연상 때문이라든가 혹은 문화적으로 익혀진 어떤 관계들 때문에 가장 양립성이 큰 관계가 있다.

2.3.1 동일평면상의 표시장치와 회전식 조종장치 간의 운동관계

(1) 조종장치로 원형 혹은 수평 표시장치의 지침을 움직이는 경우, 일반적인 원칙은 그림 3.2.6(a)와 같이 조종장치의 시계 방향 회전에 따라 지시값이 증가하는 것이다.

(2) 동침형 수직눈금의 경우에는 그림 3.2.6(b)와 같이 지침에 가까운 부분과 같은 방향으로 움직이는 것이 가장 양립성이 큰 관계이다.

가. 직접구동－눈금과 손잡이가 같은 방향으로 회전

나. 눈금숫자는 우측으로 증가

다. 꼭지의 시계 방향 회전이 지시 값을 증가

(3) 워릭의 원리(Warrick's principle)

표시장치의 지침(pointer)의 설계에 있어서 양립성(兩立性, compatibility)을 높이기 위한 원리로서, 제어기구가 표시장치 옆에 설치될 때는 표시장치상의 지침의 운동방향과 제어기구의 제어방향이 동일하도록 설계하는 것이 바람직하다.

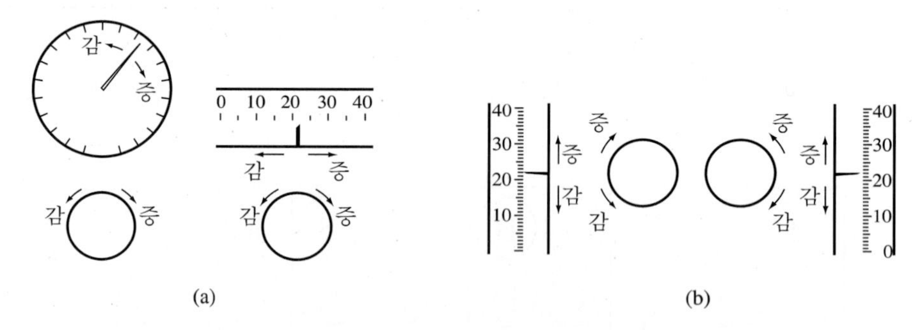

그림 3.2.6 동일평면상의 동침형 표시장치와 조종장치의 운동관계

2.3.2 다른 평면상의 표시장치와 회전식 조종장치 간의 운동관계

손잡이와 지침이 그림 3.2.7에서와 같이 평면에 있을 때에는 “오른나사”가 움직이는 방향이 가장 양립성이 큰 관계이다.

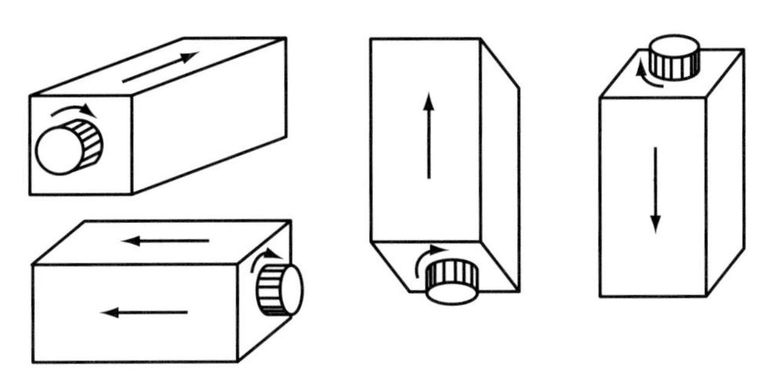

그림 3.2.7 다른 평면상의 표시장치와 회전식 조종장치 간의 운동관계

2.3.3 운전륜의 운동관계

대부분의 차량에는 체계의 출력을 나타내는 표시장치는 없고, 차량의 반응이 있을 뿐이다. 운전륜이 수평면상에 있을 때에는 운전자는 운전륜 뒷부분에 앉아 앞부분을 바라보는 것과 같은 방향을 취한다(즉, 우회전 시는 운전륜을 우회전). 운전륜이 수직면 상에 있을 때에는 운전자는 그림 3.2.8에서와 같이 운전륜을 정면으로 바라보는 것과 같은 방향을 취한다.

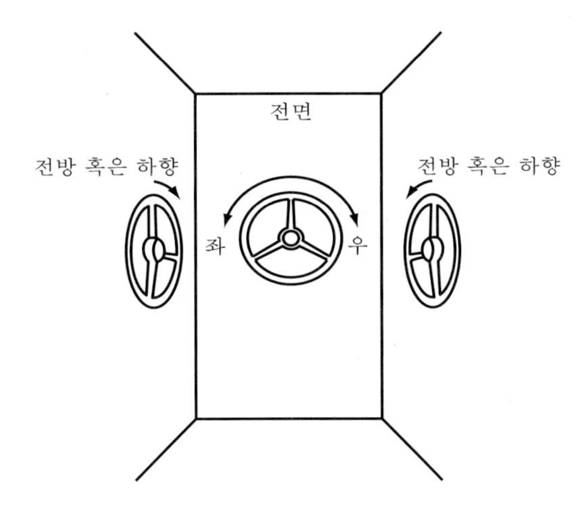

그림 3.2.8 수직면상의 운전륜과 차량반응 간의 가장 양립성이 큰 관계

2.3.4 조종간의 운동관계

(1) 조종간과 표시장치 지침 간의 가장 양립성이 큰 운동관계는 그림 3.2.9에 있는 것과 같으며, 실험결과를 보면 수평조종간의 경우 상-상 관계(조종간 상-지침상)의 추적점수는 239로(상-하 관계의 149점에 비해) 훨씬 우수하다. 수직조종간의 경우는 전(前)-상 관계의 점수는 227(전-하 관계는 221점)이다.

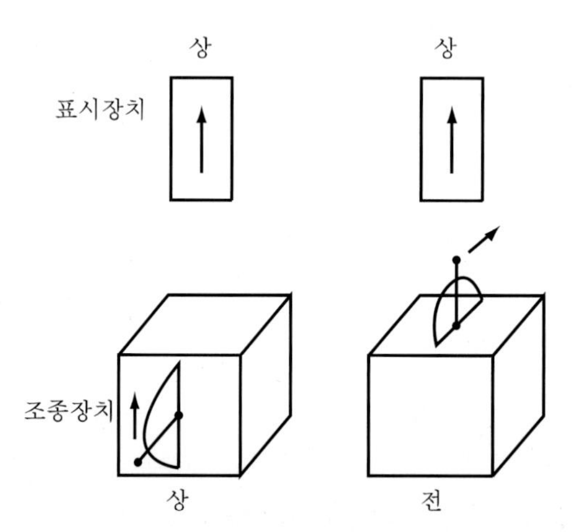

그림 3.2.9 수평 · 수직조종간과 가장 양립성이 큰 지침의 운동관계

(2) 조종장치와 표시장치를 양립하여 설계하였을 때, 장점은 다음과 같다.

가. 조작오류가 적다.

나. 만족도가 높다.

다. 학습이 빠르다.

라. 위급 시 빠른 대처가 가능하다.

마. 작업 실행속도가 빠르다.

3장 | 작업설계 및 개선

01 인간공학적 작업장 설계원리

1.1 인체측정 자료를 이용한 설계

인체측정 자료를 이용해서 설계하거나 아니면 극단적이거나 가변적, 평균 등을 이용해서 설계를 할 수 있다.

(1) 기능적 집단화
(2) 사용순서

1.2 인간공학적 작업원리

(1) 자연스러운 자세를 취한다.
(2) 과도한 힘을 줄인다.
(3) 손이 닿기 쉬운 곳에 둔다.
(4) 적절한 높이에서 작업한다.
(5) 반복동작을 줄인다.
(6) 피로와 정적부하를 최소화한다.
(7) 신체가 압박받지 않도록 한다.
(8) 충분한 여유공간을 확보한다.
(9) 적절히 움직이고 운동과 스트레칭을 한다.
(10) 쾌적한 작업환경을 유지한다.
(11) 표시장치와 조종장치를 이해할 수 있도록 한다.
(12) 작업조직을 개선한다.

02 작업장 개선방안

2.1 작업자세 및 작업방법

출제빈도 ★★★★

부적절한 자세 및 부적절한 방법으로 작업할 경우나 작업장 설계에 결함(비인간공학적 설계)이 있는 경우에 작업자에게는 원하지 않는 직업병을 야기시키고, 회사에는 경제적 손실과 시간적 낭비를 초래하게 된다.

2.1.1 작업공간과 작업높이

공간위치에 의해 작업의 능력에 차이를 나타낼 수가 있다. 우선 양손 또는 양발을 뻗어 미칠 수 있는 물리적 공간을 조사한다. 그리고 인체측정학적인 면에서 인체치수가 대부분 95%(백분위수)의 사람들에게 적용할 수 있게 한다. 다음으로 이 작업영역의 범위 내에서 작업이 이루어지는지 살펴보아야 할 것이다.

(1) 작업공간 한계면

어떤 수작업을 앉아서 행할 경우 작업을 행하는 사람에게 최적에 가까운 3차원적 공간으로 구성하여 자주 사용하는 조종장치나 물체는 그러한 3차원적 공간 내에 위치해야 하며, 그 공간의 적정한계는 팔이 닿을 수 있는 거리에 의해 결정된다는 것이다.

(2) 평면작업대

일반적으로 앉아서 일하거나 빈번히 '서거나 앉는(sit-stand)' 자세에서 사용되는 평면작업대는 작업에 편리하게 팔이 닿는 거리 내에 있어야 한다.

가. 정상작업영역: 상완(上腕)을 자연스럽게 수직으로 늘어뜨린 채, 전완(前腕)만으로 편하게 뻗어 파악할 수 있는 구역(34~45 cm)이다.

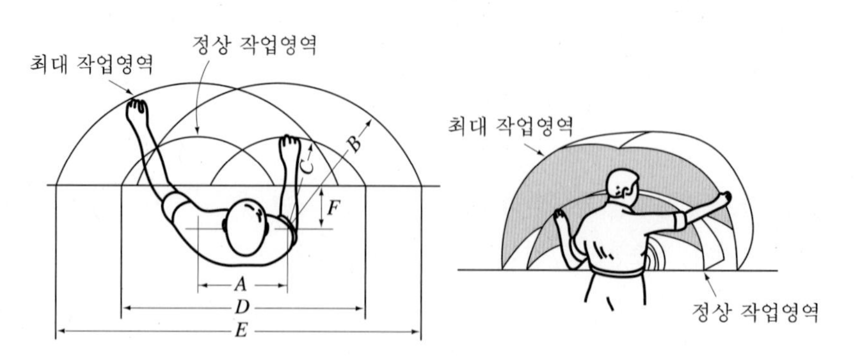

그림 3.3.1 정상작업영역과 최대작업영역

나. **최대작업영역**: 전완과 상완을 곧게 펴서 파악할 수 있는 구역(55~65 cm)이다.

(3) 작업대 높이

작업면의 높이는 위팔이 자연스럽게 수직으로 늘어뜨려지고 아래팔은 수평 또는 약간 아래로 비스듬하여 작업면과 만족스러운 관계를 유지할 수 있는 수준으로 정해져야 한다.

가. 좌식작업대 높이

① 작업대 높이는 의자 높이, 작업대 두께, 대퇴여유 등과 밀접한 관계가 있고, 관련되는 많은 변수들 때문에 체격이 다른 모든 사람들에게 맞는 작업대와 의자의 고정 배치를 설계하기는 힘들다.

② 작업의 성격에 따라서 작업대의 최적 높이도 달라지며, 일반적으로 섬세한 작업일수록 높아야 하고, 거친 작업에는 약간 낮은 편이 낫다.

③ 체격의 개인차, 선호차, 수행되는 작업의 차이 때문에 가능하다면 의자 높이, 작업대 높이, 발걸이 등을 조절할 수 있도록 하는 것이 바람직하다.

나. 입식작업대 높이

근전도, 인체측정, 무게중심 결정 등의 방법으로 서서 작업하는 사람에 맞는 작업대의 높이를 구해보면 팔꿈치높이보다 5~10 cm 정도 낮은 것이 조립작업이나 이와 비슷한 조작작업의 작업대 높이에 해당한다. 일반적으로 미세부품 조립과 같은 섬세한 작업일수록 높아야 하며, 힘든 작업에는 약간 낮은 편이 좋다. 작업자의 체격에 따라 팔꿈치높이를 기준으로 하여 작업대 높이를 조정해야 한다.

① 전자조립과 같은 정밀작업(높은 정밀도 요구작업): 미세함을 필요로 하는 정밀한 조립작업인 경우 최적의 시야범위인 15°를 더 가깝게 하기 위하여 작업면을 팔꿈치높이보다 5~15 cm 정도 높게 하는 것이 유리하다. 더 좋은 대안은 약 15°

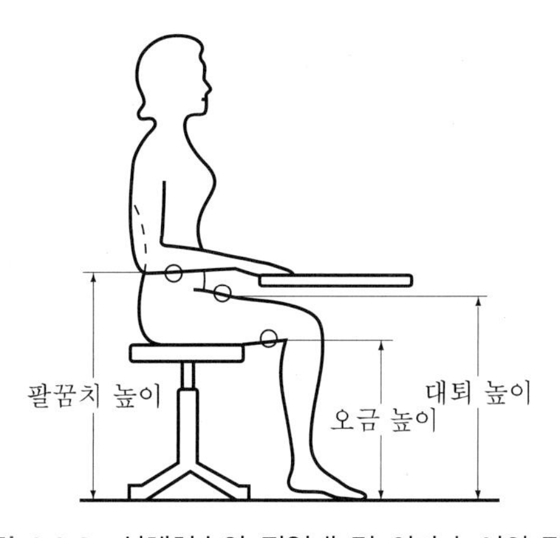

그림 3.3.2 신체치수와 작업대 및 의자 높이의 관계

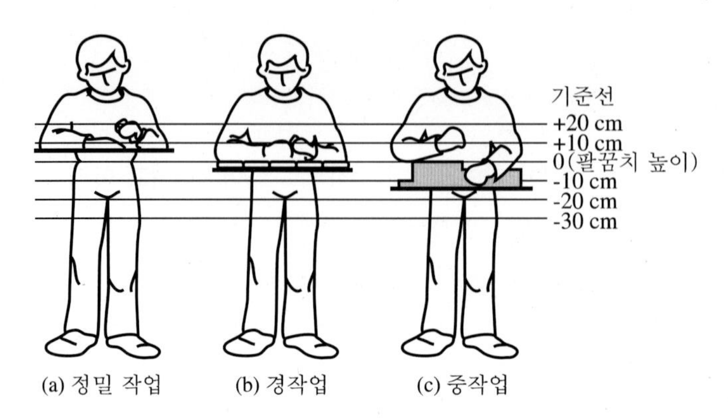

그림 3.3.3 팔꿈치높이와 세 종류 작업에 추천되는 작업대 높이의 관계

정도의 경사진 작업면을 사용하는 것이다.

② 조립라인이나 기계적인 작업과 같은 경작업(손을 자유롭게 움직여야 하는 작업)은 팔꿈치높이보다 5~10 cm 정도 낮게 한다.

③ 아래로 많은 힘을 필요로 하는 중작업(무거운 물건을 다루는 작업)은 팔꿈치높이를 10~30 cm 정도 낮게 한다.

다. 입좌 겸용 작업대 높이

① 때에 따라서는 서거나 앉은 자세에서 작업하거나 혹은 두 자세를 교대할 수 있도록 마련하는 것이 바람직하다.

그림 3.3.4 입좌 겸용 작업대

2.1.2 작업방법(자세부분만 부담작업)

근골격계질환과 관련 있는 여러 작업방법(부자연스런 자세, 강한 손 힘, 반복동작, 반복적인 충격)과 허용할 수 있는 지속시간에 대한 지침은 아래와 같다.

(1) 부자연스런 자세

가. 머리 위로 손을 사용하는 작업이나 어깨 위에서 팔꿈치를 이용하는 작업

나. 분당 1회 이상, 머리 위로 손을 사용하는 반복작업 내지 어깨 위에서 팔꿈치를 반복 사용하는 작업

다. 목을 45° 이상 구부려서 작업하는 자세(자세의 변경 또는 지지대 없이)

라. 등을 30° 이상 앞으로 구부려서 작업하는 자세(자세의 변경 또는 지지대 없이)

마. 등을 45° 이상 앞으로 구부려서 작업하는 자세(자세의 변경 또는 지지대 없이)

바. 쪼그리고 앉은 자세

사. 구부리고 앉은 자세

(2) 강한 손 힘

가. 1 kg 이상의 손으로 집기가 어려운 물체를 집거나, 또는 2 kg 이상의 물체를 손으로 집는 것

나. 4.5 kg 이상의 손으로 잡기가 어려운 물체를 손으로 잡는 것

(3) 강하고 반복적인 동작

가. 몇 초당 같은 동작을 반복하는 자세(타자(keying)작업은 배제됨)

나. 과도한 타자작업

(4) 반복적인 충격

가. 분당 1회 이상, 손을 망치와 같은 역할로 사용하는 경우(손바닥의 손목 부분/손바닥 부분)

나. 분당 1회 이상, 무릎을 망치와 같은 역할로 사용하는 경우

2.1.3 서서하는 작업과 앉아서 하는 작업

(1) 서서 하는 작업

작업대의 높이는 위팔을 자연스럽게 수직으로 늘어뜨린 상태에서, 아래팔이 수평 또는 약간 아래로 비스듬하여 작업면과 자연스러운 관계를 유지할 수 있는 수준으로 정해야 한다.

가. 서서 하는 작업을 해야 하는 경우

다음과 같은 경우 서서하는 작업이 앉아서 하는 작업보다 유리하기 때문에 앉아서 하는 작업일 경우 서서하는 작업으로 변경하는 것이 좋다.

① 앉아서 하는 작업 시 작업대 구조 때문에 다리의 여유 공간이 충분하지 않은 경우

② 작업 시 큰 힘이 요구되는 경우

③ 주요 작업도구 및 부품이 한계범위 밖에 위치할 경우

④ 작업내용이 많아 작업 시 이동이 필요한 경우

나. 작업대 권장치수

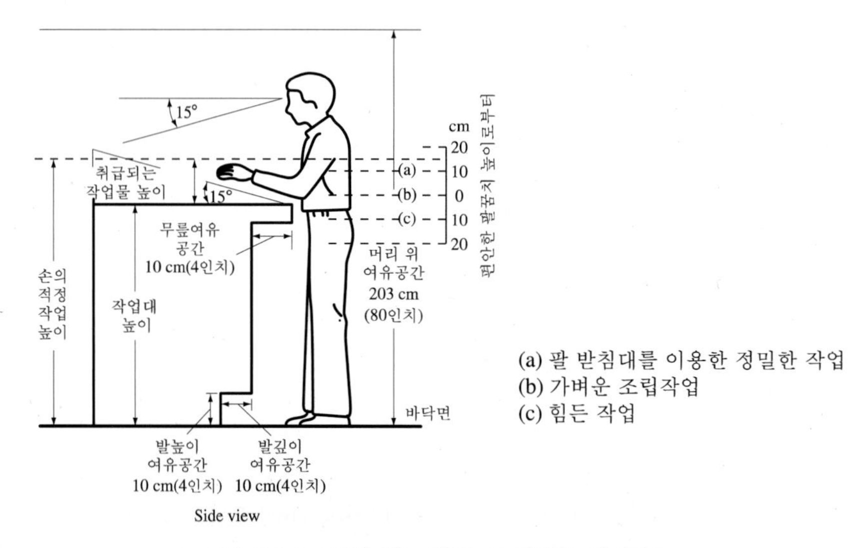

그림 3.3.5 서서 하는 작업 시 작업대 권장치수

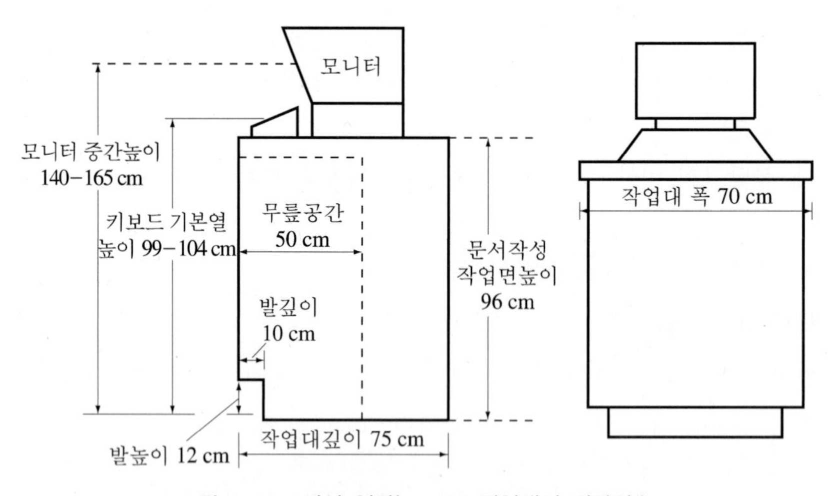

그림 3.3.6 서서 일하는 VDT 작업대의 권장치수

다. 서서 하는 작업 시 고려사항

① 부드러운 바닥에서 일하게 한다.

② 적당한 간격으로 팔을 벌리거나 필요할 때마다 움직일 수 있는 정도의 여유 공간이 주어져야 한다.
③ 미끄러지지 않는 바닥이어야 한다.
④ 작업자가 계속해서 일하는 경우는 탄력이 있는 바닥이어야 한다.
⑤ 작업장 내의 요소들을 많이 움직이지 않고도 한눈에 볼 수 있게 배열한다.
⑥ 표지판이나 지시사항 등도 적정한 가시영역 내에 설치되어야 한다.

라. 피로를 감소시키는 작업조건

서서 하는 작업은 작업자에 피로를 많이 주기 때문에 다음과 같은 작업조건이 좋다.

① 작업상 필요한 것은 손이 쉽게 닿는 범위 내에 있어야 한다.
② 작업대상물을 항상 직시한다.
③ 신체를 작업대 가까이 유지한다.
④ 작업자세를 변화시킬 수 있는 충분한 공간이 확보되도록 작업장을 조정한다.
⑤ 양쪽 다리에서 한쪽 다리로 체중을 옮겨놓기 위해서 발을 걸치는 발받침대를 허용한다.
⑥ 가능하면 의자에 앉아서 작업한다. 작업을 계속하는 동안이나, 최소한 작업공정 중 휴식시간에 가끔이라도 앉을 수 있도록 한다.
⑦ 장시간 서 있는 작업자를 위해 다리에 피로감을 주지 않도록 floor 매트를 깔아주도록 한다.
⑧ 작업대는 작업자의 신장에 맞추어져 허리와 어깨를 펴고 편하게 서 있을 때의 팔꿈치와 같은 수준의 작업면에 있어야 한다.
⑨ 작업대 높이를 마음대로 조절할 수 있어야 한다.
⑩ 손잡이, 스위치 등의 조절장치는 어깨높이보다 낮아야 한다.
⑪ 적당한 신발은 척추와 다리의 부담을 덜어주며, 쿠션이 있고, 인솔(insole)을 갖춘 신발을 제공한다.

(2) 앉아서 하는 작업

작업수행에 의자 사용이 가능하다면 반드시 그 작업은 앉은 자세에서 수행되어야 한다. 특히 정밀한 작업은 앉아서 작업하는 것이 좋다. 앉은 자세의 목적은 작업자로 하여금 작업에 필요한 안정된 자세를 갖게 하여 작업에 직접 필요치 않은 신체 부위(다리, 발, 몸통 등)를 휴식시키자는 것이다. 그러나 하루 종일 앉아 있는 것은 좋지 않다. 따라서 근로자가 앉아서만 일하지 않도록 여러 가지 일을 병행해야 한다.

가. 앉아서 하는 작업에 대한 인간공학적 기준

① 작업자는 불필요하게 팔을 뻗치거나 비틀지 않고 작업하는 모든 범위에 팔이 닿을 수 있어야 한다.

② 작업 테이블과 의자는 대략 팔꿈치와 같은 수준이 되도록 설계되어야 한다.

③ 등은 똑바로 하고, 어깨는 펴야 한다.

④ 가능한 팔꿈치, 팔의 앞부분 손의 보호를 위해 조정 가능한 형태여야 한다.

나. 작업대 권장치수

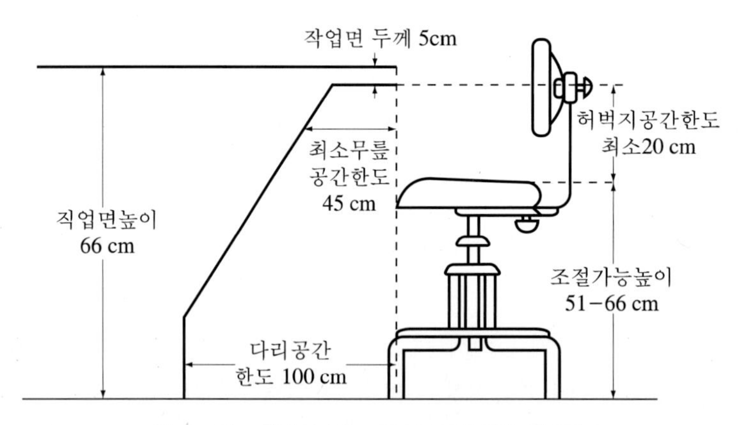

그림 3.3.7 발판이 없는 좌식 작업대의 권장치수

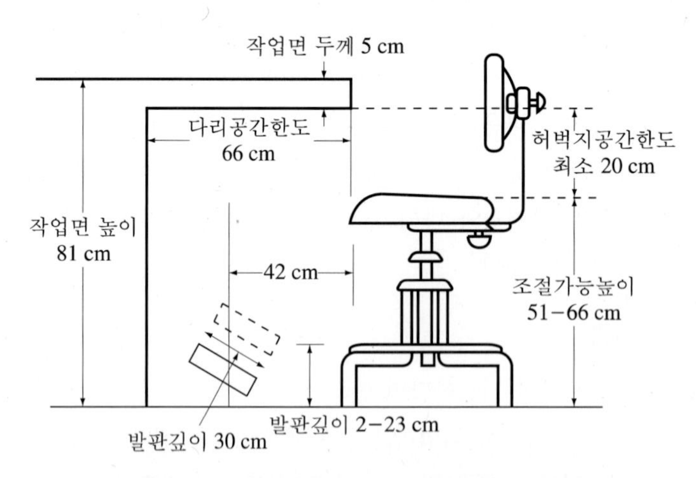

그림 3.3.8 발판이 있는 좌식 작업대의 권장치수

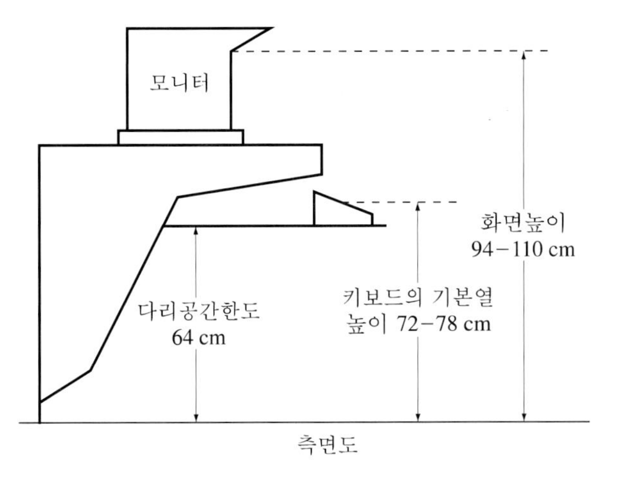

그림 3.3.9 앉아서 일하는 VDT 작업대의 권장치수

다. 앉은 작업대에 관한 인간공학적 원리

① 가능한 작업자의 신체치수에 맞도록 작업대 높이를 조정할 수 있는 조절식으로 한다.

② 작업대 높이가 팔꿈치높이와 같아져야 한다.

③ 작업대 하부의 여유 공간이 적절하여 사람의 대퇴부가 자유롭게 움직일 수 있어야 한다.

2.1.4 의자의 설계

앉아서 일하는 목적을 충분히 만족시켜 주어야 하는 것이 의자의 기능이고, 이 기능을 충분히 만족시키려면 앉는 사람의 몸에 맞아야 한다.

(1) 의자깊이(seat depth)

의자깊이는 엉덩이에서 무릎길이에 따라 다르나 장딴지가 들어갈 여유를 두고 대퇴를 압박하지 않도록 작은 사람에게 맞도록 해야 한다.

(2) 의자폭(seat width)

의자폭은 큰 체구의 사람에게 적합하게 설계를 해야 한다. 최소한 의자폭은 앉은 사람의 허벅지 너비는 되어야 한다.

(3) 의자 등받침대(backrest)

등받침대는 요추골 부분을 지지해야 하며, 좌석 받침대는 일반적으로 뒤로 약간 경사가 져야 한다.

가. 등받침대의 높이

특별히 지정된 치수는 없고 요추골 부분을 받쳐줄 수 있어야 한다.

(4) 팔받침대(armrest)

팔받침대 사이의 거리는 최소한 옷을 입었을 때 사용자의 엉덩이 너비와 같아야 한다. 팔받침대가 사용되지 않은 경우가 많은데 이런 의자에 오랫동안 앉아 있게 되면 자세를 유지할 수 없게 되고 척추는 휘어지게 되어, 딱딱하게 고정되어 있는 의자보다는 덜하지만 약간의 통증을 느끼게 된다.

(5) 의자의 바퀴(chair caster)

의자의 바퀴는 작업대에서 움직임을 쉽게 하므로 필요하며, 바퀴는 바닥공간의 형태에 따라 선택한다.

(6) 발받침대(footrest)

발받침대의 높이는 의자의 조절이나 작업면의 범위, 아니면 둘 다에 의해 좌우되며 발은 편안하게 놓을 수 있어야 한다.

(7) 의자의 높이

대퇴를 압박하지 않도록 의자 앞부분은 오금보다 높지 않아야 하며, 신발의 뒤꿈치도 감안해야 한다.

(8) 체압 분포와 앉은 느낌

의자에 앉았을 때, 엉덩이의 어떤 부분이 어느 정도의 압력이 걸리는가 하는 좌면의 체압 분포는 앉은 느낌을 좌우하는 매우 중요한 요인이다. 어떤 사람이 의자에 앉았을 때 그 체압 분포를 측정하는 방법에는 체압측정기에 의한 방법과 약품에 의한 방법이 있다.

(9) 몸통의 안정

의자에 앉았을 때 체중이 주로 좌골결절에 실려야 안정감이 생긴다. 그러므로 등판과 의자의 각도와 등판의 굴곡이 중요하나 등판의 지지가 미흡하면 척추가 평행에서 벗어나 압력이 한쪽으로 치우치게 되어 척추병의 원인이 된다.

2.2 인력운반

출제빈도 ★★★★

산업현장의 대부분의 사람들이 인력운반 작업을 하고 있다. 많은 작업자가 당면하게 되는 위험수준을 줄이기 위한 다양한 대책은 강구할 수 있다. 위험이 잠재된 직무를 확인하고, 건전한 인간공학적 원리를 적용하여 작업을 재설계하며, 작업자를 교육하고 훈련하면 인력운반 작업과 연관된 상해와 질병을 감소시킬 수 있다.

2.2.1 들기작업

들기작업은 인력운반 작업의 대부분을 차지하는 것으로 다른 유형의 인력운반 작업에 비해 허리손상이 아주 많다. 전 세계 인구의 70~80%가 일생 동안 1회 이상의 요통을 경험하고, 작업장 작업자는 80~90%가 경험한다고 한다.

(1) 들기작업의 안전작업 범위

가. 가장 안전한 작업범위: 팔을 몸체부에 붙이고 손목만 위, 아래로 움직일 수 있는 범위이다.

나. 안전작업 범위: 팔꿈치를 몸의 측면에 붙이고 손이 어깨 높이에서 허벅지 부위까지 닿을 수 있는 범위이다.

다. 주의작업 범위: 팔을 완전히 뻗쳐서 손을 어깨까지 올리고 허벅지까지 내리는 범위이다.

라. 위험작업 범위: 몸의 안전작업 범위에서 완전히 벗어난 상태에서 작업을 하면 물체를 놓치기 쉬울 뿐만 아니라 허리가 안전하게 그 무게를 지탱할 수가 없다.

(2) 들기작업 기준 및 작업방법

중량물을 취급하는 데 있어 적절한 중량은 사람의 체력조건에 따라 다르다. 그러나 국제노동기구에서는 일반적으로 만 18세 이상의 남자 작업자는 자기 체중의 1/2 이하, 여성작업자는 1/4~1/3 이하가 적당하다.

가. 들기작업 기준

운반작업을 하는 작업자가 감당할 수 있는 중량의 한계는 개개인에 대해 개별적으로 결정되어야 한다. 또한 이것을 결정할 때에는 작업의 규모, 작업형태, 작업시간, 작업 숙련도도 함께 고려되어야 한다.

① 미국의 중량물 취급(IOSHIC; International Occupational Safety & Health Institute Center)

표 3.3.1 미국의 중량물 취급

성별	연령별 허용기준(kg)			
	18~19세	20~34세	35~49세	50세 이상
남	23	25	20	16
여	14	15	13	10

나. 들기작업 방법

① 중량물 작업할 때의 일반적인 방법

(a) 허리를 곧게 유지하고 무릎을 구부려서 들도록 한다. 선 자세에서 중량물을 취급할 경우 팔을 편 상태의 주먹 높이에서 팔꿈치높이 사이에서 가장 편하게 할 수 있다.

(b) 손가락만으로 잡아서 들지 말고 손 전체로 잡아서 들도록 한다.

(c) 중량물 밑을 잡고 앞으로 운반하도록 한다.

(d) 중량물을 테이블이나 선반 위로 옮길 때 등을 곧게 펴고 옮기도록 한다.

(e) 가능한 한 허리 부분에서 중량물을 들어올리고, 무릎을 구부리고 양손을 중량물 밑에 넣어서 중량물을 지탱시키도록 한다.

② 스트레스를 최소화시키는 방법

(a) 몸을 구부리는 자세를 피한다.

(b) 미끄러지거나 몸을 갑자기 움직이는 자세를 피한다.

(c) 활동을 바꾼다(들어 옮기는 대신에 밀거나 끈다).

(d) 움직이는 동안 몸을 비트는 동작을 피한다.

(e) 기계적 보조기구나 동력기구를 사용하도록 한다.

(f) 적은 무게를 여러 번 들도록 한다.

(g) 중량물을 몸에서 가깝게 들도록 한다.

(h) 휴식시간을 제공하도록 한다.

(i) 무릎관절 높이에서 물건을 들도록 한다.

(j) 몸에 가깝게 잡을 수 있는 손잡이가 있는 상자를 설계하도록 한다.

다. 중량물 작업의 개선방안

① 자동화 및 보조기기를 사용한다. 특히 높이와 각도가 조절 가능한 작업대를 제공한다.

② 부자연스러운 자세를 피한다.

③ 작업공간을 충분히 확보한다.

④ 작업 대상물의 무게를 줄인다.

⑤ 작업자의 시야를 확보한다.

⑥ 중량물 취급방법을 숙지한다.

⑦ 가능한 당기는 것보다 미는 작업으로, 올리는 것보다 내리는 작업으로 설계한다.

⑧ 한 명이 작업하기 어려우면 두 명 이상 팀을 이루어 작업한다.

⑨ 취급중량을 표시한다.

⑩ 직무확대를 통하여 한 작업자가 할 수 있는 일의 다양성을 넓힌다.

⑪ 전문적인 스트레칭과 체조 등을 교육하고 작업 중 수시로 실시하게 유도한다.

2.2.2 밀고 당기는 작업과 작업방법

(1) 밀고 당기는 작업의 작업기준

밀고 당기는 작업에서는 Snook이 만든 Snook's table이 가장 많이 이용되고 있다. Snook은 밀고 당기는 작업에서 각 작업에 대한 작업요소(작업빈도, 작업시간, 운반거리, 손에서 물체까지의 수직거리 등)들을 고려하여 작업자에게 알맞은 물체의 최대 허용무게를 제시하고 있다. 밀고 당기는 작업의 작업요소들을 이용하여 Snook's table에서 각 작업에 맞는 최대 허용무게를 찾으면 된다.

(2) 작업방법

가. 당기는 것보다 미는 것이 더 좋다. 다리를 크게 벌려 허리를 낮추고 앞다리에 체중을 실어서 밀도록 한다.

나. 항상 허리를 곧게 유지한다. 운반물은 양손으로 끌고 또 다리를 모으지 않도록 해야 한다.

다. 운반물을 가능하면 옮길 방향 쪽으로 향해서 밀거나 당긴다.

2.3 수공구

출제빈도 ★★★★

보통 인간이 당하는 부상 중에서 손에 입는 부상의 비율은 5~10% 정도를 차지한다. 그래서 수공구 설계는 인간의 육체적 부담을 덜어 준다는 측면 외에도 안전에 관한 면에서도 중요한 의미를 지니고 있다.

2.3.1 일반적인 수공구 설계 가이드라인

수공구를 선택할 때, 먼저 설명서에 따라 가장 효율적으로 작업을 할 수 있는 종류의 수공구를 찾도록 한다. 그런 다음 작업자에게 주는 스트레스가 최소화되도록 설계된 수공구를 선택하고, 만약 적절한 것이 없다면 수공구나 작업장을 재설계하도록 한다.

2.3.2 자세에 관한 수공구 개선

(1) 손목을 곧게 유지한다(손목을 꺾지 말고 손잡이를 꺾어라).
(2) 힘이 요구되는 작업에는 파워그립(power grip)을 사용한다.
(3) 지속적인 정적 근육부하(loading)를 피한다.
(4) 반복적인 손가락 동작을 피한다.
(5) 양손 중 어느 손으로도 사용이 가능하고 적은 스트레스를 주는 공구를 개인에게 사용되도록 설계한다.

2.3.3 수공구의 기계적인 부분 개선

(1) 수동공구 대신에 전동공구를 사용한다.
(2) 가능한 손잡이의 접촉면을 넓게 한다.
(3) 제일 강한 힘을 낼 수 있는 중지와 엄지를 사용한다.
(4) 손잡이의 길이가 최소한 10 cm는 되도록 설계한다.
(5) 손잡이가 두 개 달린 공구들은 손잡이 사이의 거리를 알맞게 설계한다.
(6) 손잡이의 표면은 충격을 흡수할 수 있고, 비전도성으로 설계한다.
(7) 공구의 무게는 2.3 kg 이하로 설계한다.
(8) 장갑을 알맞게 사용한다.

2.3.4 손바닥의 접촉스트레스 부분 개선

(1) 손잡이의 직경과 길이를 적당하게 한다.
(2) 손잡이에 쿠션이 있는 재질로 패딩을 한다.
(3) 손에 가해지는 힘이 더 넓은 면적에 분산되도록 손잡이 접촉면을 크게 한다.
(4) 엄지와 검지 사이의 덜 민감한 부위로 힘이 가해지도록 설계한다.

2.3.5 극한 온도에서의 수공구 사용

(1) 수공구에 단열된 손잡이를 준비한다.

(2) 적절히 맞는 장갑을 준비한다.

(3) 사람에게 유해한 물질이 손이나 팔에 직접 닿지 않도록 설계된 공구를 준비한다.

2.3.6 수공구 진동

(1) 진동 폭로시간에 대한 진동가속도 수준

표 3.3.2는 수공구의 진동가속도에 따른 하루 평균 폭로시간을 나타낸 것이다(미국 산업위생 전문가협회(ACGIH) 기준).

표 3.3.2 진동 폭로시간에 대한 진동가속도 수준

하루 평균폭로시간	m/s^2(진동가속도)
4시간 이상~8시간 미만	4
2시간 이상~4시간 미만	6
1시간 이상~2시간 미만	8
1시간 미만	12

(2) 수공구 진동 대책

가. 진동수준이 최저인 수공구를 선택한다.

나. 진동공구를 잘 관리하고, 절삭연장은 날을 세워둔다.

다. 진동용 장갑을 착용하여 진동을 감소시킨다.

라. 공구를 잡거나 조절하는 악력을 줄인다.

마. 진동공구를 사용하는 일을 사용할 필요가 없는 일로 바꾼다.

바. 진동공구의 하루 사용시간을 제한한다.

사. 진동공구를 사용할 때는 중간 휴식시간을 길게 한다.

아. 작업자가 매주 진동공구를 사용하는 일수를 제한한다.

자. 진동을 최소화하도록 속도를 조절할 수 있는 수공구를 사용한다.

차. 적절히 단열된 수공구를 사용한다.

2.4 관리적 해결방안

2.4.1 작업확대

(1) 단일작업자가 수행하는 작업의 수와 다양성을 증가시키는 것을 의미한다.

(2) 목적은 각 사람이 특정 순서를 수행하는 횟수의 수를 줄임으로써 근골격계 작업스트레스를 줄이는 것이다.

2.4.2 작업자 교대

작업자 교대에서 작업자는 일정한 시간 동안 하나의 작업을 수행하고 나서 또 다른 시간 동안 다른 작업으로 이동한다.

(1) 유의사항

가. 다른 작업은 작업자에게 다른 신체 부위에 작업 스트레스가 노출되도록 하여야 한다.

나. 작업자 교대는 기술적 해결방안이 실행될 수 있을 때까지 작업위험에 대한 지나친 노출로부터 작업자를 보호하는 조치로서 사용될 수 있다.

2.4.3 작업휴식 반복주기

(1) 육체적인 노력을 요구하는 작업을 하는 작업자를 위한 규칙적인 휴식을 계획하는 것을 의미한다.

(2) 목적은 몸이 반복되고 지속적인 활동에서 회복하는 시간을 허용하는 것이다.

2.4.4 작업자 교육

(1) 교육은 문제 직종의 작업자들, 이들의 감독자들 및 인간공학 프로그램 실시관계자들에게 근골격계질환의 위험을 식별하고 개선하는 데 필요한 지식과 기술을 제공하기 위해 필요하다.

(2) 인간공학의 작업장 적용의 성공 여부는 작업자의 교육에 달려 있다.

2.4.5 스트레칭

근골격계질환의 의학적 예방에 있어서 가장 좋은 방법은 스트레칭이다. 스트레칭은 질병의 예방뿐만 아니라, 근골격계질환의 치료에도 적용될 수 있는 효과적인 방법이므로 반드시 의무적으로 실시하게 해야 한다.

(1) 매일 일정한 시간에 오전, 오후 각 1회씩 작업반 전체적으로 스트레칭을 공동으로 실시한다. 구령, 음악 등에 맞추어 선도자의 시범에 맞추어 실시한다.

(2) 작업군별로 근골격계질환을 예방할 수 있는 부위별 스트레칭을 중점적으로 적용한다.

4장 | 작업환경 평가 및 관리

01 조명

1.1 조명의 목적

조명의 목적은 일정 공간 내의 목적하는 작업을 용이하게 하는 데 있으며 조명관리는 인간에게 유해하지 않는 범위에서 작업의 편의를 제공하게 하는 데 있다.

(1) 눈의 피로를 감소하고 재해를 방지한다.
(2) 작업이 능률 향상을 가져온다.
(3) 정밀작업이 가능하고 불량품 발생률이 감소한다.
(4) 깨끗하고 명랑한 작업환경을 조성한다.

1.2 조명의 범위와 적정조명 수준

출제빈도 ★★★★

(1) 조명의 범위

조명은 인공적인 것이지만 조명공간은 자연광선의 영향 하에 있으므로 자연광선도 고려하여야 하며, 공간 내의 모든 표적도 그 대상 범위가 된다.

(2) 적정조명 수준

작업장의 조명도는 작업내용과 형편에 따라 다르지만 산업안전보건법상의 작업의 종류에 따른 조명수준은 다음과 같다.

표 3.4.1 적정조명 수준

작업의 종류	작업면 조명도
초정밀 작업	750 lux 이상
정밀 작업	300 lux 이상
보통 작업	150 lux 이상
기타 작업	75 lux 이상

02 소음

2.1 소음의 정의

보통 원하지 않는 소리를 소음이라 한다.

(1) 가청한계: 2×10^{-4} dyne/cm^2(0 dB)~10^3 dyne/cm^2(134 dB)

(2) 가청주파수: 20~20,000 Hz

(3) 실내소음 안전한계: 40 dB 이하

(4) 심리적 불쾌: 40 dB 이상

(5) 생리적 영향: 60 dB 이상(근육 긴장, 동공 팽창, 혈압 증가, 소화기 계통)

(6) 난청(C5-dip): 90 dB 이상(8시간 노출)

(7) 언어를 구성하는 주파수: 250~30,000 Hz

2.2 소음의 영향

출제빈도 ★★★★

(1) 청력장해

가. 일시장해: 청각피로에 의해서 일시적으로(폭로 후 2시간 이내) 들리지 않다가 보통 1~2시간 후에 회복되는 청력장해를 말한다.

나. 영구장해: 일시장해에서 회복 불가능한 상태로 넘어가는 상태로 3,000~ 6,000 Hz 범위에서 영향을 받으며 4,000 Hz에서 현저히 커지고 음압 수준도 0~30 dB의 광범위한 차이를 보인다. 이러한 소음성 난청의 초기 단계를 보이는 현상을 C5-dip 현상이라고 한다.

다. 직업성 난청: 4,000 Hz 주파수음에서부터 청력손실이 진행된다.

(2) 대화방해

보통 500 Hz 이상에서는 방해를 받으며, 소음강도가 클수록, 은폐음의 주파수보다 높을수록 은폐효과(masking effect)가 크다. 일반적으로 10 dB 정도이다.

(3) 작업방해

작업능률이 저하되며, 에너지소비량이 크게 증가한다.

(4) 수면방해

55 dB(A)일 때는 30 dB(A)일 때보다 2배, 즉 100% 잠이 늦게 들고, 잠자던 사람이 깨어나는 시간도 60% 정도 단축하여 빨리 깨어난다.

2.3 소음의 노출기준 및 대책

출제빈도 ★★★★

2.3.1 소음 노출기준

사업장에서 발생하는 소음의 노출기준은 각 나라마다 소음의 크기(dB)와 높낮이(Hz), 소음의 지속시간, 소음 작업의 근무년수, 개인의 감수성 등을 고려하여 정하고 있다. 국제표준화기구 ISO(International Organization for Standardization)에서는 소음평가지수(NRN; Noise Rating Number)로 85 dB을 기준으로 잡고 있다.

(1) 소음의 측정

소음계는 주파수에 따른 사람의 느낌을 감안하여 A, B, C 세 가지 특성에서 음압을 측정할 수 있도록 보정되어 있다. A 특성치는 40 phon, B는 70 phon, C는 100 phon의 등음량 곡선과 비슷하게 주파수에 따른 반응을 보정하여 측정한 음압수준을 말한다. 일반적으로 소음레벨은 그 소리의 대소에 관계없이 원칙으로 A 특성으로 측정한다.

(2) 소음합산 레벨

일반적으로 소음은 여러 원인들로 인하여 발생하게 되며, 기존의 공장이나 작업장에서 새로운 기계가 설치될 경우에는 소음합산 레벨이 더욱 높아지게 된다. 이와 같이 여러 개의 소음들이 더해지는 경우의 소음합산 레벨(L_p) 계산은 다음과 같은 수식으로 계산된다.

$$L_{P_1+P_2+\cdots+P_N} = 10\log_{10}\left(10^{\frac{L_{P_1}}{10}} + 10^{\frac{L_{P_2}}{10}} + \cdots + 10^{\frac{L_{P_N}}{10}}\right)$$

여기서, L_{P_N}: N개의 소음레벨을 가지는 소음이 합쳐진 값

(3) 소음노출지수

가. 음압수준이 다른 여러 종류의 소음에 여러 시간 동안 복합적으로 노출된 경우에는 각 음에 노출되는 개별효과보다도 이들 음의 종합효과를 고려한 누적소음 노출지수(Exposure Index)를 다음과 같이 산출할 수 있다.

$$소음노출지수(D)(\%) = \left(\frac{C_1}{T_1} + \frac{C_2}{T_2} + \cdots + \frac{C_n}{T_n}\right) \times 100$$

여기서, C_i: 특정 소음 내에 노출된 총 시간

T_i: 특정 소음 내에서의 허용노출기준

나. 시간가중 평균지수(TWA; Time-Weighted Average)

① 누적소음 노출지수를 이용하면 시간가중 평균지수를 구할 수 있다. TWA 값은 누적소음 노출지수를 8시간 동안의 평균 소음수준 dB(A) 값으로 변환한 것이다.

② TWA는 다음 식에 의하여 구할 수 있다.

$$TWA = 16.61 \log(D/100) + 90dB(A)$$

여기서, D: 소음노출지수

dB(A): 8시간 동안의 평균소음 수준

표 3.4.2 소음의 허용기준

1일 폭로시간	허용음압 dB(A)
16	85
8	90
4	95
2	100
1	105
1/2	110
1/4	115

예제

A 작업장에서 근무하는 근로자가 85 dB(A)에 4시간, 90 dB(A)에 4시간 동안 노출되었다. 음압수준별 허용시간이 다음 [표]와 같을 때 (누적)소음노출지수(%)는 얼마인가?

음압수준 dB(A)	노출 허용시간/일
85	16
90	8
95	4
100	2
105	1
110	0.5
115	0.25
–	0.125

풀이

$$\text{누적 소음노출지수} = \left(\frac{4}{16}\times 100\right)+\left(\frac{4}{8}\times 100\right)$$
$$= 75\%$$

2.3.2 우리나라의 소음허용 기준

산업안전보건법상 1일 8시간 작업을 기준으로 소음작업과 강렬한 소음작업은 다음과 같다.

(1) **소음작업**: 1일 8시간 작업을 기준으로 하여 85 dB 이상의 소음이 발생하는 작업을 말한다.

(2) **강렬한 소음작업**

가. 90 dB 이상의 소음이 1일 8시간 이상 발생하는 작업
나. 95 dB 이상의 소음이 1일 4시간 이상 발생하는 작업
다. 100 dB 이상의 소음이 1일 2시간 이상 발생하는 작업
라. 105 dB 이상의 소음이 1일 1시간 이상 발생하는 작업
마. 110 dB 이상의 소음이 1일 30분 이상 발생하는 작업
바. 115 dB 이상의 소음이 1일 15분 이상 발생하는 작업

2.3.3 소음관리 대책

(1) **소음원의 통제**: 기계의 적절한 설계, 적절한 정비 및 주유, 기계에 고무받침대(mounting) 부착, 차량에는 소음기(muffler)를 사용한다.
(2) **소음의 격리**: 덮개(enclosure), 방, 장벽을 사용(집의 창문을 닫으면 약 10 dB이 감음된다.)
(3) **차폐장치(baffle) 및 흡음재료 사용**
(4) **능동소음제어**: 감쇠 대상의 음파와 역위상인 신호를 보내어 음파 간에 간섭현상을 일으키면서 소음이 저감되도록 하는 기법
(5) **적절한 배치(layout)**
(6) **방음보호구 사용**: 귀마개와 귀덮개
가. 차음보호구 중 귀마개의 차음력은 2,000 Hz에서 20 dB, 4,000 Hz에서 25 dB의 차음력을 가져야 한다.

나. 귀마개와 귀덮개를 동시에 사용해도 차음력은 귀마개의 차음력과 귀덮개의 차음력의 산술적 상가치(相加置)가 되지 않는다. 이는 우리 귀에 전달되는 음이 외이도 만을 통해서 들어오는 것이 아니고 골전도음도 있으며, 새어 들어오는 음도 있기 때문이다.

(7) BGM(Back Ground Music): 배경음악(60±3 dB)

2.4 청력보존 프로그램

출제빈도 ★★★★

(1) 정의

소음노출평가, 노출기준 초과에 따른 공학적 대책, 청력보호구의 지급 및 작용, 소음의 유해성과 예방에 관한 교육, 정기적 청력검사, 기록·관리 등이 포함된 소음성 난청을 예방·관리하기 위한 종합적인 계획을 말한다. 적용 대상은 아래와 같다.

가. 소음수준이 90 dB(A)를 초과하는 사업장

나. 소음으로 인하여 근로자에게 건강장해가 발생한 사업장

(2) 프로그램의 구성요소

가. 기본 구성요소

① 소음 측정

② 공학적 관리

③ 청력 보호구 착용

④ 청력 검사(의학적 판단)

⑤ 보건 교육 및 훈련

나. 기타 구성요소

① 기록 보존

② 프로그램 효과 평가

③ 사업주의 관심과 행정적 지원

03 진동

3.1 진동의 정의와 종류

(1) 진동의 정의

진동은 물체의 전후운동을 말하며, 소음이 수반된다.

(2) 전신진동

교통차량, 선박, 항공기, 기중기, 분쇄기 등에서 발생하며, 2~100 Hz에서 장해가 유발된다.

(3) 국소진동

착암기, 연마기(그라인더), 자동식 톱 등에서 발생하며, 8~1,500 Hz에서 장해가 유발된다.

3.2 진동의 영향

출제빈도 ★★★★

3.2.1 생리적 기능에 미치는 영향

(1) 심장

혈관계에 대한 영향과 교감신경계의 영향으로 혈압 상승, 심박수 증가, 발한 등의 증상을 보인다.

(2) 소화기계

위장내압의 증가, 복압 상승, 내장하수 등의 증상을 보인다.

(3) 기타

내분비계 반응 장애, 척수장애, 청각장애, 시각장애 등이 나타날 수 있다.

3.2.2 작업능률에 미치는 영향

(1) 전신진동은 진폭에 비례하여 시각작업(시력 손상), 운동수행 작업(추적작업)에 영향을 미친다. 시각작업은 진동수가 10~25 Hz 범위일 때 작업 수행능력이 가장 낮아지며, 13 Hz 정도에서는 안면과 눈꺼풀이 진동하여 시각적인 장애를 주게 된다. 추적작업을 수행할 경우 4~20 Hz 범위의 주파수에서 가속도 0.20 g 이상인 경우 수직 사인파의 영향을 받는다.

(2) 안정되고 정확한 근육조절을 요하는 작업은 진동에 의하여 저하된다.

(3) 반응시간, 감시, 형태 식별 등 주로 중앙 신경처리에 달린 임무는 진동의 영향을 덜 받는다.

3.3 진동에 의한 인체장해

출제빈도 ★★★★

진동으로 인한 인체장해는 전신장해와 국소장해로 나누는데, 전신장해는 진동수와 상대적인 전위에 따라 느끼는 감각이 다르다. 진동수가 증가됨에 따라 압박감과 통증을 받게 되며 심하면 공포심, 오한을 느끼게 된다. Grandjean(1988)에 의하면 진동수가 4~10 Hz이면 사람들은 흉부와 복부의 고통을 호소하며, 요통은 특히 8~12 Hz일 때 발생하고, 두통, 안정 피로, 장과 방광의 자극은 대개 진동수 10~20 Hz 범위와 관계가 있다. 국소장해는 진동이 심한 기계조작으로 손가락을 통해 혈관신경계장해를 초래하는 것을 말한다.

3.3.1 전신장해

진동에 의한 전신장해는 진동수, 속도, 전위 및 가속도에 따라 달라진다.

(1) 원인

트랙터, 트럭, 흙 파는 기계, 버스, 자동차, 기차, 각종 영농기계에 탑승하였을 때 발생한다.

(2) 증후 및 증상

진동수가 클수록, 또 가속도가 클수록 전신장해와 진동감각이 증대하는데, 이러한 진동이 만성적으로 반복되면 천장골좌상이나 신장손상으로 인한 혈뇨, 자각적 동요감, 불쾌감, 불안감 및 동통을 호소하게 된다.

3.3.2 국소장해

(1) 원인

진동이 심한 기계 조작으로 손가락을 통해 부분적으로 작용하여 특히 팔꿈치관절이나 어깨관절에 손상이 잦으며 혈관신경계 장해가 초래된다. 전기톱, 착암기, 압축해머, 분쇄기, 산림용 농업기기 등에 의해 발생된다.

(2) 증후 및 증상

심한 진동을 받으면 뼈, 관절 및 신경, 근육, 인대, 혈관 등 연부조직에 이상이 발생된다. 또한 관절 연골의 괴저, 천공 등 기형성 관절염, 가성 관절염과 점액낭염 등이 나타나기도 한다.

(3) 손-팔 진동증후군(HAVS; Hand-Arm Vibration Syndrome)

진동으로 인하여 손과 손가락으로 가는 혈관이 수축하여 손과 손가락이 하얗게 되며 저리고 아프고 쑤시는 현상이 나타난다. 추운 환경에서 진동을 유발하는 진동공구를 사용하는 경우 손가락의 감각과 민첩성이 떨어지고 혈류의 흐름이 원활하지 못하며, 악화되면 손끝에 괴사가 일어난다.

3.3.3 진동의 대책

인체에 전달되는 진동을 줄일 수 있도록 기술적인 조치를 취하는 것과 진동에 노출되는 시간을 줄이도록 한다. 진동의 종류에 따른 방지대책은 다음과 같다.

표 3.4.3 진동의 종류에 따른 방지대책

진동의 종류	대책
전신진동	1. 진동발생원을 격리하여 원격제어 2. 방진매트 사용 3. 지속적인 장비수리 및 관리 4. 진동저감 의자 사용
국소진동	1. 진동기준이 최저인 공구 사용 2. 방진공구, 방진장갑 사용 3. 연장을 잡는 악력을 감소시킴 4. 진동공구를 사용하지 않는 다른 방법으로 대체함 5. 추운 곳에서의 진동공구 사용을 자제하고 수공구 사용 시 손을 따뜻하게 유지시킴

04 고온, 저온 및 기후환경

4.1 온도

출제빈도 ★★★★

4.1.1 온도의 영향

(1) 안전활동에 가장 적당한 온도인 18~21°C보다 상승하거나 하강함에 따라 사고빈도는 증가된다.

(2) 심한 고온이나 저온상태 하에서는 사고의 강도가 증가된다.
(3) 극단적인 온도의 영향은 연령이 많을수록 현저하다.
(4) 고온은 심장에서 흐르는 혈액의 대부분을 냉각시키기 위하여 외부 모세혈관으로 순환을 강요하게 되므로 뇌중추에 공급할 혈액의 순환 예비량을 감소시킨다.
(5) 심한 저온상태와 관련된 사고는 수족 부위의 한기(寒氣) 또는 손재주의 감퇴와 관계가 깊다.

4.1.2 열과 추위에 대한 순화(장기간 적응, acclimatization)

사람이 더위 혹은 추위에 계속적으로 노출되면, 생리적인 적응이 일어나면서 순화된다.

(1) 더운 기후에 대한 환경적응은 4~7일만 지나면 직장 온도와 심박수가 현저히 감소하고 발한율이 증가하며, 12~14일이 지나면 거의 순화하게 된다.
(2) 추위에 대한 환경적응은 1주일 정도에도 일어날 수 있지만 완전한 순화는 수개월 혹은 수년이 걸리는 수도 있다.

4.2 열 및 냉에 대한 순화(acclimatization)

출제빈도 ★★★★

사람이 열 또는 냉에 습관적으로 노출되면 일련의 생리적인 적응이 일어나면서 순화된다.

4.2.1 열교환과정

인간과 주위와의 열교환과정은 다음과 같은 열균형 방정식으로 나타낼 수 있다. 신체가 열적 평형상태에 있으면 열함량의 변화는 없으며($\Delta S = 0$), 불균형상태에서는 체온이 상승하거나 ($\Delta S > 0$) 하강한다($\Delta S < 0$). 열교환과정은 기온이나 습도, 공기의 흐름, 주위의 표면 온도에 영향을 받는다. 뿐만 아니라 작업자가 입고 있는 작업복은 열교환과정에 큰 영향을 미친다.

$$S(\text{열축적}) = M(\text{대사}) - E(\text{증발}) \pm R(\text{복사}) \pm C(\text{대류}) - W(\text{한 일})$$

여기서, S는 열이득 및 열손실량이며, 열평형상태에서는 0이 된다.

(1) 대사열

인체는 대사활동의 결과로 계속 열을 발생한다.

가. 휴식상태: 1 kcal/분(≒70 watt)

나. 앉아서 하는 활동: 1.5~2 kcal/분

다. 보통 인체활동: 5 kcal/분

라. 중노동인 경우: 10~20 kcal/분

(2) 증발(evaporation)

신체 내의 수분이 열에 의해 수증기로 증발되는 현상이며, 37°C의 물 1 g을 증발시키는 데 필요한 증발열(에너지)은 2,410 joule/g(575.7 cal/g)이며, 매 g의 물이 증발할 때마다 이만한 에너지가 제거된다.

$$\therefore \text{열손실률}(R) = \frac{\text{증발에너지}(Q)}{\text{증발시간}(t)}$$

예제

더운 곳에 있는 사람은 시간당 최고 4 kg까지의 땀(증발열: 2,410 J/g)을 흘릴 수 있다. 이 사람이 땀을 증발함으로써 잃을 수 있는 열은 몇 kW인가?

풀이

$$\text{열손실률}(R) = \frac{\text{증발에너지}(Q)}{\text{증발시간}(t)} = \frac{4{,}000\ \text{g} \times 2{,}410\ \text{J/g}}{60 \times 60\text{sec}}$$

$$= 2{,}677.8\ \text{W} = 2.68\ \text{kW}$$

(3) 복사(radiation)

광속으로 공간을 퍼져나가는 전자에너지이며, 전자파의 복사에 의하여 열이 전달되는 것으로 태양의 복사열로 지면과 신체를 가열시킨다.

(4) 대류(convection)

고온의 액체나 기체가 고온대에서 저온대로 직접 이동하여 일어나는 열전달이다.

(5) 전도(conduction)

직접적인 접촉에 의한 열전달로 신체의 열전도는 거의 일어나지 않음

(6) 클로단위(clo unit): 보온율

열교환과정 또는 입은 옷의 보온효과를 측정하는 척도로서 클로단위는 다음과 같이 정의된다.

$$\therefore \text{클로단위} = \frac{0.18 \times ℃}{(\text{kcal/m}^2 \times \text{시간})} == \frac{°\text{F}}{(\text{Btu/ft}^2 \times \text{시간})}$$

클로단위는 남자가 보통 입는 옷의 보온율이며, 온도 21°C, 상대습도 50%의 환기되는 (공기 유통속도 6 m/분) 실내에서 앉아 쉬는 사람을 편하게 느끼게 하는 보온율이다.

4.3 환경요소의 복합지수

출제빈도 ★★★★

4.3.1 실효온도(감각온도, effective temperature)

실효온도는 온도, 습도 및 공기유동이 인체에 미치는 열효과를 하나의 수치로 통합한 경험적 감각지수로 상대습도 100%일 때 이 (건구)온도에서 느끼는 동일한 온감이다. 실효온도는 저온조건에서 습도의 영향을 과대평가하고, 고온조건에서 과소평가한다.

(1) 실효온도의 결정요소

가. 온도

나. 습도

다. 대류(공기 유동)

4.3.2 Oxford 지수

습건(*WD*) 지수라고도 하며, 습구온도(*W*)와 건구온도(*D*)의 가중 평균값으로서 다음과 같이 나타낸다.

$$\mathrm{WD} = 0.85\,W + 0.15\,D$$

예제

건구온도 30℃, 습구온도 20℃일 때의 Oxford 지수는 얼마인가?

풀이

$$\text{Oxford 지수} = (0.85 \times \text{습구온도}) + (0.15 \times \text{건구온도}) = (0.85 \times 20) + (0.15 \times 30) = 21.5$$

실기시험 기출문제

3.1 그림과 같은 아날로그 악력계가 있다. 다음 각 질문에 답하시오(단위 생략 가능).

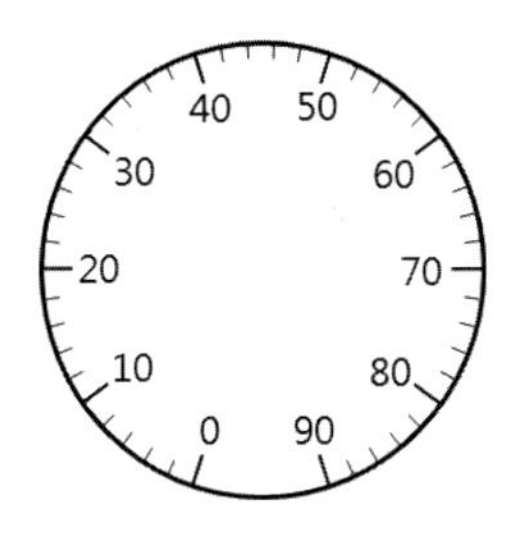

(1) 눈금 범위는?
(2) 눈금 단위는?
(3) 눈금 간격은?
(4) 수치 간격은?

풀이

(1) 눈금 범위: 0~90
(2) 눈금 단위: 2(kg)
(3) 눈금 간격: 2
(4) 수치 간격: 10

3.2 아날로그 표시장치 중 지침설계의 일반적인 권고사항 3가지를 기술하시오.

풀이

① (선각이 약 20도 되는) 뾰족한 지침을 사용하라.
② 지침이 끝은 작은 눈금과 맞닿되 겹치지 않게 하라.
③ (원형 눈금의 경우) 지침의 색은 선단에서 눈금의 중심까지 칠하라.
④ (시차를 없애기 위해) 지침을 눈금면과 밀착시키라.

3.3 시거리가 71 cm일 때 단위 눈금이 1.8 mm라면, 시거리가 91 cm가 되면 단위 눈금은 얼마가 되어야 하는지 구하시오.

풀이

$710 : 1.8 = 910 : X$

$X = 2.3\ \mathrm{mm}$

3.4 71 cm 기준일 때, 정상조명에서의 눈금식별 길이는 1.3 mm이고 낮은 조명에서의 눈금식별 길이는 1.8 mm이다. 낮은 조명 시 5 m 거리의 눈금 식별 길이를 구하시오.

풀이

낮은 조명에서의 눈금식별 길이
0.71 m : 1.8 mm = 5 m : X

$$X = \frac{1.8 \times 5}{0.71} = 12.68 \text{ mm}$$

3.5 정상조명 하에서 100 m 거리에서 볼 수 있는 원형시계탑을 설계하고자 한다. 시계의 눈금 단위를 1분 간격으로 표시하고자 할 때 원형문자판의 직경은 어느 정도인가? (단, 소수점 첫째 자리에서 반올림하여 구하라.)

풀이

71 cm 거리일 때 문자판의 원주 $= 1.3\text{mm} \times 60 = 78\text{mm}$
원주 공식에 의해, 78 mm = 지름 × 3.14
지름=2.5 cm
100 m 거리에서 문자판의 직경
$0.71 \text{ m} : 2.5 \text{ cm} = 100 \text{ m} : X$
$X = 352.1126761 = 352\text{cm}$

3.6 고속도로 표지판에 글자를 15 m에서 높이가 2.5 cm인 글자를 보았다. 문자의 높이와 굵기의 비율이 5:1일 때, 다음 물음에 답하시오.

(1) 15 m에서 글자를 볼 때의 시각을 구하시오(단, 소수 셋째 자리 수까지 구하시오.)

(2) 60 m에서 글자를 볼 경우 문자의 높이를 구하시오.

(3) 글자의 굵기를 구하시오.

풀이

(1) 시각(′) $= \dfrac{(57.3)(60)H}{D} = \dfrac{(57.3)(60)2.5}{1,500} = 5.730$

(2) 15 m에서 문자의 높이가 2.5 cm이므로 15 : 2.5 = 60 : X, X = 10 cm, 따라서 60 m에서의 문자 높이는 10 cm이다.

(3) 높이와 굵기의 비율이 5:1이므로 굵기는 2 cm이다.

3.7 시각적 정보전달의 유효성을 결정하는 요인 중 명시성(legibility)과 가독성(readability) 간의 차이를 구분해 설명하시오.

풀이

(1) 명시성
두 색을 서로 대비시켰을 때 멀리서 또렷하게 보이는 정도를 말한다. 명도, 채도, 색상의 차이가 클 때 명시도가 높아진다. 특히, 노랑과 검정의 배색은 명시도가 높아 교통표지판에 많이 쓰인다.

(2) 가독성
얼마나 더 편리하게 읽힐 수 있는가를 나타내는 정도이다.

3.8 흰 글자에 인접한 검정영역으로 퍼지는 것처럼 보이는 현상을 무엇이라 하는지 쓰시오.

풀이

광삼효과: 흰 모양이 주위의 검은 배경으로 번져 보이는 현상

3.9 청각신호를 검출하기 위한 방법을 상대식별과 절대식별로 구분하여 설명하시오.

풀이

(1) 상대식별
두 가지 이상의 신호가 근접하여 제시되었을 때 이를 구별한다. 예를 들면, 어떤 특정한 정보를 전달하는 신호음이 불필요한 잡음과 공존할 때에 그 신호음을 구별하는 것을 말한다.

(2) 절대식별
어떤 부류에 속하는 특정한 신호가 단독으로 제시되었을 때 이를 식별한다. 즉, 어떤 개별적인 자극이 단독적으로 제시될 때, 그 음만이 지니고 있는 고유한 강도, 진동수와 제시된 음의 지속시간 등과 같은 청각요인들을 통해 절대적으로 식별하는 것을 말한다.

3.10 청각 표시장치에서 근사성(approximation)에 대해 설명하시오.

풀이

복잡한 정보를 나타내고자 할 때 2단계의 신호를 고려하는 것을 말한다.
① 주의신호: 주의를 끌어서 정보의 일반적 부류를 식별
② 지정신호: 주의신호로 식별된 신호에 정확한 정보를 지정

3.11 A, B 그림을 비교하여 표의 빈칸을 알맞게 채우시오.

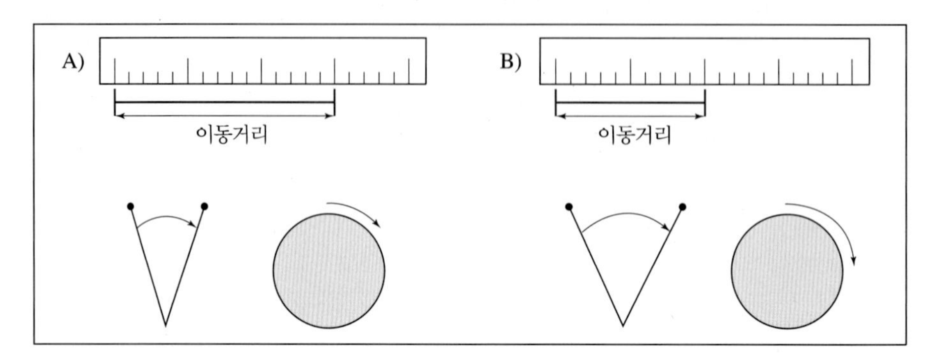

	A	B	
C/R비			크다, 작다, 별 차이 없다
민감도			민감하다, 둔감하다, 별 차이 없다
조종시간			길다, 짧다, 별 차이 없다
이동시간			길다, 짧다, 별 차이 없다

풀이

	A	B	
① **C/R비**	작다	크다	크다, 작다, 별 차이 없다
② **민감도**	민감하다	둔감하다	민감하다, 둔감하다, 별 차이 없다
③ **조종시간**	길다	짧다	길다, 짧다, 별 차이 없다
④ **이동시간**	짧다	길다	길다, 짧다, 별 차이 없다

① C/R 비: C/R 비 = $\frac{\text{조종장치의 움직인 거리}}{\text{표시장치의 반응 거리}}$, 조종장치의 움직임에 따라 상대적으로 반응거리가 커지면 C/R비가 작다.

② 민감도: 조종장치를 조금만 움직여도 표시장치의 지침이 많이 움직이므로 민감하다.

③ 조종시간: 조종장치를 조금만 움직여도 표시장치 지침의 많은 움직임으로 인하여 조심스럽게 제어해야 하므로 조종시간이 길다.

④ 이동시간: 조종장치를 조금만 움직여도 표시장치의 지침이 많이 움직이므로 이동시간이 짧다.

3.12 조종장치의 손잡이길이가 15 cm이고, 30°를 움직였을 때 표시장치에서 3 cm가 이동하였다. (1) C/R비와 (2) 적합성을 판정하시오.

풀이

(1) C/R비 = $\dfrac{(a/360)\times 2\pi L}{\text{표시장치 이동거리}} = \dfrac{(30/360)\times 2\pi \times 15\text{ cm}}{3\text{ cm}} = 2.62$

(2) 조종간의 경우 2.5~4.0이 최적의 C/R비이므로 2.62는 적합하다.

3.13 조종장치의 손잡이길이가 3 cm이고, 90°를 움직였을 때 표시장치에서 3 cm가 이동하였다. (1) C/R비와 (2) 민감도를 높이기 위한 방안 2가지를 쓰시오.

풀이

(1) C/R비

$$\text{C/R비} = \frac{(a/360)\times 2\pi L}{\text{표시장치 이동거리}}$$

여기서, a : 조종장치가 움직인 각도

L: 반지름(지레의 길이)

$$\text{C/R비} = \frac{(90/360)\times(2\times 3.14\times 3)}{3} = 1.57$$

(2) 민감도를 높이기 위한 방안 2가지

가. 조종장치의 이동거리는 변하지 않고, 표시장치의 이동거리를 크게 한다.

나. 표시장치의 반응거리는 변하지 않고, 조종장치의 움직이는 각도를 작게 한다.

3.14 C/R비의 민감도를 높이기 위한 방안을 쓰시오.

풀이

C/R비: $\dfrac{\text{조종장치의 움직인 거리}}{\text{표시장치의 반응거리}}$

조종장치의 움직임에 따라 상대적으로 반응거리가 커지면 C/R비가 작아진다.

가. 표시장치의 반응거리를 크게 한다.

나. 조종장치의 움직이는 각도를 작게 한다.

3.15 현재 표시장치의 C/R비가 5일 때, 좀 더 둔감해지더라도 정확한 조종을 하고자 한다. 다음의 두 가지 대안을 보고 문제를 푸시오.

대안	손잡이 길이	각도	표시장치 이동거리
A	12 cm	30°	1 cm
B	10 cm	20°	0.8 cm

(1) A와 B의 C/R비를 구하시오.

(2) 좀 더 둔감해지더라도 정확한 조종을 하기 위한 A와 B 중 더 나은 대안을 결정하고 그 이유를 설명하시오.

풀이

①

$$\text{C/R비} = \frac{(a/360)\times 2\pi L}{\text{표시장치 이동거리}}$$

가. $\text{A의 C/R비} = \frac{(30/360)\times 2\times 3.14\times 12}{1} = 6.28$

나. $\text{B의 C/R비} = \frac{(20/360)\times 2\times 3.14\times 10}{0.8} = 4.36$

② 가. 정확한 조종에 적합한 대안: A 대안

나. 이유: A의 C/R비와 B의 C/R비를 비교하였을 때, 현재의 C/R비 5보다 A의 C/R비 6.28이 더 크므로 민감도가 낮아 정확한 조종을 하기에 적합하다.

3.16 조종장치의 손잡이 길이가 12 cm이고, 45°를 움직였을 때 표시장치에서 6 cm가 이동하였다. 이때, C/R비를 구하시오.

풀이

$$\text{C/R비} = \frac{(a/360)\times 2\pi L}{\text{표시장치 이동거리}} = \frac{(45/360)\times 2\times 3.14\times 12}{6} = 1.57$$

3.17 조종장치의 손잡이 길이가 15 cm이고, 20°를 움직였을 때 표시장치에서 3 cm가 이동하였다.

(1) C/R비와 적합성을 판정하시오.

(2) 5 m 거리에서 볼 수 있는 낮은 조명에서 눈금의 최소간격은 얼마인가?

풀이

(1) $\text{C/R비} = \frac{(a/360)\times 2\pi L}{\text{표시장치의 이동거리}} = \frac{(20/360)\times 2\pi \times 15\text{ cm}}{3\text{ cm}} = 1.74$

조종간의 경우 2.5 ~ 4.0이 최적의 C/R비이므로 1.74는 부적합하다.

(2) 정상 시거리인 71 cm를 기준으로 정상 조명에서는 1.3 mm, 낮은 조명에서는 1.8 mm가 권장된다.

0.71 m : 1.8 mm = 5 m : χ

χ = 9 / 0.71 = 12.68

∴ χ = 12.68 mm

3.18 코리올리 착각이 무엇이며 어떤 경우 발생하는가?

풀이

코리올리 착각이란 비행기와 함께 선회하던 조종사가 머리를 선회면 밖으로 움직일 때 평형감각을 상실하여 발생하는 착각을 말한다.

3.19 조종장치에서 코딩(암호화)의 종류를 설명하시오.

풀이

여러 개의 조종장치 손잡이를 사용하는 경우에는 사용자가 쉽게 인식하고 조작할 수 있도록 코딩하여야 한다.

(1) 색 코딩: 색에 특정한 의미가 부여될 때(예를 들어, 비상용 조종장치에는 적색) 매우 효과적인 방법이 된다.
(2) 형상 코딩: 조종장치는 시각적뿐만 아니라 촉각으로도 식별 가능해야 하며, 날카로운 모서리가 없어야 한다. 조종장치에 대한 형상 코딩의 주요 용도는 촉감으로 조종장치의 손잡이나 핸들을 식별하는 것이다.
(3) 크기 코딩: 운용자가 적절한 조종장치를 선택하기 전에 촉감으로 구별하지 못할 때는 조종장치의 크기를 단지 두 종류 혹은 많아야 세 종류만 사용해야 한다(지름 1.3 cm, 두께 0.95 cm 차이 이상이면 촉각에 의해서 정확하게 구별할 수 있다).
(4) 촉감 코딩: 면의 촉감을 달리하는 코딩을 할 수 있다. 흔히 사용되는 표면가공 중 매끄러운 면, 세로 홈, 깔쭉면 표면의 3종류로 정확하게 식별할 수 있다.
(5) 위치 코딩: 유사한 기능을 가진 조종장치는 모든 패널에서 상대적으로 같은 위치에 있어야 하며, 운용자는 조종장치가 그들의 정면에 있을 때 위치를 좀 더 정확하게 구별할 수 있다.
(6) 작동방법에 의한 코딩: 작동방법에 의해서 조종장치를 암호화하면 각 조종장치는 고유한 작동방법을 갖게 된다. 예를 들면, 하나는 밀고 당기는 종류이고, 다른 것은 회전식인 경우이다.

3.20 비행기의 조종장치는 운용자가 쉽게 인식하고 조작할 수 있도록 코딩을 해야 한다. 이때 사용되는 비행기의 조종장치에 대한 코딩(암호화) 방법 6가지를 쓰시오.

풀이

① 색 코딩: 색에 특정한 의미가 부여될 때(예를 들어, 비상용 조종장치에는 적색) 매우 효과적인 방법이 된다.
② 형상 코딩: 조종장치는 시각적뿐만 아니라 촉각으로도 식별 가능해야 하며, 날카로운 모서리가 없어야 한다. 조종장치에 대한 형상 코딩의 주요 용도는 촉감으로 조종장치의 손잡이나 핸들을 식별하는 것이다.
③ 크기 코딩: 운용자가 적절한 조종장치를 선택하기 전에 촉감으로 구별하지 못할 때는 조종장치의 크기를 단지 두 종류 혹은 많아야 세 종류만 사용하여야 한다(지름 1.3 cm, 두께 0.95 cm 차이 이상이면 촉각에 의해서 정확하게 구별할 수 있다).
④ 촉감 코딩: 표면의 촉감을 달리하는 코딩을 할 수 있다. 흔히 사용되는 표면가공 중 매끄러운 면, 세로 홈, 깔쭉면 표면의 3종류로 정확하게 식별할 수 있다.
⑤ 위치 코딩: 유사한 기능을 가진 조종장치는 모든 패널에서 상대적으로 같은 위치에 있어야 하며, 운용자는 조종장치가 그들의 정면에 있을 때 위치를 좀 더 정확하게 구별할 수 있다.
⑥ 작동방법에 의한 코딩: 작동방법에 의해서 조종장치를 암호화하면 각 조종장치는 고유한 작동방법을 갖게 된다. 예를 들면, 하나는 밀고 당기는 종류이고, 다른 것은 회전식인 경우이다.

3.21 촉감을 암호화 코딩할 때 사용되는 요소 3가지를 적으시오.

풀이

(1) 매끄러운 면
(2) 세로 홈
(3) 깔쭉면 표면

3.22 다음 용어를 설명하시오.

(1) 촉진(促進: quickening)
(2) 추적(追跡: tracking)

풀이

(1) 촉진: 제어체계를 궤환(feedback) 보상해 주는 것. 본질적으로 폐회로 체계를 수정하여 조작자 자신이 미분기능을 수행할 필요성을 덜어 주는 절차이다.
(2) 추적: 체계의 목표를 달성하기 위하여 인간이 체계를 제어해 나가는 과정. 예를 들어, 구불구불한 도로를 운전할 때 운전자는 자동차의 방향과 속도를 제어하여 도로를 추적해 가며(추종추적, persuit tracking), 움직이는 목표물을 사격할 때는 조준경의 중심과 목표물의 이동 예측치를 일치시켜 추적한다(보정추적, compensatory tracking).

3.23 양립성에 대해 설명하고 각 종류에 대해서 설명하시오.

풀이

(1) 양립성의 정의: 자극들, 반응들 간의 혹은 자극-반응조합의 공간, 운동 혹은 개념적 관계가 인간의 기대와 모순되지 않는 것을 말함
(2) 양립성의 종류
가. 개념양립성(conceptual compatibility): 코드나 심벌의 의미가 인간이 갖고 있는 개념과 양립
나. 운동양립성(movement compatibility): 조종기를 조작하여 표시장치상의 정보가 움직일 때 반응결과가 인간의 기대와 양립
다. 공간양립성(spatial compatibility): 공간적 구성이 인간의 기대와 양립

3.24 양립성이란 무엇이며 각 종류에 대한 내용을 한 개씩 예를 들어 서술하시오.

풀이

(1) 양립성의 정의: 자극들, 반응들 간의 혹은 자극-반응조합의 공간, 운동 혹은 개념적 관계가 인간의 기대와 모순되지 않는 것
(2) 양립성의 종류
가. 개념 양립성(conceptual compatibility): 코드나 심벌의 의미가 인간이 갖고 있는 개념과 양립(예: 비행기 모형-비행장)

나. 운동 양립성(movement compatibility): 조종기를 조작하여 표시장치상의 정보가 움직일 때 반응 결과가 인간의 기대와 양립(예: 라디오의 음량을 줄일 때 조절장치를 반시계 방향으로 회전)
다. 공간 양립성(spatial compatibility): 공간적 구성이 인간의 기대와 양립(예: 버튼의 위치와 관련 표시장치의 위치가 병립)

3.25 다음 각각에 대한 양립성은 어떤 것인가?

(1) 레버를 올리면 압력이 올라가고, 아래로 내리면 압력이 내려감
(2) 오른쪽 스위치를 켜면 오른쪽 전등이 켜지고, 왼쪽 스위치를 켜면 왼쪽 전등이 켜짐

풀이

(1) 운동양립성(movement compatibility): 조종기를 조작하여 표시장치상의 정보가 움직일 때 반응결과가 인간의 기대와 양립
(2) 공간양립성(spatial compatibility): 공간적 구성이 인간의 기대와 양립

3.26 다음 그림과 같은 정수기가 있다. 이 정수기의 급수구는 왼쪽에서 찬물이 나오고 파란색으로 표시되어 있고, 오른쪽은 뜨거운 물이 나오고 빨간색으로 표시되어 있다. 현재 이 정수기의 설계상의 문제점은 무엇이며 개선방법은 무엇인가?

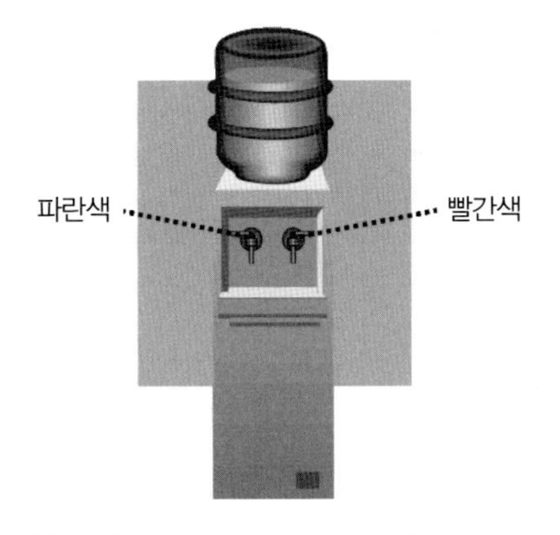

풀이

(1) 문제점
가. 급수구의 위치 간 공간양립성(spatial compatibility) 위배: 대부분의 정수기의 경우 왼쪽 급수구에서 뜨거운 물이 나오도록 설계되어 있는데, 문제에서 주어진 정수기는 오른쪽에서 뜨거운 물이 나오도록 설계되어 있어 공간적인 배치의 양립성에 위배됨으로써, 사용 시 화상 등의 상해를 입을 가능성이 존재한다.
나. Fool proof 설계 결여: 사용자가 뜨거운 물을 급수할 때, 실수로 인한 화상 등의 상해를 예방하기 위한 설계가 필요하다.

(2) 개선방법
일반적인 정수기와 동일하게 왼쪽 급수구에서 뜨거운 물이 나오도록 재설계하여 공간양립성을 높인다. 만약 기타 여건상 불가하다면 사용자의 눈에 띄기 쉬운 곳에 지시 및 경고라벨을 부착하여 사고예방 확률을 높인다.

3.27 ○○가스 주식회사에서 수리업자에게 7번 밸브의 수리를 요청하였다. 밸브 수리업자는 밸브에 적힌 숫자를 확인하지 않고 제일 끝에 7번 밸브가 있다고 생각하고 제일 끝의 밸브를 수리하였다. 밸브의 배치는 아래의 그림과 같다. 가스밸브의 위치설계에 대한 문제점과 개선방법은 무엇인가?

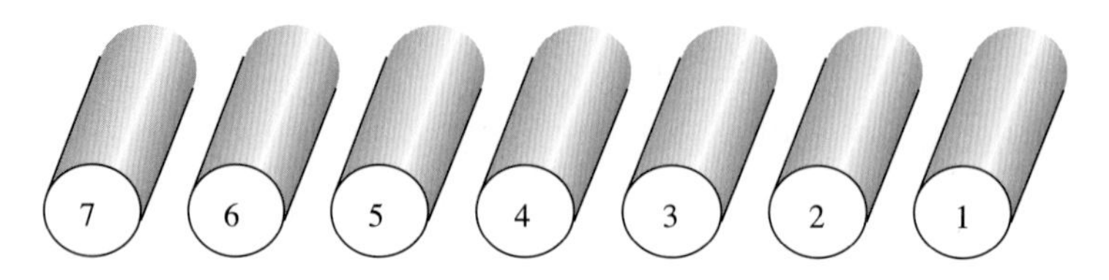

풀이

(1) 문제점: 밸브의 위치설계가 공간 양립성의 원칙에 위배된다. 수리업자는 7번 밸브가 7번째에 위치할 것으로 기대하고 작업을 하기 때문에 인간의 정보처리 과정에서 착오(mistake)를 일으키기 쉽다.
(2) 개선방법: 7번 밸브의 위치를 7번째에 위치하도록 재배치하여 사용자의 기대와 일치하도록 함으로써 공간 양립성을 높여 착오의 발생을 줄인다.

3.28 ○○○는 음식을 준비하기 위하여 가스레인지를 사용하고자 한다. 그러나 평소 가스레인지를 사용해 본 경험이 없고 가스레인지의 4개의 불판과 조절장치들의 위치가 혼동되어 모든 조절장치를 조작해 보고 어떤 불판의 조절장치인지를 파악하였다. 해당 가스레인지의 설계상의 문제점과 개선방안을 그림과 함께 제시하시오.

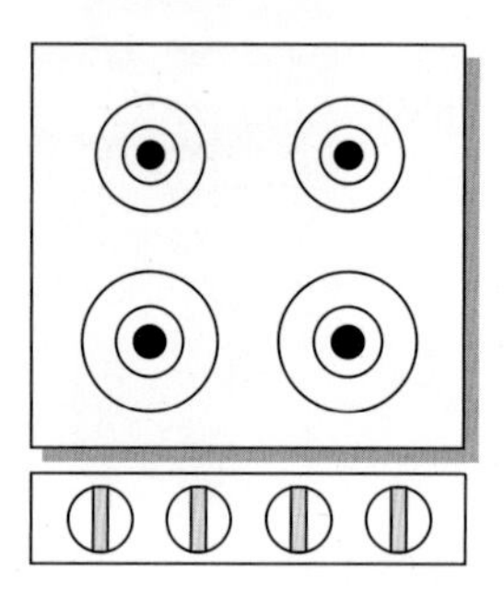

풀이

(1) 문제점: 불판과 조절장치를 할당하는 가짓수가 24가지나 된다. 어떻게 배치하더라도 사용자는 사용 매뉴얼이나 설명을 들어야 올바르게 작동할 수 있으며, 사용자는 불판과 조절장치의 관계를 외워야 할 것이며 사용자에게 혼란을 가중시킬 수 있다.
(2) 개선방안: 사용자에게 각 불판이 어느 조절장치를 사용하면 될 것인가에 대한 암시를 줄 수 있도록 조절장치의 위치를 불판의 위치와 일직선상에 있도록 재설계하여 단순화하여야 한다. 이는 인간의 인지특성을 고려한 설계의 한 방법이다.

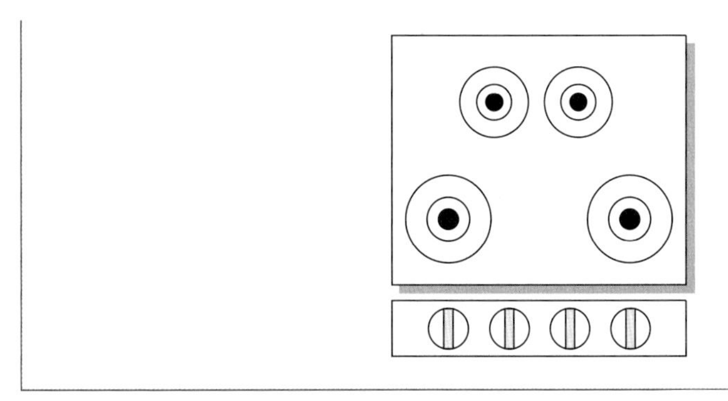

3.29 실내전등의 밝기에 따라 "High, Low, Off"를 전환하기 위한 스위치가 다음과 같이 설계되어 있다면 이때 위배된 인간공학적 디자인 설계 원리에 대하여 설명하고 그 개선방안을 쓰시오.

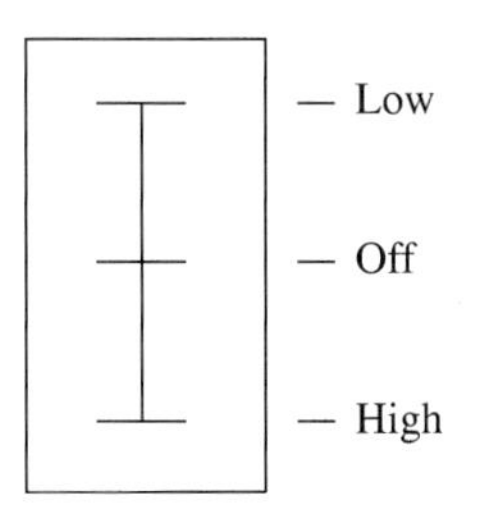

풀이

(1) 문제점: 표시장치와 이에 대응하는 조종장치 간의 실체적 유사성이나 이들의 배열 혹은 비슷한 표시(조종)장치군들의 배열 등과 관계되는 공간적 양립성이 결여되어 있다.
(2) 개선방법: 밝기의 순으로 High, Low, Off 순으로 위에서 아래로 배열하여 위로 올라갈수록 높은 밝기가 되도록 설계하여 표시장치와 조종장치 간의 실체적 유사성을 높여준다.

3.30 4구의 가스불판과 점화(조종)버튼의 설계에 대한 다음의 질문에 답하시오.

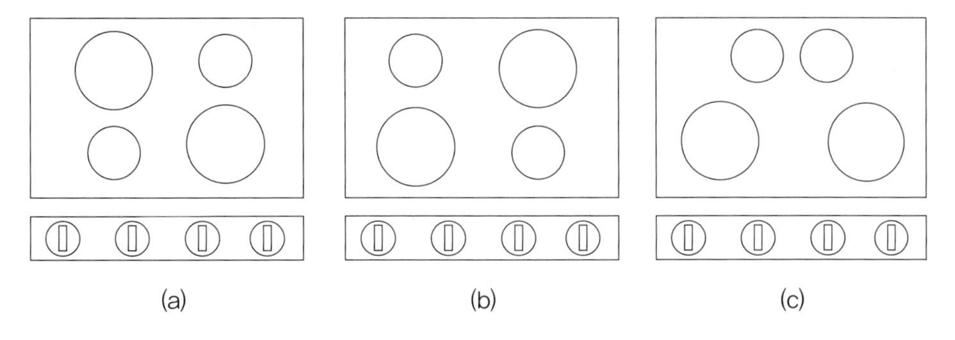

(1) 다음과 같은 가스불판과 점화(조종)버튼을 설계할 때의 인간공학적 설계 원칙을 적으시오.

(2) 가. 휴먼에러가 가장 적게 일어날 최적방안을 적으시오.
나. 그 이유를 간단히 적으시오.

풀이

(1) 공간적 양립성
(2) 가. (C)
나. 표시장치와 이에 대응하는 조종장치 간의 실체적(physical) 유사성이나 이들의 배열 혹은 비슷한 표시(조종)장치군들의 배열 등이 공간적 양립성과 관계된다.

3.31 OO공장에서 다음과 같은 온도계를 생산하여 모두가 불량으로 판정받았다. 다음 질문에 답하시오.

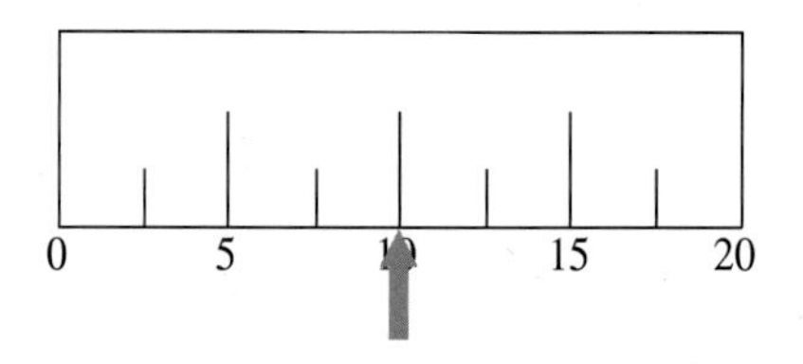

(1) 위의 온도계의 불량원인 2가지는 무엇인가?
(2) 개선된 온도계를 그리시오.

풀이

(1) 위의 온도계의 불량원인 2가지
① 가시성: 온도를 가리키는 온도계의 바늘이 온도계의 수치를 덮도록 되어 있고, 수치에 맞도록 눈금이 표시되어 있지 않아 정확한 온도를 측정하기에 어렵다.
② 운동양립성: 온도가 올라가고 내려가는 운동방향의 개념과 온도계의 표시장치 간 양립성을 고려하여 세로로 세운 온도계를 고려한다.

(2) 개선된 온도계

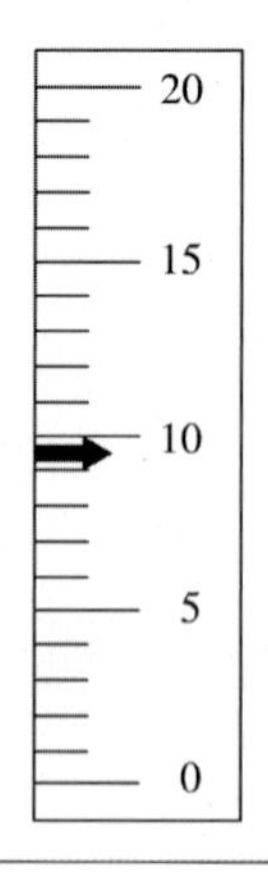

3.32 표시장치의 설계에 있어서 워릭의 원리(Warrick's principle)에 대해 서술하시오.

표시장치의 지침(pointer)의 설계에 있어서 양립성(兩立性, compatibility)을 높이기 위한 원리로서, 제어기구가 표시장치 옆에 설치될 때는 표시장치상의 지침의 운동방향과 제어기구의 제어방향이 동일하도록 설계하는 것이 바람직하다는 것을 말한다.

3.33 조종장치와 표시장치를 양립하여 설계하였을 때, 장점 5가지를 쓰시오.

풀이

(1) 조작오류가 적다.
(2) 만족도가 높다.
(3) 학습이 빠르다.
(4) 위급 시 빠른 대처가 가능하다.
(5) 작업 실행속도가 빠르다.

3.34 Con-rod bearing 조립작업이다. 아래 그림에서 문제점을 파악하고 개선방안을 제시하시오.

풀이

(1) 문제점: 수평면 작업에서 "ㄱ"자형 수공구를 사용함으로써 작업자의 손목꺾임이 발생한다.
(2) 개선방안: 수평면 작업에 적당한 "1"자형 수공구를 사용하여 손목의 부자연스러운 자세를 제거한다.

(개선 후)

3.35 다음 물음에 답하시오.

(1) 상완을 자연스럽게 수직으로 늘어뜨린 채, 전완만으로 편하게 뻗어 파악할 수 있는 구역

(2) 전완과 상완을 곧게 펴서 파악할 수 있는 구역

풀이

(1) 정상작업영역
(2) 최대작업영역

3.36 남녀 공용작업자를 위한 서서하는 작업 설계 시 정상작업영역과 최대작업영역을 표를 보고 구하시오.

구분	성별	평균	표준편차	최대	최소
아래팔길이	남	28.1	0.6	28.7	27.5
	여	23.2	0.3	23.5	22.8
아래팔길이-손끝	남	39.2	1.0	40.2	38.1
	여	35.5	0.8	36.3	34.7
팔길이	남	58.8	1.4	60.2	57.3
	여	52.4	1.3	53.7	51.1
팔길이-손끝	남	72.5	2.8	75.3	69.7
	여	61.7	1.4	63.1	60.2

풀이

① 정상작업영역: 상완을 자연스럽게 수직으로 늘어뜨린 채, 전완만으로 편하게 뻗어 파악할 수 있는 구역이다.
가. 정상작업영역(아래팔길이-손끝)은 남녀공용 사용이기 때문에 여성의 최소치인 34.7 cm이다.
② 최대작업영역: 전완과 상완을 곧게 펴서 파악할 수 있는 구역이다.
가. 최대작업영역(팔길이-손끝)은 남녀공용 사용이기 때문에 여성의 최소치인 60.2 cm이다.

3.37 정상작업영역, 최대작업영역을 설명하시오.

풀이

(1) 정상작업영역: 상완을 자연스럽게 수직으로 늘어뜨린 채, 전완만으로 편하게 뻗어 파악할 수 있는 구역(34~45 cm)이다.
(2) 최대작업영역: 전완과 상완을 곧게 펴서 파악할 수 있는 구역(55~65 cm)이다.

3.38 파악한계, 정상작업영역, 최대작업영역에 대해서 정의하시오.

풀이

(1) 파악한계: 앉은 작업자가 특정한 수작업기능을 편히 수행할 수 있는 공간의 외곽한계
(2) 정상작업영역: 상완을 자연스럽게 수직으로 늘어뜨린 채, 전완만으로 편하게 뻗어 파악할 수 있는 구역(34~45 cm)이다.
(3) 최대작업영역: 전완과 상완을 곧게 펴서 파악할 수 있는 구역(55~65 cm)이다.

3.39 정상작업영역과 최대작업영역에 관하여 설명하고, 이와 관련한 평면작업대의 인간공학적 설계방법을 제시하시오.

풀이

(1) 정상작업영역: 상완(upper arm)을 자연스럽게 수직으로 늘어뜨린 채, 전완(forearm)만으로 편하게 뻗어 작업할 수 있는 구역(34~45 cm)이다.
(2) 최대작업영역: 전완(forearm)과 상완(upper arm)을 곧게 펴서 파악할 수 있는 구역(55~65 cm)이다.
(3) 평면작업대의 설계방법: 앉아서 일하거나 빈번히 '서거나 앉는(sit-stand)' 자세에서 사용되는 평면작업대는 작업에 편리하게 팔이 닿는 거리 내에 있어야 한다.

3.40 수평면 작업영역에서 2가지 작업영역에 대해 설명하시오.

풀이

(1) 정상작업영역: 상완을 자연스럽게 수직으로 늘어뜨린 채, 전완만으로 편하게 뻗어 파악할 수 있는 구역(34~45 cm)이다.
(2) 최대작업영역: 전완과 상완을 곧게 펴서 파악할 수 있는 구역(55~65 cm)이다.

3.41 좌식작업대 높이의 인간공학적 설계방법을 설명하시오.

풀이

(1) 좌식작업대 높이는 의자높이, 작업대 두께, 대퇴여유 등과 밀접한 관계가 있고 관련되는 많은 변수들 때문에 체격이 다른 모든 사람들에게 맞는 작업대와 의자의 고정배치를 설계하기는 힘들다.
(2) 작업의 성격에 따라서 작업대의 최적 높이도 달라지며, 일반적으로 섬세한 작업일수록 높아야 하고, 거친 작업에는 약간 낮은 편이 낫다.
(3) 체격의 개인차, 선호차, 수행되는 작업의 차이 때문에 가능하다면 의자 높이, 작업대 높이, 팔걸이 등을 조절할 수 있도록 하는 것이 바람직하다.

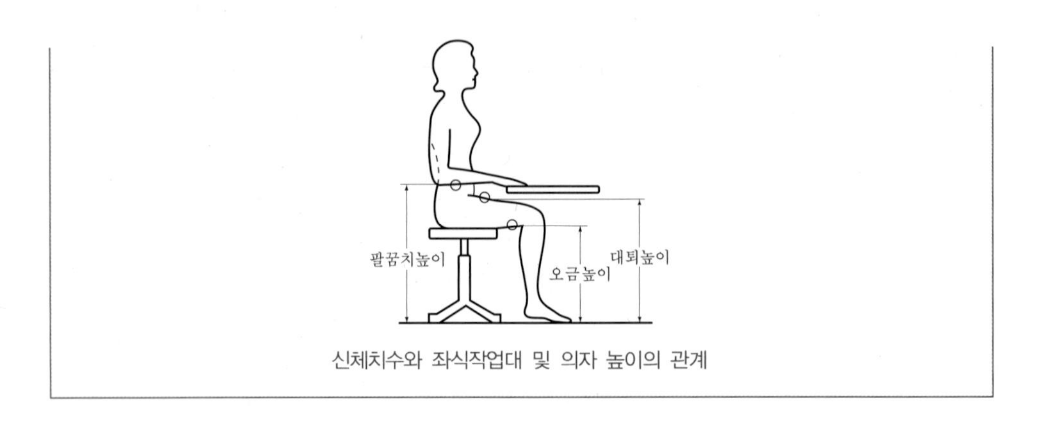

신체치수와 좌식작업대 및 의자 높이의 관계

3.42 입식작업대의 높이를 정밀작업, 경작업, 중작업으로 분류하여 인간공학적 설계방법을 설명하시오.

풀이

입식작업대의 높이는 근전도, 인체측정, 무게중심 결정 등의 방법으로 서서 작업하는 사람에 맞는 작업대의 높이를 구해보면 팔꿈치높이보다 5~10 cm 정도 낮은 것이 조립작업이나 이와 비슷한 조작작업의 작업대 높이에 해당한다. 일반적으로 미세부품 조립과 같은 섬세한 작업일수록 높아야 하며, 힘든 작업에는 약간 낮은 편이 좋다. 작업자의 체격에 따라 팔꿈치높이를 기준으로 하여 작업대 높이를 조정해야 한다.

(1) 전자조립과 같은 정밀작업(높은 정밀도 요구작업): 미세함을 필요로 하는 정밀한 조립작업인 경우 최적의 시야범위인 15°를 더 가깝게 하기 위하여 작업면을 팔꿈치높이보다 10~20 cm 정도 높게 하는 것이 유리하다. 더 좋은 대안은 약 15° 정도의 경사진 작업면을 사용하는 것이 좋다.
(2) 조립 라인이나 기계적인 작업과 같은 경작업(손을 자유롭게 움직여야 하는 작업)은 팔꿈치높이보다 5~10 cm 정도 낮게 한다.
(3) 아래로 많은 힘을 필요로 하는 중작업(무거운 물건을 다루는 작업)은 팔꿈치높이를 10~30 cm 정도 낮게 한다.

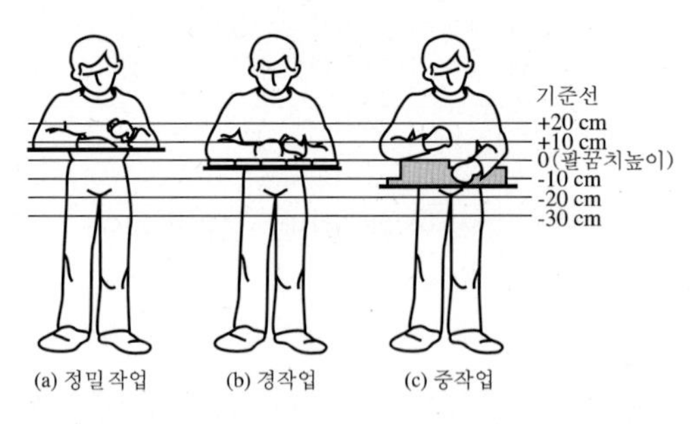

팔꿈치높이와 세 종류 작업에 추천되는 작업대 높이의 관계

3.43 입좌식 겸용 작업대 높이의 인간공학적 설계방법을 설명하시오.

풀이

입좌식 겸용 작업대의 높이는 때에 따라서는 서거나 앉은 자세에서 작업하거나 혹은 두 자세를 교대할 수 있도록 마련하는 것이 바람직하다.

입좌식 겸용 작업대

3.44 기계제조 업종에서의 Case를 리벳팅 후 호이스트를 이용하여 2단 컨베이어벨트에 loading하는 작업이다. 아래 그림에서 문제점을 파악하고 개선방안을 제시하시오.

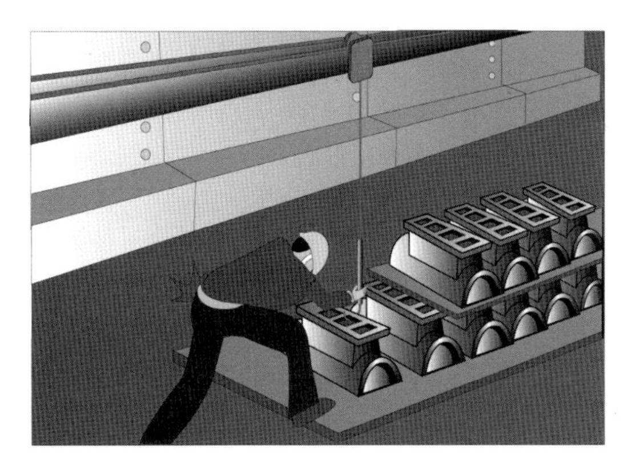

풀이

(1) 문제점: 1단에 있는 Case를 loading할 때 작업점이 낮아 허리를 숙이는 부자연스러운 자세가 발생한다.
(2) 개선방안: 호이스트의 갈고리부분을 길게 개선하여 작업자가 loading 작업 시 낮은 곳도 허리를 곧게 편 자세에서 작업을 할 수 있도록 한다.

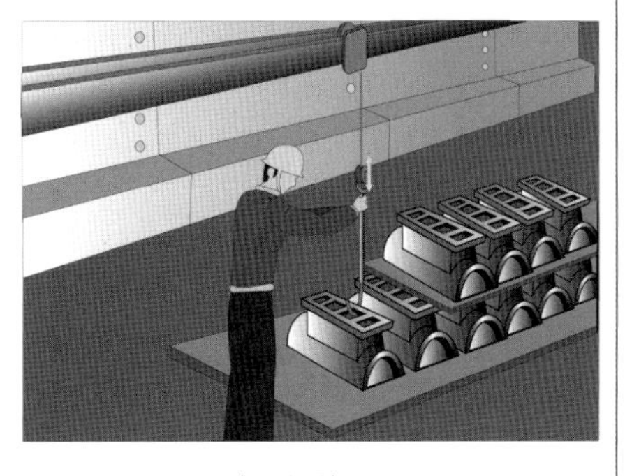

(개선 후)

3.45 자동차 제조업종에서 도어의 탈부착 작업이다. 25 kg의 도어를 작업자가 인력으로 운반하고 있다. 아래 그림에서 문제점을 파악하고 개선방안을 제시하시오.

풀이

(1) 문제점: 인력으로 중량물을 취급함으로써 작업자의 어깨, 팔, 손목 및 허리에 과도한 힘이 요구된다.
(2) 개선방안: 도어 탈부착 시 전용 이동식 탈부착장비를 고안하여 이동 및 도어를 들고 내리기가 가능하도록 하여 작업 시 소요되는 힘을 감소시킨다.

(개선 후)

3.46 전자제품 제조업종에서 모니터를 보면서 냉매를 제품에 주입, 삽입하는 작업이다. 아래 그림에서 문제점을 파악하고 개선방안을 제시하시오.

풀이

(1) 문제점: 모니터의 위치가 작업자의 후방에 위치하여 모니터를 보기 위해 목이 과도하게 비틀리는 부자연스러운 자세가 유발된다.

(2) 개선방안: 모니터 화면이 작업자의 전방에 위치하도록 개선하여 목을 과도하게 회전시키는 부자연스러운 자세를 제거한다.

(개선 후)

3.47 파이프 조인트 용접공정에서 작업자가 수동으로 파이프를 회전시키면서 용접하는 작업이다. 아래 그림에서 문제점을 파악하고 개선방안을 제시하시오.

풀이

(1) 문제점

가. 용접작업 특성상 정밀성을 요구하기 때문에 특히 파이프 조인트 부분에 대한 정밀용접이 필요하므로 장시간 쪼그리고 앉아서 정적인 자세를 유지하는 부자연스러운 자세가 유발된다.

나. 정밀한 용접을 수행하기 위하여 손/손목에 과도한 힘이 유발되며 원형의 파이프 조인트를 따라서 용접하기 위하여 작업자가 인력으로 작업물을 회전시킴으로써 어깨, 손/손목 및 허리에 과도한 힘이 유발된다.

(2) 개선방안

장시간의 부자연스러운 정적인 용접자세와 인력으로 인한 과도한 힘을 감소시키기 위하여 파이프 높낮이를 조절할 수 있고, 자동으로 회전시킬 수 있는 전용 지그를 제작, 설치하여 올바른 작업자세에서 용접을 수행하며, 인력으로 인한 신체적 부담을 감소시킨다.

(개선 후)

3.48 작업장 바닥 여기저기에 늘어져 있는 각종 케이블을 정리하는 작업이다. 아래 그림에서 문제점을 파악하고 개선방안을 제시하시오.

풀이

(1) 문제점

가. 바닥에 놓여 있는 각종 케이블을 반복적으로 잡아당겨서 정리하는 작업을 수행하는 작업으로 바닥에 흩어져 있는 각종 케이블을 정리하는 작업에서 목과 어깨, 허리를 구부리는 부자연스러운 작업자세가 유발된다.

나. 반복적으로 장시간 동안 케이블을 잡아당기는 과정에서 손바닥에 접촉스트레스가 유발된다.

(2) 개선방안

작업자가 반복적으로 하고 있는 케이블 정리작업을 전기모터가 부착된 휠을 장착하여 케이블 이용 작업 및 정리 시 반자동으로 개선하였으며 이로 인해 부자연스러운 작업자세 및 인력작업을 최소화시켰으며 작업의 안전성 확보를 위하여 이탈을 방지하기 위한 limit 스위치 등의 기능을 장착한다.

(개선 후)

3.49 제조업종에서 일반적인 조립작업이다. 아래 그림에서 문제점을 파악하고 개선방안을 제시하시오.

풀이

(1) 문제점: 수평면 작업대로 작업대의 높이가 낮아 작업점을 보기 위해 목을 과도하게 숙이는 부자연스러운 자세가 발생한다.
(2) 개선방안: 작업대의 수평면을 경사지게 하여 작업자의 목에 대한 신체적 부하를 감소시킨다.

(개선 후)

3.50 무릎을 구부리고 2시간 이상 용접작업 시행의 경우 유해요인을 아래와 같이 지적한 경우 각각의 대책을 1가지씩 제시하시오.

(1) 부자연스런 자세
(2) 무릎의 접촉스트레스
(3) 손목, 어깨의 반복적 스트레스
(4) 장시간 유해요인 노출시간

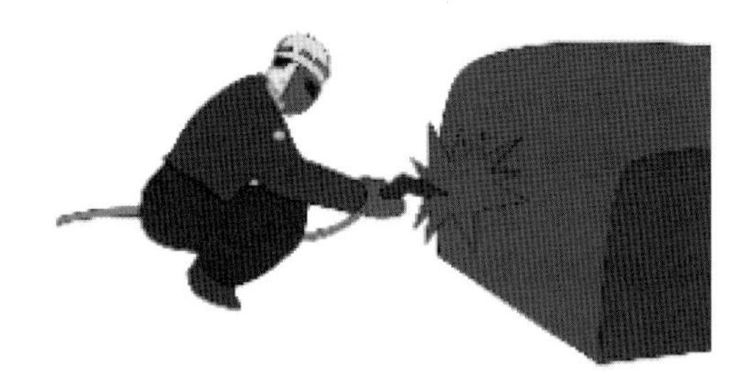

풀이

(1) 부자연스런 자세: 높낮이 조절이 가능한 작업대의 설치
(2) 무릎의 접촉스트레스: 무릎보호대의 착용
(3) 손목, 어깨의 반복적 스트레스: 자동화기기나 설비 도입
(4) 장시간 유해요인 노출시간: 환기, 적절한 휴식시간, 작업 확대, 작업 교대

3.51 기계제조 업종에서 부재를 용접하는 작업이다. 아래 그림에서 문제점과 개선방안을 제시하시오.

풀이

(1) 문제점: 부재와 용접작업대의 폭과 너비가 크므로 작업자가 발받침대를 사용하여 허리를 숙이고 작업하는 부자연스러운 자세의 발생이 유발된다.

(2) 개선방안: 용접대 자체의 높낮이 조절이 가능하게 함으로써 작업자가 허리를 숙이지 않고 올바른 자세로 작업을 하도록 한다.

(개선 후)

3.52 좌식작업에는 인간공학적으로 설계된 적절한 의자가 제공되어야 한다. 의자의 인간공학적 설계원칙을 3가지 이상 들고 설명하시오.

풀이

(1) 의자깊이(seat depth)
의자깊이는 엉덩이에서 무릎길이에 따라 다르나 장딴지가 들어갈 여유를 두고 대퇴를 압박하지 않도록 작은 사람에게 맞도록 해야 한다.

(2) 의자폭(seat width)
의자폭은 큰 체구의 사람에게 적합하게 설계를 해야 한다. 최소한 의자폭은 앉은 사람의 허벅지 너비는 되어야 한다.

(3) 의자 등받침대(backrest)
등받침대는 요추골 부분을 지지해야 하며, 좌석받침대는 일반적으로 뒤로 약간 경사가 져야 한다. 등받침대의 높이는 요추골 부분을 받쳐줄 수 있어야 한다.

(4) 팔받침대(armrest)
팔받침대 사이의 거리는 최소한 옷을 입었을 때 사용자의 엉덩이 너비와 같아야 한다. 팔받침대가 사용되지 않은 경우가 많은데 이런 의자에 오랫동안 앉아 있게 되면 자세를 유지할 수 없게 되고 척추는 휘어지게 되어, 딱딱하게 고정되어 있는 의자보다는 덜하지만 약간의 통증을 느끼게 된다.

(5) 의자의 바퀴(chair caster)
의자의 바퀴는 작업대에서 움직임을 쉽게 하기 위하여 필요하며, 바퀴의 선택은 바닥공간의 형태에 따라 선택한다.

(6) 발받침대(footrest)
발받침대의 높이는 의자의 조절이나 작업면의 범위, 아니면 둘 다에 의해 좌우되며 발은 편안하게 놓을 수 있어야 한다.

(7) 의자의 높이
대퇴를 압박하지 않도록 의자 앞부분은 오금보다 높지 않아야 하며, 신발의 뒤꿈치도 감안해야 한다.

(8) 체압 분포와 앉은 느낌
의자에 앉았을 때, 엉덩이의 어떤 부분이 어느 정도의 압력이 걸리는가 하는 좌면의 체압 분포는 앉은 느낌을 좌우하는 매우 중요한 요인이다.

(9) 몸통의 안정
의자에 앉았을 때 체중이 주로 좌골결절에 실려야 안정감이 생긴다. 그러므로 등판과 의자의 각도와 등판의 굴곡이 중요하나 등판의 지지가 미흡하면 척추가 평행에서 벗어나 압력이 한쪽으로 치우치게 되어 척추병의 원인이 된다.

3.53 아래 그림과 같은 박스들기 작업이 있다. 아래의 박스에서 설계상의 문제점은 무엇이며, 개선방법은 무엇인가?

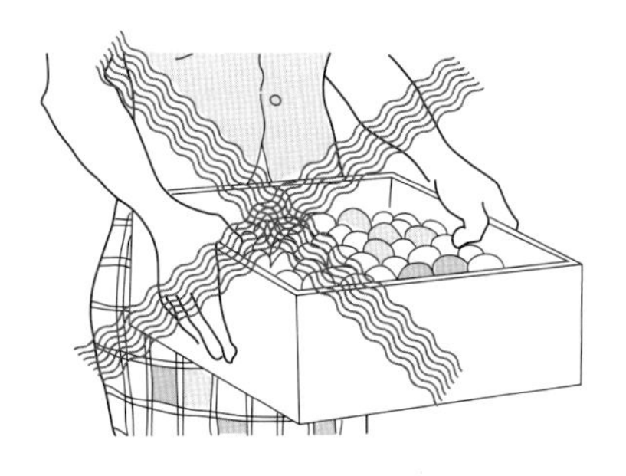

풀이

(1) 문제점: 박스의 손잡이가 손바닥을 편 상태로 들어야 하는 pinch grip으로 설계되어 있다. 이는 박스를 들어 올릴 때 더욱 큰 힘을 요구한다. 또한 박스를 놓치는 일이 발생할 수 있으며, 물건을 쥐는 데 신경을 쓰이게 하여 앞을 잘 볼 수 없게 한다.
(2) 개선방법: 박스의 손잡이에 작업자의 신체특성을 고려한 설계를 적용하여야 한다. 박스의 손잡이를 손가락을 박스의 손잡이 홈에 넣고 감싸 쥘 수 있도록 hook grip으로 설계하여야 한다. 이는 박스 운반작업 시 힘을 덜 들이고 쉽게 운반할 수 있도록 한다. 또한 작업자에게 미끄럽지 않은 재질의 장갑을 착용하도록 하는 것도 좋은 방법이다. 이는 작업자의 손바닥에 접촉스트레스를 감소시킬 수 있다.

3.54 수공구 설계 시 고려해야 할 인간공학적 측면 5가지를 쓰시오.

풀이

(1) 가능한 한 손잡이의 접촉면을 넓게 한다.
(2) 손잡이의 길이가 최소한 10 cm는 되도록 설계한다.
(3) 손잡이가 두 개 달린 공구들은 손잡이 사이의 거리를 알맞게 설계한다.
(4) 손잡이의 표면은 충격을 흡수할 수 있고, 비전도성으로 설계한다.
(5) 공구의 무게는 2.3 kg 이하로 설계한다.

3.55 수공구 설계는 육체적 부담의 감소뿐만 아니라 안전에 관한 면에서도 중요한 의미를 지니는데 수공구 개선 중 자세에 관한 수공구 개선에 대해 설명하시오

풀이

(1) 손목을 곧게 유지할 수 있도록 손잡이를 설계한다.
(2) 힘이 요구되는 작업에는 파워그립(power grip)을 사용한다.
(3) 지속적인 정적 근육부하(loading)를 피한다.
(4) 반복적인 손가락 동작을 피한다.
(5) 양손 중 어느 손으로도 사용이 가능하고 적은 스트레스를 주는 공구를 개인에게 사용되도록 설계한다.

3.56 수공구 설계 시 수공구를 사용할 때 손목이 곧게 유지되도록 하는 것이 좋다. 손목이 곧게 유지되지 않을 때의 부작용과 개선방안을 설명하시오.

풀이

(1) 부작용: 손목 통증, 악력 손실을 가져올 뿐만 아니라 오래 유지되면 수근관터널증후군을 유발할 수 있다.
(2) 개선방안: 작업대를 적절한 높이로 설계하거나 수공구 손잡이를 휘게 하여 작업 시 손목이 중립자세로 유지되도록 한다.

3.57 수공구 사용 시 손바닥에 발생할 수 있는 접촉스트레스(contact stress)를 줄일 수 있는 수공구 설계 방안을 설명하시오.

풀이

(1) 손잡이의 직경과 길이를 적당하게 한다.
(2) 손잡이에 쿠션이 있는 재질로 패딩을 한다.
(3) 손에 가해지는 힘이 더 넓은 면적에 분산되도록 손잡이 접촉면을 크게 한다.
(4) 엄지와 검지 사이의 덜 민감한 부위로 힘이 가해지도록 설계한다.

3.58 다음 표는 우리나라 산업안전보건법상의 작업종류에 따른 조명수준을 나타낸 것이다. 빈칸을 채우시오.

작업의 종류	작업면 조명도
초정밀 작업	(1)
정밀 작업	(2)
보통 작업	(3)
기타 작업	(4)

풀이

(1) 750 lux 이상
(2) 300 lux 이상
(3) 150 lux 이상
(4) 75 lux 이상

3.59 소음은 일정강도 이상에서 장시간 노출하면 청력을 손실하게 하는데, 일시적인 난청과 영구적인 난청으로 구분할 수 있다. 일시적인 난청과 영구적인 난청 및 직업성 난청을 설명하시오.

풀이

(1) 일시적 난청: 어느 정도 큰 소음을 들은 직후에 일시적으로 일어나는 현상으로 수 초에서 수 일간의 휴식 후에 정상청력으로 돌아오는 현상을 말한다.
(2) 영구적 난청: 소음에 노출된 후 2일에서 3주 후에도 정상청력으로 회복되지 않는 현상으로 직업병이며 4,000 Hz 정도부터 난청이 진행된다. 소음에 노출이 지속되면 청력 손실이 계속되고 주파수 범위가 넓어진다.
(3) 직업성 난청: 4,000 Hz 주파수음에서부터 청력 손실이 진행된다.

3.60 프레스 작업자가 작업장에서 8시간 동안 95 dB의 소음에 노출되고 있으며, 조도수준 100 lux인 작업장에서 작업을 실시하고 있다. 다음 물음에 알맞게 답하시오.

(1) 위와 같은 정밀 작업 시 적절한 조도수준은?
(2) 위와 같은 소음조건에서 작업 시 소음에 허용 가능한 노출시간은 몇 시간인가?
(3) 위와 같은 작업시간에서 작업 시 소음은 몇 dB 이하로 해야 하는가?
(4) 프레스의 방호장치 3가지를 쓰시오.

풀이

(1) 정밀 작업 시 300 lux 이상
(2) 95 dB의 소음조건에서 작업 시 허용기준은 4시간 미만
(3) 8시간 소음에 노출 시 허용음압은 90 dB 이하
(4) 가드식, 수인식, 손쳐내기식, 양수조작식, 감응식

3.61 소음이 각각 85 dB, 90 dB, 60 dB인 기계들의 소음합산 레벨은?

풀이

소음합산 레벨(L_p) $= 10\log(10^{\frac{L_{P_1}}{10}} + 10^{\frac{L_{P_2}}{10}} + \cdots + 10^{\frac{L_{P_N}}{10}})$

$= 10\log(10^{\frac{85}{10}} + 10^{\frac{90}{10}} + 10^{\frac{60}{10}}) = 91.2 \text{ dB}$

3.62 우리나라의 소음허용 기준이 아래 표에 나타나 있다. 빈칸을 채우시오.

1일 폭로시간	허용음압 dB(A)
((1))	90
((2))	95
((3))	100
((4))	105
((5))	110
((6))	115

(1) 8 (2) 4 (3) 2 (4) 1 (5) 1/2 (6) 1/4

3.63 어느 작업장의 8시간 작업 동안 발생한 소음수준과 발생시간은 다음과 같다.

85 dB(A): 4.0시간, 95 dB(A): 3.5시간, 105 dB(A): 0.5시간

소음노출지수를 구하고 평가하여 보시오.

풀이

(1) 소음노출지수 $= (4.0/16.0) + (3.5/4.0) + (0.5/1.0) \times 100 = 162.5\%$

⇒ 허용기준을 초과한다.

(2) $\mathrm{TWA} = 16.61 \log(162.5/100) + 90 = 93.50(\mathrm{dB(A)})$

⇒ 즉, 이 작업장은 8시간 동안 93.50 dB(A) 정도의 소음수준에 노출되었다고 할 수 있다. 따라서 소음노출 기준을 초과하므로 소음 개선 노력을 하여야 한다.

3.64 총 8시간 동안 작업을 하면서 85 dB에서 2시간, 90 dB에서 3시간, 95 dB에서 3시간의 소음에 노출되었을 때 소음노출지수와 TWA값을 구하시오.

풀이

(1) 소음노출지수 $= (2/16 + 3/8 + 3/4) \times 100$

$= (0.125 + 0.375 + 0.75) \times 100$

$= 1.25 \times 100$

$= 125$

(2) $\mathrm{TWA} = 16.61 \log(D/100) + 90\ \mathrm{dB}$

$= 16.61 \log 1.25 + 90\ \mathrm{dB}$

$= 91.6\ \mathrm{dB}$

3.65 소음관리 대책을 5가지 이상 서술하시오.

풀이

(1) 소음원의 통제: 기계의 적절한 설계, 적절한 정비 및 주유, 기계에 고무받침대(mounting) 부착, 차량에는 소음기(muffler)를 사용한다.
(2) 소음의 격리: 덮개(enclosure), 방, 장벽을 사용(집의 창문을 닫으면 약 10 dB 감음된다.)
(3) 차폐장치(baffle) 및 흡음재료 사용
(4) 음향처리제(acoustical treatment) 사용
(5) 적절한 배치(layout)
(6) 방음보호구 사용: 귀마개와 귀덮개
(7) BGM(Back Ground Music): 배경음악(60±3 dB)

3.66 청력보존 프로그램의 중요 요소 5가지를 쓰시오.

풀이

(1) 소음 측정
(2) 공학적 관리
(3) 청력보호구착용
(4) 청력검사(의학적 판단)
(5) 보건교육훈련

3.67 전신진동이 작업수행에 미치는 영향에 관하여 설명하시오.

풀이

시각작업과 운동수행 작업에 영향을 미친다. 시각작업은 진동수가 10~25 Hz 범위일 때 작업 수행능력이 가장 낮아지며, 13 Hz 정도에서는 안면과 눈꺼풀이 진동하여 시각적인 장애를 주게 된다. 추적작업을 수행할 경우 4~20 Hz 범위의 주파수에서 가속도 0.20 g 이상인 경우 수직 사인파의 영향을 받는다.

3.68 특정 작업에서 진동공구를 정기적으로 장시간 사용하면 진동증후군이 생긴다. 진동공구의 사용으로 인하여 생기는 질환인 손-팔 진동증후군(HAVS; Hand-Arm Vibration Syndrome)에 관하여 설명하시오.

풀이

진동으로 인하여 손과 손가락으로 가는 혈관이 수축하여 손과 손가락이 하얗게 되며 저리고 아프고 쑤시는 현상이 나타난다. 추운 환경에서 진동을 유발하는 진동공구를 사용하는 경우 손가락의 감각과 민첩성이 떨어지고 혈류의 흐름이 원활하지 못하며 악화되면 손끝에 괴사가 일어난다.

3.69 신체에 영향을 주는 진동은 크게 전신진동과 국소진동으로 나눌 수 있다. 진동의 종류에 따른 방지대책을 설명하시오.

풀이

진동의 종류	대책
전신진동	1. 진동발생원을 격리하여 원격제어 2. 방진매트 사용 3. 지속적인 장비수리 및 관리 4. 진동저감 의자 사용
국소진동	1. 진동기준이 최저인 공구 사용 2. 방진공구, 방진장갑 사용 3. 연장을 잡는 악력을 감소시킴 4. 진동공구를 사용하지 않는 다른 방법으로 대체함 5. 추운 곳에서의 진동공구 사용을 자제하고 수공구 사용 시 손을 따뜻하게 유지시킴

3.70 기후순화의 더위와 추위에 대한 각각의 적응기간을 설명하시오.

풀이

사람이 더위 혹은 추위에 계속적으로 노출되면, 생리적인 적응이 일어나게 된다.

(1) 더운 기후에 대한 환경적응은 4~7일만 지나면 직장 온도와 심박수가 현저히 감소하고 발한율이 증가하며, 12~14일이 지나면 거의 적응하게 된다.

(2) 추위에 대한 환경적응은 1주일 정도에도 일어날 수 있지만 완전한 적응은 수개월 혹은 수년이 걸리는 수도 있다. 비록 환경적응이 일어난다고 하더라도 영원히 지속되지는 않으며, 그 환경에서 장기간 벗어나면 재적응이 필요하다.

3.71 다음 보기를 보고 열교환 방정식을 쓰시오.

[보기]

$\triangle S$: 신체에 저장되는 열

M: 대사에 의한 열

C: 대류와 전도에 의한 열교환량

E: 증발에 의한 열손실

R: 복사에 의한 열교환량

W: 수행한 일

풀이

$$\triangle S(\text{열축적}) = M(\text{대사}) - E(\text{증발}) \pm R(\text{복사}) \pm C(\text{대류}) - W(\text{한 일})$$

3.72 더운 곳에 있는 사람은 시간당 최고 4 kg까지의 땀(증발열: 2,410 J/g)을 흘릴 수 있다. 이 사람이 땀을 증발함으로써 잃을 수 있는 열은 몇 kW인가?

> **풀이**
>
> $$\text{열손실률}(R) = \frac{\text{증발에너지}(Q)}{\text{증발시간}(t)} = \frac{4{,}000\text{ g} \times 2{,}410\text{ J/g}}{60 \times 60\text{sec}}$$
>
> $$= 2{,}677.8\text{ W} \fallingdotseq 2.68\text{ kW}$$

3.73 신체와 외부환경 사이의 열을 교환하는 방식에는 어떠한 것이 있는지, 그 내용을 설명하시오.

> **풀이**
>
> (1) 전도: 직접적인 접촉에 의한 열전달로 신체의 열전도는 거의 일어나지 않는다.
> (2) 대류: 고온의 액체나 기체가 고온대에서 저온대로 직접 이동하여 일어나는 열전달이다.
> (3) 복사: 전자파의 복사에 의하여 열이 전달되는 것으로 태양의 복사열로 지면과 신체를 가열시킨다.
> (4) 증발: 신체 내의 수분이 열에 의해 수증기로 증발되는 현상이다.

3.74 클로단위(clo unit)에 대해 설명하시오.

> **풀이**
>
> 열교환과정 또는 입은 옷의 보온효과를 측정하는 척도. 클로단위는 다음과 같이 정의된다.
> 클로단위 $= 0.18 \times ℃/(\text{kcal/m}^2 \cdot \text{시간}) = °\text{F}/(\text{Btu/ft}^2 \cdot \text{시간})$
> 클로단위는 남자가 보통 입는 옷의 보온율이며, 온도 21°C, 상대습도 50%의 환기되는(공기 유통속도 6 m/분) 실내에서 앉아 쉬는 사람을 편하게 느끼게 하는 보온율이다.

3.75 실효온도에 대해 설명하고, 실효온도의 결정요소에는 어떠한 것들이 있는가?

풀이

(1) 실효온도는 온도, 습도 및 공기유동이 인체에 미치는 열효과를 하나의 수치로 통합한 경험적 감각지수로 상대습도 100%일 때 이 (건구)온도에서 느끼는 동일한 온감이다.

(2) 실효온도의 결정요소

가. 온도

나. 습도

다. 대류(공기유동)

한국산업인력공단 출제기준에 따른 자격시험 준비서

인간공학기사 실기편

PART IV 시스템 관리

1장 | 산업안전

01 안전관리(safety management)

1.1 안전관리의 정의

안전관리는 생산성의 향상과 재산손실(loss)의 최소화를 위하여 행하는 것으로 비능률적 요소인 안전사고가 발생하지 않은 상태를 유지하기 위한 활동, 즉 재해로부터의 인간의 생명과 재산을 보호하기 위한 계획적이고 체계적인 제반활동을 산업안전관리(safety management)라 한다.

1.2 안전의 4M과 3E 대책

출제빈도 ★★★★

(1) 안전의 4M

가. 미국의 국가교통안전위원회가 채택하고 있는 방법

나. 4M은 인간이 기계설비와 안전을 공존하면서 근로할 수 있는 시스템의 기본조건이다.

다. 4M의 종류

① Man(인간): 인간적 인자, 인간관계

② Machine(기계): 방호설비, 인간공학적 설계

③ Media(매체): 작업방법, 작업환경

④ Management(관리): 교육훈련, 안전법규 철저, 안전기준의 정비

(2) 안전의 3E 대책

안전대책의 중심적인 내용에 대해서는 3E가 강조되어 왔다.

가. 3E의 종류

① Engineering(기술)

② Education(교육)

③ Enforcement(강제)

나. 3E는 산업재해가 기계적 또는 물리적으로 부적절한 환경, 지식 또는 기능의 결여·부적절한 태도, 육체적 부적합의 어느 것인가가 주원인이 되어 발생한다고 하는 이해가 기초로 되어 있다.

02 산업재해

2.1 산업재해의 정의

(1) 산업안전보건법에 의한 정의

산업재해라 함은 근로자가 업무에 관계되는 건설물, 설비, 원재료, 가스, 증기, 분진 등에 의하거나 작업 또는 그 밖의 업무로 인하여 사망 또는 부상하거나 질병에 걸리는 것을 말한다.

2.2 산업재해의 발생과 원인

출제빈도 ★★★★

2.2.1 하인리히의 재해이론

(1) 하인리히의 도미노 이론

각 요소들을 골패에 기입하고 이 골패를 넘어뜨릴 때 중간의 어느 골패 중 한 개를 빼어 버리면 사고까지는 연결되지 않는다는 이론이다.

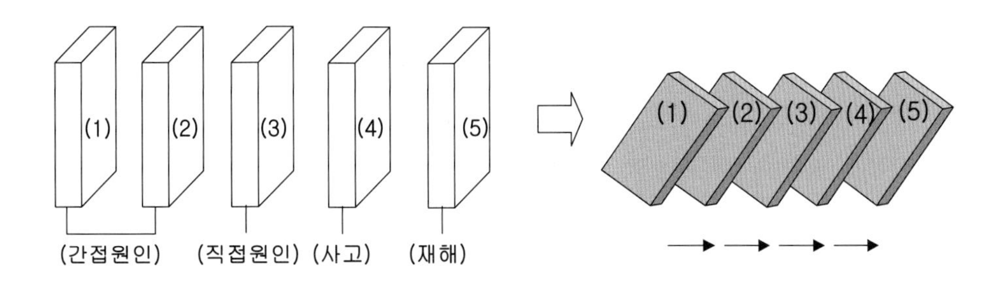

(1) 사회적 환경 및 유전적 요소
(2) 개인적 결함
(3) 불안전행동 및 불안전상태
(4) 사고
(5) 상해(산업재해)

그림 4.1.1 하인리히의 도미노 이론

(2) 하인리히의 5개 구성요소

가. **사회적 환경 및 유전적 요소**: 인간성격의 내적 요소는 유전으로 형성되는 것과 환경의 영향을 받아 형성되는 것이 있는데 유전이나 환경도 인간결함의 원인이 된다.

나. **개인적 결함**: 선천적·후천적인 인적결함(무모, 과격한 기질, 신경질, 흥분성, 안전작업의 무시 등)은 안전행위를 어기거나 기계적·물리적인 위험성을 존재시킬 수 있는 가장 가까운 이유이다.

다. **불안전행동 및 불안전상태**: 사람의 불안전행동, 즉 불안전속도로 작업하는 일, 방호장치를 작동하지 않거나 위험한 방법으로 도구나 장비를 사용하는 일, 방호장치를 잘못 사용하는 일 등과 기계적 및 물리적 위험성, 즉 잘못 관리되거나 결함이 있는 장치, 부적당한 조명, 부적당한 환기, 불안전한 작업복 등은 직접 사고를 초래하는 결과가 된다.

라. **사고**: 순조로운 공정도에는 기입되어 있지 않은 것으로서, 예를 들면 배관으로부터의 내용물의 분출, 고압장치의 파열, 가연성 가스의 폭발, 고소(高所)로부터의 물체의 낙하, 전기기기의 누전 등 재해로 연결될 우려가 있는 이상상태를 말한다. 인적 손실을 주는 사고를 인적 사고, 물적 손실을 주는 사고를 물적 사고라고 할 수 있다.

마. **상해(산업재해)**: 사람의 사망, 골절, 건강의 장해 등 사고의 결과로서 일어나는 상해이다. 예방될 수 있는 상해의 발생은 일련의 사건 또는 환경의 자연적 성취로서 그것은 항상 일정하고 논리적인 순서를 거쳐 일어나는 것이다.

(3) 하인리히의 1 : 29 : 300의 법칙

동일사고를 반복하여 일으켰다고 하면 상해가 없는 경우가 300회, 경상의 경우가 29회, 중상의 경우가 1회의 비율로 발생한다는 것이다.

$$\text{재해의 발생} = \text{물적 불안전상태} + \text{인적 불안전행동} + \alpha$$
$$= \text{설비적 결함} + \text{관리적 결함} + \alpha$$
$$\alpha = \frac{300}{1+29+300} = \text{숨은 위험한 상태}$$

(4) 재해예방의 5단계

하인리히는 산업안전 원칙의 기초 위에서 사고예방 원리라는 5단계적인 방법을 제시하였다.

가. **제1단계(조직)**: 경영자는 안전목표를 설정하여 안전관리를 함에 있어 맨 먼저 안전관리 조직을 구성하여 안전활동 방침 및 계획을 수립하고 전문적 기술을 가진 조직

을 통한 안전활동을 전개함으로써 근로자의 참여하에 집단의 목표를 달성하도록 하여야 한다.

나. 제2단계(사실의 발견): 조직편성을 완료하면 각종 안전사고 및 안전활동에 대한 기록을 검토하고 작업을 분석하여 불안전요소를 발견한다. 불안전요소를 발견하는 방법은 안전점검, 사고조사, 관찰 및 보고서의 연구, 안전토의, 또는 안전회의 등이 있다.

다. 제3단계(평가분석): 발견된 사실, 즉 안전사고의 원인분석은 불안전요소를 토대로 사고를 발생시킨 직접적 및 간접적 원인을 찾아내는 것이다. 분석은 현장조사 결과의 분석, 사고보고, 사고기록, 환경조건의 분석 및 작업공장의 분석, 교육과 훈련의 분석 등을 통해야 한다.

라. 제4단계(시정책의 선정): 분석을 통하여 색출된 원인을 토대로 효과적인 개선방법을 선정해야 한다. 개선방안에는 기술적 개선, 인사조정, 교육 및 훈련의 개선, 안전행정의 개선, 규정 및 수칙의 개선과 이행 독려의 체제강화 등이 있다.

마. 제5단계(시정책의 적용): 시정방법이 선정된 것만으로 문제가 해결되는 것이 아니고 반드시 적용되어야 하며, 목표를 설정하여 실시하고 실시결과를 재평가하여 불합리한 점은 재조정되어 실시되어야 한다. 시정책은 교육, 기술, 규제의 3E 대책을 실시함으로써 이루어진다.

2.2.2 버드의 도미노 이론

(1) 버드(Frank E. Bird Jr.)는 제어의 부족, 기본원인, 직접원인, 사고, 상해의 5개 요인으로 설명하고 있다. 직접원인을 제거하는 것만으로도 재해는 일어날 수 있으므로, 기본원인을 제거하여야 한다.

가. 제어의 부족–관리

안전관리자 또는 손실제어 관리자가 이미 확립되어 있는 전문적인 관리의 원리를 충분히 이해함과 동시에 다음의 사항을 행하는 것이다.

① 안전관리 계획 및 스스로가 실시해야 할 직무계획의 책정

그림 4.1.2 버드의 도미노 이론

② 각 직무활동에서 하여야 할 실시기준의 설정

③ 설정된 기준에 의한 실적 평가

④ 계획의 개선, 추가 등의 수정

나. 기본원인-기원

재해 또는 사고에는 그 기본적 원인 또는 배후적 원인이 되는 개인에 관한 요인 및 작업에 관한 요인이 있다.

① 개인적 요인: 지식 및 기능의 부족, 부적당한 동기부여, 육체적 또는 정신적인 문제 등

② 작업상의 요인: 기계설비의 결함, 부적절한 작업기준, 부적당한 기기의 사용방법, 작업체제 등 재해의 직접원인을 해결하는 것보다도 오히려 근원이 되는 근본원인을 찾아내어 가장 유효한 제어를 달성하는 것이 중요하다.

다. 직접원인-징후

불안전한 행동 또는 불안전상태라고 말하는 것이다.

라. 사고-접촉

마. 상해-손실

03 재해조사 및 순서

3.1 재해조사

(1) 재해조사의 목적

산업재해 조사는 같은 종류의 재해가 되풀이해서 일어나지 않도록 재해의 원인이 되는 위험한 상태 및 불안전한 행동을 미리 발견하고, 이것을 분석·검토하여 올바른 재해예방대책을 세우는 데 그 목적이 있다.

(2) 산업재해 발생보고

가. 사업주는 사망자 또는 3일 이상의 휴업이 필요한 부상을 입거나 질병에 걸린 자가 발생한 때에는 당해 산업재해가 발생한 날부터 1개월 이내에 산업재해 조사표를 작성하여 관할 지방고용노동청장 또는 지청장(이하 "지방고용노동관서의 장"이라 한다)에게 제출하여야 한다.

나. 사업주는 중대재해가 발생한 때에는 24시간 이내에 다음 각 호의 사항을 관할 지방

노동관서의 장에게 전화 · 모사전송 기타 적절한 방법에 의하여 보고하여야 한다. 다만, 천재 · 지변 등 부득이한 사유가 발생한 경우에는 그 사유가 소멸된 때부터 24시간 이내에 이를 보고하여야 한다.

3.2 재해조사의 순서

출제빈도 ★★★★

(1) 사실의 확인

재해발생 상황을 피해자, 목격자 기타 관계자에 대하여 현장조사를 함으로써 작업의 개시부터 재해가 발생할 때까지의 경과 가운데 재해와 관계가 있었던 사실을 분명히 한다.

가. 사람에 관한 사항

작업명과 그 내용, 단독, 공동작업별 피해자 및 공동작업자의 성명, 성별, 연령, 직종과 소속, 경험 및 근무연수, 자격, 면허 등에 대해 조사하며, 사람의 불안전 행동의 유무에 대하여 관계자로부터 사정을 청취한다.

나. 작업에 관한 사항

명령 · 지시 · 연락 등 정보의 유무와 그 내용, 작업의 자세, 사전협의, 인원배치, 준비, 작업방법, 작업조건, 작업순서, 작업장소의 정리 · 정돈 기타 작업환경 조건 등에 대해 조사한다.

다. 설비에 관한 사항

레이아웃, 기계설비, 방호장치, 위험방호 설비, 물질, 재료, 하물, 작업용구, 보호구, 복장 등에 대하여 조사함과 동시에 이들의 불안전 상태의 유무에 대해 관계자로부터 사정을 청취한다.

라. 이상의 사실에 대하여 5W1H의 원칙에 의거 시계열적으로 정리한다. 조사자의 주관과 추리가 들어가는 것은 금물이다.

(2) 직접원인과 문제점 발견

파악된 사실에서 재해의 직접원인을 확정함과 동시에 그 직접원인과 관련시켜 사내의 제기준에 어긋난 문제점의 유무와 그 이유를 분명히 한다.

가. 물적원인(불안전상태)와 인적원인(불안전행동)은 노동부의 분류기준에 따르고 있으나 사업장에서는 독자적인 별도의 기준을 작성하고 분류하는 것이 바람직하다.

나. 물적 원인과 인적 원인의 양쪽이 존재하는 재해가 대부분이라는 것은 이미 기술한 바 있으나 현장에서 이들의 원인을 발생시킨 작업의 관리상태가 제기준에 벗어난

것인가, 아닌가를 검토한다.

(3) 기본원인과 문제점 해결

불안전상태 및 불안전행동의 배후에 있는 기본원인을 4M의 생각에 따라 분석, 결정하여야 한다.

가. 재해의 직접원인이 된 불안전상태 및 불안전행동이 잠재하고 있었던 애초부터의 기본적 원인과 그것을 해결하기 위해서의 근본적 문제점을 분명히 해야 한다.

나. 2단계 직접원인과 문제점 발견에서 분명하게 된 직접원인 및 3단계에서 결정된 기본원인이 기준과 비교할 때 어긋난 것이 있는지 없는지를 검토하여야 한다.

(4) 대책수립

대책은 최선의 효과를 가져올 수 있도록 구체적이며, 실시 가능한 대책이어야 한다.

04 산업재해 통계

일정기간에 발생한 산업재해에 대하여 재해 구성요소를 조사하여 발생요인을 해명함과 동시에 장래에 대한 효과적인 재해예방 대책을 수립함이 재해통계의 목적이다.

4.1 산업재해의 정도

출제빈도 ★★★★

국제 통계회의에서 노동기능의 저하정도에 따라 구분(우리나라 사용)한다.

(1) 사망
(2) 영구 전노동 불능재해: 근로자로서의 노동기능을 완전히 상실
(3) 영구 일부노동 불능재해: 근로자로서의 노동기능을 일부상실
(4) 일시 전노동 불능재해: 신체장애를 수반하지 않은 일반의 휴업재해
(5) 일시 일부노동 불능재해: 취업시간 중 일시적으로 작업을 떠나서 진료를 받는 재해
(6) 구급처치재해: 구급처치를 받아 부상의 익일까지 정규작업에 복귀할 수 있는 재해

4.2 재해율

4.2.1 연천인율(年千人率)

(1) 근로자 1,000명당 1년을 기준으로 발생하는 사상자수를 나타낸다.

(2) 계산공식

$$\text{연천인율} = \frac{\text{연간 사상자수}}{\text{연평균 근로자수}} \times 1{,}000$$

(3) 연천인율의 특징

가. 재해발생 빈도에 근로시간, 출근율, 가동일수는 무관하다.

나. 산출이 용이하며 알기 쉬운 장점이 있다.

다. 근로자수는 총 인원을 나타내며, 연간을 통해 변화가 있는 경우에는 재적 근로자수의 평균값을 구한다.

라. 사상자수는 부상자, 직업병의 환자수를 합한 것이다.

4.2.2 도수율(빈도율, frequency rate of injury)

(1) 산업재해의 발생빈도를 나타내는 것으로 연근로시간 합계 100만 시간당 발생건수이다.

(2) 계산공식

$$\text{도수율(FR)} = \frac{\text{재해발생 건수}}{\text{연근로시간수}} \times 10^6$$

(3) 현재 재해발생의 빈도를 표시하는 표준의 척도로서 사용하고 있다.

(4) 연근로시간수의 정확한 산출이 곤란할 때는 1일 8시간, 1개월 25일, 1년 300일을 시간으로 환산한 연 2400시간으로 한다.

4.2.3 강도율(severity rate of injury)

(1) 재해의 경중, 즉 강도를 나타내는 척도로서 연근로시간 1,000시간당 재해에 의해서 잃어버린 근로손실일수를 말한다.

(2) 계산공식

$$\text{강도율(SR)} = \frac{\text{근로손실일수}}{\text{연근로시간수}} \times 1{,}000$$

(3) 근로손실일수의 산정기준

표 4.1.1 근로손실일수의 산정기준

신체장해 등급	4	5	6	7	8	9	10	11	12	13	14
근로손실일수	5,500	4,000	3,000	2,200	1,500	1,000	600	400	200	100	50

※ 사망 및 1, 2, 3급의 근로손실일수: 7,500일

(4) 병원에 입원가료 시는 $\text{입원일수} \times \dfrac{300}{365}$으로 계산한다.

(5) $\text{근로손실일수} = \text{휴업일수(요양일수)} \times \dfrac{300}{365}$

(6) 사망에 의한 근로손실일수 7,500일이란?

가. 사망자의 평균연령: 30세

나. 근로가능연령: 55세

다. 근로손실년수: 근로가능연령−사망자의 평균연령=25년

라. 연간근로손실일수: 약 300일

마. 사망으로 인한 근로손실일수=연간근로일수×근로손실년수

=300×25=7,500일

4.2.4 환산강도율 및 환산도수율

도수율과 강도율을 생각할 경우 연근로시간은 10만 시간으로 하고, 10만 시간당 재해건수를 F(환산도수율), 근로손실일수를 S(환산강도율)라 하면 F와 S는 다음과 같이 나타낸다. 10만 시간은 작업자가 평생 일할 수 있는 시간으로 추정한 시간이다.

(1) 계산공식

가. $\text{환산도수율}(F) = \dfrac{\text{도수율}}{10}$

나. $\text{환산강도율}(S) = \text{강도율} \times 100$

(2) S/F는 재해 1건당 근로손실일수가 된다.

4.2.5 체감산업안전평가지수

근로자가 느끼는 안전의 정도를 도수율과 강도율과의 관계를 밝혀 근로자가 느끼는 안전의 정도를 나타내는 지수로 한국의 작업자가 실지로 느끼는 위험정도를 나타낸다.

$$체감산업안전평가지수 = 0.2 \times 도수율 + 0.8 \times 강도율$$

4.2.6 종합재해지수(FSI; Frequency Severity Indicator)

일반적으로 재해통계에 사용되는 재해지수로 도수율, 강도율, 연천인율 등이 통계지수로 활용되고 있으나 기업 간의 재해지수의 종합적인 비교를 위하여 재해 빈도와 상해의 정도를 종합하여 나타내는 지수로 종합재해지수가 이용되고 있다. 그 산출공식은 다음과 같다.

$$종합재해지수 = \sqrt{도수율 \times 강도율}$$

05 재해손실비용

5.1 하인리히의 방식

(1) 총 재해비용=직접비+간접비(직접비의 4배)

(2) 직접비: 간접비=1 : 4

(3) 직접비(재해로 인해 받게 되는 산재 보상금)

표 4.1.2 직접비의 구분

구분	내용
휴업급여	평균임금의 70/100
장애급여	1~14급(산재장애 등급)
요양급여	병원에 지급(요양비 전액)
유족급여	평균임금의 1,300일분
장의비	평균임금의 120일분
유족 특별급여	
장해 특별급여	

(4) 간접비: 직접비를 제외한 모든 비용

가. 인적 손실

나. 물적 손실

다. 생산 손실

라. 특수 손실

마. 기타 손실

(5) 하인리히의 1 : 4는 미국 전 산업의 평균값으로 업종에 따라서는 다르기 때문에(제철업 1 : 17), 모든 사업장에 적용하기에는 문제가 있다.

예제

근로자 400명의 어떤 작업장의 연간 재해건수는 14건이었고, 그중 1건은 사망, 13건은 장해등급 14등급이었다. 이때의 재해율을 계산하는데 다음의 물음에 답하시오.

(1) 연천인율:

(2) 도수율:

(3) 강도율:

(4) 종합재해지수:

(5) 산재로 인하여 지출된 보상금액이 4,300만 원이었다면, 이 사업장에서 재해로 입은 총재해 비용은 얼마인가? (하인리히 방식에 의거하여 계산할 것)

풀이

(1) $\frac{\text{연간재해자수}}{\text{연평균근로자수}} \times 1,000 = \frac{14}{400} \times 1,000 = 35$

(2) $\frac{\text{재해건수}}{\text{연근로총시간수}} \times 10^6 = \frac{14}{400 \times 2,400} \times 10^6 = 14.6$

(3) $\frac{\text{근로손실일수}}{\text{연근로총시간수}} \times 1,000 = \frac{7,500 + 50 \times 13}{400 \times 2,400} \times 1,000 = 8.49$

(4) $\sqrt{\text{빈도율} \times \text{강도율}} = \sqrt{14.6 \times 8.49} = 11.13$

(5) 가. 총 재해비용 = 직접비 + 간접비

나. 간접비 = 직접비 × 4 = 4,300만 원 × 4 = 17,200만 원

다. 총 재해비용 = 4,300만 원 + 17,200만 원 = 21,500만 원

2장 | 산업심리학

01 산업심리학의 개요

1.1 산업심리학의 정의

출제빈도 ★★★★

(1) 산업심리학(Industrial Psychology)의 정의는 학자와 연구가에 따라서 달라지는 경우가 많은데, 일반적으로 산업심리학이란 산업에 있어서 인간행동을 심리학적인 방법과 식견을 가지고 연구하는 실천과학이며, 응용심리학(Applied Psychology)의 한 분야이다.

(2) 산업심리학은 산업사회에 있어서 인간행동을 심리학적으로 연구하기 위한 학문으로, 산업환경 속에서 활동하는 인간과 관련된 여러 가지 사상을 심리학적인 방법과 법칙으로 관찰, 실험, 조사, 분석하여 실제적인 경영과 노동 등에 관련된 문제를 해결하는 데 적용하여 바람직한 산업관계의 수립과 발전에 기여하려는 실천심리학(Practical Psychology)이다.

(3) 산업심리학에서 호손(Hawthorne) 연구의 내용과 의의

작업장의 물리적 환경보다는 작업자들의 동기부여, 의사소통 등 인간관계가 보다 중요하다는 것을 밝힌 연구이다. 이 연구 이후로 산업심리학의 연구방향은 물리적 작업환경 등에 대한 관심으로부터 현대 산업심리학의 주요 관심사인 인간관계에 대한 연구로 변경되었다.

02 인간의 행동이론

2.1 인간의 행동특성

출제빈도 ★★★★

2.1.1 레빈(K. Lewin)의 인간행동 법칙

(1) 인간의 행동은 주변환경의 자극에 의해서 일어나며, 또한 언제나 환경과의 상호작용의

관계에서 전개되고 있다.

(2) 독일에서 출생하여 미국에서 활동한 심리학자 레빈은 인간의 행동(B)은 그 자신이 가진 자질, 즉 개체(P)와 심리적인 환경(E)과의 상호관계에 있다고 하였다. 아래 공식은 이에 대한 상호관계를 보여주고 있다.

$$B = f(P \cdot E)$$

여기서, B: behavior(인간의 행동)

f: function(함수관계)

P: person(개체: 연령, 경험, 심신 상태, 성격, 지능 등)

E: environment(환경: 인간관계, 작업환경 등)

(3) 이 식은 인간의 행동(behavior)은 사람(person)과 환경(environment)의 함수(f)라는 것을 의미하고 있다.

(4) P를 구성하는 요인(성격, 지능, 감각운동기능, 연령, 경험, 심신상태 등)과 E를 구성하는 요인(가정, 직장 등의 인간관계, 조도, 습도, 조명, 먼지, 소음, 기계나 설비 등의 물리적 환경)의 모든 요인 중에서 어딘가에 부적절한 것이 있으면 사고가 발생한다.

(5) 인간특징요인(P)은 그 사람이 태어나서 현재에 이르는 학습경험과 생활환경에서 이미 형성되어 있지만, 언제나 일정하지 않다. 여기에서 동작이 미치게 되는 환경 요인(E)은 항상 변화하는 것이며, 또한 의도적으로 변화시킬 수도 있다.

(6) 생산현장에서 작업할 때, 안전한 행동을 유발시키기 위해서는 적성 배치와 인간의 행동에 크게 영향을 주는 소질(개성적 요소)과 환경의 개선에 중점을 두게 되면 안전도에서 벗어날 만한 불안전한 행동의 방지가 가능하다.

03 주의와 부주의

3.1 주의

출제빈도 ★★★★

주의란 행동의 목적에 의식수준이 집중되는 심리상태를 말한다. 보통의 조건에서 변화하지 않는 단순한 자극을 명료하게 의식하고 있을 수 있는 시간은 불과 수 초에 지나지 않는다. 즉, 본인은 주의하고 있더라도 실제로는 의식하지 못하는 순간이 반드시 존재하는 것이다.

3.1.1 주의의 특성

(1) 선택성

가. 주의력의 중복집중의 곤란(주의는 동시에 두 개 이상의 방향을 잡지 못한다.)

나. 사람은 한 번에 여러 종류의 자극을 지각하거나 수용하지 못하며, 소수의 특정한 것으로 한정해서 선택하는 기능을 말한다.

(2) 변동성

가. 주의력의 단속성(고도의 주의는 장시간 지속할 수 없다.)

나. 주의는 리듬이 있어 언제나 일정한 수준을 지키지는 못한다.

(3) 방향성

가. 한 지점에 주의를 하면 다른 곳의 주의는 약해진다.

나. 주의를 집중한다는 것은 좋은 태도라고 볼 수 있으나 반드시 최상이라고 할 수는 없다.

다. 공간적으로 보면 시선의 초점에 맞았을 때는 쉽게 인지되지만 시선에서 벗어난 부분은 무시되기 쉽다.

04 작업동기 및 이론

4.1 작업동기 이론들

출제빈도 ★★★★

4.1.1 데이비스(K. Davis)의 동기부여 이론

데이비스는 다음과 같은 동기부여 이론을 제시하였다.

(1) 인간의 성과×물질의 성과＝경영의 성과이다.

(2) 능력×동기유발＝인간의 성과(human performance)이다.

(3) 지식(knowledge)×기능(skill)＝능력(ability)이다.

(4) 상황(situation)×태도(attitude)＝동기유발(motivation)이다.

4.1.2 허즈버그(F. Herzberg)의 동기 · 위생이론(2요인 이론)

허즈버그는 인간에게는 전혀 이질적인 두 가지 욕구가 동시에 존재한다고 주장하였다. 즉,

표 4.2.1과 같이 위생요인과 동기요인이 있는 것으로 밝혔다.

표 4.2.1 위생요인과 동기요인

위생요인(직무환경)	동기요인(직무내용)
회사정책과 관리, 개인 상호 간의 관계, 감독, 임금, 보수, 작업조건, 지위, 안전	성취감, 책임감, 안정감, 성장과 발전, 도전감, 일 그 자체

(1) 위생요인(유지욕구)

가. 회사의 정책과 관리, 감독, 작업조건, 대인관계, 금전, 지위신분, 안전 등이 위생요인에 해당하며, 이들은 모두 업무의 본질적인 면, 즉 일 자체에 관한 것이 아니고, 업무가 수행되고 있는 작업환경 및 작업조건과 관계된 것들이다.

나. 위생요인의 욕구가 충족되지 않으면 직무불만족이 생기나, 위생요인이 충족되었다고 해서 직무만족이 생기는 것이 아니다. 다만, 불만이 없어진다는 것이다. 직무만족은 동기요인에 의해 결정된다.

다. 인간의 동물적 욕구를 반영하는 것으로 매슬로우의 욕구단계에서 생리적, 안전, 사회적 욕구와 비슷하다.

(2) 동기요인(만족욕구)

가. 보람이 있고 지식과 능력을 활용할 여지가 있는 일을 할 때에 경험하게 되는 성취감, 전문직업인으로서의 성장, 인정을 받는 등 사람에게 만족감을 주는 요인을 말한다. 동기요인들이 직무만족에 긍정적인 영향을 미칠 수 있고, 그 결과 개인의 생산능력의 증대를 가져오기도 한다.

나. 위생요인의 욕구가 만족되어야 동기요인욕구가 생긴다.

다. 자아실현을 하려는 인간의 독특한 경향을 반영한 것으로 매슬로우의 자아실현욕구와 비슷하다.

4.1.3 알더퍼(C. P. Alderfer)의 ERG 이론

알더퍼는 현장연구를 배경으로 매슬로우의 욕구 5단계를 수정하여 조직에서 개인의 욕구동기를 보다 실제적으로 설명하였다. 즉, 인간의 핵심적인 욕구를 존재욕구(Existence), 관계욕구(Relatedness) 및 성장욕구(Growth)의 단계로 나누는 이론을 제시하였다.

(1) 존재욕구: 생존에 필요한 물적 자원의 확보와 관련된 욕구이다.

가. 신체적인 차원에서 유기체의 생존과 유지에 관련된 욕구

나. 의식주

다. 봉급, 부가급수, 안전한 작업조건
라. 직무 안전

(2) **관계욕구**: 사회적 및 지위상의 욕구로서 다른 사람과의 주요한 관계를 유지하고자 하는 욕구이다.
가. 의미 있는 타인과의 상호작용
나. 대인욕구

(3) **성장욕구**: 내적 자기개발과 자기실현을 포함한 욕구이다.
가. 개인적 발전능력
나. 잠재력 충족

(4) 이 알더퍼 이론이 매슬로우의 이론과 다른 점은 매슬로우의 이론에서는 저차원의 욕구가 충족되어야만 고차원의 욕구가 등장한다고 하지만, ERG 이론에서는 동시에 두 가지 이상의 욕구가 작동할 수 있다고 주장하고 있는 점이다.

4.1.4 맥그리거(McGregor)의 X, Y이론

(1) 맥그리거에 의하면 의사결정이 상층부에 집중되고, 상사와 부하의 구성이 피라미드 모형을 이루게 되고, 작업이 외부로부터 통제되고 있는 전통적 조직은 인간성과 인간의 동기부여에 대한 여러 가지 가설에 근거하여 운영되고 있다는 것이다.
(2) X이론은 인간성에 대해 다음과 같은 가설을 설정하고 있으며, X이론은 명령통제에 관한 전통적 관점이다.
가. 인간은 게으르며 피동적이고, 일하기 싫어하는 존재이다.
나. 책임을 회피하며, 자기보존과 안전을 원하고, 변화에 저항적이다.
다. 인간은 이기적이고, 자기중심적이며, 경제적 욕구를 추구한다.
라. 관리전략(당근과 채찍, carrot and stick): 경제적 보상체계의 강화, 권위적 리더십의 확립, 엄격한 감독과 통제제도 확립, 상부 책임제도의 강화, 조직구조의 고층화 등
마. 해당 이론: 과학적 관리론, 행정관리론 등

(3) 맥그리거는 관리자가 인간성과 동기부여에 대한 보다 올바른 이해를 바탕으로 하여 관리활동을 수행하는 것이 필요하다고 주장하였다. 이리하여 Y이론이라 불리는 인간행동에 관한 다음과 같은 가설을 설정하고 있다.
가. 인간행위는 경제적 욕구보다는 사회심리적 욕구에 의해 결정된다.
나. 인간은 이기적 존재이기보다는 사회(타인) 중심의 존재이다.

다. 인간은 스스로 책임을 지며, 조직목표에 헌신하여 자기실현을 이루려고 한다.

라. 동기만 부여되면 자율적으로 일하며, 창의적 능력을 가지고 있다.

마. 관리전략: 민주적 리더십의 확립, 분권화와 권한의 위임, 목표에 의한 관리, 직무확장, 비공식적 조직의 활용, 자체평가제도의 활성화, 조직구조의 평면화 등

바. 해당 이론: 인간관계론, 조직발전이론, 자아실현이론 등

(4) 표 4.2.2는 X이론과 Y이론을 비교하여 나타낸 것이다.

표 4.2.2 맥그리거의 X, Y이론

X이론	Y이론
인간불신감	상호신뢰감
성악설	성선설
인간은 원래 게으르고, 태만하여 남의 지배를 받기를 원한다.	인간은 부지런하고, 근면적이며, 자주적이다.
물질욕구(저차원 욕구)	정신욕구(고차원 욕구)
명령통제에 의한 관리	목표통합과 자기통제에 의한 자율관리
저개발국형	선진국형

4.1.5 매슬로우(A. H. Maslow)의 욕구단계이론

매슬로우는 인간은 끊임없이 보다 나은 환경을 갈망하여서 욕구가 단계를 형성하고 있으며, 낮은 단계의 욕구가 충족되면 보다 높은 단계의 욕구가 행동을 유발시키는 것으로 파악하였다.

(1) 제1단계(생리적 욕구, physiological needs)

생명유지의 기본적 욕구, 즉 기아, 갈증, 호흡, 배설, 성욕 등 인간의 의식주에 대한 가장 기본적인 욕구(종족보존)이다. 이 욕구가 충족되기 시작하면 그보다 높은 단계의 욕구가 중요해지기 시작한다는 것이다.

(2) 제2단계(안전과 안정욕구, safety and security needs)

외부의 위험으로부터 안전, 안정, 질서, 환경에서의 신체적 안전을 바라는 자기 보존의 욕구이다.

(3) 제3단계(소속과 사랑의 사회적 욕구, belongingness and love needs)

개인이 집단에 의해 받아들여지고, 애정, 결속, 동일시 등과 같이 타인과의 상호작용을 포함한 사회적 욕구이다.

(4) 제4단계(자존의 욕구, self-esteem needs)

자존심, 자기존중, 성공욕구 등과 같이 다른 사람들로부터 존경받고 높이 평가받고자 하는 욕구이다.

(5) 제5단계(자아실현의 욕구, self-actualization needs)

각 개인의 잠재적인 능력을 실현하고자 하는 욕구(성취욕구)이다.

(6) 그림 4.2.1은 매슬로우의 인간의 욕구단계를 보여주고 있다.

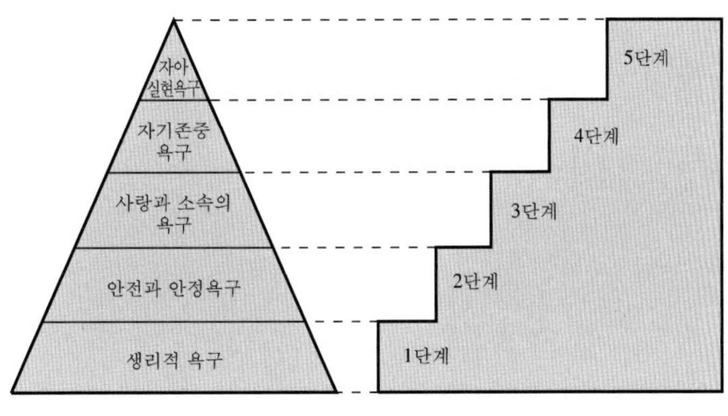

그림 4.2.1 인간의 욕구단계

4.1.6 작업동기이론들의 상호관련성

표 4.2.3은 지금까지 설명한 작업동기 이론들의 상호 관련성을 비교해 놓은 것이다.

표 4.2.3 작업동기이론들의 상호 관련성

위생요인과 동기요인 (Herzberg)	욕구의 5단계 (Maslow)	ERG이론 (Alderfer)	X이론과 Y이론 (McGregor)
위생요인	1단계: 생리적 욕구(종족 보존)	존재욕구	X이론
	2단계: 안전욕구		
	3단계: 사회적 욕구(친화욕구)	관계욕구	
동기부여요인	4단계: 인정받으려는 욕구(승인의 욕구)		Y이론
	5단계: 자아실현의 욕구(성취욕구)	성장욕구	

05 조직이론

(1) 조직은 공통의 목적을 가지며, 이 목적을 달성하기 위하여 인적, 물적 요소의 상호작용을 통하여 하나의 구조적 과정을 형성한다.

(2) 조직은 구조적 과정을 형성하기 위하여 제 기능을 분화하고 권한을 배분하여 개개인에게 할당하여 목적 달성에 기여토록 하고, 그들의 활동을 조정함으로써 유효한 사회체제로서 유지시켜 나가는 특성을 갖는다.

5.1 조직의 형태

출제빈도 ★★★★

(1) 조직의 형태는 기능을 분화하고 그것을 분담한 구성원이 협동해서 합리적으로 직능을 수행할 수 있도록 한 분업과 협업의 관계로서의 구조를 말한다.

(2) 조직구조는 경영의 제반업무 활동이 분화, 발달함에 따라 점차 복잡한 양상을 띠고 있어 순수한 조직형태(직계식 조직, 직능식 조직, 직계참모 조직)를 채택하고 있는 회사는 거의 없다.

(3) 모든 산업조직에는 라인과 스탭이 있으며, 또한 각종 위원회도 설치함으로써 조직의 다원적 운용을 꾀하고 있다.

5.1.1 직계식 조직(line organization)

(1) 직계식 조직은 라인 조직, 직계 조직, 또는 군대식 조직이라고도 한다.

(2) 그림 4.2.2와 같이 최상위에서부터 최하위의 단계에 이르는 모든 직위가 단일 명령권한

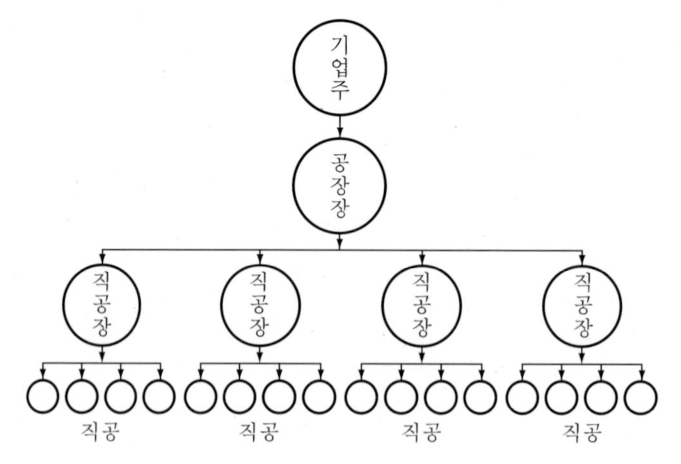

그림 4.2.2 직계식 조직의 예

의 라인으로 연결된 조직형태를 말한다. 이와 같은 직계식 조직에서 하위자는 1인 직속 상사 이외의 사람과는 직접적인 관계를 갖지 않게 된다.

(3) 소규모 조직에 적용하기에 적합한 조직의 형태이다.

(4) 이런 조직의 장점과 단점은 다음과 같다.

가. 장점

① 조직은 명령계통이 일원화되어 간단하면서 일관성을 가진다.

② 책임과 권한이 분명하다.

③ 경영 전체의 질서유지가 잘 된다.

나. 단점

① 상위자의 1인에 권한이 집중되어 있기 때문에 과중한 책임을 지게 된다.

② 권한을 위양하여 관리단계가 길어지면 상하 커뮤니케이션에 시간이 걸린다.

③ 횡적 커뮤니케이션이 어렵다.

④ 전문적 기술 확보가 어렵다.

(5) 이런 라인 조직을 형성하는 라인 관계는 모든 조직 및 단위 조직에 공통되는 조직편성의 기본이 되지만, 규모가 확대되고 환경변화에의 적응이 긴요한 현대의 산업 조직에 있어서의 라인 권한관계만으로는 성립할 수 없다.

5.1.2 직능식 조직(functional organization)

(1) 직능식 조직은 기능식 조직이라고도 한다.

(2) 이 조직은 관리자가 일정한 관리기능을 담당하도록 기능별 전문화가 이루어지고, 각 관리자는 자기의 관리직능에 관한 것인 한 다른 부문의 부하에 대하여도 명령·지휘하는 권한을 수여한 조직을 말한다.

(3) 직능식 조직은 테일러(F. W. Taylor)가 그의 과학적 관리법에서 주장한 조직형태로부터 비롯된 것이다. 이런 직능식 조직은 그림 4.2.3과 같이 종래의 직계식 조직하의 만능적 직장에 대신한 것이다.

(4) 기획부에 4개 직장(순서계, 지도표계, 시간 및 원가계, 공장감독계 등)과 현장에 있어서의 4개 직장(준비계, 속도계, 검사계, 수선계) 등 8명의 직장에게 관리기능을 분담시키는 것으로 만들어진 예제이다.

(5) 이 조직의 장점과 단점은 다음과 같다.

가. 장점

① 상위자의 관리직능을 직능별 전문화에 의하여 배분함으로써 그 부담을 경감시킬

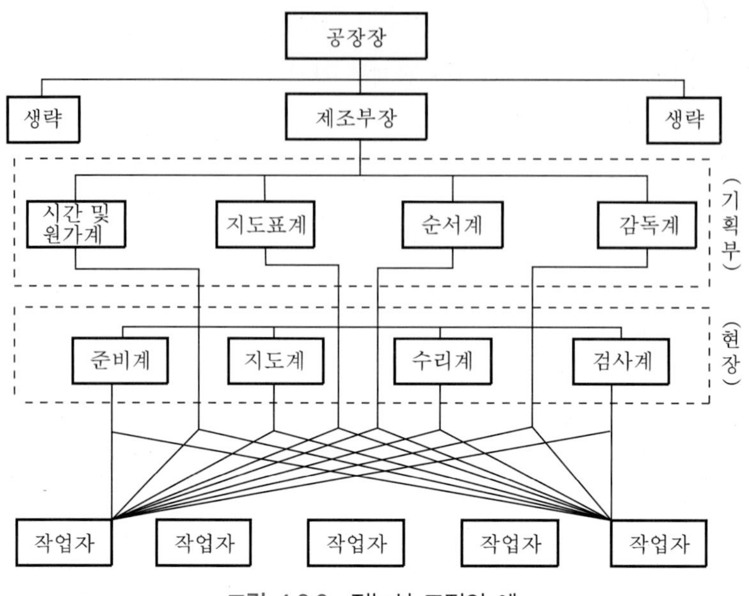

그림 4.2.3 직능식 조직의 예

수가 있다.

② 상위자의 전문적 능력을 충분히 발휘할 수 있다.

③ 관리자의 양성이 용이하다.

나. 단점

① 작업자는 몇 명의 상위자로부터 명령을 받게 되므로 혼란을 야기할 염려가 있다.

② 책임의 소재가 불명하기 쉽다.

③ 동기계층의 관리자 간의 의견 대립이 있을 때에 그 조정이 어렵다.

5.1.3 직계참모 조직(line and staff organization)

(1) 직계참모 조직은 라인 스탭 조직이라고도 한다. 대규모 조직에 적합한 조직형태이다.

(2) 직능별 전문화의 원리와 명령 일원화의 원리를 조화할 목적으로 그림 4.2.4와 같이 라인과 스탭을 결합하여 형성한 조직이다.

(3) 여기에 라인 직능과 스탭 직능의 결합은 라인의 결정과 명령을 실시할 수 있는 체계로 보고, 스탭은 라인에 대하여 조언과 조력을 행하는 체계로 보는 권한관계의 양식을 기초로 한다.

(4) 이 조직은 미국의 에머슨(H. Emerson)이 프러시아 군대의 참모제도를 참고로 하여 제창한 것이다.

(5) 이 조직의 장점과 단점은 다음과 같다.

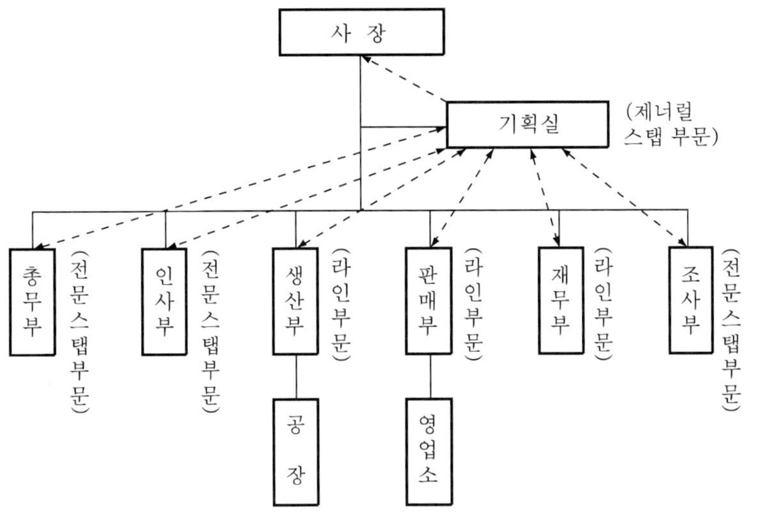

그림 4.2.4 직계참모 조직의 예

가. 장점

① 이 조직은 명령의 통일성을 확보할 수 있다.

② 전문가를 활용함으로써 일의 질과 능률을 향상시킬 수 있다.

나. 단점

① 스탭을 중용할 때 스탭이 라인부문의 집행에 개입하여 명령체계의 혼란이 야기될 수 있다.

② 스탭이 경시되면 조언·조력이 라인에 의하여 활용되지 못하는 결과를 가져온다.

(6) 이 조직형태는 현실적인 기업경영에서 널리 채용되고 있으므로 라인과 스탭의 관계를 명확히 하는 반면, 양자의 관계가 원만하게 조화되도록 쌍방에서 노력할 것이 필요하다.

06 집단역학

6.1 집단역학의 개념

(1) 집단역학(group dynamics)은 사회심리학의 한 영역으로서 1930년대 후반에 레빈(Kurt Lewin)에 의하여 창안되었다.

(2) 개인의 행동은 소속하는 집단으로부터의 영향을 어떻게 받는가, 그 영향력에 대한 저항

을 집단은 어떠한 집단과정을 통하여 극복하려 하는가라는 문제를 가설 검증적인 방법에 의해 연구한다.

(3) 집단역학에서 대상으로 하는 집단은 구성원들의 상호교우관계에 있다. 따라서 많은 대면적 소집단에 있어서 그러한 집단의 심리과정에서 나타나는 다음과 같은 역학적 특성을 규명하려는 것을 목적으로 한다.

가. 집단규범

나. 집단응집성

다. 과업수행의 촉진방법

라. 집단규범을 내면화하는 과정

마. 동기

바. 리더나 집단의 난관 대처방법

사. 집단의 의사소통 구조 차이에 의한 능률이나 만족의 차이

(4) 집단역학은 집단의 성질, 집단발달의 법칙, 집단과 개인 간의 관계, 집단과 집단 간의 관계, 집단과 조직과의 관계 등에 관한 지식을 얻는 것을 목적으로 하는 연구 분야이다.

(5) 소시오메트리(sociometry): 구성원 상호 간의 선호도를 기초로 집단 내부의 동태적 상호관계를 분석하는 기법이다. 소시오메트리는 구성원들 간의 좋고 싫은 감정을 관찰, 검사, 면접 등을 통하여 분석한다.

6.1.1 집단의 기능

(1) **집단응집성(group cohesiveness)**

가. 집단응집성은 구성원들이 서로에게 매력적으로 끌리어 그 집단목표를 공유하는 정도라고 할 수 있다.

나. 응집성은 집단이 개인에게 주는 매력의 소산, 개인이 이런 이유로 집단에 이끌리는 결과이기도 하다. 집단응집성의 정도는 집단의 사기, 팀 정신, 구성원에게 주는 집단매력의 강도, 집단과업에 대한 성원의 관심도를 나타내 주는 것이다.

다. 응집성이 강한 집단은 소속된 구성원이 많은 매력을 갖고 있는 집단이며, 나아가서 구성원들이 서로 오랫동안 같이 있고 싶어 하는 집단인 것이다.

라. 집단응집성의 정도는 구성원들 간의 상호작용의 수와 관계가 있기 때문에 상호작용의 횟수에 따라 집단의 사기를 나타내는 응집성지수라는 것을 계산할 수 있다.

마. **응집성지수**: 이 지수는 집단 내에서 가능한 두 사람의 상호작용의 수와 실제의 수를 비교하여 구한다.

$$응집성지수 = \frac{실제\ 상호작용의\ 수}{가능한\ 상호작용의 수}$$

바. 집단응집성은 상대적인 것이지 절대적인 것은 아니다.

사. 응집성이 높은 집단일수록 결근율과 이직률이 낮고, 구성원들이 함께 일하기를 원하며, 구성원 상호 간에 친밀감과 일체감을 갖고, 집단목적을 달성하기 위해 적극적이고 협조적인 태도를 보인다.

예제

원자력발전소의 주제어실에는 SRO(발전부장), RO(원자로과장), TO(터빈과장), EO(전기과장) 및 STA(안전과장)가 1조가 되어 3교대 방식으로 근무하고 있다. 각 운전원의 인화관계는 발전소 안전에 중대한 영향을 미칠 수 있다. 한 표본 운전조를 대상으로 인화정도를 조사하여 아래와 같은 소시오그램을 작성하였다.

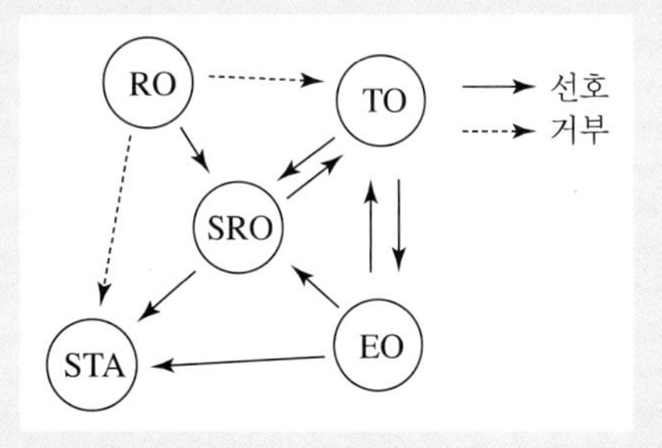

(1) 이 그림을 바탕으로 각 운전원의 선호신분지수를 구하고 이 표본 운전조의 실질적 리더를 찾으시오.

(2) 이 집단의 응집성지수를 구하시오.

(3) 이 운전조의 인화관계를 평가하고 문제점을 지적하시오.

풀이

(1) $$선호신분지수 = \frac{선호총계}{구성원-1}$$

$$SRO = \frac{3}{5-1} = 0.75,\ RO = \frac{0}{5-1} = 0,\ TO = \frac{2-1}{5-1} = 0.25,$$

$$EO = \frac{1}{5-1} = 0.25,\ STA = \frac{2-1}{5-1} = 0.25$$

∴ 발전부장(SRO)이 가장 높은 선호신분지수 값을 얻어 이 표본 운전조의 실질적 리더이다.

(2) $$응집성지수 = \frac{실제상호관계의수}{가능선호관계의총수(={}_nC_2)} = \frac{2}{{}_5C_2} = \frac{2}{10} = 0.2$$

(3) 터빈과장과 전기과장, 발전부장과 터빈과장은 상호선호관계를 갖지만 응집성지수로 평가하면 이 운전조의 인화관계는 낮은 편이다. 원자로과장을 무시하고 있고 안전과장은 모두를 무시한다. 전 구성원 상호 간 친밀감이 부족하고 규범적 동조행위가 약하다.

07 리더십에 관한 이론

리더십에 관한 고찰방법에는 크게 나누어 두 가지 기본적인 접근방법이 있는데, 하나는 자질론(traits theory)이라고 하는 특성적 접근방법(traits approach)이고, 또 하나는 상황론(situational theory)이라고 하는 정황적 접근방법(situational approach)이다.

7.1 관리격자모형 이론

(1) 블레이크(R. R. Blake)와 모튼(J. S. Mouton)은 조직구성원의 기본적인 관심을 업적에 대한 관심과 인간에 대한 관심의 두 가지에 두고서 관리 스타일을 측정하는 그리드(grid) 이론을 전개하였다.

(2) 그림 4.2.5에서 X축과 Y축을 각각 1에서 9까지의 점으로 구분하여 1을 관심도의 최저, 9를 관심도의 최고로 나타내었다. 그리고 각 점을 중심으로 직선을 서로 직교시킴으로써 합계 9×9=81개의 격자도를 만들었다.

(3) 여기에서 (1 · 1), (1 · 9), (9 · 1), (9 · 9), (5 · 5)형의 다섯 가지 전형적인 리더십 모델을 다음과 같이 정의하였다.

가. (1 · 1)형: 인간과 업적에 모두 최소의 관심을 가지고 있는 무기력형(impoverished style)이다.

나. (1 · 9)형: 인간중심 지향적으로 업적에 대한 관심이 낮다. 이는 컨트리클럽형(country-club style)이다.

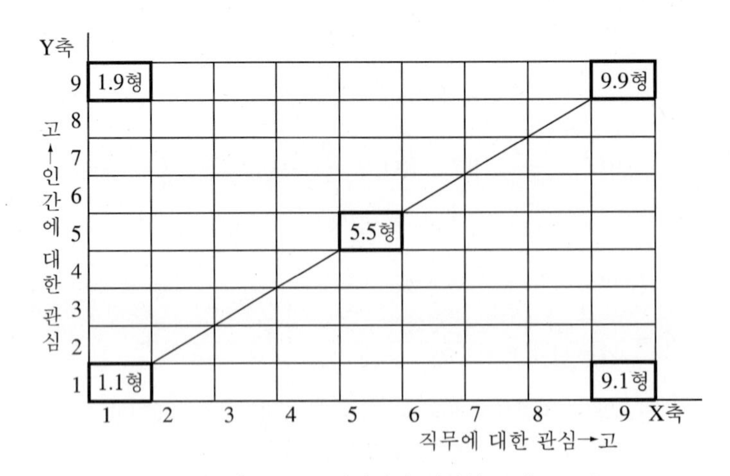

그림 4.2.5 관리격자 리더십 모델

다. (9·1)형: 업적에 대하여 최대의 관심을 갖고, 인간에 대해서는 무관심하다. 이는 과업형(task style)이다.

라. (9·9)형: 업적과 인간의 쌍방에 대하여 높은 관심을 갖는 이상형이다. 이는 팀형(team style)이다.

마. (5·5)형: 업적 및 인간에 대한 관심도에 있어서 중간값을 유지하려는 리더형이다. 이는 중도형(middle-of-the road style)이다.

(4) 블레이크와 모튼은 이 중에서 가장 이상적인 리더는 (9·9)형의 리더라고 설명하였다.

08 리더십의 유형

리더들이 어떻게 행동하는가, 즉 리더십의 유형과 행동에 관한 연구는 증가하고 있으며, 그 유형을 결정하는 데에도 여러 가지 기준들이 있다. 다음에는 이러한 리더십의 여러 가지 유형에 대하여 설명한다.

8.1 헤드십(headship)과 리더십(leadership)

출제빈도 ★★★★

(1) 리더십 유형을 구분하는 기본적인 요소가 되는 것은 리더를 선출하는 결정권이 누구에게 부여되는가 하는 것이다. 집단의 구성원들에 의해 선출되는가, 아니면 집단의 외부요소에 의해 선출되는가에 의한 것이다.

(2) 외부에 의해 선출된 리더들의 경우를 헤드십 혹은 명목상의 리더십이라고 하며, 반면에 집단 내에서 내부적으로 선출된 리더의 경우를 리더십 혹은 사실상의 리더십이라 한다.

(3) 리더의 위치에 지명된 사람들은 자동적으로 상관으로서의 지위와 권한을 부여받는다.

(4) 예로서 군 장교나 관리자의 처벌권과 같이 충분한 권위가 있으므로 임명된 헤드들은 그 단체의 활동사항을 지시하며 부하들의 복종을 요구할 수 있으나, 그렇다고 해서 그 단체를 리드(lead)라는 말 그대로 잘 이끌어나간다고는 말할 수 없다.

(5) 헤드십은 보통 부하들의 활동을 감독하고 지배할 수 있는 권한을 보장받고, 만약 부하가 말을 듣지 않을 경우 처벌까지 할 수 있는 힘을 가지고 있다.

(6) 헤드가 리더로서의 역할을 못하면 그 부하들은 이와 같이 임명된 헤드를 위해 자진해서 열심히 일하지는 않을 것이며, 다만 위에서 하라니까 한다는 식이 된다. 이것이 바로 헤

드십과 리더십의 가장 큰 차이인 것이다.

(7) 진정한 리더는 집단의 협력을 조성하며, 집단의 연대감과 응집력을 증가시켜서 구성원들이 자발적으로 리더와 함께 일을 해나갈 수 있게 만들어야 한다.

(8) 임명된 헤드들이 리더십의 특혜(상징, 지위, 사무실)를 지니고 그들의 역할을 수행하지만, 그들이 얼마나 효율적으로 잘 리드해 나갈 수 있는지를 결정하는 것은 부하직원과 함께 일을 처리해 나가는 능력이다.

(9) 임명된 리더들이 비록 상관의 자리에 앉아 있다 하더라도 부하들로부터 지지, 신임, 그리고 신뢰를 얻지 못하면 그 부하들을 진정으로 이끌어 나갈 수 없다.

(10) 표 4.2.4에 헤드십과 리더십의 차이가 설명되어 있다.

표 4.2.4 헤드십과 리더십의 차이

개인과 상황변수	헤드십	리더십
권한 행사	임명된 헤드	선출된 리더
권한 부여	위에서 위임	밑으로부터 동의
권한 근거	법적 또는 공식적	개인능력
권한 귀속	공식화된 규정에 의함	집단목표에 기여한 공로 인정
상관과 부하와의 관계	지배적	개인적인 영향
책임 귀속	상사	상사와 부하
부하와의 사회적 간격	넓음	좁음
지위 형태	권위주의적	민주주의적

09 스트레스의 개념과 기능

9.1 스트레스의 개념

출제빈도 ★★★★

9.1.1 스트레스의 특성

(1) 스트레스는 단순한 불안과 같은 정서적 문제만이 아니며, 불안이 전적으로 감정적이고 심리적인 영역에서 일어나는 현상인데 반해, 스트레스는 신체적인 영역에서도 일어난다. 따라서 많은 연구가들이 스트레스를 정의하는 데 있어서 자극과의 상호작용, 반응과의 상호작용, 자극-반응의 상호작용의 개념으로 구분하고 있다.

가. 자극개념: 자극개념은 작업자의 특성과 상호작용하여 심리적·생리적 항상성을 파괴

하는 작업의 조건을 스트레스로 보는 관점이다.

나. **반응개념**: 반응개념에서 스트레스는 환경적 요인에 의해 유발되는 개인의 생리적·심리적 반응을 의미한다. 즉, 스트레스 상태에서 일어나는 특정 반응 또는 반응군을 스트레스로 보려는 관점이다.

다. **자극-반응개념**: 자극-반응개념에서 스트레스는 개인이 스스로 원하는 바를 이루려 하거나 그것을 성취하는 과정에서 기호, 제약, 요구에 직면할 때 발생하는 것으로서 해결 상황이 불확실성을 가지고 있다고 지각되는 동태적인 상태로 정의된다. 스트레스를 자극-반응의 관계 속에서 공학적, 생리적, 심리적 접근방법으로 구분하면 다음과 같다.

① 공학적 접근법: 외부에서 재료나 인간에게 가해지는 외부의 힘, 환경적 요인, 독립변수로 취급

② 생리적 접근법: 스트레스를 외부의 유해한 자극인 스트레서(stressor)에 대한 생리적 반응으로 파악, 외부의 스트레서에 의해 신체의 항상성이 깨지며 나타나는 반응

③ 심리적 접근법: 문제가 있는 환경과 인간의 상호작용에 의해 발생하며 이러한 상호작용의 근본이 되는 인식과정 및 감성적 반응으로 나타난다고 봄

9.2 NIOSH 스트레스 관리모형

(1) NIOSH(National Institute for Occupational Safety and Health, 미국국립산업안전보건연구원)의 멀피(Murphy)와 스켄보온(Schoenborn)은 광범위한 문헌자료의 검토와 다양한 연구가들(Caplan과 Jones, Cooper와 Marshall, House)의 모형에 근거하여 새로운 직무스트레스에 관한 모형을 제안하였다.

(2) 이 모형에 의하면, 직무스트레스는 어떤 작업조건(직무스트레스 요인)과 작업자 개인 간의 상호작용하는 조건과 이러한 결과로부터 나온 급성 심리적 파괴 또는 행동적 반응이 일어나는 현상이다. 이런 급성반응들이 지속되면 결국 다양한 질병에 이르게 된다. 따라서 직무스트레스 요인과 급성반응 사이에는 개인적 요인과 조직 외 요인, 완충요인 등이 중재요인으로 작용한다. 그림 4.2.6은 이에 대하여 보여주고 있다.

(3) NIOSH 모형은 독창적인 모형이라고는 할 수 없으나, 지금까지의 직무스트레스와 관련된 주제들을 고찰하여 여기에 여러 개념들을 포괄한 모형으로서, 각 개념들의 지표가 되는 내용(indicator)과 그 측정을 위한 표준적 측정척도를 NIOSH 작업 스트레스 설문

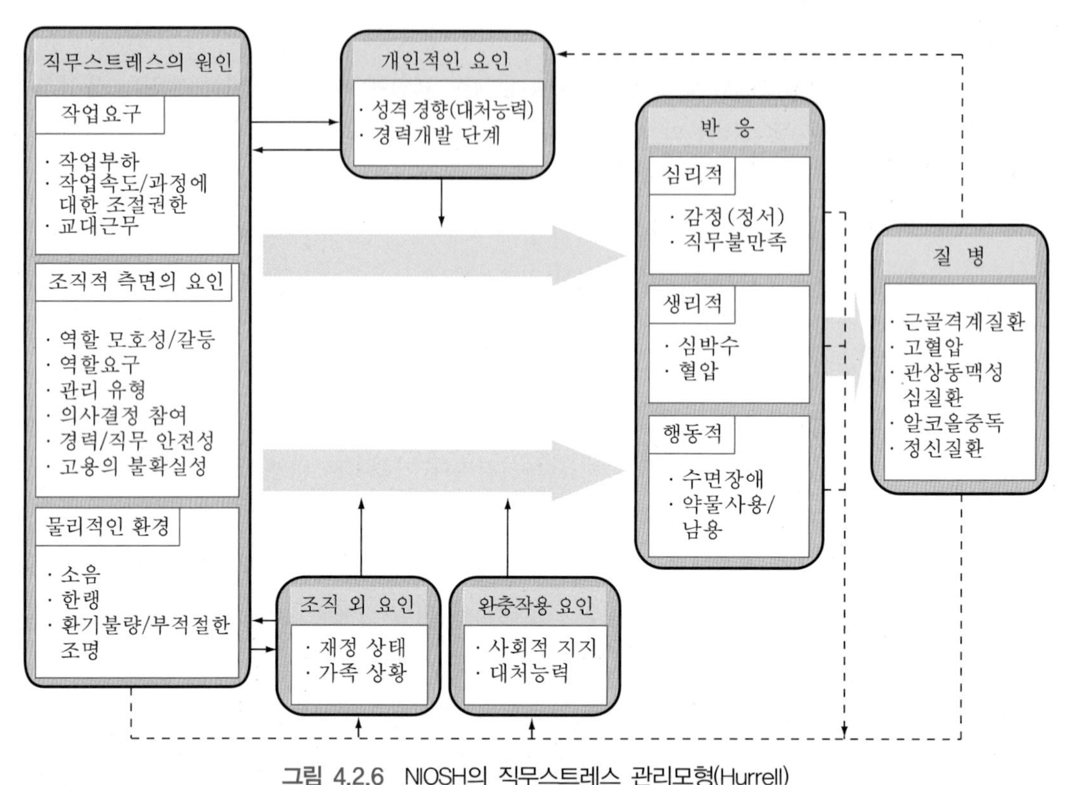

그림 4.2.6 NIOSH의 직무스트레스 관리모형(Hurrell)

지(Job Stress Questionnaire)로 정리한 것에 그 특징이 있다.

(4) 이 모형에서 선정된 척도는 타당도, 신뢰도 및 사용빈도 등의 관점에서 이루어졌으며, 지금까지의 스트레스 연구에서 개발된 대표적인 각 측정도구를 총괄한 것으로 평가된다.

(5) NIOSH 모형의 각 개념별 주요내용(indicator)을 살펴보면 다음과 같다.

가. 직무스트레스 요인에는 크게 작업요구, 조직적 요인 및 물리적 환경 등으로 구분될 수 있으며, 다시 작업요구에는 작업과부하, 작업속도 및 작업과정에 대한 작업자의 통제(업무 재량도) 정도, 교대근무 등이 포함된다.

나. 조직적 요인으로는 역할모호성, 역할갈등, 의사결정에의 참여도, 승진 및 직무의 불안정성, 인력감축에 대한 두려움, 조기퇴직, 고용의 불확실성 등의 경력개발 관련 요인, 동료, 상사, 부하 등과의 대인관계, 그리고 물리적 환경에는 과도한 소음, 열 혹은 냉기, 환기불량, 부적절한 조명 및 인체공학적 설계의 결여 등이 포함된다.

다. 똑같은 작업환경에 노출된 개인들이 지각하고 그 상황에 반응하는 방식에서의 차이를 가져오는 개인적이고 상황적인 특성이 많이 있는데 이것을 중재요인(moderating factors)이라고 한다.

라. 그림 4.2.6에서 개인적 요인, 조직 외 요인 및 완충작용 요인 등이 이에 해당된다. 개인적 요인으로는 A형 행동양식이나 강인성, 불안 및 긴장성 성격 등과 같은 개인의 성격, 경력개발 단계, 연령, 성, 교육정도, 수입, 의사소통 기술의 부족, 자기주장 표현의 부족 등이 있다.

마. 조직 외 요인으로는 가족 및 개인적 문제, 일상생활 사건(사회적, 가족적, 재정적 스트레스요인 등), 대인관계, 결혼, 자녀양육 관련 스트레스 요인 등이 포함되며, 완충요인으로는 사회적 지원, 특히 상사와 배우자, 동료 작업자로부터의 지원, 대처전략, 업무숙달 정도, 자아존중감 등이 여기에 포함된다.

바. 직무스트레스 반응은 다시 심리적, 생리적(생화학적), 행동적 변화로 분류될 수 있다. 불안, 우울, 분노, 낮은 직무만족도, 낮은 자아존중감 등이 심리적 반응에 포함되며, 흡연, 음주, 약물남용, 대인관계 장애, 파괴적 행위 등이 행동적 반응에 포함된다. 생리적 반응으로는 고혈압, 두통, 궤양, 수면장애 등이 포함된다. 직무스트레스 반응이 장시간 지속되면 결국 다양한 질병에 이르게 되며, 가장 일반적으로 연구되는 직무스트레스 관련 질병은 고혈압, 심혈관계질환, 알코올 중독, 정신질환 등이 있다.

9.3 Karasek's Job Strain Model

출제빈도 ★★★★

(1) Karasek(1979)은 직무스트레스 및 그로 인한 생리적·정신적 건강에 대한 직무긴장도(Job Strain) 개념 및 모델을 개발하였다. 이에 따르면 직무스트레스는 작업환경의 단일 측면으로부터 발생되는 것이 아니라, 작업상황의 요구정도와 그러한 요구에 직면한 작업자의 의사결정의 자유 범위의 관련된 부분으로 발생한다. 즉, 직무스트레스의 발생은 직무요구도와 직무재량의 불일치에 의해 나타난다고 보았다.

(2) Karasek의 직업긴장성 모델에서는 직무요구도(job demand)와 직무자율성(decision latitude)을 각각 고·저 2군으로 나누어 그 조합에 의하여 각 대상자의 특징을 그림 4.2.7과 같이 네 군으로 구분하고, 각 집단별 특성을 표 4.2.5와 같이 설명하고 있다.

(3) Karasek은 고긴장 집단이 직무스트레스에 취약하여 심장병 등의 발병률이 높다고 발표하였다.

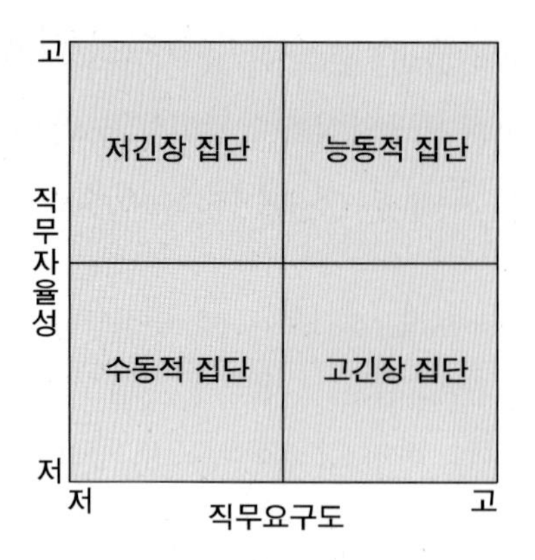

그림 4.2.7 Karasek's Job Strain Model

표 4.2.5 Karasek's Job Strain Model의 집단별 특성

집단	특성	대표 직업
저긴장 집단	직무 요구도가 낮고 직무 자율성이 높은 직업적 특성을 갖는 집단	사서, 치과의사, 수선공 등
능동적 집단	직무 요구도와 직무 자율성 모두가 높은 직업적 특성을 갖는 집단	지배인, 관리인 등
수동적 집단	직무 요구도와 직무 자율성 모두가 낮은 직업적 특성을 갖는 집단	경비원 등
고긴장 집단	직무 요구도가 높고 직무 자율성이 낮은 직업적 특성을 갖는 집단	조립공, 호텔·음식점 등에서 일하는 종업원, 창구 업무 작업자, 컴퓨터 단말기 조작자 등

3장 | 휴먼에러

01 휴먼에러의 유형

1.1 휴먼에러의 유형별 요인

출제빈도 ★★★★

휴먼에러는 실수(slip)와 착오(mistake)를 포함한다. 실수는 의도는 올바른 것이지만 반응의 실행이 올바른 것이 아닌 경우이고, 착오는 부적합한 의도를 가지고 행동으로 옮긴 경우를 말하며, 건망증은 여러 과정이 연계적으로 일어나는 행동을 잊어버리고 안하는 경우이다.

1.2 휴먼에러의 분류

출제빈도 ★★★★

1.2.1 심리적 분류(Swain과 Guttman)

에러의 원인을 불확정성, 시간지연, 순서착오의 세 가지 요인으로 나누어 분류하였다.

(1) 부작위 에러, 누락(생략) 에러(omission error)

필요한 작업 또는 절차를 수행하지 않는 데 기인한 에러이다.

예 자동차 전조등을 끄지 않아서 방전되어 시동이 걸리지 않는 경우

(2) 시간에러(time error)

필요한 작업 또는 절차의 수행 지연으로 인한 에러이다.

예 출근지연으로 지각한 경우

(3) 작위에러, 행위에러(commission error)

필요한 작업 또는 절차의 불확실한 수행으로 인한 에러이다.

예 장애자 주차구역에 주차하여 벌과금을 부과 받은 행위

(4) 순서에러(sequential error)

필요한 작업 또는 절차의 순서착오로 인한 에러이다.

예 자동차 출발 시 핸드브레이크 해제 후 출발해야 하나, 해제하지 않고 출발하여 일어난 상태

(5) 과잉행동, 불필요한 행동에러(extraneous act)

불필요한 작업 또는 절차를 수행함으로써 기인한 에러이다.

예 자동차 운전 중에 스마트폰 사용으로 접촉사고를 유발한 경우

1.2.2 원인의 수준(level)적 분류

(1) primary error

작업자 자신으로부터 직접 발생한 에러이다.

(2) secondary error

작업형태나 작업조건 중에서 다른 문제가 발생하여 필요한 사항을 실행할 수 없는 에러 또는 어떤 결함으로부터 파생하여 발생하는 에러이다.

(3) command error

요구되는 것을 실행하고자 하여도 필요한 물품, 정보, 에너지 등이 공급되지 않아서 작업자가 움직일 수 없는 상태에서 발생한 에러이다.

1.2.3 원인적 분류(James Reason)

인간의 행동을 숙련기반, 규칙기반, 지식기반 등의 3개 수준으로 분류한 Rasmussen의 모델을 사용해 휴먼에러를 분류하였다.

(1) 숙련기반 에러(skill based error)

실수(slip, 자동차 하차 시에 창문 개폐 잊어버리고 내려 분실 사고 발생)와 망각(lapse, 전화 통화 중에 번호 기억했으나 전화 종료 후 옮겨 적는 행동 잊어버림)으로 구분한다.

(2) 규칙기반 에러(rule based error)

잘못된 규칙을 기억하거나, 정확한 규칙이라도 상황에 맞지 않게 잘못 적용한 경우이다.

예 일본에서 자동차를 우측 운행하다가 사고를 유발하거나, 음주 후 도로차선을 착각하여 역주행하다가 사고를 유발하는 경우

(3) 지식기반 에러(knowledge based error)

처음부터 장기기억 속에 관련 지식이 없는 경우는 추론이나 유추로 지식처리과정 중에 실패 또는 과오로 이어지는 에러이다.

예 외국에서 도로표지판을 이해하지 못해서 교통위반을 하는 경우

1.2.4 대뇌정보처리 에러

(1) 인지착오(입력) 에러

작업정보의 입수로부터 감각중추에서 하는 인지까지 일어날 수 있는 에러이며, 확인 착오도 이에 포함된다.

(2) 판단착오(의사결정) 에러

중추신경의 의사과정에서 일으키는 에러로서 의사결정의 착오나 기억에 관한 실패도 여기에 포함된다.

(3) 조작(행동) 에러

운동중추에서 올바른 지령이 주어졌으나 동작 도중에 일어난 에러이다.

1.2.5 시스템 개발 주기별 에러 분류

(1) 설계상 에러

인간의 신체적, 정신적 특성을 고려하지 않은 디자인 설계로 인한 에러이다.

(2) 제조상 에러

제조 과정에서 잘못하였거나 제조상 오차 등으로 발생한 에러이다.

(3) 설치상 에러

설계와 제조상에는 문제가 없으나 설치 과정에서 잘못되어 발생한 에러이다.

(4) 운용상 에러

시스템 사용 과정에서 사용방법과 절차 등이 지켜지지 않아서 발생한 에러이다.

(5) 보전상 에러

유지/보수 과정에서 잘못 조치되어 발생한 에러이다.

1.2.6 작업별 인간의 에러

(1) 조작에러

기계나 장비 등을 조작하는 데서 발생하는 에러이다.

(2) 설치에러

설비나 장비 등을 설치할 때에 잘못된 착수와 조정을 하게 되는 에러이다.

(3) 보존에러

점검보수를 주로 하는 보존작업상의 에러이다.

(4) 검사에러

검사 시 발생하는 에러로 검사에 관한 기록상의 에러 등도 여기에 포함된다.

(5) 제조에러

컨베이어 시스템 등에 의한 조립을 주로 하는 제조공정에서의 에러이다.

02 휴먼에러의 분석기법

2.1 인간의 신뢰도

휴먼에러를 정량화시킬 수 있는 인간신뢰도 문제에서 정량화된 인간신뢰도는 인간 기계 시스템의 신뢰도를 예측하고 정의하는 데 도움을 줄 뿐만 아니라 시스템 내에서의 작업자 직무의 적절한 배분 및 할당에도 중요한 역할을 수행할 수 있다. 그리고 인간신뢰도에 있어서 시스템의 어떤 허용단계를 위배하는 행동으로서 휴먼에러확률(human error probability)의 기본 단위로 표시되며, 주어진 작업이 수행되는 동안 발생하는 에러 확률이다.

2.2 분석적 인간신뢰도

출제빈도 ★★★★

일반적으로 인간의 작업을 시간적 관점에서 분류해 보면 크게 이산적 직무(discrete job)와 연속적 직무(continuous job)로 구분할 수 있으며, 각각의 직무 특성에 따라 휴먼에러확률이 다르게 추정된다.

2.2.1 이산적 직무에서 인간신뢰도

(1) 이산적 직무는 직무의 내용이 시간에 따라 전개되지 않고 명확한 시작과 끝을 가지고 미리 잘 정의되어 있는 직무를 의미한다. 이와 같은 이산적 직무에서의 신뢰도의 기본 단위가 되는 휴먼에러확률은 다음과 같이 전체 에러 기회에 대한 실제 인간의 에러의 비율로 추정해 볼 수 있다.

$$\text{휴먼에러확률(HEP)} \approx \hat{p} = \frac{\text{실제 인간의 에러 횟수}}{\text{전체 에러 기회의 횟수}}$$

$$= \text{사건당 실패 수}$$

(2) 인간신뢰도는 직무의 성공적 수행확률로 정의될 수 있으므로 다음과 같이 인간신뢰도를 계산해 볼 수 있다.

$$\text{인간신뢰도(수행직무의 성공적 수행확률)}\ R = (1 - \text{HEP}) = (1 - p)$$

예제

1,000개의 제품 중 10개의 불량품이 발견되었다. 실제로 100개의 불량품이 있었다면 인간신뢰도는 얼마인가?

풀이

$\text{휴먼에러확률(HEP)} = \frac{100-10}{1000} = 0.09$

$\text{인간신뢰도} = 1 - \text{HEP} = 1 - 0.09 = 0.91$

(3) 반복되는 이산적 직무에서의 인간신뢰도: 일련의 작업을 성공적으로 완수할 신뢰도는 각각의 작업당 휴먼에러확률(HEP)이 $\hat{p}$으로부터 추정된 p일 때, n_1번째 시도부터 n_2번째 작업까지의 규정된 일련의 작업을 에러 없이 성공적으로 완수할 인간신뢰도로 정의할 수 있으며, 이는 다음과 같이 계산할 수 있다.

$$R(n_1, n_2) = (1-p)^{n_2 - n_1 + 1}$$

여기서, p: 휴먼에러확률

이와 같은 계산에서 휴먼에러확률은 불변이고, 각각의 작업(사건)들은 독립적이라고 가정(즉, 과거의 성능이 무관하다고 가정)할 때 n_1부터 n_2까지의 일련의 시도를 에러 없이 완수할 신뢰도이다.

예제

어느 검사자가 한 로트에 1,000개의 부품을 검사하면서 100개의 불량품을 발견하였다. 하지만 이 로트에는 실제 200개의 불량품이 있었다면, 동일한 로트 2개에서 휴먼에러를 범하지 않을 확률은 얼마인가?

풀이

$$R(n_1, n_2) = (1-p)^{(n_2 - n_1 + 1)} \quad [\text{여기서, } p: \text{휴먼에러확률}]$$
$$= (1-0.1)^{[2-1+1]} = 0.81$$

2.2.2 연속적 직무에서 인간신뢰도

(1) 연속적 직무란 시간적인 관점에서 연속적인 직무를 의미하며, 시간에 따라 직무의 내용 및 전개가 변화하는 특징을 가지고 있다. 대표적인 연속적 직무에는 연속적인 모니터링(monitoring)이 필요한 레이더 화면 감시작업, 자동차 운전작업 등이 있을 수 있다.

(2) 연속적 직무의 신뢰도 모형수립은 이산적 직무의 모형수립과는 다른 형태를 띠게 되며, 전통적인 시간 연속적 신뢰도 모형과 유사한 형태를 가지게 된다.

(3) 연속적 직무에서의 휴먼에러는 우발적으로 발생하는 특성 때문에 수학적으로 모형화하는 것이 상당히 어렵지만, 휴먼에러 과정이 이전의 작업들과 독립적으로 발생한다고 가정하게 되면 독립증분을 따르는 포아송(Poisson) 분포를 따르는 모형으로 설명할 수 있다.

(4) 시간 t에서의 휴먼에러확률을 $\lambda(t)$라고 정의하면, 이 t와 단위 증분시간 dt 사이에서의 $\lambda(t)$는 다음과 같이 정의된다.

$$\lambda(t)dt = \text{Prob}[(t, t+dt) \text{ 내에서의 최소한 한 번의 에러 발생}]$$
$$= E[(t,\, t+\, dt) \text{ 내에서의 에러의 횟수}]$$

(5) 만일 $\lambda(t)$가 일정한 상수값 λ가 된다고 가정하면, 이 상수값 λ를 재생률(renewal rate)이라고 부르고, 따라서 인간의 에러과정은 균질(homogeneous)해진다. 따라서 상수값 λ는 다음과 같이 전체 직무기간에 대한 휴먼에러 횟수의 비율로 추정해 볼 수 있다.

$$\text{휴먼에러확률 } \lambda \approx \hat{\lambda} = \frac{\text{휴먼에러의 횟수}}{\text{전체 직무기간}}$$

(6) 연속적 직무에서의 휴먼에러확률이 계산되면, 이를 사용하여 시간적 연속 직무를 주어진 기간 동안에 성공적으로 수행할 확률(신뢰도)을 계산할 수 있다.

(7) 휴먼에러확률이 불변이고 이전의 작업들과 독립적으로 발생하고 에러율을 상수 λ라고 하면, 주어진 기간 t_1에서 t_2 사이의 기간 동안 작업을 성공적으로 수행할 인간신뢰도는 다음과 같다.

$$R(t_1, t_2) = e^{-\lambda(t_2 - t_1)}$$

여기서, 에러확률이 불변일 때, 즉 과거의 성능과 무관하다고 볼 때 $[t_1, t_2]$ 동안 직무를 성공적으로 수행할 확률이다.

(8) 휴먼에러확률이 상수 λ가 아니라 시간에 따라 변화한다고 가정하게 되면 휴먼에러과정은 비불변(non-stationary) 과정이 되며, 이때의 휴먼에러확률은 $\lambda(t)$가 된다. 이와 같은 경우 인간 신뢰도는 다음과 같다.

$$R(t_2 - t_1) = e^{-\int_{t_1}^{t_2} \lambda(t)dt}$$

여기서, 이와 같은 모형은 비균질 포아송(Poisson) 과정으로 인간의 학습(learning)을 포함한 인간 신뢰도를 설명할 수 있는 모형이 된다.

예제

작업자의 휴먼에러 발생확률이 시간당 0.05로 일정하고, 다른 작업과 독립적으로 실수를 한다고 가정할 때, 8시간 동안 에러의 발생 없이 작업을 수행할 신뢰도는 약 얼마인가?

풀이

$$R(t_1, t_2) = e^{-\lambda(t_2 - t_1)}$$

$$\begin{aligned} R(t) &= e^{-0.05 \times (8-0)} \\ &= 0.6703 \\ &\fallingdotseq 0.67 \end{aligned}$$

4장 | 시스템 안전

01 시스템 안전(system safety)

1.1 시스템 안전공학의 개요

1.1.1 시스템의 정의

인간과 기계로 구성된 시스템으로 인간-기계 시스템(man-machine system)이라고도 하며, 자동화기기도 보수, 점검은 인간에 의해 수행되므로 모든 기계는 인간에 의해 운용됨을 의미한다.

(1) 복수 개의 요소로 구성된다.
(2) 상호 유기적 관계를 유지한다.
(3) 정해진 또는 규칙적인 운용 조건하에서 작용한다.
(4) 공통 목적 달성을 위한 기능 집단이다.

1.1.2 시스템 안전공학(System Safety Engineering)

인간 상해와 사물 또는 기기의 손상 및 손해를 방지하기 위해서 시스템의 설계·분석·운영 등에 대한 기술적·과학적 응용공학이다.

02 시스템 위험요소 분석

2.1 시스템 분석기법

출제빈도 ★★★★

2.1.1 예비위험분석(PHA; Preliminary Hazard Analysis)

PHA는 모든 시스템 안전 프로그램의 최초 단계의 분석으로서 시스템 내의 위험요소가 얼마나 위험상태에 있는가를 정성적으로 평가하는 것이다.

(1) PHA의 목적

시스템 개발단계에서 시스템 고유의 위험영역을 식별하고 예상되는 재해의 위험수준을 평가하는 데 있다.

(2) PHA의 기법

가. 체크리스트(check list)에 의한 방법

나. 기술적 판단에 의한 방법

다. 경험에 따른 방법

(3) PHA의 카테고리 분류

가. Class 1－파국적(catastrophic)

인간의 과오, 환경설계의 특성, 서브시스템의 고장 또는 기능불량이 시스템의 성능을 저하시켜 그 결과 시스템의 손실 또는 손실을 초래하는 상태

나. Class 2－중대(critical)

인간의 과오, 환경, 설계의 특성, 서브시스템의 고장 또는 기능 불량이 시스템의 성능을 저하시켜 시스템의 중대한 지장을 초래하거나 인적 부상을 가져오므로 즉시 수정조치를 필요로 하는 상태

다. Class 3－한계적(marginal)

시스템의 성능 저하가 인원의 부상이나 시스템 전체에 중대한 손해를 하지 않고 제어가 가능한 상태

라. Class 4－무시(negligible)

시스템의 성능, 기능이나 인적 손실이 전혀 없는 상태

(4) PHA의 양식

PHA에 사용되는 양식은 표 4.4.1과 같다.

표 4.4.1 PHA의 양식 예제

1.서브시스템 또는 기능요소	2.양식	3.위험한 요소	4.위험한 요소의 갈고리가 되는 사상	5.위험한 상태	6.위험한 상태의 갈고리가 되는 사상	7.잠재적 재해	8. 영향	9.위험한 등급	10. 재해 예방 수단			11.확인
									설비	순서	인원	

1. 해석되는 기계설비, 또는 기능요소
2. 적용되는 시스템의 단계, 또는 운용형식
3. 해석되는 기계설비, 또는 기능 중에서의 질적 위험한 요소
4. 위험한 요소를 동정된 위험상태로 만들 염려가 있는 부적절한 사상 또는 결함
5. System과 System 내의 각 위험요소와의 상호 작용으로 생길 염려가 있는 위험상태
6. 위험한 상태를 잠재적 재해로 이행시킬 염려가 있는 부적절한 사상 또는 결합
7. 동정된 위험상태에서 생기는 가능성이 있는 어떤 잠재적 재해
8. 잠재적 재해가 만약 일어났을 때의 가능한 영향
9. 각각의 동정된 위험상태가 가지는 잠재적 영향에 대한 다음 기준에 준한 중요도의 정성적 척도

   Class 1… 파국
   Class 2… 위험
   Class 3… 한계
   Class 4… 안전

10. 동정된 위험상태 또는 잠재적 재해를 소멸, 또는 제어하는 주장된 예방수단. 주장된 예방수단이란 기계설비의 설계상의 필요 사항, 방호장치의 조합, 기계설비의 설계변경, 특별수준의 인원상의 필요사항 등을 말한다.
11. 확인된 예방수단을 기록하고, 예방수단의 남겨져 있는 상태를 명확하게 한다.

2.1.2 고장형태와 영향분석(FMEA; Failure Modes and Effects Analysis)

(1) 정의

FMEA는 서브시스템 위험분석을 위하여 일반적으로 사용되는 전형적인 정성적, 귀납적 분석 방법으로 시스템에 영향을 미치는 모든 요소의 고장을 형태별로 분석하여 그 영향을 검토하는 것이다.

(2) FMEA의 실시순서

시스템이나 기기의 설계단계에서 FMEA의 실시순서는 표 4.4.2와 같다.

표 4.4.2 FMEA의 실시순서

순서	주요내용
1. 제1단계: 대상 시스템의 분석	① 기기, 시스템의 구성 및 기능의 파악 ② FMEA 실시를 위한 기본방침의 결정 ③ 기능 Block과 신뢰성 Block의 작성
2. 제2단계: 고장형태와 그 영향의 해석	① 고장형태의 예측과 설정 ② 고장원인의 산정 ③ 상위 항목의 고장영향의 검토 ④ 고장 검지법의 검토 ⑤ 고장에 대한 보상법이나 대응법 ⑥ FMEA 워크시트에의 기입 ⑦ 고장등급의 평가
3. 제3단계: 치명도 해석과 개선책의 검토	① 치명도 해석 ② 해석결과의 정리와 설계개선으로 제언

(3) FMEA에서의 고장의 형태

FMEA에서 통상 사용되는 고장형태는 다음과 같다.

① 개로 또는 개방고장

② 폐로 또는 폐쇄고장

③ 가동고장

④ 정지고장

⑤ 운전계속의 고장

⑥ 오작동 고장

(4) 위험성의 분류표시

① category 1: 생명 또는 가옥의 손실

② category 2: 작업수행의 실패

③ category 3: 활동의 지연

④ category 4: 영향 없음

(5) FMEA의 기재사항

① 요소의 명칭

② 고장의 형태

③ 서브시스템 및 전 시스템에 대한 고장의 영향

④ 위험성의 분류

⑤ 고장의 발견방식

⑥ 시정 발견

(6) FMEA의 장 · 단점

가. 장점

① CA(Criticality Analysis)와 병행하는 일이 많다.

② FTA보다 서식이 간단하고 비교적 적은 노력으로 특별한 노력 없이 분석이 가능하다.

나. 단점

① 논리성이 부족하고 각 요소 간의 영향분석이 어려워 두 가지 이상의 요소가 고장 날 경우 분석이 곤란하다.

② 요소가 통상 물체로 한정되어 있어 인적 원인규명이 어렵다.

(7) 결함발생의 빈도구분

① 개연성(probability): 10,000시간 운전 내에 결함발생이 1건일 때 개연성이 있다고 추정한다.

② 추정적 개연성(reasonable probability): 10,000~100,000시간 운전 내에 결함발생이 1건일 때 추정적 개연성이 있다고 한다.

③ 희박: 100,000~10,000,000시간 운전 내에 결함발생이 1건일 때 개연성이 희박하다고 한다.

④ 무관: 10,000,000시간 운전 이상에서 결함발생이 1건일 때 무관하다고 한다.

2.1.3 MORT(Management Oversight and Risk Tree)

(1) 1970년 이후 미국의 W. G. Johnson 등에 의해 개발된 최신 시스템 안전 프로그램으로서 원자력 산업의 고도 안전달성을 위해 개발된 분석기법이다.

(2) 이는 산업안전을 목적으로 개발된 시스템 안전 프로그램으로서의 의의가 크다.

(3) FTA와 같은 논리기법을 이용하여 관리, 설계, 생산, 보전 등의 광범위한 안전을 도모하는 원자력 산업 외에 일반 산업안전에도 적용이 기대된다.

2.1.4 운용 및 지원위험분석(Operating and Support[O&S] hazard analysis)

(1) 정의

시스템의 모든 사용단계에서 생산, 보전, 시험, 운반, 저장, 운전, 비상탈출, 구조, 훈련 및 폐기 등에 사용되는 인원, 순서, 설비에 관하여 위험을 동정하고 제어하며, 그들의 안전 요건을 결정하기 위하여 실시하는 해석이다.

(2) 운용 및 지원위험 해석의 결과는 다음의 경우에 있어서 기초 자료가 된다.

가. 위험의 염려가 있는 시기와 그 기간 중의 위험을 최소화하기 위해 필요한 행동의 동정

나. 위험을 배제하고 제어하기 위한 설계변경

다. 방호장치, 안전설비에 대한 필요조건과 그들의 고장을 검출하기 위하여 필요한 보전 순서의 동정

라. 운전 및 보전을 위한 경보, 주의, 특별한 순서 및 비상용 순서

마. 취급, 저장, 운반, 보전 및 개수를 위한 특정한 순서

2.1.5 decision tree(또는 event tree)

(1) decision tree는 요소의 신뢰도를 이용하여 시스템의 신뢰도를 나타내는 시스템 모델의 하나로 귀납적이고, 정량적인 분석방법이다.

(2) decision tree가 재해사고의 분석에 이용될 때는 event tree라고 하며, 이 경우 tree는 재해사고의 발단이 된 초기사상에서 출발하여 2차적 원인과 안전 수단의 적부 등에 의해 분기되고 최후에 재해 사상에 도달한다.

(3) decision tree의 작성방법

① 통상 좌로부터 우로 진행된다(그림 4.4.1 참조).

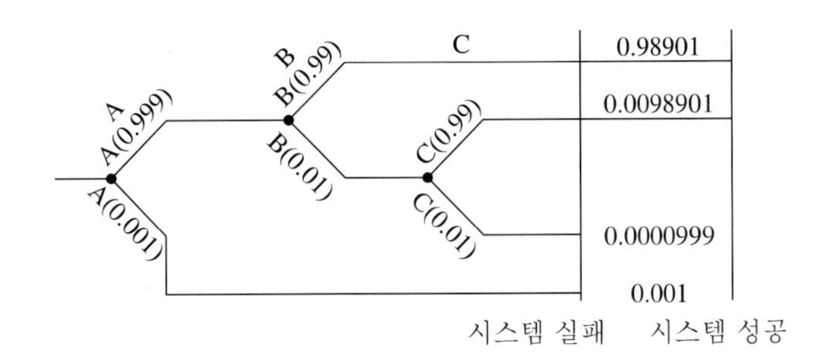

그림 4.4.1 decision tree의 사용 예제

② 요소 또는 사상을 나타내는 시점에서 성공 사상은 상방에, 실패 사상은 하방에 분기된다.

③ 분기마다 안전도와 불안전도의 발생확률(분기된 각 사상의 확률의 합은 항상 1이다)이 표시된다.

④ 마지막으로 각 시스템 성공의 합계로써 시스템의 안전도가 계산된다.

예제

decision tree에서 A, B, C, D의 값을 구하고 A, B, C, D의 곱을 구하시오.

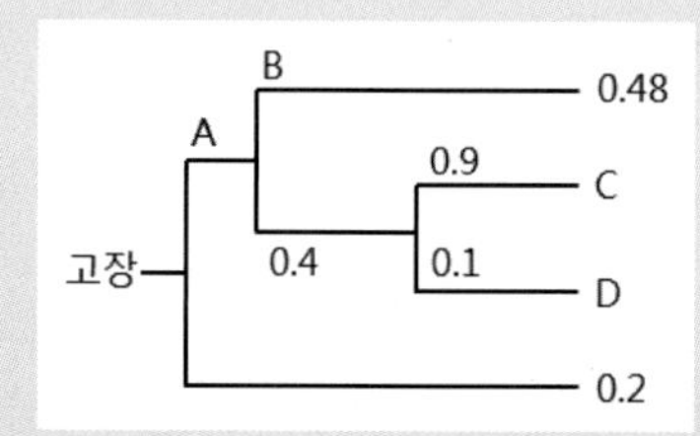

풀이

A = 1 − 0.2 = 0.8
B = 1 − 0.4 = 0.6
C = 0.8*0.4*0.9 = 0.288
D = 0.8*0.4*0.1 = 0.032
A*B*C*D = 0.8*0.6*0.288*0.032 = 0.00442

2.1.6 THERP(Technique for Human Error Rate Prediction)

(1) 시스템에 있어서 인간의 과오(human error)를 정량적으로 평가하기 위하여 1963년 Swain 등에 의해 개발된 기법이다.

(2) 인간의 과오율의 추정법 등 5개의 스텝으로 되어 있다. 여기에 표시하는 것은 그중 인간의 동작이 시스템에 미치는 영향을 나타내는 그래프적 방법이다.

(3) 기본적으로 ETA의 변형이라고 할 수 있으며 루프(loop: 고리), 바이패스(bypass)를 가질 수가 있고, 인간-기계 시스템의 국부적인 상세분석에 적합하다(그림 4.4.2 참조).

(4) 인간신뢰도 분석사건나무

① 사건들을 일련의 2지(binary) 의사결정 분지들로 모형화한다.

② 각 마디에서 직무는 옳게 혹은 틀리게 수행된다.

③ 첫 번째 분지를 제외하면 나뭇가지에 부여된 확률들은 모두 조건부확률이다.

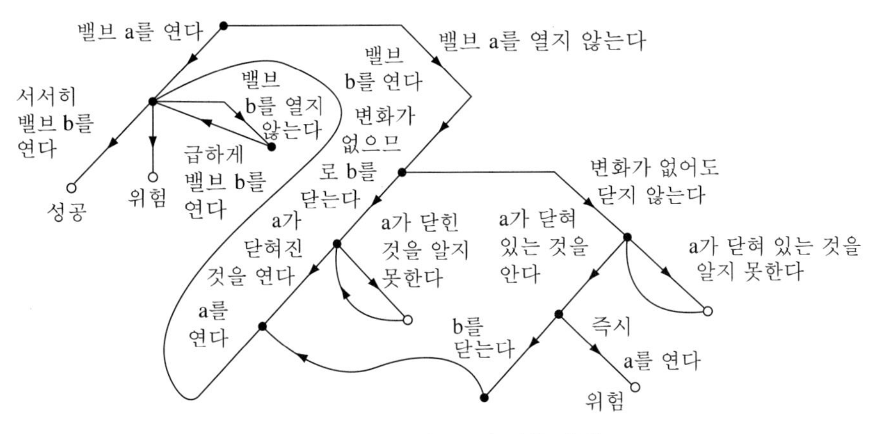

그림 4.4.2 THERP의 사용 예제

④ 대문자는 실패를 나타내고, 소문자는 성공을 나타낸다.

⑤ 사건나무가 작성되고 성공 혹은 실패의 조건부확률의 추정치가 각 가지에 부여되면, 나무를 통한 각 경로의 확률을 계산할 수 있다.

⑥ 종속성은 하나의 직무에서 일하는 사람들 간에 혹은 한 개인에서도 여러 가지 관련되는 직무를 수행할 때 발생할 수 있으며, 완전독립에서부터 완전종속까지 5단계 이산 수준의 종속도로 나누어 고려한다: 완전독립(0%), 저(5%), 중(15%), 고(50%), 완전종속(100%)

⑦ 상호간의 종속성을 고려했을 때 $N-1$ 직무의 성공(또는 실패)에 따른 다른 직무 N의 조건부 확률은 다음과 같다.

$$\text{Prob}\{N \mid N-1\} = (\%_{\text{dep}})1.0 + (1-\%_{\text{dep}})\text{Prob}\{N\}$$

$$\text{Prob}\{n \mid n-1\} = (\%_{\text{dep}})1.0 + (1-\%_{\text{dep}})\text{Prob}\{n\}$$

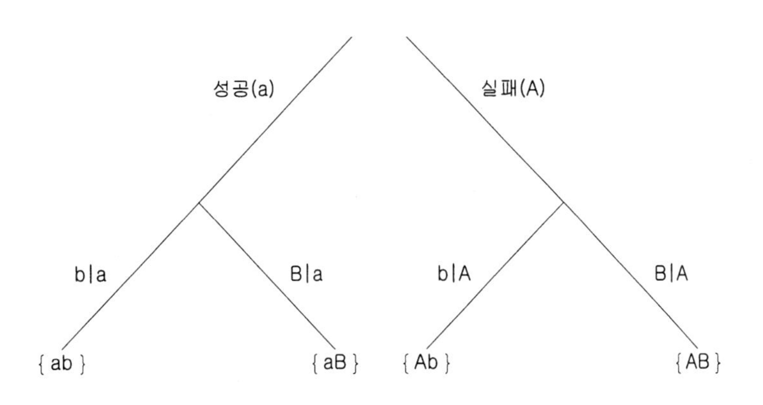

그림 4.4.3 인간신뢰도 분석사건나무

예제

A, B 두 개의 작업이 순차적으로 이루어지고 독립적인 사상이 아닌 직무에 대하여 (1) THERP를 이용하여 도식화하고 (2) 직무를 성공리에 수행할 수 있는 경우의 확률을 구하시오.

풀이

(1) 작업 A가 먼저 수행되고 B가 수행되므로 작업 B에 관한 확률은 모두 조건부로 표현된다. 즉, 소문자 a는 작업의 성공을 나타내고, 대문자 A는 작업 실패를 나타내며, B/a를 a가 성공한 뒤 B가 실패했다는 조건부 사건을 표현한다면 사상나무의 말단에서는 직무에 대하여 성공과 실패 여부를 확인할 수 있다.

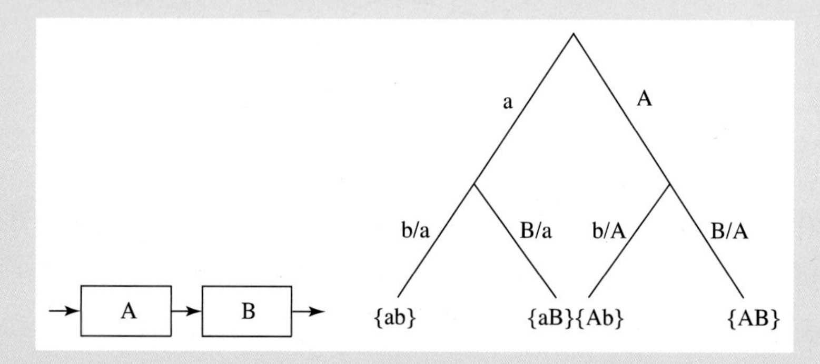

(2) 직무를 성공리에 수행할 수 있는 경우는 {ab} 경로뿐이고 그 확률 P({a,b}) = P(a)P(b/a)이다.

2.1.7 조작자행동나무(OAT; Operator Action Tree)

위급직무의 순서에 초점을 맞추어 조작자행동나무를 구성하고, 이를 사용하여 사건의 위급경로에서의 조작자의 역할을 분석하는 기법이다. OAT는 여러 의사결정의 단계에서 조작자의 선택에 따라 성공과 실패의 경로로 가지가 나누어지도록 나타내며, 최종적으로 주어진 직무의 성공과 실패확률을 추정해낼 수 있다(Hall 등).

2.1.8 FAFR(Fatality Accident Frequency Rate)

(1) 클레츠(Kletz)가 고안하였다.
(2) 위험도를 표시하는 단위로 107시간당 사망자수를 나타낸다. 즉, 일정한 업무 또는 작업 행위에 직접 노출된 107시간(1억 시간)당 사망확률
(3) 단위시간당 위험률로서, 근로자수가 1,000명인 사업장에서 50년간 총 근로시간수를 의미한다.
(4) 화학공업의 FAFR: 0.35~0.4 → 4×107시간당 1회 사망을 의미한다.

2.1.9 CA(위험도분석, Criticality Analysis)

(1) 고장이 직접 시스템의 손실과 인명의 사상에 연결되는 높은 위험도(criticality)를 분석한다.
(2) 고장의 형태가 기기 전체의 고장에 어느 정도 영향을 주는가를 정량적으로 평가하는 방법이다.
(3) 정성적 방법에 의한 FMEA에 대해 정량적 성격을 부여한다.
(4) 고장등급의 평가

$$치명도(C_r) = C_1 \times C_2 \times C_3 \times C_4 \times C_5$$

여기서 C_1: 고장영향의 중대도
C_2: 고장의 발생빈도
C_3: 고장검출의 곤란도
C_4: 고장방지의 곤란도
C_5: 고장시정 시 단의 여유도

2.1.10 결함나무분석(FTA; Fault Tree Analysis)

(1) 개요

FTA는 결함수분석법이라고도 하며, 기계설비 또는 인간-기계 시스템의 고장이나 재해 발생 요인을 FT 도표에 의하여 분석하는 연역적인 방법이다. 즉, 사건의 결과(사고)로부터 시작해 원인이나 조건을 찾아나가는 순서로 분석이 이루어진다.

(2) FTA의 특징

① FTA는 고장이나 재해요인의 정성적인 분석뿐만 아니라 개개의 요인이 발생하는 확률을 얻을 수 있으며, 재해발생 후의 규명보다 재해발생 이전의 예측기법으로서 활용가치가 높은 유효한 방법이다.
② 정상사상인 재해현상으로부터 기본사상인 재해원인을 향해 연역적인 분석을 행하므로 재해현상과 재해원인의 상호 관련을 해석하여 안전대책을 검토할 수 있다.
③ 정량적 해석이 가능하므로 정량적 예측을 행할 수 있다.

(3) FTA의 논리기호

표 4.4.3은 FTA의 논리기호를 나타내고 있다.

표 4.4.3 FTA에 사용되는 논리기호

등급	기호	명칭	설명
1		결함사항	개별적인 결함사상
2		기본사항	더 이상 전개되지 않는 기본적인 사상
3		통상사상	통상발생이 예상되는 사상 (예상되는 원인)
4		생략사상	정보부족 해석기술의 불충분으로 더 이상 전개할 수 없는 사상 작업 진행에 따라 해석이 가능할 때는 다시 속행한다.
5		AND gate	모든 입력사상이 공존할 때만이 출력사상이 발생한다.
6		OR gate	입력사상 중 어느 것이나 하나가 존재할 때 출력사상이 발생한다.
7		전이기호	FT 도상에서 다른 부분에의 연결을 나타내는 기호로 사용한다.

(4) 컷셋과 미니멀 컷셋

① 컷셋(cut set): 정상사상을 일으키는 기본 사상의 집합

② 미니멀 컷셋(minimal cut set): 컷셋 중에서 정상사상을 일으키기 위하여 필요한 최소한의 컷셋(cut set)

③ FTA에 의한 고장확률의 계산방법

(a) AND gate의 경우: n 개의 기본사상이 AND 결합으로 그의 정상사상(top event)의 고장을 일으킨다고 할 때, 정상사상이 발생할 확률 F는 다음과 같다.

$$F = F_1 \cdot F_2 \cdots F_n = \prod_{i=1}^{n} F_i$$

(b) OR gate의 경우: n 개의 기본사상이 OR 결합으로 그의 정상사상(top event)의 고장을 일으킨다고 할 때, 정상사상이 발생할 확률 F는 다음과 같다.

$$F = 1 - (1 - F_1)(1 - F_2) \cdots (1 - F_n) = 1 - \prod_{i=1}^{n} (1 - F_i)$$

④ Cut set, Minimal cut set 계산의 예제

$$T = A \cdot B$$

$$= \begin{matrix} X_1 \\ X_2 \end{matrix} \cdot B$$

$$= \begin{matrix} X_1 \cdot X_1 \cdot X_3 \\ X_2 \cdot X_1 \cdot X_3 \end{matrix}$$

즉, Cut set은 $(X_1 \cdot X_3)(X_1 \cdot X_2 \cdot X_3)$, Minimal cut set은 $(X_1 \cdot X_3)$이다.

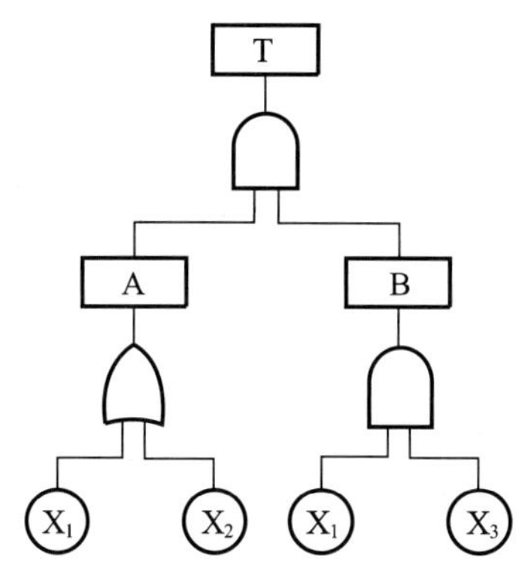

그림 4.4.4 Cut set, Minimal cut set 계산 예제

예제

다음 그림을 보고 물음에 답하시오.

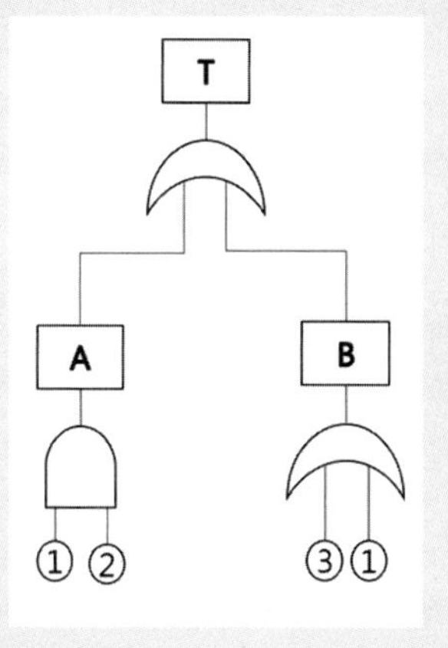

(1) 미니멀 컷셋(minimal cut set)을 구하시오.

(2) P(1) = 0.3, P(2) = 0.2, P(3) = 0.2일 때, T값을 구하시오.

풀이

(1) 미니멀 컷셋(minimal cut set)

① 컷셋(cut set): 정상 사상을 일으키는 기본 사상의 집합

② 미니멀 컷셋(minimal cut set): 컷셋 중에서 정상 사상을 일으키기 위하여 필요한 최소한의 컷셋(cut set)

$$T = \begin{matrix} A \\ B \end{matrix}$$

$$= \begin{matrix} 1 \cdot 2 \\ B \end{matrix} = \begin{matrix} 1 \cdot 2 \\ 3 \\ 1 \end{matrix}$$

이 경우의 cut set은 (1 • 2), (3), (1)
따라서 미니멀 컷셋(minimal cut set): (1), (3)

(2) $P(A) = 0.3 \times 0.2 = 0.06$
$P(B) = 1 - (1 - 0.2)(1 - 0.3) = 0.44$
$P(T) = 1 - (1 - 0.06)(1 - 0.44) = 0.47$

(5) FTA 활용 및 기대효과

FTA를 이용하여 시각적·정량적으로 사고원인을 분석하여 재해발생확률이 높은 인적, 물적, 환경상의 위험 및 위험 사상에 대한 안전 대책을 강구함으로써 재해 발생확률의 지속적인 감소를 통한 재해예방 활동으로 체계적이고 과학적인 산업안전관리를 행할 수 있으며, 동시에 다음과 같은 장·단기적인 안전관리 체제의 기초를 이룰 수 있었다.

① 사고원인규명의 간편화: 사고의 세부적인 원인 목록을 작성하여 전문지식이 부족한 사람도 목록만을 가지고 해당 사고의 구조를 파악할 수 있다.

② 사고원인 분석의 일반화: 모든 재해발생 원인들의 연쇄를 한눈에 알기 쉽게 Tree상으로 표현할 수 있다.

③ 사고원인 분석의 정량화: FTA에 의한 재해 발생원인의 정량적 해석과 예측, 컴퓨터 처리 및 통계적인 처리가 가능하다.

④ 노력, 시간의 절감: FTA의 전산화를 통하여 최소 cut, 최소 pass, 발생확률이 높은 기본사건을 파악함으로써 사고발생에의 기여도가 높은 중요원인을 분석·파악하여 사고예방을 위한 노력과 시간을 절감할 수 있다.

⑤ 시스템의 결함진단: 복잡한 시스템 내의 결함을 최소시간과 최소비용으로 효과적인 교정을 통하여 재해발생 초기에 필요한 조치를 취할 수 있어 재해를 예방할 수 있고, 또한 재해가 발생한 경우에는 이를 극소화할 수 있다.

⑥ 안전점검 체크리스트(check list) 작성: FTA에 의한 재해원인 분석을 토대로 최소 cut과 재해 발생확률이 높은 기본사상을 파악하여 안전점검상 중점을 두어야 할 부분 등을 체계적으로 정리한 안전점검 체크리스트를 작성할 수 있다.

5장 | 신뢰성 관리

01 기계의 신뢰도

1.1 고장곡선

제어계에는 많은 계기 및 제어장치가 조합되어 만들어지고, 고장 없이 항상 완전히 작동하는 것이 중요하며 고장이 기계의 신뢰를 결정한다.

(1) 고장의 유형

가. 초기고장

① 감소형 고장(DFR; Decreasing Failure Rate)

② 설계상, 구조상 결함, 불량제조·생산과정 등의 품질관리 미비로 생기는 고장형태

③ 점검작업이나 시운전작업 등으로 사전에 방지할 수 있는 고장

④ 디버깅(debugging) 기간: 기계의 결함을 찾아내 고장률을 안정시키는 기간

⑤ 번인(burn-in) 기간: 물품을 실제로 장시간 가동하여 그동안에 고장 난 것을 제거하는 기간

⑥ 초기고장의 제거방법: 디버깅, 번인

나. 우발고장

① 일정형 고장(CFR; Constant Failure Rate)

② 과사용, 사용자의 과오, 디버깅 중에 발견되지 않은 고장 등 때문에 발생하며, 예측할 수 없을 때 생기는 고장으로 시운전이나 점검작업으로는 방지할 수 없다.

③ 극한 상황을 고려한 설계, 안전계수를 고려한 설계 등으로 우발고장을 감소시킬 수 있으며, 정상 운전 중의 고장에 대해 사후보전을 실시하도록 한다.

다. 마모고장

① 증가형 고장(IFR; Increasing Failure Rate)

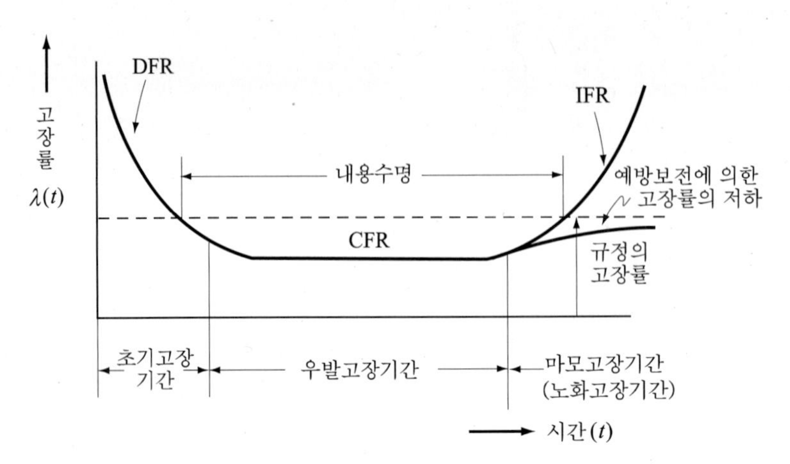

그림 4.5.1 고장의 발생과 상황

② 점차적으로 고장률이 상승하는 형으로 볼베어링 등 기계적 요소나 부품의 마모, 부식이나 산화 등에 의해서 나타난다.

③ 고장이 집중적으로 일어나기 직전에 교환을 하면 고장을 사전에 방지할 수 있다.

④ 장치의 일부가 수명을 다해서 생기는 고장으로 안전진단 및 적당한 보수에 의해서 방지할 수 있는 고장이다.

(2) 고장률과 평균고장간격(MTBF; Mean Time Between Failure)

가. MTTF(평균고장시간)

체계가 작동한 후 고장이 발생할 때까지의 평균작동시간(수리)

나. MTBF(평균고장간격)

체계의 고장발생 순간부터 수리가 완료되어 정상작동하다가 다시 고장이 발생하기까지의 평균시간(교체)

다. 고장률$(\lambda) = \dfrac{\text{고장건수}(r)}{\text{총 가동시간}(t)}$

라. MTBF $= \dfrac{1}{\lambda}$

마. 신뢰도$= R(T) = e^{-\lambda T}$

바. 불신뢰도$= F(T) = 1 - R(T)$

예제

어떤 기계가 1시간 가동하였을 때 고장발생확률이 0.004일 경우 다음 물음에 답하시오.

(1) 평균고장간격을 구하시오.

(2) 10시간 가동하였을 때 기계의 신뢰도를 구하시오.

(3) 10시간 가동하였을 때 고장이 발생될 확률을 구하시오.

풀이

(1) 평균고장간격(MTBF) $= \frac{1}{\lambda} = \frac{1}{0.004} = 250(\text{hr})$

(2) 신뢰도 $R(t) = e^{-\lambda t}$

$\therefore R(t=10) = e^{-0.004 \times 10} = e^{-0.04} = 0.961(96.1\%)$

(3) 불신뢰도 $F(t) = 1 - R(t)$

$\therefore F(10) = 1 - 0.961 = 0.039(3.9\%)$

1.2 설비의 신뢰도

출제빈도 ★★★★

(1) 직렬연결

제어계가 R개의 요소로 만들어져 있고 각 요소의 고장이 독립적으로 발생하는 것이면, 어떤 요소의 고장도 제어계의 기능을 잃은 상태로 있다고 할 때에 신뢰성공학에는 직렬이라 하고 다음과 같이 나타낸다.

$$R_S = R_1 \cdot R_2 \cdot R_3 \cdots R_n = \prod_{i=1}^{n} R_i$$

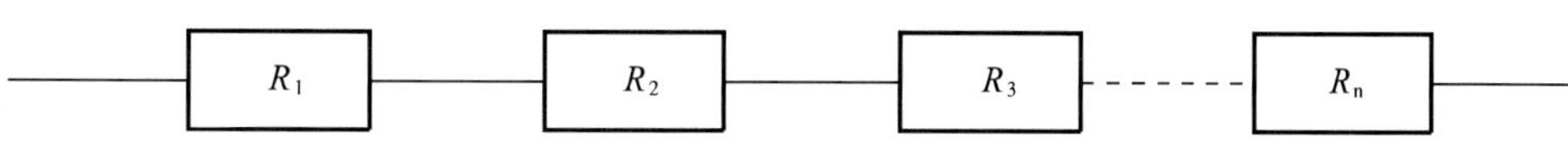

(2) 병렬연결(parallel system 또는 fail safety)

항공기나 열차의 제어장치처럼 한 부분의 결함이 중대한 사고를 일으킬 염려가 있을 경우에는 병렬연결을 사용한다. 이는 결함이 생긴 부품의 기능을 대체시킬 수 있는 장치를 중복 부착시켜 두는 시스템이다. 합성된 요소 또는 시스템의 신뢰도는 다음 식으로 계산된다.

$$R_p = 1 - \{(1-R_1)(1-R_2)\cdots(1-R_n)\} = 1 - \prod_{i=1}^{n}(1-R_i)$$

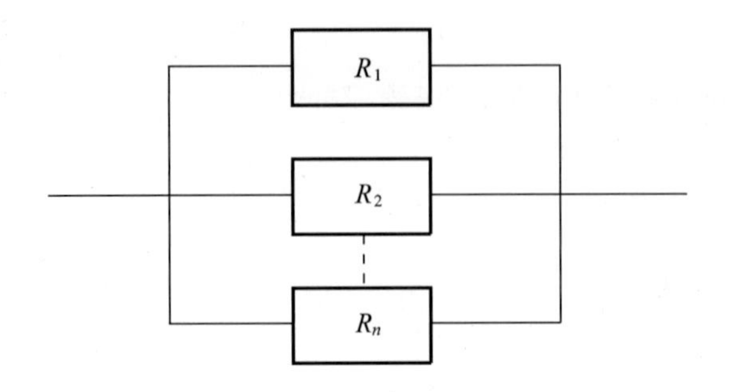

(3) 요소의 병렬

요소의 병렬 fail safety 작용으로 조합된 시스템의 신뢰도는 다음 식으로 계산된다.

$$R = \prod_{i=1}^{n} \{1-(1-R_i)^m\}$$

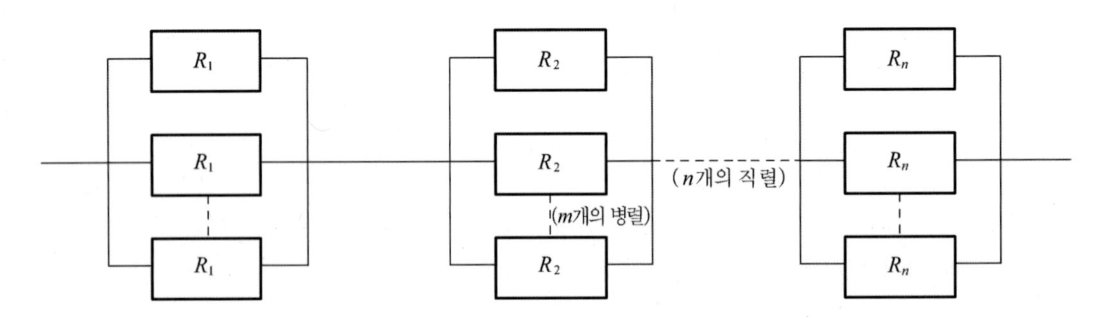

(4) 시스템의 병렬

항공기의 조종장치는 엔진 가동 유압 펌프계와 교류전동기 가동유압 펌프계의 쌍방이 고장을 일으켰을 경우의 응급용으로서 수동장치 3단의 fail safety 방법이 사용되고 있다. 이 같은 시스템을 병렬로 한 방식은 다음과 같이 나타낸다.

$$R = 1-\left(1-\prod_{i=1}^{n} R_i\right)^m$$

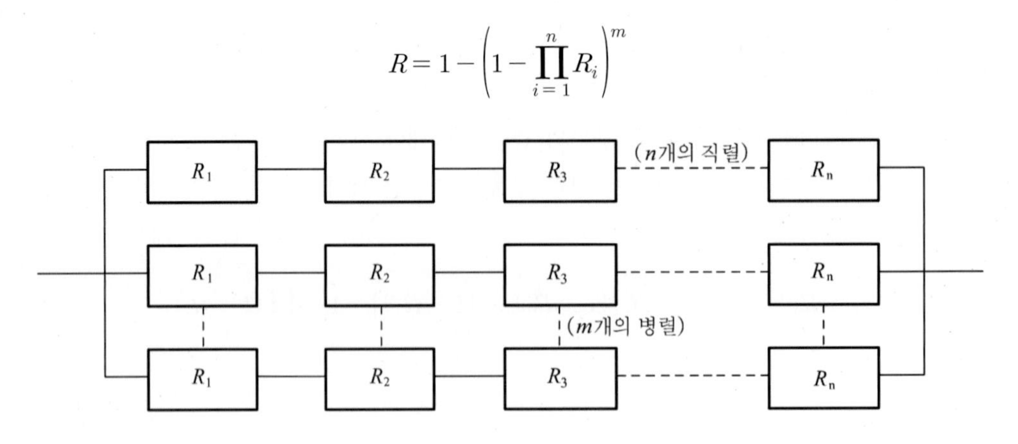

예제

다음 보기의 신뢰도를 구하시오.

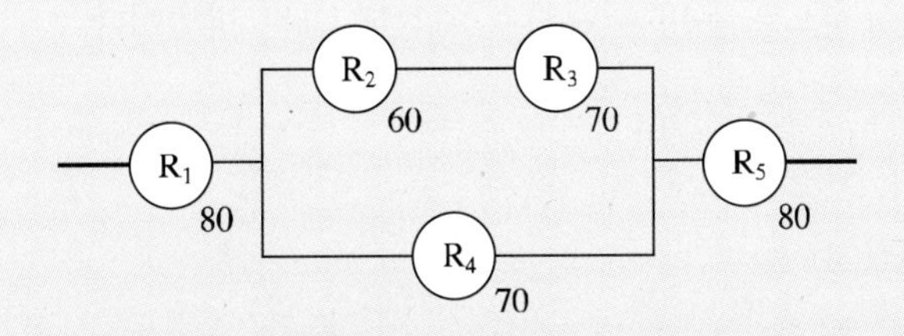

풀이

$$
\begin{aligned}
R_S &= R_1 \times [1-(1-R_2 \times R_3)(1-R_4)] \times R_5 \\
&= 0.8 \times [1-(1-0.6 \times 0.7)(1-0.7)] \times 0.8 \\
&= 0.52864 = 0.53
\end{aligned}
$$

1.3 인간-기계 신뢰도 유지방안

출제빈도 ★★★★

(1) Fail-safe

고장이 발생한 경우라도 피해가 확대되지 않고 단순고장이나 한시적으로 운영되도록 하여 안전을 확보하는 개념이다. 즉, 시스템의 일부에 고장이 발생해도 안전한 가동이 자동적으로 취해질 수 있는 구조로 설계하는 방식이다. 예를 들면, 과전압이 흐르면 내려지는 차단기나 퓨즈 등을 설치하여 시스템을 운영하는 방법이다.

가. 다경로(중복)구조

나. 교대구조

다. 설계 예시

① 비행기 엔진을 2대 이상으로 병렬 설계

② 정전에 대비한 자가 발전기

③ 자동차의 보조바퀴

④ 전기히터의 사고 시 자동 전원 차단

(2) 풀 프루프(Fool proof)

풀(fool)은 어리석은 사람으로 번역되며, 제어장치에 대하여 인간의 오동작을 방지하기 위한 설계를 말한다. 미숙련자가 잘 모르고 제품을 사용하더라도 고장이 발생하지 않도록 하거나 작동을 하지 않도록 하여 안전을 확보하는 방법이다. 예를 들면, 사람이 아무리 잘못된 조작을 해도 시스템이나 장치가 동작하지 않고 올바른 조작에만 응답하도록 한다든가, 사람이 잘못하기 쉬운 순서조작을 순서회로에 의해서 자동화하여 시동 버튼을 누르면 자동적으로 올바른 순서로 조작해 가는 방법이다.

가. 격리

나. 기계화

다. lock(시건장치)

라. 설계 예시

① 세제나 약병의 뚜껑

② 전기케이블의 꽂는 방향

(3) Tamper proof

작업자들은 생산성과 작업용이성을 위하여 종종 안전장치를 제거한다. 따라서 작업자가 안전장치를 고의로 제거하는 것을 대비하는 예방설계를 tamper proof라고 한다. 예를 들면, 화학설비의 안전장치를 제거하는 경우에 화학설비가 작동되지 않도록 설계하는 것이다.

(4) Lock system

가. 어떠한 단계에서 실패가 발생하면 다음 단계로 넘어가는 것을 차단하는 것을 잠금 시스템(lock system)이라고 한다.

나. 잠금(lock)의 종류

① 맞잠금(unterlock): 조작들이 올바른 순서대로 일어나도록 강제하는 것을 말한다.

② 안잠금(lockin): 작동하는 시스템을 계속 작동시킴으로써 작동이 멈추는 것으로부터 오는 피해를 막기 위한 것을 말한다. 예를 들면, 컴퓨터 작업자가 파일을 저장하지 않고 종료할 때 파일을 저장할 것이냐고 물어 피해를 예방하는 것이다.

③ 바깥잠금(lockout): 위험한 상태로 들어가거나 사건이 일어나는 것을 방지하기 위하여 들어가는 것을 제한하는 것을 말한다.

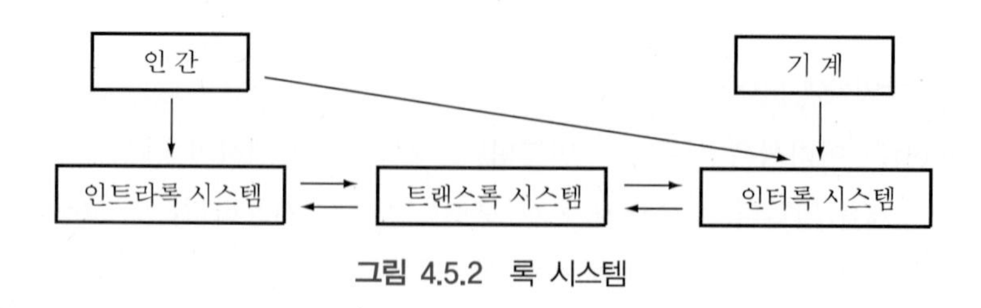

그림 4.5.2 록 시스템

다. interlock system, translock system, intralock system의 3가지로 분류한다. 기계와 인간은 각각 기계 특수성과 생리적 관습에 의하여 사고를 일으킬 수 있는 불안정한 요소를 지니고 있기 때문에 기계에 interlock system, 인간의 중심에 intralock system, 그 중간에 translock system을 두어 불안전한 요소에 대해서 통제를 가한다.

6장 | 사용성 및 효용성 관리

01 사용성

1.1 사용성(usability)의 정의

출제빈도 ★★★★

(1) 사용성(usability)의 용어

제품을 사용하기 쉽다, 어렵다는 말로 표현할 때에 사용한다.

(2) 사용성

사용하기에 어떠한가라는 의미를 갖고 있는 것이다.

(3) ISO 9241-11(1998)에서의 사용성

사용성은 사용자가 특정한 사용 환경에서 의도한 목적을 달성하고자 어떤 제품을 이용할 때의 효과, 효율 및 만족의 정도로 표현된다.

(4) 사용성의 정의와 평가척도[표 4.6.1]

가. 효과(effectiveness): 사용자가 의도한 목적을 얼마나 정확하고 완성도 있게 달성하는가를 나타낸다. 즉, 효과는 목적의 달성 여부와 관계가 있다.

나. 효율(efficiency): 사용자가 원하는 목적을 정확하게 완성하는 데 소모하는 자원의 정도와 관련되어 있다. 즉, 효율은 목적을 달성하기까지 노력과 시간이 얼마나 효율적이었는가를 나타낸다.

다. 목적을 달성하는데 투입하는 시간은 초보자와 숙련자는 달라질 수 있으므로 사용성에서의 효율은 초보자와 숙련자가 다를 수 있다.

라. 만족(satisfaction): 사용자들이 느끼는 사용상의 편안함과 만족을 나타낸다.

(5) 휴리스틱 평가법

전문가가 체크리스트나 평가기준을 가지고 평가대상을 보면서 사용성에 관한 문제점을 찾아나가는 사용성 평가방법이다.

표 4.6.1 사용성과 평가척도

구분	정의	평가척도 예시
효과 (effectiveness)	의도한 목적을 얼마나 정확하게 완성도 있게 달성하는가에 대한 정도	① 완성된 과제 비율 ② 시간 내 과제 성공 비율 ③ 사용 목적에 대한 성공 비율
효율 (efficiency)	원하는 목적을 정확하게 완성하는 데 소모하는 자원의 효율 정도	① 초보자의 과제 완성 시간 ② 숙련자의 과제 완성시간 ③ 학습률
만족 (satisfaction)	사용자들이 느끼는 사용상의 편안함과 만족의 정도	① 사용상의 주관적 만족도 ② 포함된 기능에 대한 만족도 ③ 도움말 지원에 대한 만족도

(6) 닐슨(Nielsen, 1993)의 사용성 정의

사용성을 학습용이성, 효율성, 기억용이성, 에러 빈도 및 정도, 그리고 주관적 만족도로 정의한다.

가. 학습용이성(learnability): 초보자가 제품의 사용법을 얼마나 배우기 쉬운가를 나타낸다.

나. 효율성(efficiency): 숙련된 사용자가 원하는 일을 얼마나 빨리 수행할 수 있는가를 나타낸다.

다. 기억용이성(memorability): 오랜만에 다시 사용하는 재사용자들이 사용방법을 얼마나 기억하기 쉬운가를 나타낸다.

라. 에러 빈도 및 정도(error frequency and severity): 사용자가 실수를 얼마나 자주 하는가와 실수의 정도가 큰지 작은지 여부, 그리고 실수를 쉽게 만회할 수 있는지를 나타낸다.

마. 주관적 만족도(subjective satisfaction): 제품에 대해 사용자들이 얼마나 만족하게 느끼고 있는가를 나타낸다.

예제

익숙하게 사용하기 위해 어느 정도의 학습이 요구되는 제품 종류에 대해, 경쟁사 간 2개의 동급 제품을 선정해 사용성 평가를 실시하여 다음과 같은 작업(task) 수행시간에 대한 데이터를 얻었으며, 회귀분석을 통해 반복횟수(N)와 작업수행시간(TN) 간의 관계식을 얻었다.

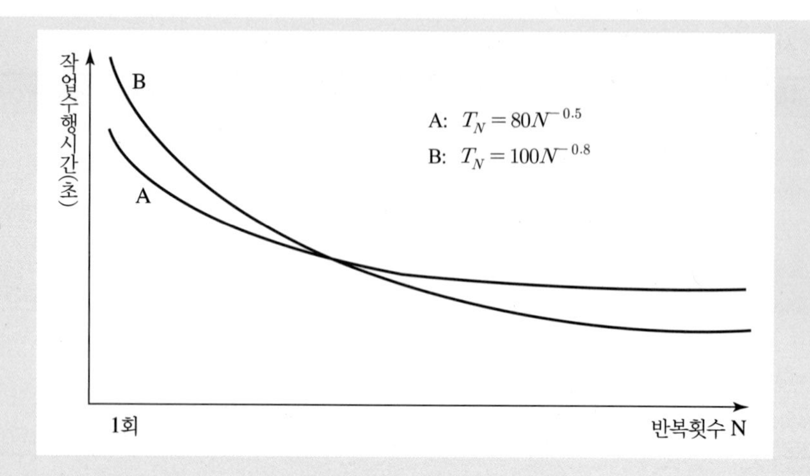

(1) A 제품과 B 제품에 대한 학습률(learning rate)을 구하시오.

(2) 제품의 학습성(learnability) 측면과 효율성(efficiency) 측면에서 두 제품 A, B의 사용성을 평가하시오.

(3) 위의 두 평가 척도 외에 ISO의 사용성 평가척도 기준에 의할 때 어떤 평가척도(measure)가 추가로 사용될 수 있는지 제시하고, 이를 위한 평가방법을 간단히 기술하시오.

풀이

(1) 작업수행시간 $T_N = T_1 N^b$(TN: N번째 제품의 작업수행시간, N: 반복횟수, b: 경사율)

학습률 $R = 10^{(b \times \log 2)}$

가. $R_A = 10^{(-0.5 \times \log 2)} = 0.7071$

나. $R_B = 10^{(-0.8 \times \log 2)} = 0.5743$

(2) 제품 A는 최초 학습시간이 80초로 제품 B의 100초에 비하여 짧으며 학습률이 높다. 그러나 제품 A는 제품 B와 작업수행시간이 동일해지는 일정 시점까지만 제품 B에 비하여 작업수행시간이 짧고, 그 이후에는 제품 B에 비하여 작업수행시간이 길어진다. 즉, 제품 A는 반복횟수의 증가에 따른 작업수행시간이 감소하는 비율이 제품 B에 비하여 낮아 장기적인 측면에서 효율성은 제품 B가 높다.

(3) 가. 평가척도: 사용자 만족도로 평가를 실시한다. 사용자 만족도는 기능 및 특징에 대한 만족도 척도로 사용자가 불만감이나 좌절감을 표현한 빈도를 말한다.

나. 평가방법: 실제 사용자를 대상으로 설문조사 및 인터뷰를 통하여 해당 제품의 만족도를 조사할 수 있다. 그 예로 F.G.I(Focus Group Interview), Survey and Interview 방법 등이 있다.

02 사용자 인터페이스

2.1 사용자 인터페이스의 개요

정보기술 측면에서 말하는 사용자 인터페이스란 디스플레이 화면, 키보드, 마우스, 라이트펜, 데스크톱 형태, 채색된 글씨들, 도움말 등 사람들과 상호작용을 하도록 설계된 모든 정보 관련 고안품을 포함하여 응용프로그램이나 웹사이트 등이 상호작용을 초래하거나 그것에 반응하는 방법 등을 의미한다.

(1) 사용자중심 설계(UCD; User-Centered Design)

가. 사용자가 쉽고 효율적으로 기능을 사용할 수 있도록 사용자의 관점에서 제품을 디자인하는 개념이다.

나. 사용자중심 설계는 사용자와 사용행위에 관한 정보 및 제품이 사용되는 상황 등을 고려하여 제품의 사용성(usability)을 높이도록 설계하는 개념을 말한다.

(2) 사용자경험 디자인(UXD; User Experience Design)

가. 제품의 외관에 관한 디자인뿐만 아니라 소비자들의 행동양식과 심리, 제품사용을 종합적으로 추적해 그 결과를 제품에 반영하는 것을 말한다.

나. 사용자입장을 고려하고 사용자경험을 바탕으로 사용자에게 '어떻게 보이고, 어떻게 작용하며, 무엇을 경험할 수 있는가'에 초점을 두고, 제품과 상호작용하는 데 영향을 줄 수 있는 인터페이스 요소와 인터랙션 요소까지를 고려하여 설계하는 과정이라고 할 수 있다.

(3) 유니버설 디자인(universal design)

가. 장애의 유무나 연령 등에 관계없이 모든 사람들이 제품, 건축, 환경, 서비스 등을 보다 편하고 안전하게 이용할 수 있도록 설계하는 것을 말하며, "모두를 위한 설계"(Design for All)라고도 한다.

나. 예를 들어, 쥐는 힘이 약한 사람들을 위해 레버식 문손잡이를 설계하는 것 등을 유니버설 디자인이라고 한다.

2.2 사용자 인터페이스 설계원칙

출제빈도 ★★★★

2.2.1 사용자 인터페이스의 일반적인 설계원칙

(1) 사용자의 작업에 적합해야 한다.

(2) 이용하기 쉬워야 하고, 사용자의 지식이나 경험수준에 따라 사용자에 맞는 기능이나 내용이 제공되어야 한다.

(3) 작업실행에 대한 피드백이 제공되어야 한다.

(4) 정보의 디스플레이가 사용자에게 적당한 형식과 속도로 이루어져야 한다.

(5) 인간공학적 측면을 고려해야 한다.

2.2.2 노먼(Norman)의 설계원칙

(1) 가시성(visibility)

가시성은 제품의 중요한 부분은 눈에 띄어야 하고, 그런 부분들의 의미를 바르게 전달할 수 있어야 한다는 것이다.

(2) 대응(mapping)의 원칙

대응은 어떤 기능을 통제하는 조절장치와 그 기능을 담당하는 부분이 잘 연결되어 표현되는 것을 의미한다.

(3) 행동유도성(affordance)

가. 사물에 물리적, 의미적인 특성을 부여하여 사용자의 행동에 관한 단서를 제공하는 것을 행동유도성이라 한다. 제품에 사용상 제약을 주어 사용 방법을 유인하는 것도 바로 행동유도성에 관련되는 것이다.

나. 좋은 행동유도성을 가진 디자인은 그림이나 설명이 필요 없이 사용자가 단지 보기만 하여도 무엇을 해야 할지 알 수 있도록 설계되어 있는 것이다. 이러한 행동유도성은 행동에 제약을 가하도록 사물을 설계함으로써 특정한 행동만이 가능하도록 유도하는 데서 온다.

(4) 피드백(feedback)의 제공

가. 피드백이란 제품의 작동결과에 관한 정보를 사용자에게 알려주는 것을 의미하며, 사용자가 제품을 사용하면서 얻고자 하는 목표를 얻기 위해서는 조작에 대한 결과가 피드백되어야 한다.

나. 제품설계 시에는 가능한 사용자의 입력에 대한 피드백 기능을 두는 것이 필요하며, 피드백의 방법에는 경고등, 점멸, 문자, 강조 등의 시각적 표시장치를 이용하거나, 음향이나 음성표시, 촉각적 표시 등을 이용할 수도 있다.

다. 적절한 피드백은 사용자들의 작업수행에 있어 동기부여에 중요한 요소이며, 만약 시스템의 작업수행에 지연이 발생했을 때 사용자가 좌절이나 포기를 하지 않도록 하는데 있어 피드백은 중요한 기능을 발휘한다.

2.2.3 Johnson의 설계원칙

Johnson은 특정 설계규칙을 제시하기보다는 일반적인 그래픽 사용자 인터페이스 설계 규칙의 기본이 되는 원칙을 제시하고 있다.

Johnson의 설계원칙은 다음과 같이 여덟 가지로 요약될 수 있다.

(1) 사용자와 작업중심의 설계

사용자를 이해하고 사용자의 특성을 파악하며 사용자와 협력하는 것이 인터페이스 설계의 핵심적인 부분이다.

(2) 기능성 중심의 설계

인터페이스 설계에 있어서 기능적인 면이 보여지는 것에 우선해야 한다. 좋은 인터페이스는 화려한 화면이 아니라 시스템이 제공하는 기능 혹은 역할에 염두에 두는 인터페이스여야 한다.

(3) 사용자 관점에서의 설계

사용자로 하여금 부자연스러운 기능수행을 요구하지 말아야 하며, 언어사용에 있어 사용자들이 이해하기 쉬운 단어나 표현을 사용하며, 프로그램 코딩에 관련된 전문용어가 사용자에게 노출되지 않도록 해야 한다.

(4) 사용자가 작업수행을 간단, 명료하게 진행하도록 설계

인터페이스는 사용자가 작업을 간단하게 처리하도록 지원해야 하며, 사용자에게 요구되는 노력의 범위를 최소화시켜야 한다.

(5) 배우기 쉬운 인터페이스의 설계

바람직한 인터페이스는 사용자가 이해하고 알고 있는 방식을 시스템에 적용시키는 것이다. 또한, 배우기 쉬운 인터페이스는 일관성 있는 설계를 통하여도 이루어진다.

(6) 데이터가 아닌 정보를 전달하는 인터페이스 설계

단순 데이터가 아닌 정보를 전달하는 인터페이스는 사용자로 하여금 중요한 정보를 쉽게 볼 수 있도록 하고 인터페이스 설계 시에 보는 시점의 이동순서, 전달되는 정보에 적합한 매체를 사용하고 상세부분에도 주목할 수 있도록 적절한 배치를 하여야 한다.

(7) 적절한 피드백을 제공하는 인터페이스 설계

사용자가 작업실행을 명령했을 경우 시스템은 명령의 이행을 수행하는 것과 병행하여 사용자로 하여금 명령을 인식하였음과 현재 처리 중임을 표시해야 한다.

(8) 사용자 테스트를 통한 설계보완

사용자 테스트가 인터페이스 설계에 중요한 요소이다. 사용자 테스트를 통하여 인터페이스의 문제점을 파악하도록 하고, 이를 시스템 개발자에게 인식시켜서 수정, 보완하도록 한다.

2.2.4 GOMS 모델

숙련된 사용자가 인터페이스에서 특정 작업을 수행하는 데 얼마나 많은 시간을 소요하는지 예측할 수 있는 모델이다. 또한 하나의 문제 해결을 위하여 전체문제를 하위문제로 분해하고 분해된 가장 작은 하위문제들을 모두 해결함으로써 전체문제를 해결한다는 것이 GOMS 모델의 기본논리이다.

(1) 4가지 구성요소

GOMS는 인간의 행위를 목표(goals), 연산자 또는 조작(operator), 방법(methods), 선택규칙(selection rules)으로 표현한다.

(2) 장점

가. 실제 사용자를 포함시키지 않고 모의실험을 통해 대안을 제시할 수 있다.
나. 사용자에 대한 별도의 피드백 없이 수행에 대한 관찰결과를 알 수 있다.
다. 실제로 사용자가 머릿속에서 어떠한 과정을 거쳐서 시스템을 이용하는지 자세히 알 수 있다.

(3) 문제점

가. 이론에 근거하여 실제적인 상황이 고려되어 있지 않다
나. 개인을 고려하고 있어서 집단에 적용하기 어렵다
다. 결과가 전문가 수준이므로 다양한 사용자 수준을 고려하지 못한다.

2.3 사용자 인터페이스 평가요소(Jacob)

출제빈도 ★★★★

(1) 배우는 데 걸리는 시간

사용자가 작업수행에 적합한 명령어나 기능을 배우기 위한 시간이 얼마나 필요한가?

(2) 작업실행속도

벤치마크 작업을 수행하는 데 시간이 얼마나 걸리는가?

(3) 사용자에러율

벤치마크 작업을 수행하는 데 사용자는 얼마나 많은, 그리고 어떤 종류의 에러를 범하는가?

(4) 기억력

사용자는 한 번 이용한 시스템의 이용법을 얼마나 오랫동안 기억할 것인가? 기억력은 배우는 데 걸린 시간, 이용빈도 등과 관련이 있다.

(5) 사용자의 주관적인 만족도

시스템의 다양한 기능들을 이용하는 것에 대한 사용자의 선호도는 얼마나 되는가? 인터뷰나 설문조사 등을 통하여 얻어질 수 있다.

03 사용성 평가방법

3.1 사용성 평가기법

출제빈도 ★★★★

개발된 시스템에 대해 사용자에게 직접 시스템을 사용하게 하여 이를 관찰하여 획득한 데이터를 바탕으로 시스템을 평가하는 것이 사용자 평가기법이다. 사용자 평가기법을 통해 설계자는 놀라울 만큼 생생하고 중요한 사실, 즉 자신이 미처 생각지 못하거나 잘못된 개념이 얼마나 많은가를 알게 된다.

3.1.1 설문조사

(1) 설문조사에 의한 시스템 평가방법은 제일 손쉽고 경제적인 방법으로 사용자에게 시스템을 사용하게 하고, 준비된 설문지에 의해 그들의 사용경험을 조사하는 방법이다.

(2) 설문지의 설문방법은 어떤 항목의 평가를 구체적으로 할 수도 있고, 일반적인 사용경험을 물을 수도 있다. 구체적인 항목평가를 위해 척도를 마련할 수도 있다(리커트 척도, VAS 척도 등).

(3) 특별한 형식 없이 서술식으로 답변을 구할 수도 있다. 이러한 설문조사방법은 매우 이용이 간편하기 때문에 시스템 평가 시에 가장 잘 이용되는 방법이다.

(4) 설문조사에 의한 평가를 행할 때 다음과 같은 점을 주의하여야 한다.

가. 설문항목의 내용을 일반적인 내용이 아닌 시스템의 실제 경험을 알 수 있는 구체적인 내용으로 질문하여야 한다는 것이다. 예를 들면, '그 시스템의 명령어는 외우기가 쉽습니까?'라는 식으로 질문하는 것이 중요하다.

나. 질문 시에 가설적인 내용(예를 들면, 시스템에 대한 변경)을 묻는 것이 아니라 실제의 시스템의 사용경험(어떤 키를 누를 경우의 시스템의 반응)을 구체적으로 질문하는 것이 바람직하다.

(5) 설문조사방법의 단점은 시스템의 사용경험에 대해서 질문할 경우 시스템을 실제로 사용하는 동안의 경험에 대해 직접적으로 묻는 것은 아니기 때문에 시스템을 실제로 사용할 당시의 경험이 그대로 드러나지 않았을 수도 있다는 점이다. 즉, 인간이 가지는 단기기억 용량의 한계가 노출될 수도 있다는 것이다.

3.1.2 구문기록법

(1) 구문기록법이란 사용자에게 시스템을 사용하게 하면서 지금 머릿속에 떠오른 생각을 생각나는 대로 말하게 하여 이것을 기록한 다음 기록된 내용에 대해서 해석하고, 그 결과에 의해 시스템을 평가하는 방법이다.

(2) 구문기록법에 의해 기록한 데이터를 분석하기가 쉽지 않기 때문에 시스템의 평가 시에 잘 쓰이는 방법은 아니다.

(3) 구문기록법에 의해 시스템 사용에 대한 생생한 데이터를 얻을 수 있기 때문에 좀 더 체계적이고 심층적인 분석을 행할 때 이 방법이 사용된다.

(4) 구문기록법을 이용할 경우 주의할 점은 다음과 같다.

가. 단지 사용자가 말하는 내용만 기록할 것이 아니라 사용자의 시스템에 의한 업무수행들도 동시에 기록하여야 한다는 점이다. 사용자의 대화내용과 당시의 업무수행 상태를 비교 가능하게 하기 위해서이다.

나. 기록 중에는 가능한 한 기록자가 사용자를 방해하지 않아야 한다. 따라서 평가자가 사용자의 시스템 사용 중에 어떤 질문을 던지고 사용자가 그것에 대답하는 식으로

사용자의 경험을 기록해서는 안 된다.

(5) 사용자에게 일을 수행하면서 떠오르는 생각을 얘기해 달라는 것은 어려운 일이기 때문에 사용자에게 구문 분석에 들어가기 전에 연습과제를 부여하는 것이 효과적이다.

(6) 구문기록법의 절차
   가. 피실험자에게 해야 할 업무를 부여한다.
   나. 연습과제를 부여하여 생각나는 대로 얘기하는 것에 익숙하게 한다.
   다. 평가할 시스템을 부여한다.
   라. 사용자의 대화내용을 기록한다.
   마. 기록된 내용을 분석한다.

(7) 데이터가 수집되면 이 데이터를 분석하는 방법으로는 미리 정해진 분류에 의해 체계화한다든지, 아니면 단순히 사용자의 반응을 본다든지 하는 방법이 이용될 수 있다.

3.1.3 실험평가법

(1) 실험평가법이란 평가해야 할 시스템에 대해 미리 어떤 가설을 세우고, 그 가설을 검증할 수 있는 객관적인 기준(예를 들면, 업무의 수행시간, 에러율 등)을 설정하여 실제로 시스템에 대한 평가를 수행하는 방법이다.

(2) 이 방법은 대단히 학문적인 방법으로 볼 수 있으며, 사실 실험심리학이나 인간공학 등의 학문에서는 자주 이용되는 방법이다.

(3) 실험평가법의 장점은 평가하고자 하는 특성을 설정하여 과학적인 분석방법에 의해 객관

표 4.6.2 사용성 평가방법의 비교

방법	평가 주체	평가 대상자	장단점	주로 사용하는 사용성 척도
실험적 방법	시스템 설계자	대표적 사용자	• 장점: 평가하고자 하는 특성을 설정하고 과학적인 분석방법에 의한 객관적 평가 가능 • 단점: 가장 평가하기 어렵고 많은 비용이 소비됨	업무수행시간 에러율
예측적 방법	시스템 설계자	대표적 사용자	• 장점: 시스템 사용에 대한 생생한 데이터를 얻을 수 있기 때문에 좀 더 체계적이고 심층적인 분석을 할 수 있음 • 단점: 구문기록법에 의해 기록한 데이터를 분석하기가 쉽지 않음	업무수행상태
사용자 설문조사	시스템 설계자	대표적 사용자	• 장점: 이용이 간편하고 경제적임 • 단점: 단기기억 용량의 한계가 노출될 수 있음	리커트척도

적으로 그것에 대한 평가를 내릴 수 있다는 점이다.

(4) 실험평가법은 가장 평가하기 어렵고 평가에 대한 비용이 많이 든다는 단점을 가지고 있다.

(5) 피실험자를 어떻게 선택할 것인가에 대해 신중히 고려하여야 한다. 피실험자를 선택하는 일반적인 방법은 '대표적 사용자'를 설정하여 이들에 대해 평가하는 것인데, 대표적 사용자를 어떤 기준으로 선택할 것인가 등 어려움이 따른다.

3.1.4 발견적 평가법(heuristic evaluation)

(1) 평가 대상이 사용성 향상을 위해 일반적으로 지켜야 할 가이드라인을 얼마나 잘 지키고 있는지를 소수 전문가들이 독립적으로 평가하는 방법이다.

(2) 이 방법은 전문가들만 모아지면 특별한 장비가 없이 빠르게 진행할 수 있으며, 비용도 저렴하기 때문에 빠른 시간 안에 문제점을 파악하여 수정을 반복하는 데 이용된다.

(3) 하지만 전문가 개인의 편견이 개입될 수 있으며, 사용자의 의견이 아니기 때문에 제시한 문제점이 실제 사용자에게는 문제가 되지 않는 것일 수도 있다.

3.1.5 포커스 그룹 인터뷰(FGI; Focus Group Interview)

(1) 대표적인 정성적 조사방법 중의 하나로 집단심층 면접조사 또는 표적집단 면접조사라고 부른다.

(2) 이 방법은 관심이 있는 특성을 기준으로 표적집단을 3~5개 그룹으로 분류한 뒤, 각 그룹별로 6~8명의 참가들을 대상으로 진행자가 조사목적과 관련된 토론을 함으로써 평가 대상에 대한 의견이나 문제점 등을 조사하는 방법이다.

3.1.6 인지적 시찰법(cognitive walkthrough)

(1) 시스템 개발초기의 모형을 작업 시나리오를 바탕으로 이리저리 탐색하면서 인지적 측면에서의 문제점을 발견하는 방법이다.

(2) 이 방법은 친숙하지 않은 시스템을 이용하는 데 매뉴얼을 깊이 읽지 않고 이러저리 탐색하는 사용자들의 특성을 이용하고 있으며, 학습용이성이나 발생 가능한 오류의 개선에 초점을 둔다.

3.1.7 관찰 에쓰노그래피(observation ethnography)

실제 사용자들의 행동을 분석하기 위하여 이용자가 생활하는 자연스러운 생활환경에서 비디오, 오디오에 녹화하여 시험하는 사용성 평가방법이다.

7장 | 제품안전

01 제조물책임법

1.1 제조물책임법의 개념

1.1.1 제조물책임의 정의

(1) 제조물책임은 제조, 유통, 판매된 제조물의 결함으로 인해 발생한 사고에 의해 소비자나 사용자, 또는 제3자의 생명, 신체, 재산 등에 손해가 발생한 경우에 그 제조물을 제조, 판매한 공급업자가 법률상의 손해배상책임을 지도록 하는 것을 말한다.

(2) 제조물책임을 물을 수 있는 경우는 제품의 결함이 있고 그 결함으로 인하여 사용자 또는 제3자의 생명, 신체, 재산 등에 피해가 발생한 경우이다(제품 자체에만 그치는 손해는 제외).

(3) 제조물책임법 시행 후부터는 제조, 공급업자의 고의, 과실 여부에 관계없이 손해배상책임을 부담한다.

1.2 제조물책임법에서의 결함

출제빈도 ★★★★

지금까지는 제품의 결함이 있다는 내용을 소비자가 직접 증명해야만 손해배상을 받을 수 있었지만, 현재는 제조물책임법이 발효된 상태이며, 제조 및 공급업자가 스스로 제품에 결함이 없다는 사실을 소비자에게 증명해야만 한다.

1.2.1 결함의 정의

(1) 제조물책임에서 중요하게 대두된 것이 결함이다. 과실책임에서는 제조자나 판매자의 과실행위의 존재 여부가 가장 중요한 책임요건이었지만, 무과실책임으로서의 제조물책임은 제조물에 결함이 존재하는가의 여부에 의해서 결정된다.

(2) 결함과 하자에 대한 개념은 아직 논란의 여지가 남아 있지만, 이들을 구별하여 다루는 것이 일반적이다. 결함은 제조물책임을 논하는 경우에 많이 사용되는 개념이며, 하자는 민법, 국가배상법에서 하자담보책임이나 배상책임에서 많이 사용되는 개념이다.

(3) 결함과 하자를 동일시하는 견해에서는 하자의 전제가 되는 물건의 품질성능을 마땅히 도달하여야 할 수준의 품질성능을 의미한다고 봄으로써 결함과 하자를 같은 것으로 보아도 무방하다고 한다.

(4) 많은 사람들이 하자는 거래상 또는 사회통념상 갖추어야 할 품질(상품성)이 결여된 상태이고, 결함은 하자가 원인이 되어 새로운 손해나 위험성을 발생시킬 가능성이 있는 상태라고 본다. 즉, 하자는 상품성의 결여이고, 결함은 안전성의 결여라고 하여 양자에 대해 구별을 하고 있다.

(5) 상품성의 기준이란 제조물의 공급가격, 기타 계약조건에 따라서 달라지므로, 실정법상 결함의 개념을 정립하기란 매우 어렵다. 따라서 제조물책임법에서는 위험성을 가지는 제조물에 한정되어 엄격책임이 적용되며, 안전한 구조의 제조물에는 적용되지 않는다.

1.2.2 결함의 유형

제조물책임법에서 대표적으로 거론되는 결함으로는 설계상의 결함, 제조상의 결함, 지시·경고상의 결함의 3가지로 크게 구분된다. 지금까지 제조물의 결함이라고 하면 상식적으로 제품 자체의 결함만을 나타내는 것이었지만 제조물책임에서는 지시·경고상의 결함이 크게 다루어지게 된다.

(1) 제조상의 결함

가. 제조상의 결함이란 제품의 제조과정에서 발생하는 결함으로, 원래의 도면이나 제조방법대로 제품이 제조되지 않았을 때도 여기에 해당된다.

나. 품질검사를 통해 이러한 제조상의 결함이 대부분 발견되지만, 검사를 통과한 일부 결함제품이 시장에 유통된 경우에 문제가 된다.

다. 설계상의 결함은 설계가 적용되는 모든 제품에 존재하지만 제조상의 결함은 개별제품에 존재한다.

라. 제조상의 결함의 예제로서 제조과정에서 설계와 다른 부품의 삽입 또는 누락, 자동차에 부속품이 빠져 있는 경우가 여기에 해당된다.

(2) 설계상의 결함

가. 설계상의 결함이란 제품의 설계 그 자체에 내재하는 결함으로 설계대로 제품이 만

들어졌더라도 결함으로 판정되는 경우이다. 즉, 제조업자가 합리적인 대체설계를 채용하였더라면 피해나 위험을 줄이거나 피할 수 있었음에도 대체설계를 채용하지 아니하여 당해 제조물이 안전하지 못하게 된 경우이다.

나. 설계상의 결함이 인정되는 경우 그 설계에 의해 제조된 제품 모두가 결함이 있는 것으로 되기 때문에 제조업자에 대한 영향이 가장 심각한 경우이다.

다. 설계상의 결함의 예제로서 녹즙기에 어린이의 손가락이 잘려나간 경우, 소형 후드믹서에 어린이의 손이 잘려나간 경우, 전기냉온수기의 온수출수 장치로 인해 화상을 입은 경우가 여기에 해당된다.

(3) 표시(지시 · 경고)상의 결함

가. 제품의 설계와 제조과정에 아무런 결함이 없다 하더라도 소비자가 사용상의 부주의나 부적당한 사용으로 발생할 위험에 대비하여 적절한 사용 및 취급 방법 또는 경고가 포함되어 있지 않을 때에는 표시(지시 · 경고)상의 결함이 된다.

나. 지시, 경고 등의 표시상의 결함의 예제로서 고온, 파열, 감전, 발화, 회전물, 손가락 틈새, 화기, 접촉, 사용환경, 분해금지 등의 경고성의 표현(문자 및 도형)을 하지 않은 경우가 여기에 해당된다.

(4) 제조물책임에서 분류하는 세 가지 결함을 요약하면 그림 4.7.1과 같다.

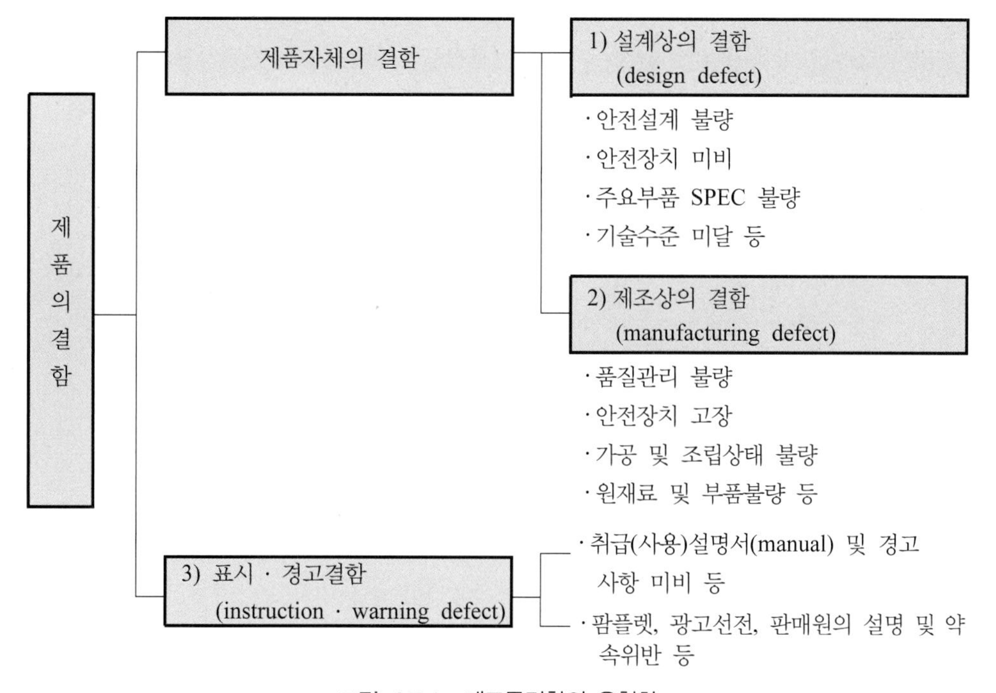

그림 4.7.1 제조물결함의 유형화

1.3 제조물책임법에서의 책임

출제빈도 ★★★★

(1) 제조물책임법의 적용대상은 다음과 같은 제조 또는 가공된 동산에 적용된다.

가. 고체, 액체, 기체와 같은 유체물과 전기, 열, 음향, 광선과 같은 무형의 에너지 등에 적용된다.

나. 완성품, 부품, 원재료 등은 물론 중고품, 재생품, 수공업품, 예술작품 등도 적용대상이 된다.

다. 부동산의 일부를 구성하고 있는 조명시설, 배관시설, 공조시설, 승강기 등도 적용대상에 포함된다.

(2) 제조물책임법의 적용이 제외되는 대상은 다음과 같다.

가. 아파트, 빌딩, 교량 등과 같은 부동산

나. 미가공 농산물(임·축·수산물 포함)

다. 소프트웨어, 정보 등 지적 재산물 등

(3) 제조물책임을 지는 자는 다음과 같다.

가. 제조업자: 제품을 제조, 가공, 수입한 자

나. 표시 제조업자: 제품에 성명, 상호, 상표 기타의 표시를 하여 자신을 제조업자로 표시하거나 오인할 수 있는 표시를 한 자

다. 공급업자: 피해자가 제품의 제조업자를 알 수 없는 경우 판매업자가 책임(단, 판매업자가 제조업자 또는 자신에게 제품을 공급한 자를 피해자에게 알려준 때는 책임 면제)

(4) 손해배상의 범위

가. 신체, 건강, 재산상의 모든 피해: 동일한 손해에 대하여 배상책임이 있는 자가 2인 이상인 경우 연대하여 손해를 배상한다.

(5) 제조물책임이 면책되는 경우

가. 당해 제품을 공급하지 아니한 경우: 도난물, 유사표시 제조물 등

나. 당해 제품을 공급한 때의 과학, 기술수준으로는 결함의 존재를 알 수 없는 경우: 개발상의 위험에 대해 손해배상책임을 인정할 경우 연구개발이나 기술개발이 저해되고 궁극적으로 소비자에게 손해가 될 수 있음을 고려한 것(개발 위험의 항변)

다. 당해 제품을 공급할 당시의 법령이 정하는 기준을 준수함으로써 결함이 발생한 경우: 법령에서 정한 기준이라 함은 국가가 제조자에 대하여 법률이나 규칙 등을 일정

한(최고기준) 제조방법을 강제하고 있고 제조자로서는 제조상의 그 기준을 따를 수밖에 없고, 또한 국가가 정한 기준 자체가 정당한 안전에의 기대에 합치하지 않음으로 해서 필연적으로 결함 있는 제조물이 생산될 수밖에 없는 성격의 경우를 의미한다.

라. 당해 원재료 또는 부품을 사용한 완성품 제조업자의 설계 또는 제작에 관한 지시로 결함이 발생한 경우: 부품, 원재료이더라도 결함이 존재하면 그 제조업자는 손해배상 책임을 지게 된다.

(6) 면책사유가 인정되지 않는 경우

가. 제품에 결함이 존재한다는 사실을 알거나 알 수 있었음에도 적절한 조치를 하지 않은 경우

나. 제조자의 책임을 배제하거나 제한하는 계약을 한 경우(다만, 영업용 재산에 관한 특약은 제외)

실기시험 기출문제

4.1 안전의 4M의 정의와 4M의 종류에 대해 설명하시오.

풀이

4M은 인간이 기계설비와 안전을 공존하면서 근로할 수 있는 시스템의 기본조건이다.

• 4M의 종류

(1) Man(인간): 인간적 인자, 인간관계

(2) Machine(기계): 방호설비, 인간공학적 설계

(3) Media(매체): 작업방법, 작업환경

(4) Management(관리): 교육훈련, 안전법규 철저, 안전기준의 정비

4.2 안전의 3E의 정의와 종류에 대해 설명하시오.

풀이

안전대책의 중심적인 내용에 대해서는 3E가 강조되어 왔다.

• 3E의 종류

(1) Engineering(기술)

(2) Education(교육)

(3) Enforcement(강제)

4.3 하인리히(Heinrich) 재해발생의 도미노 이론 중 기본적 원인 5가지를 쓰시오.

풀이

(1) 유전적 요인 및 사회적 환경(ancestry and social environment)

(2) 개인적 결함(personal faults)

(3) 불안전한 행동 및 불안전한 상태(unsafe act or unsafe condition)

(4) 사고(accident)

(5) 상해(injury)

4.4 하인리히의 재해이론 중 1 : 29 : 300의 법칙에 대해 설명하시오.

풀이

하인리히의 1 : 29 : 300 법칙: 동일사고를 반복하여 일으켰다고 하면 상해가 없는 경우가 300회, 경상의 경우가 29회, 중상의 경우가 1회의 비율로 발생한다는 것이다.

재해의 발생 = 물적 불안전상태 + 인적 불안전행동 + α

= 설비적 결함 + 관리적 결함 + α

$$\alpha = \frac{300}{1+29+300} = \text{숨은 위험한 상태}$$

4.5 버드의 최신 재해연쇄성(도미노) 이론 5단계를 쓰시오.

풀이

(1) 제1단계: 통제의 부족(관리)
(2) 제2단계: 기본원인(기원)
(3) 제3단계: 직접원인(징후)
(4) 제4단계: 사고(접촉)
(5) 제5단계: 상해(손실)

4.6 하인리히의 재해예방 5단계를 설명하시오.

풀이

(1) 제1단계(조직): 안전관리 조직을 구성하여 안전활동 방침 및 계획을 수립하고 전문적 기술을 가진 조직을 통한 안전활동을 전개함으로써 근로자의 참여하에 집단의 목표를 달성한다.
(2) 제2단계(사실의 발견): 조직편성을 완료하면 각종 안전사고 및 안전활동에 대한 기록을 검토하고 작업을 분석하여 불안전요소를 발견한다. 불안전요소를 발견하는 방법은 안전점검, 사고조사, 관찰 및 보고서의 연구, 안전토의, 또는 안전회의 등이 있다.
(3) 제3단계(평가분석): 발견된 사실, 즉 안전사고의 원인분석은 불안전요소를 토대로 사고를 발생시킨 직접적 및 간접적 원인을 찾아내는 것이다. 분석은 현장조사 결과의 분석, 사고보고, 사고기록, 환경조건의 분석 및 작업공장의 분석, 교육과 훈련의 분석 등을 통해야 한다.
(4) 제4단계(시정책의 선정): 분석을 통하여 색출된 원인을 토대로 효과적인 개선방법을 선정해야 한다. 개선방안에는 기술적 개선, 인사조정, 교육 및 훈련의 개선, 안전행정의 개선, 규정 및 수칙의 개선과 이행독려의 체제강화 등이 있다.
(5) 제5단계(시정책의 적용): 시정방법이 선정된 것만으로 문제가 해결되는 것이 아니고 반드시 적용되어야 하며, 목표를 설정하여 실시하고 실시결과를 재평가하여 불합리한 점은 재조정되어 실시되어야 한다. 시정책은 교육, 기술, 규제의 3E 대책을 실시함으로써 이루어진다.

4.7 산업체의 재해 발생에 따른 재해 원인조사를 하려고 할 때, 해당 항목을 4가지로 정의하고 이를 수행하는 순서를 제시하시오.

(　　　　) → (　　　　) → (　　　　) → (　　　　)

풀이

(사실의 확인) → (직접원인과 문제점 발견) → (기본원인과 문제점 해결) → (대책수립)

4.8 2004년 H기업의 상시근로자가 400명 작업 시 재해건수가 30건 발생했다. 도수율을 계산하시오.

풀이

$$\text{도수(빈도)율} = \frac{\text{연간재해건수}}{\text{연근로총시간수}} \times 10^6 = \frac{30}{400 \times 2,400} \times 10^6 = 31.25$$

4.9 400명이 근로하고 있는 사업장에서 1주 48시간으로 연간 50주 작업을 하고 50건의 재해가 발생하였다. 질병재해, 기타 사유로 근로자는 총 근로시간의 3%를 결근하였다. 이 사업장의 도수율을 계산하시오. (단, 소수 둘째 자리에서 반올림하여 첫째 자리 수만 구한다.)

풀이

$$\text{도수율} = \frac{\text{재해건수}}{\text{연근로총시간수}} \times 1,000,000 = \frac{50}{400 \times 0.97 \times 48 \times 50} \times 10^6 = 53.69$$

4.10 연평균 100인의 근로자가 일하는 직장에서 3건의 재해가 발생하였다. 그중 2명은 사망하고 1명은 35일 동안 휴업하였다. 이 직장의 강도율은 얼마인가? (단, 1인당 연 근로시간수는 2,400시간으로 한다)

풀이

$$\text{강도율} = \frac{\text{근로손실일수}}{\text{근로총시간수}} \times 1,000 = \frac{(2 \times 7,500) + (35 \times \frac{300}{365})}{100 \times 2,400} \times 1,000 = 62.619$$

4.11 2005년도 S기업에서 근로자 400명이 작업하면서 장애등급 1급 1명, 14급이 3명 발생했다. 강도율을 구하시오.

풀이

$$\text{강도율} = \frac{\text{연근로손실일수}}{\text{근로총시간수}} \times 1,000 = \frac{7,500 + (50 \times 3)}{400 \times 2400} \times 1,000 = 7.97$$

4.12 2005년도 H기업에서 5,000만 원의 총재해 코스트가 발생했다. 하인리히 방식을 적용하여 직접비와 간접비를 구하시오.

풀이

※ 총재해 코스트 = 직접비 + 간접비(직접비의 4배)
(1) 직접비 = 총재해 코스트÷5 = 5,000만 원÷5 = 1,000만 원
(2) 간접비 = 직접비×4 = 1,000만 원×4 = 4,000만 원

4.13 체감산업안전평가지수를 설명하시오.

풀이

체감산업안전평가지수란 작업자가 실제로 느끼는 위험지수를 말한다.
※ 체감산업안전평가지수=도수율×0.2+강도율×0.8

4.14 산업심리학에서 호손(Hawthorne)연구의 내용과 의의를 간략하게 서술하시오.

풀이

작업장의 물리적 환경보다는 근로자들의 동기부여, 의사소통 등 인간관계가 보다 중요하다는 것을 밝힌 연구이다. 이 연구 이후로 산업심리학의 연구방향은 물리적 작업환경 등에 대한 관심으로부터 현대 산업심리학의 주요관심사인 인간관계가 중요시되는 조직심리학으로 변경하게 되었다.

4.15 레빈(K. Lewin)의 인간행동 법칙을 공식과 함께 설명하시오.

풀이

인간의 행동(B)은 그 자신이 가진 자질, 즉 개체(P)와 심리적인 환경(E)과의 상호관계에 있다고 하였다. 아래 공식은 이에 대한 상호관계를 보여주고 있다.

$$B=f(P \cdot E)$$

여기서, B: behavior(인간의 행동) P: person(개체: 연령, 경험, 심신상태, 성격, 지능 등)
f: function(함수관계) E: environment(심리적 환경: 인간관계, 작업환경 등)

4.16 주의란 행동의 목적에 의식수준이 집중되는 심리상태를 말하는데 주의의 3가지 특성에 대해 기술하시오.

풀이

(1) 선택성
가. 주의력의 중복집중의 곤란(주의는 동시에 두 개 이상의 방향을 잡지 못한다.)
나. 사람은 한 번에 여러 종류의 자극을 지각하거나 수용하지 못하며, 소수의 특정한 것으로 한정해서 선택하는 기능을 말한다.

(2) 변동성
가. 주의력의 단속성(고도의 주의는 장시간 지속할 수 없다.)
나. 주의는 리듬이 있어 언제나 일정한 수준을 지키지는 못한다.

(3) 방향성
가. 한 지점에 주의를 하면 다른 곳의 주의는 약해진다.
나. 주의를 집중한다는 것은 좋은 태도라고 볼 수 있으나 반드시 최상이라고 할 수는 없다.
다. 공간적으로 보면 시선의 초점에 맞았을 때는 쉽게 인지되지만 시선에서 벗어난 부분은 무시되기 쉽다.

4.17 허즈버그(Herzberg)의 위생요인(직무환경) 및 동기요인에 포함되는 요인을 각각 5가지 이상 쓰시오.

풀이

(1) 위생요인(직무환경)
가. 회사정책과 관리
나. 개인 상호 간의 관계
다. 감독
라. 임금
마. 보수
바. 작업조건
사. 지위
아. 안전

(2) 동기요인(직무내용)
가. 성취감
나. 책임감
다. 안정감
라. 성장과 발전
마. 도전감
바. 일 그 자체

4.18 데이비스(K. Davis)의 동기부여 이론 4가지를 설명하시오.

풀이

(1) 인간의 성과×물질의 성과=경영의 성과이다.
(2) 지식(knowledge)×기능(skill)=능력(ability)이다.
(3) 상황(situation)×태도(attitude)=동기유발(motivation)이다.
(4) 능력×동기유발=인간의 성과(human performance)이다.

4.19 알더퍼(C. P. Alderfer)의 ERG 이론에서 제시된 인간의 핵심적인 욕구에 대해 설명하시오.

풀이

(1) 존재욕구: 생존에 필요한 물적 자원의 확보와 관련된 욕구이다.
　가. 신체적인 차원에서 유기체의 생존과 유지에 관련된 욕구
　나. 의식주
　다. 봉급, 부가급수, 안전한 작업조건
　라. 직무 안전

(2) 관계욕구: 사회적 및 지위상의 욕구로서 다른 사람과의 주요한 관계를 유지하고자 하는 욕구이다.
　가. 의미 있는 타인과의 상호작용
　나. 대인욕구

(3) 성장욕구: 내적 자기개발과 자기실현을 포함한 욕구이다.
　가. 개인적 발전능력
　나. 잠재력 충족

4.20 맥그리거(McGregor)의 X이론과 Y이론의 특징을 각각 5가지 이상 서술하시오.

풀이

X이론	Y이론
(1) 인간불신감	(1) 상호신뢰감
(2) 성악설	(2) 성선설
(3) 인간은 원래 게으르고, 태만하여 남의 지배를 받기를 즐긴다.	(3) 인간은 부지런하고 근면, 적극적이며 자주적이다.
(4) 물질욕구(저차원 욕구)	(4) 정신욕구(고차원 욕구)
(5) 명령통제에 의한 관리	(5) 목표통합과 자기통제에 의한 자율관리
(6) 저개발국형	(6) 선진국형

4.21 매슬로우(A. Maslow)의 욕구 5단계설에 따른 동기를 유발시키는 (1) 욕구 5가지를 쓰고, (2) 가장 강렬한 욕구를 쓰시오.

풀이

(1) 동기유발 욕구 5가지
　가. 1단계(생리적 욕구): 기아, 갈증, 호흡, 배설, 성욕 등 인간의 가장 기본적인 요구(종족보존)
　나. 2단계(안전욕구): 안전을 구하려는 욕구
　다. 3단계(사회적 욕구): 애정, 소속에 대한 욕구(친화욕구)
　라. 4단계(인정을 받으려는 욕구): 자기존경의 욕구로 자존심, 명예, 성취, 지위에 대한 욕구(승인의 욕구)
　마. 5단계(자아실현의 욕구): 잠재적인 능력을 실현하고자 하는 욕구(성취욕구)
(2) 가장 강렬한 욕구: 제5단계-자아실현의 욕구

4.22 작업의 인간화(Work Humanization)와 동기부여 관리적 측면에서 매슬로우의 다섯 가지 욕구계층 구조가 있다. 각 계층이 무엇인지와 간단히 설명하시오.

풀이

인간의 욕구는 계층적 구조를 가지고 있으며 하위단계의 욕구가 충족되면 상위단계의 욕구충족을 하기 위한 방향으로 동기부여가 된다고 보았다. 매슬로우의 욕구위계설의 각 단계별 욕구는 그림과 같이 나누어진다.

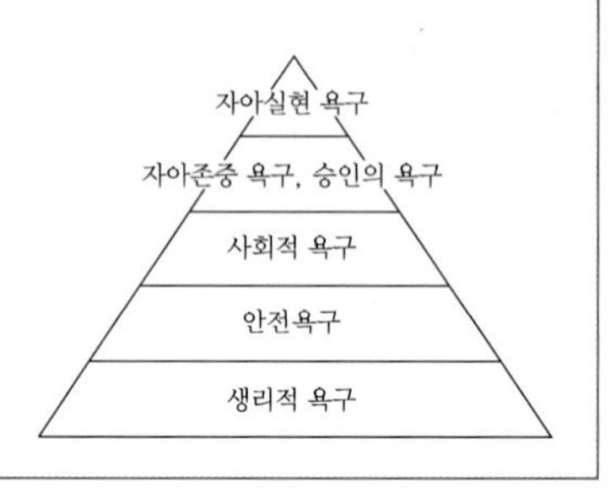

4.23 직계식 조직과 직능식 조직의 차이를 설명하고 장단점을 논하시오.

풀이

구분	직계식 조직	직능식 조직
특징	조직의 구조가 최상위 관리자로부터 하위 단계까지 일원화된 명령체계로 통솔되는 조직	하부 조직원들은 기능으로 구분되어 있는 상부의 여러 부서장들로부터 해당되는 기능에 대한 통솔을 받게 됨
장점	명령계통이 단순하며 일관성이 있음 업무집행 과정이 명확하고 신속함 권한과 결과에 대한 책임이 명백함	전문화를 촉진시켜 능률 향상 전문가를 양성하기가 쉬움
단점	수평적 의사소통이 어려움 특정 지식을 전체부서에 적용하기 어려움	여러 명의 상위자로부터 상충되는 명령에 의해 하위자의 혼란을 가져옴 결과에 대한 책임소재가 불명확함

4.24 블레이크(R. R. Blake)와 모튼(J. S. Mouton)의 관리격자모형 이론은 다섯 가지의 리더십 모델을 정의하였다. 다섯 가지 모델을 설명하고 그중 가장 이상적인 모델은 무엇인가?

풀이

블레이크(R. R. Blake)와 모튼(J. S. Mouton)은 조직구성원의 기본적인 관심을 업적에 대한 관심과 인간에 대한 관심의 두 가지에 두고서 관리 스타일을 측정하는 그리드(grid) 이론을 전개하였다.

(1) (1 · 1)형: 인간과 업적에 모두 최소의 관심을 가지고 있는 무기력형(impoverished style)이다.
(2) (1 · 9)형: 인간중심 지향적으로 업적에 대한 관심이 낮다. 이는 컨트리클럽형(country-club style)이다.
(3) (9 · 1)형: 업적에 대하여 최대의 관심을 갖고, 인간에 대하여 무관심하다. 이는 과업형(task style)이다.
(4) (9 · 9)형: 업적과 인간의 쌍방에 대하여 높은 관심을 갖는 이상형이다. 이는 팀형(team style)이다.
(5) (5 · 5)형: 업적 및 인간에 대한 관심도에 있어서 중간값을 유지하려는 리더형이다. 이는 중도형(middle-of-the road style)이다.

블레이크와 모튼은 이 중에서 가장 이상적인 리더는 (9 · 9)형의 리더라고 설명하였다.

4.25 리더십(leadership)과 헤드십(headship)에 대하여 설명하시오.

풀이

개인과 상황변수	헤드십	리더십
권한 행사	임명된 헤드	선출된 리더
권한 부여	위에서 위임	밑으로부터 동의
권한 근거	법적 또는 공식적	개인능력
권한 귀속	공식화된 규정에 의함	집단목표에 기여한 공로 인정
상관과 부하와의 관계	지배적	개인적인 영향
책임 귀속	상사	상사와 부하
부하와의 사회적 간격	넓음	좁음
지위 형태	권위주의적	민주주의적

4.26 스트레스를 자극-반응의 관계 속에서 공학적, 생리적, 심리적 접근방법으로 구분하여 설명하시오.

풀이

(1) 공학적 접근법: 외부에서 재료나 인간에게 가해지는 외부의 힘, 환경적 요인, 독립변수로 취급
(2) 생리적 접근법: 스트레스를 외부의 유해한 자극인 스트레서(stressor)에 대한 생리적 반응으로 파악, 외부의 스트레서에 의해 신체의 항상성이 깨지며 나타나는 반응
(3) 심리적 접근법: 문제가 있는 환경과 인간의 상호작용에 의해 발생하며 이러한 상호작용의 근본이 되는 인식과정 및 감성적 반응으로 나타난다고 봄

4.27 카라섹(Karasek)의 직무스트레스 모델에 대하여 설명하시오.

풀이

카라섹의 스트레스 모델은 직무요구도와 직무자율성을 각각 고 · 저 2군으로 나누고, 그 조합에 의하여 4개의 집단으로 나누어 설명하고 있다.

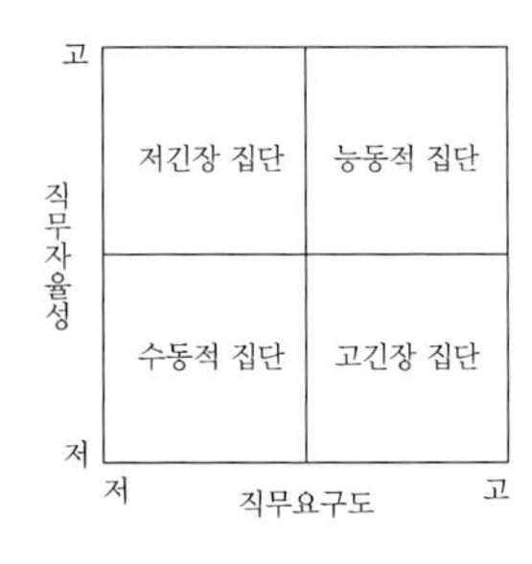

집단	특성	대표 직업
저긴장 집단	직무 요구도가 낮고 직무 자율성이 높은 직업적 특성을 갖는 집단	사서, 치과의사, 수선공 등
능동적 집단	직무 요구도와 직무 자율성 모두가 높은 직업적 특성을 갖는 집단	지배인, 관리인 등
수동적 집단	직무 요구도와 직무 자율성 모두가 낮은 직업적 특성을 갖는 집단	경비원 등
고긴장 집단	직무 요구도가 높고 직무 자율성이 낮은 직업적 특성을 갖는 집단	조립공, 호텔·음식점 등에서 일하는 종업원, 창구 업무 작업자, 컴퓨터 단말기 조작자 등

4.28 인간의 오류 중 착오, 실수, 건망증에 대해 설명하시오.

풀이

(1) 착오: 상황해석을 잘못하였거나 틀린 목표를 착각하여 행하는 경우
(2) 실수: 상황(목표)해석은 제대로 하였으나 의도와는 다른 행동을 하는 경우
(3) 건망증: 여러 과정이 연계적으로 일어나는 행동을 잊어버리고 안하는 경우

4.29 ○○회사의 총무과에 근무하는 홍길동 대리가 은행에 업무를 위해 들렀다. 현금 자동지급기에서 현금을 인출하고 회사로 돌아왔는데, 현금카드를 현금지급기에 놓고 왔다. 해당 현금지급기의 설계상의 문제점과 개선방안을 제시하시오.

풀이

(1) 문제점: 현금지급기에서 현금카드를 먼저 빼고 나서 현금을 지급하도록 설계되어 있지 않아 사용자가 건망증(lapse)을 일으키기 쉽다.
(2) 개선방안: 사용자는 현금을 찾는 것이 목적이므로 현금을 놓고 오는 일은 적을 것이다. 현금카드를 현금지급기에 놓고 올 가능성은 상대적으로 크다고 볼 수 있다. 따라서 현금지급기에서 현금카드를 먼저 빼고 나서 현금을 지급하도록 하여 사용자의 휴먼에러 중 건망증을 일으킬 확률을 줄이도록 재설계하여야 한다.

4.30 휴먼에러(human error) 분류 방법 중 원인의 수준(level)적 분류에 의해 에러의 유형을 설명하시오.

풀이

(1) primary error
작업자 자신으로부터 직접 발생한 에러이다.

(2) secondary error
작업형태나 작업조건 중에서 다른 문제가 발생하여 필요한 사항을 실행할 수 없는 에러 또는 어떤 결함으로부터 파생하여 발생하는 에러이다.

(3) command error
요구되는 것을 실행하고자 하여도 필요한 물품, 정보, 에너지 등이 공급되지 않아서 작업자가 움직일 수 없는 상태에서 발생한 에러이다.

4.31 다음의 휴먼에러를 각각 Swain과 Rasmussen에 근거한 James Reason의 분류방법에 근거해 에러 분류를 수행하시오.

(1) 처음 가보는 곳의 지리를 몰라서 한참을 헤매다 도착하였으나 이미 서류접수가 마감된 상태였다.
(2) 조수석의 친구와 이야기를 하는데 열중하다가 고속도로 진입로에서 티켓을 뽑지 못하고 통과했다.
(3) 모든 고속도로의 속도제한이 100 km인 줄 알고 주행하다가 제한속도 80 km인 터널구역에서 범칙사진이 찍히고 말았다.

풀이

사건	Swain의 분류	Reason의 분류
처음 가보는 곳의 지리를 몰라서 한참을 헤매다 도착하였으나 이미 서류접수가 마감된 상태였다.	시간오류	숙련기반 에러
조수석의 친구와 이야기를 하는 데 열중하다가 고속도로 진입로에서 티켓을 뽑지 못하고 통과했다.	누락오류	숙련기반 에러
모든 고속도로의 속도제한이 100 km인 줄 알고 주행하다가 제한속도 80 km인 터널구역에서 범칙사진이 찍히고 말았다.	작위오류	규칙기반 에러

4.32 다음 예시를 보고 Swain의 심리적 분류 중 어디에 해당하는지 쓰시오.

예시: ① 장애자 주차구역에 주차하여 벌과금을 부과받았다.
② 자동차 전조등을 끄지 않아서 방전되어 시동이 걸리지 않았다.

풀이

① 작위에러, 행위에러(commission error): 필요한 작업 또는 절차의 불확실한 수행으로 인한 에러이다.
② 부작위 에러, 누락(생략) 에러(omission error): 필요한 작업 또는 절차를 수행하지 않는 데 기인한 에러이다.

4.33 레이더 표시장치를 연속적으로 감시하는 작업자가 가끔 부주의로 레이더 표시장치에 나타나는 영상을 제대로 탐지하지 못하고 있다. 작업자의 시간에 따른 실수율(error rate)이 $h(t)=0.01$로 일정하다면 8시간 동안 에러 없이 임무를 수행할 확률은 얼마인가?

풀이

$$R(t_1, t_2)=e^{-\lambda(t_2-t_1)}=R(t)=e^{-0.01\times(8-0)}=0.92$$

4.34 1,000개의 제품 중 10개의 불량품이 발견되었다. 실제로 100개의 불량품이 있었다면 인간신뢰도는 얼마인가?

풀이

휴먼에러확률(HEP) = $\frac{100-10}{1,000}$ = 0.09
인간신뢰도 = 1 − HEP = 1 − 0.09 = 0.91

4.35 시스템 안전분석 기법들에 대한 요약표에서 빈칸을 보기에서 골라 채우고 간단히 설명하시오.

[보기]
귀납적, 연역적, 정량적, 정성적

시스템 안전분석 기법	추론방향	분석결과	설명
FMEA			
FTA			
ETA			

풀이

시스템 안전 분석 기법	추론방향	분석결과	설명
FMEA	귀납적	정성적	시스템에서 발생할 수 있는 모든 고장방식에 대해 그 영향정도와 발생빈도 등을 조사, 평가하는 방법
FTA	연역적	정량적	사건의 결과(사고)로부터 시작해 원인이나 조건을 찾아나가는 순서로 분석이 이루어짐
ETA	귀납적	정량적	초기사건이 발생했다고 가정한 후 후속사건이 성공했는지 혹은 실패했는지를 가정하고 이를 최종결과가 나타날 때까지 계속적으로 분지해 나가는 방식

4.36 다음 Network에서 부품 1이 고장 난 것을 초기사건으로 사상나무(event tree)를 그리고 시스템이 작동할 확률을 구하여 보자. (단, 각 부품이 고장 날 확률은 그림과 같고, 고장은 독립적이다.)

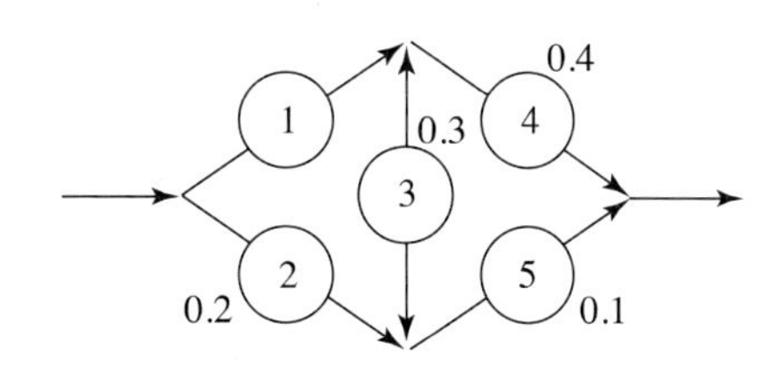

풀이

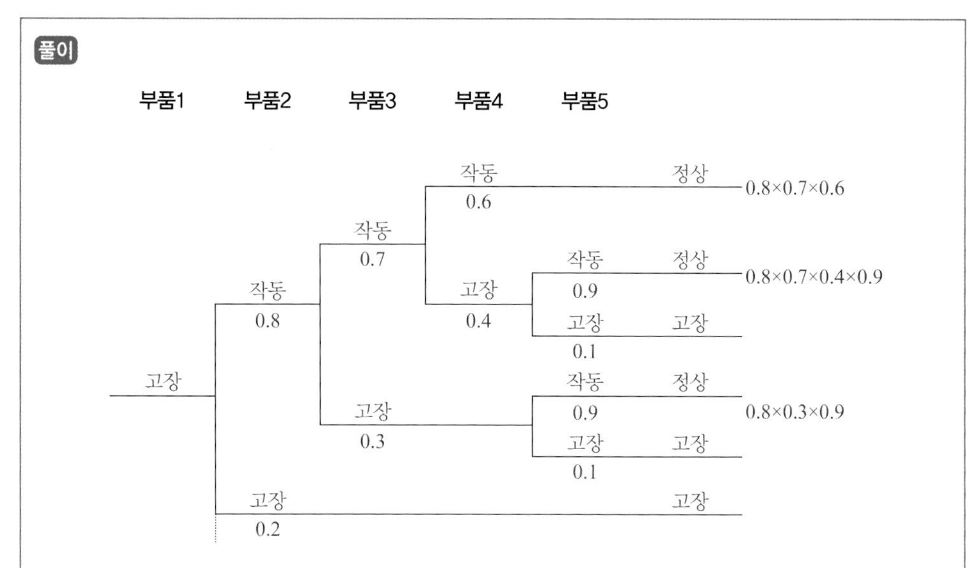

1번 부품이 고장 난 것을 전제로 시스템이 작동할 확률은 다음과 같다.

$$P(\text{시스템 가동}) = (0.8\times0.7\times0.6)+(0.8\times0.7\times0.4\times0.9)+(0.8\times0.3\times0.9) = 0.754$$

4.37 원전 주제어실의 직무는 4명의 운전원으로 구성된 근무조에 의해 수행되고 이들의 직무 간에는 서로 영향을 끼치게 된다. 근무조원 중 1차 계통의 운전원 A와 2차 계통의 운전원 B 간의 직무는 중간정도의 의존성(15%)이 있다. 그리고 운전원 A의 기초 HEP Prob{A} = 0.001일 때 운전원 B의 직무실패를 조건으로 한 운전원 A의 직무실패확률은? (단, THERP 분석법을 사용)

> **풀이**
>
> $$\text{Prob}\{N \mid N-1\} = (\%_{\text{dep}})1.0 + (1-\%_{\text{dep}})\text{Prob}\{N\}$$
>
> B가 실패일 때 A의 실패확률: Prob{A|B}=(0.15)×1.0+(1−0.15)×(0.001)=0.15085≒0.151

4.38 다음은 THERP에 대한 문제이다. A(밸브를 연다)와 B(밸브를 천천히 잠근다)를 실시할 때 성공할 확률은 얼마인가?

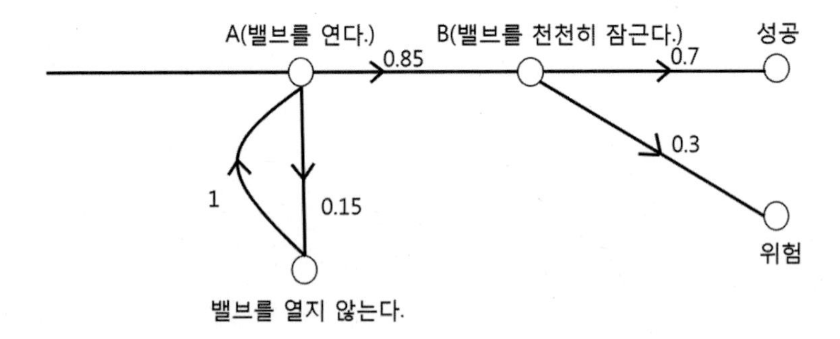

> **풀이**
>
> 0.85(A, 밸브를 연다)×0.7(B, 밸브를 천천히 잠근다) = 0.60

4.39 다음 FT도에서 정상사상 T의 고장발생확률을 구하시오. (단, 기본사상 x_1, x_2, x_3의 발생 확률은 각각 0.1이다.)

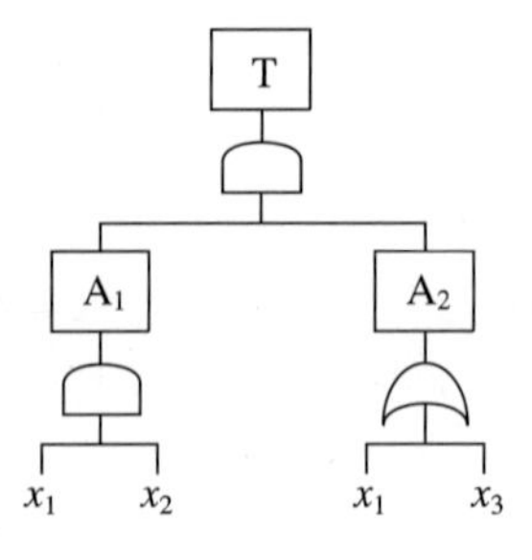

풀이

$P(T) = P(A_1) \times P(A_2) = 0.01 \times 0.19 = 0.0019$
$P(A_1) = P(X_1) \times P(X_2) = 0.1 \times 0.1 = 0.01$
$P(A_2) = 1 - (1 - P(X_1))(1 - P(X_3)) = 1 - (1 - 0.1)(1 - 0.1) = 0.19$

4.40 다음 FT도의 A, B, C의 고장발생확률을 구하시오. (단, ①, ③의 발생확률은 0.2이고, ②의 발생확률은 0.1, ④, ⑤, ⑥의 발생확률은 0.3이다.)

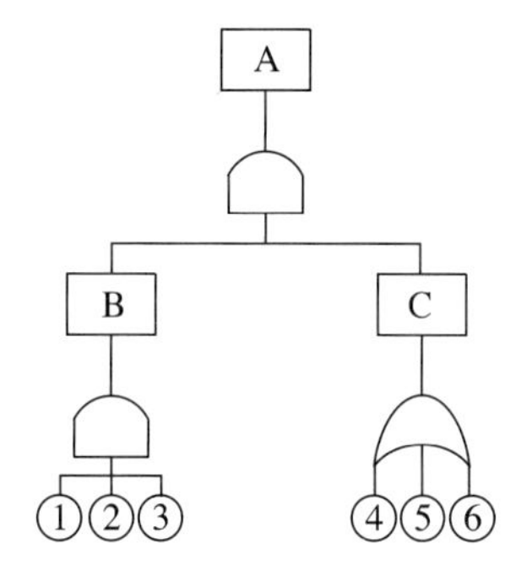

풀이

(1) B의 발생확률: P(①) × P(②) × P(③) = 0.2×0.1×0.2 = 0.004
(2) C의 발생확률: 1 − (1 − P(④))(1 − P(⑤))(1 − P(⑥)) = 1 − (1 − 0.3)(1 − 0.3)(1 − 0.3) = 0.657
(3) A의 발생확률: P(B) × P(C) = 0.004 × 0.657 = 0.002628

4.41 다음 FT도에서 T의 신뢰도를 구하시오.

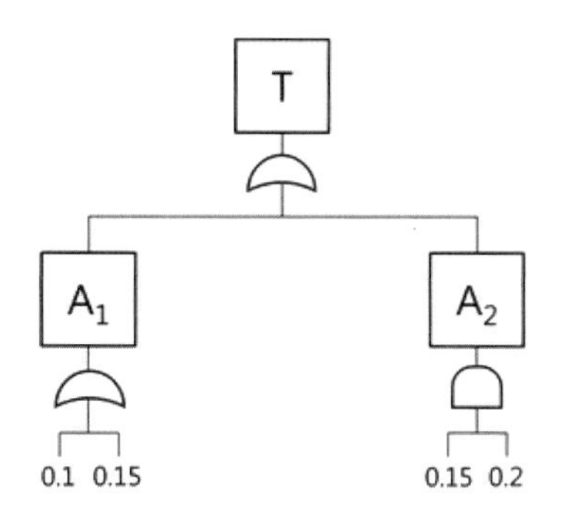

풀이

$P(A_1) = 1 - \{1 - P(X_1)\} \times \{1 - P(X_2)\} = 1 - (1 - 0.1) \times (1 - 0.15) = 0.235$
$P(A_2) = P(X_3) \times P(X_4) = 0.15 \times 0.2 = 0.03$
$P(T) = 1 - \{1 - P(A_1)\} \times \{1 - P(A_2)\} = 1 - (1 - 0.235) \times (1 - 0.03) = 0.26$

4.42 전구가 2개 있는 방에서 방이 컴컴해지는 사상을 정상사건으로 FT를 그려보시오. (단, 방이 컴컴해지는 경우는 정전이 되거나 전구 2개 모두가 작동하지 않는 경우에 발생하고 정전이 되는 경우에는 전기가 공급되지 않거나 퓨즈가 나간 경우에 발생한다.)

풀이

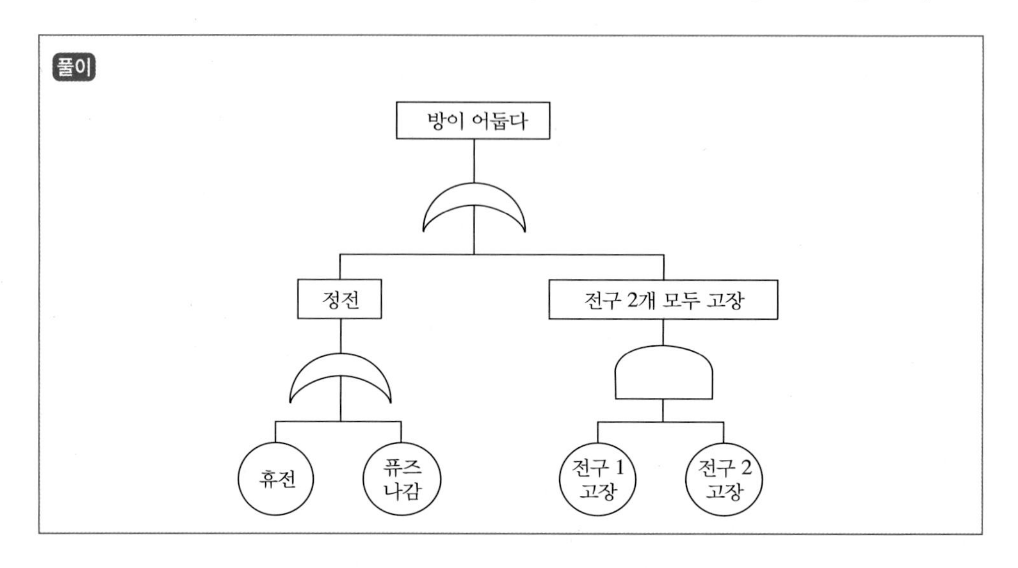

4.43 아래 FTA에서 Cut set, Minimal cut set을 각각 구하시오.

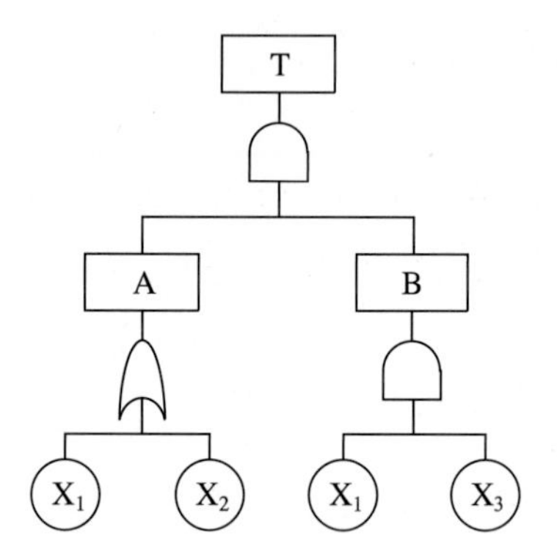

풀이

$$T = A \cdot B = \begin{matrix} X_1 \\ X_2 \end{matrix} \cdot B = \begin{matrix} X_1 \cdot X_1 \cdot X_3 \\ X_2 \cdot X_1 \cdot X_3 \end{matrix}$$

즉, Cut set은 $(X_1 \cdot X_3), (X_1 \cdot X_2 \cdot X_3)$, Minimal cut set은 $(X_1 \cdot X_3)$이다.

4.44 전력공급사의 작업자 오류발생(R1) 확률이 10%, 기계장치 작동 소프트웨어 오류발생(R2) 확률이 10%, 전력공급 기계장치의 오작동(R3) 확률이 5%일 때, 전체 시스템 신뢰도 R을 구하시오. (단, 소수점 넷째 자리까지 쓰시오.)

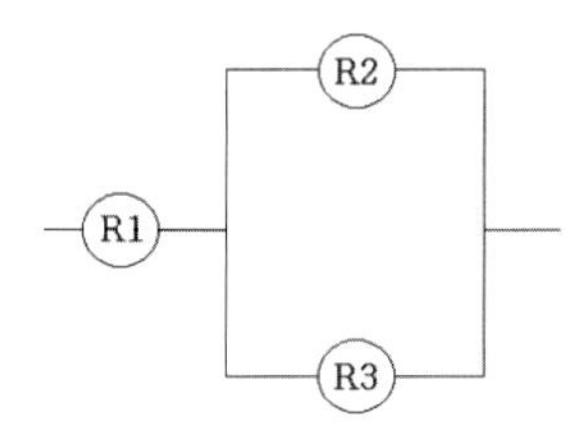

풀이

신뢰도 = 0.9 X [1 − (1 − 0.9)(1 − 0.95)] = 0.8955

4.45 비행기의 왼쪽과 오른쪽에 엔진이 있고 왼쪽 엔진의 신뢰도는 0.8이고, 오른쪽 엔진의 신뢰도는 0.7이며, 어느 한쪽의 엔진이 고장 나면 비행기는 추락하게 된다. 비행기의 신뢰도를 구하시오.

풀이

비행기의 신뢰도 = 0.8 × 0.7 = 0.56

4.46 비행기의 왼쪽과 오른쪽에 엔진이 있고 왼쪽 엔진의 신뢰도는 0.7이고, 오른쪽 엔진의 신뢰도는 0.8이며, 양쪽의 엔진이 고장 나야 에러가 일어나 비행기가 추락하게 된다고 할 때, 이 비행기의 신뢰도를 구하시오.

풀이

비행기의 엔진시스템은 병렬시스템이므로

$$R = 1 - \prod_{i=1}^{n}(1 - R_i) = 1 - (1 - 0.7) \times (1 - 0.8) = 0.94$$

4.47 Fail–safe 설계원칙에 대해서 설명하시오.

풀이

부품이 고장 나더라도 그것이 재해로 이어지지 않도록 안전장치의 장착을 통해 사고를 예방하도록 한 설계원칙

4.48 Fail-safe 설계원칙과 Fool-proof 설계원칙에 대해 간단히 설명하고 이러한 원칙이 적용된 설계 예를 드시오.

풀이

구분	설계원칙	설계 예
Fail-safe	부품이 고장 나더라도 그것이 재해로 이어지지 않도록 안전장치의 장착을 통해 사고를 예방하도록 한 설계원칙	비행기 엔진을 2대 이상으로 병렬 설계 정전에 대비한 자가 발전기 자동차의 보조바퀴 전기히터의 사고 시 자동 전원 차단
Fool-proof	신체적 조건이나 정신적 능력이 낮은 사용자라 하더라도 사고를 낼 확률을 낮게 해주는 설계 원칙	세제나 약병의 뚜껑 전기케이블의 꽂는 방향

4.49 Tamper Proof 설계원칙에 대해 설명하시오.

풀이

Tamper Proof: 사용자 또는 조작자가 임의로 장비의 안전장치를 제거할 경우, 장비가 작동되지 않도록 하는 안전설계 원리

4.50 세탁기 작동 중에 세탁기의 문을 열었을 때 세탁기를 멈추게 하는 강제적인 기능과 그 기능의 설명을 쓰시오.

(1) 강제적인 기능

(2) 기능의 설명

풀이

(1) Interlock system
(2) 기계의 위험부분에 설치하는 안전커버 등이 개방되면 그 기계를 가동할 수 없도록 하거나, 안전장치 등이 정상적으로 사용되지 못하면 기계를 작동할 수 없도록 함

4.51 ISO의 사용성 정의에 대하여 3가지를 기술하시오.

풀이

사용성에 대한 국제표준인 ISO9241-11에서 사용성은 효과성, 효율성, 만족을 포괄하는 개념이라고 규정하고 있다.

가. 효과성: 시스템이 사용자의 목적을 얼마나 충실히 달성하게 하는지를 의미하기도 하고, 사용자의 과업수행의 정확성과 수행완수 여부를 뜻하기도 한다.
나. 효율성: 사용자가 과업을 달성하기 위해 투입한 자원과 그 효과 간의 관계를 뜻하고, 사용시간이나 학습시간으로 측정한다.
다. 만족성: 사용자가 시스템을 사용하면서 주관적으로 본인이 기대했던 것에 비해 얼마나 만족했는지를 의미한다.

4.52 사용성 평가에서 완성된 과제의 비율, 실패와 성공의 비율, 사용된 메뉴나 명령어의 수와 같은 측정치는 사용자 인터페이스의 어떤 측면을 평가하고자 하는 것인가?

효과성

4.53 전문가가 체크리스트나 평가기준을 가지고 평가대상을 보면서 사용성에 관한 문제점을 찾아나가는 사용성 평가방법은 무엇인가?

휴리스틱 평가법: 전문가가 평가대상을 보면서 체크리스트나 평가기준을 가지고 평가하는 방법

4.54 제이콥 닐슨(J. Nielsen) 사용성 5가지를 기술하시오.

풀이

(1) 학습용이성(learnability): 초보자가 제품의 사용법을 얼마나 배우기 쉬운가를 나타낸다.
(2) 효율성(efficiency): 숙련된 사용자가 원하는 일을 얼마나 빨리 수행할 수 있는가를 나타낸다.
(3) 기억용이성(memorability): 오랜만에 다시 사용하는 재사용자들이 사용방법을 얼마나 기억하기 쉬운가를 나타낸다.
(4) 에러 빈도 및 정도(error frequency and severity): 사용자가 실수를 얼마나 자주 하는가와 실수의 정도가 큰지 작은지 여부, 그리고 실수를 쉽게 만회할 수 있는지를 나타낸다.
(5) 주관적 만족도(subjective satisfaction): 제품에 대해 사용자들이 얼마나 만족하게 느끼고 있는가를 나타낸다.

4.55 20년 동안 같은 종류의 차를 4,000만 대 생산하였다고 하고, 첫 차를 조립하는 데 걸린 직접노동시간이 49시간이고 4,000만 대째의 생산에는 직접노동시간이 9.1시간이라면 학습률은 얼마인가?

풀이

(1) 작업수행시간 $T_N = T_1 N^b$ (T_N: N번째 제품의 작업수행 시간, N: 반복횟수, b: 경사율)

(2) $b = \dfrac{\log\left(\dfrac{T_N}{T_1}\right)}{\log(N)} = \dfrac{\log\left(\dfrac{9.1}{49}\right)}{\log(40,000,000)} = -0.096$

(3) 학습률 $R = 10^{(b \times \log 2)} = 10^{(-0.096 \times \log 2)} = 0.936$

4.56 전화기 숫자판을 이용하여 한글과 영문, 문자판을 표현하여 전화를 하거나 문자를 보낼 수 있는 핸드폰을 기준으로 User interface와 Solid interface 요소를 분류하여 인간공학 측면에서 고려해야 할 설계요소를 설명하시오.

풀이

(1) User interface: 사용방법에 관한 설계에서 인간을 고려하는 문제로 사용자 상호작용(user interface) 또는 사용자 인터페이스, 지적 인터페이스로 불린다. 물건을 사용하는 순서나 방법 등에 관한 설계에서는 사용자의 행동에 관한 특성정보를 이용하여야 한다. 다음은 사용자 인터페이스와 관련된 기능의 설계요소이다.
가. 문자판을 누를 때 소리를 이용해서 사용자에게 피드백을 준다.
나. 문자판을 누를 때 입력되는 문자를 액정에 표시하여 피드백을 준다.
다. 전화를 할 때 자주 사용하는 번호는 단축다이얼 기능을 사용하도록 한다.
라. 문자를 보낼 때 메뉴를 이용해서 문자를 보내는 것과 단축키를 이용해서 문자를 보내는 것 모두를 사용할 수 있도록 한다.
마. 문자를 보낼 때 전화번호를 손쉽게 찾아서 입력할 수 있도록 검색기능을 사용하도록 한다.

(2) Solid interface: 제품의 외관 및 형상을 설계할 때 사용자의 신체적 특성을 고려하는 문제로 솔리드 인터페이스 또는 신체적 인터페이스를 고려하게 된다. 제품의 모양과 크기 등 물리적 특성에 관한 설계요소로서 역학적 특성과 인체측정학적인 특성을 고려하는 것이다.
가. 핸드폰의 길이
나. 핸드폰의 폭
다. 문자판의 크기
라. 한글문자의 배열
마. 영문문자의 배열
바. 문자판을 누르는 압력
사. 액정의 크기

4.57 사람이 공학용 계산기를 이용하여 계산값을 구하는 과정을 인간-기계 시스템 block diagram으로 그리고, interface 설계상 고려되어야 할 요소에 대하여 서술하시오.

(1) Block diagram

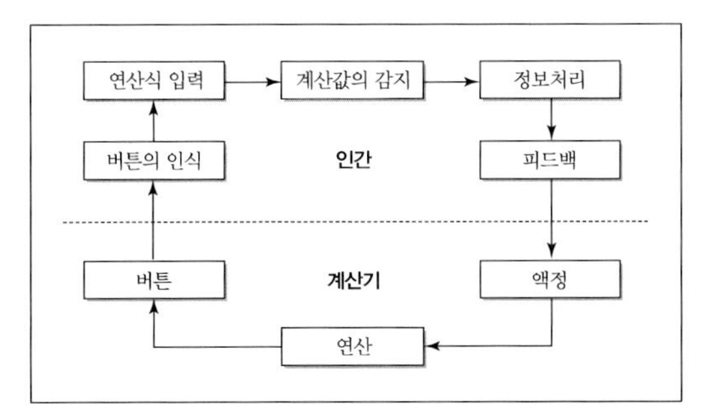

(2) Interface 설계상 고려되어야 할 요소
가. 버튼의 크기
나. 액정의 크기
다. 버튼의 색상
라. 액정에 표시되는 문자의 크기
마. 액정에 표시되는 문자의 가시성
바. 값을 입력하다가 오류가 발생했을 경우 사용자가 인지하고 수정할 수 있는 기능

4.58 노먼(Norman)의 설계원칙을 쓰시오.

풀이

(1) 가시성(visibility)
가시성은 제품의 중요한 부분은 눈에 띄어야 하고, 그런 부분들의 의미를 바르게 전달할 수 있어야 한다는 것이다.
(2) 대응(mapping)의 원칙
대응은 어떤 기능을 통제하는 조절장치와 그 기능을 담당하는 부분이 잘 연결되어 표현되는 것을 의미한다.
(3) 행동유도성(affordance)
물건들은 각각 모양이나 다른 특성에 의해 그것들을 어떻게 이용하는가에 대한 암시를 제공한다는 것이다.
(4) 피드백의 제공
적절한 피드백은 사용자들의 작업수행에 있어 동기부여에 중요한 요소이며, 만약 시스템의 작업수행에 지연이 발생했을 때 사용자가 좌절이나 포기를 하지 않도록 하는 데 있어 피드백은 중요한 기능을 발휘한다.

4.59 건전지를 이용하여 사용하는 전자제품을 사용하는데 갑자기 제품이 정지되었다. 사용자는 제품이 고장 난 것이라고 판단하고 A/S센터를 찾아갔다. 그러나 고장이 아니라 건전지 용량이 부족하여 제품이 작동되지 않았던 것이다. 해당 제품의 설계상의 문제점과 개선방안을 제시하시오.

풀이

(1) 문제점: 건전지의 용량이 얼마나 남아 있는가를 사용자가 쉽게 알아볼 수 있도록 가시성(visibility)이 고려되지 않고 설계되었다.
(2) 개선방안: '건전지가 다 떨어져서 제품이 작동하지 않는가?' 또는 '제품이 고장 난 것인가?'를 파악하는 것이 문제가 되는 경우가 많다. 이러한 문제는 건전지용량을 파악할 수 있도록 가시성을 고려한 검지기를 부착하여 제품을 재설계하여야 한다.

4.60 중화요리 전문점에서 양파나 단무지에 식초를 넣으려고 할 때 식초와 간장이 동일한 모양과 색상의 용기에 담겨져 있어 실수를 하는 경우가 종종 있다. 이러한 경우 고려되지 않은 인간공학적 디자인 원리에 대하여 설명하고, 색상을 이용한 개선방법을 서술하시오.

풀이

(1) 문제점: 의미를 바르게 전달할 수 있는 가시성이 결여되어 있다.
(2) 개선방법
가. 식초와 간장의 용기재질을 속이 보이는 재질로 바꾸어주어 가시성을 높여준다.
나. 식초의 용기는 식초를 연상할 수 있는 흰색, 간장의 용기는 간장을 연상할 수 있는 검은색으로 바꾸어주어 가시성을 높여준다.

4.61 행동유도성에 대한 정의와 사례를 쓰시오.

풀이

(1) 행동유도성의 정의: 물건들은 각각의 모양이나 다른 특성에 의해 그것들을 어떻게 이용하는가에 대한 암시를 제공한다.
(2) 행동유도성의 예: 사과가 빨갛게 익으면 따먹고자 하는 행동을 유도하고, 의자는 앉고 싶은 행동을 유도한다.

4.62 행동유도성에 대하여 설명하시오.

풀이

행동유도성(affordance)
(1) 사물에 물리적, 의미적인 특성을 부여하여 사용자의 행동에 관한 단서를 제공하는 것을 행동유도성(affordance)이라 한다. 제품에 사용상 제약을 주어 사용 방법을 유인하는 것도 바로 행동유도성에 관련되는 것이다.
(2) 좋은 행동유도성을 가진 디자인은 그림이나 설명이 필요 없이 사용자가 단지 보기만 하여도 무엇을 해야 할지 알 수 있도록 설계되어 있는 것이다. 이러한 행동유도성은 행동에 제약을 가하도록 사물을 설계함으로써 특정한 행동만이 가능하도록 유도하는 데서 온다.

4.63 어떤 작업자가 급하게 출입문을 향해 뛰어가 출입문의 오른쪽을 밀고 나가려 하였다. 그러나 출입문은 열리지 않았고, 작업자의 손목이 젖혀졌다. 해당 출입문에는 어떠한 표시 및 방향지시가 없었다. 이 출입문은 문제점이 있다고 판단하고, 개선을 계획하고 있다. 개선에 적용될 설계원칙은 무엇이며, 개선방법은 무엇인지 서술하시오.

풀이

(1) 설계원칙: 제약과 행동유도성을 고려한 설계원리
(2) 개선방법: 출입문의 손잡이에서 사용자에게 문을 여는 것에 대하여 제공하고 있는 단서가 아무것도 없다면, 사용자는 출입문을 왼쪽으로 열어야 할까, 아니면 오른쪽으로 열어야 할까 고민을 하게 된다. 행동유도성은 행동에 제약을 가하도록 사물을 설계함으로써 특정한 행동만이 가능하도록 유도하는 데서 온다. 예를 들어, 출입문의 손잡이 부분을 옆으로 달아 놓는 것이 아니라 열어야 될 쪽에 위치시켜 상하방향으로 달아 놓았다면 왼쪽이냐 오른쪽이냐를 놓고 고민할 필요가 없고 사용자의 실수를 줄이고 사고 및 상해를 예방할 수 있다. 또한 출입문의 개방방향을 장소 및 공간에 적절하게 설계하고, 출입문의 밀고 당기는 방향, 손잡이의 회전방향 등의 정보가 담긴 지시나 표시(label)를 사용자의 눈에 띄기 쉬운 곳에 부착하는 것이 바람직하다.

4.64 다음 제품의 설계 시 인지특성을 고려한 설계원리 중 피드백(feedback) 원칙이 아래 제품에 사용되는 경우를 설명하시오.

(1) 전화기의 피드백
(2) 컴퓨터 키보드의 피드백

풀이

제품설계 시 가능한 사용자의 입력에 대한 피드백 기능을 두는 것이 필요하다. 피드백의 방법에는 경고등, 점멸, 문자, 강조 등의 시각적 표시장치를 이용하거나, 음향(side tone)이나 음성표시, 촉각적 표시 등을 이용할 수 있다.

(1) 전화기의 피드백
① 청각적 피드백: 전화기 수화기를 들었을 경우 '삐' 소리가 나면서 입력 대기상태가 되고 번호 버튼을 하나하나 누를 때마다 눌리는 소리가 역시 사용자에게 피드백이 된다. 또한 번호를 모두 누르면 신호음이 통화 중인지, 연결되는 중인지를 나타내 준다. 상대편이 수화기를 들면 신호음은 없어지고 통화가능 상태가 된다. 그러나 만일 전화기에서 작동결과나 상태가 피드백되지 않는다면, 통화가능 상태인지, 상대방이 어떤 상태인지, 전화가 제대로 걸렸는지를 확인할 수가 없다.
② 촉각적 피드백: 전화기의 번호 버튼을 누를 시 버튼의 유격을 사용자가 촉각으로 느낄 수 있다.

(2) 컴퓨터 키보드의 피드백
① 시각적 피드백: 키보드의 'Num Lock', 'Caps Lock' 등의 기능작동 여부를 불빛의 유무로 사용자에게 알려주는 시각적 피드백이 있다.
② 촉각적 피드백: 키보드의 키를 누를 시 키의 유격을 사용자가 촉각으로 느낄 수 있다.

4.65 GOMS 모델의 문제점 3가지를 쓰시오.

풀이

① 이론에 근거한 모델이라 실제적인 상황이 고려되어 있지 않다.
② 개인을 고려하고 있어서 집단에 적용하기 어렵다.
③ 결과가 전문가 수준이므로 다양한 사용자 수준을 고려하지 못한다.

4.66 [보기]를 보고 검사기반평가를 고르시오.

[보기]
① 사용자 관찰법 ② 사용자 설문조사법 ③ GOMS모델 ④ 휴리스틱 평가법

풀이

② 사용자 설문조사법, ④ 휴리스틱 평가법
(1) 사용자 관찰법: 사용자를 계속 관찰함으로써 문제점을 찾아내는 방법
(2) 사용자 설문조사법: 설문조사에 의한 시스템 평가법은 제일 손쉽고 경제적인 방법으로 사용자에게 시스템을 사용하게 하고, 준비된 설문지에 의해 그들의 사용경험을 조사하는 방법
(3) GOMS모델: 숙련된 사용자가 인터페이스에서 특정작업을 수행하는데 얼마나 많은 시간을 소요하는지 예측할 수 있는 모델
(4) 휴리스틱 평가법: 전문가가 평가대상을 보면서 체크리스트나 평가기준을 가지고 평가하는 방법

4.67 컴퓨터 마우스에 대한 사용성 평가 시 고려될 수 있는 평가요소 5가지를 쓰시오.

풀이

(1) 효율성
(2) 양립성
(3) 피드백(feedback)의 원칙
(4) 오류 및 에러
(5) 학습용이성

4.68 사용자 인터페이스 평가요소 3가지를 쓰시오.

풀이

① 배우는 데 걸리는 시간: 사용자가 작업수행에 적합한 명령어나 기능을 배우기 위한 시간이 얼마나 필요한가?
② 작업실행속도: 벤치마크 작업을 수행하는 데 시간이 얼마나 걸리는가?
③ 사용자에러율: 벤치마크 작업을 수행하는 데 사용자는 얼마나 많은, 그리고 어떤 종류의 에러를 범하는가?
④ 기억력: 사용자는 한 번 이용한 시스템의 이용법을 얼마나 오랫동안 기억할 것인가? 기억력은 배우는 데 걸린 시간, 이용 빈도 등과 관련이 있다.
⑤ 사용자의 주관적인 만족도: 시스템의 다양한 기능들을 이용하는 것에 대한 사용자의 선호도는 얼마나 되는가? 인터뷰나 설문조사 등을 통하여 얻어질 수 있다.

4.69 사용성 평가의 일반적인 접근방법 3가지를 기술하시오.

풀이

(1) 설문조사: 설문조사에 의한 시스템 평가방법은 제일 손쉽고 경제적인 방법으로 사용자에게 시스템을 사용하게 하고, 준비된 설문지에 의해 그들의 사용 경험을 조사하는 방법이다.
(2) 구문기록법: 구문기록법이란 사용자에게 시스템을 사용하게 하면서 지금 머릿속에 떠오른 생각을 생각나는 대로 말하게 하여 이것을 기록한 다음 기록된 내용에 대해서 해석하고, 그 결과에 의해 시스템을 평가하는 방법이다.
(3) 실험평가법: 실험평가법이란 평가해야 할 시스템에 대해 미리 어떤 가설을 세우고, 그 가설을 검증할 수 있는 객관적인 기준(예를 들면, 업무의 수행시간, 에러율 등)을 설정하여 실제로 시스템에 대한 평가를 수행하는 방법이다.

4.70 사용성 평가기법의 대표적인 정성적 조사방법 중 하나로 이 방법은 관심이 있는 특성을 기준으로 표적집단을 3~5개 그룹으로 분류한 뒤, 각 그룹별로 6~8명의 참가자들을 대상으로 진행자가 조사목적과 관련된 토론을 함으로써 평가대상에 대한 의견이나 문제점 등을 조사하는 방법이다. 이를 무엇이라고 하는지 쓰시오.

풀이

FGI(Focus Group Interview)

4.71 제조물책임(PL)법에서의 대표적인 3가지 결함을 쓰시오.

풀이

(1) 제조상의 결함
(2) 설계상의 결함
(3) 표시(지시 · 경고)상의 결함

4.72 제조물책임 사고의 예방(PLP; Product Liability Prevention)대책에 대하여 기술하시오.

풀이

가. 설계상의 결함예방 대책
① 제품의 안전수준 설정 및 설계 보완: 관련 규격, 법령기준, PL 사고사례 등을 참고한다.
② 제품의 사용방법 예측: 사용자, 사용환경, 제품상태 등을 참고한다.
③ 제품 사용 시의 위험성 예측: 위험 발생빈도, 위험정도 등을 예측한다.
④ 제품의 위험성 제거: 제품품질의 안전화, 안전장치 추가, 주의경고 표시를 개선한다.
⑤ 안전성 검토내용을 기록 및 보관한다.

나. 제조상의 결함예방 대책
① 원재료 및 부품관리 개선: 구입사양, 수입검사, 보관, 관리방법 등을 개선한다.
② 제조 검사관리 개선: 제조공정, 표준화, 품질관리, 작업표준, 검사방법 등을 개선한다.
③ PL 교육을 수시로 실시: 직원, 납품업자 등에 대한 PL 교육을 수시로 실시한다.

다. 경고라벨 및 사용설명서 작성(표시결함) 시 유의사항
① 경고라벨 작성 시
(a) 위험의 정도(위험, 경고, 주의, 금지)를 명시한다.
(b) 위험의 종류(고전압, 인화물질 등)와 경고를 무시할 경우 초래되는 결과(감전, 사망 등)를 명시한다.
(c) 위험을 회피하는 방법 등을 명시한다.
(d) 경고라벨은 가능한 위험장소에 가깝고 식별이 용이한 위치에 부착한다.
(e) 경고문의 문자 크기는 안전한 거리에서 확실하게 읽을 수 있도록 제작한다.
(f) 경고라벨은 제품수명과 동등한 내구성을 가진 재질로 제작하여 견고하게 부착한다.
② 사용설명서 작성 시
(a) 안전에 관한 주의사항, 제품사진, 성능 및 기능, 사용방법, 포장의 개봉, 제품의 설치, 조작, 보수, 점검, 폐기, 기타 주의사항 등을 명시한다.
(b) 안전을 위해 사전에 반드시 읽어주세요 라는 내용과 제품명칭, 형식, 회사명, 주소, 전화번호 등을 표시한다(가급적 전문용어나 외래어 사용을 피하고 쉽게 읽을 수 있고, 이해할 수 있도록 글씨 크기 및 로고, 필요시 삽화 등을 사용).

4.73 PL법에서 제조물책임 예방대책 중 제조물을 공급하기 전 대책 3가지를 쓰시오.

풀이

① 설계상의 결함예방 대책
② 제조상의 결함예방 대책
③ 경고라벨 및 사용설명서 작성(표시결함) 시 유의사항

4.74 PL법에서 손해배상 책임을 지는 자가 책임을 면하기 위해 입증하여야 하는 사실 2가지를 쓰시오.

풀이

① 제조업자가 당해 제조물을 공급하지 아니한 사실
② 제조업자가 당해 제조물을 공급한 때의 과학, 기술수준으로는 결함의 존재를 발견할 수 없었다는 사실
③ 제조물의 결함이 제조업자가 당해 제조물을 공급할 당시의 법령이 정하는 기준을 준수함으로써 발생한 사실
④ 원재료 또는 부품의 경우에는 당해 원재료 또는 부품을 사용한 제조물 제조업자의 설계 또는 제작에 관한 지시로 인하여 결함이 발생하였다는 사실

4.75 제조물에 결함이 있다고 하더라도 제조물책임법이 성립이 되지 않는 경우가 있다. 제조물책임법 성립 요구조건을 2가지 쓰시오.

풀이

① 제품에 결함이 존재한다는 사실을 알거나 알 수 있었음에도 적절한 조치를 하지 않은 경우
② 제조자의 책임을 배제하거나 제한하는 계약을 한 경우(다만, 영업용 재산에 관한 특약은 제외)

한국산업인력공단 출제기준에 따른 자격시험 준비서

인간공학기사 실기편

PART

근골격계질환 관리

1장 | 근골격계질환의 개요

01 근골격계질환의 정의

1.1 작업관련성 근골격계질환

출제빈도 ★★★★

작업관련성 근골격계질환(work related musculoskeletal disorders)이란 작업과 관련하여 특정 신체 부위 및 근육의 과도한 사용으로 인해 근육, 연골, 건, 인대, 관절, 혈관, 신경 등에 미세한 손상이 발생하여 목, 허리, 무릎, 어깨, 팔, 손목 및 손가락 등에 나타나는 만성적인 건강장해를 말한다.

유사용어로는 누적외상성질환(cumulative trauma disorders) 또는 반복성긴장상해(repetitive strain injuries) 등이 있다.

02 근골격계질환의 원인

2.1 작업특성 요인

출제빈도 ★★★★

(1) 반복성
(2) 부자연스런 또는 취하기 어려운 자세
(3) 과도한 힘
(4) 접촉 스트레스
(5) 진동
(6) 온도, 조명 등 기타 요인

2.1.1 반복성

같은 동작이 반복해 일어나는 것으로 그 유해도는 반복횟수, 반복동작의 빠르기와 관련되는 근육군의 수, 사용되는 힘에 연관된다.

(1) 대책

가. 같은 근육을 반복하여 사용하지 않도록 작업을 변경(작업순환: job rotation)하여 작업자끼리 작업을 공유하거나 공정을 자동화시켜 주어야 한다.

나. 근육의 피로를 더 빨리 회복시키기 위해 작업 중 잠시 쉬는 것이 좋다.

(2) 반복성의 기준

작업주기(cycle time)가 30초 미만이거나, 작업주기가 30초 이상이라도 한 작업단위가 전체작업의 50% 이상을 차지할 때 위험성이 있는 것으로 판단하고 있으며(Silverstein et al., 1987), 반복동작에 대한 정의는 작업의 주기시간이 30초 미만이거나, 하루 작업시간 동안 생산율이 500단위 이상 또는 하루 20,000회 이상의 유사 동작을 하는 경우이다. Kilbom(1994)은 반복성에 대한 고위험수준을 아래와 같이 정의하고, 만약 힘, 작업속도, 정적 혹은 극단적 자세, 속도 의존, 노출시간 등이 많아지면 위험성은 더 커져 매우 위험한 작업이라고 하였다.

가. 손가락: 분당 200회 이상

나. 손목/전완: 분당 10회 이상

다. 상완/팔꿈치: 분당 10회 이상

라. 어깨: 분당 2.5회 이상인 경우

2.1.2 부자연스런 또는 취하기 어려운 자세

작업활동이 수행되는 동안 중립자세로부터 벗어나는 부자연스러운 자세(팔다리, 인대, 허리 등이 신체에서 벗어난 위치)로 정적인 작업을 오래하는 경우를 말한다.

2.1.3 과도한 힘

물체 등을 취급할 때 들어올리거나 내리기, 밀거나 당기기, 돌리기, 휘두르기, 지탱하기, 운반하기, 던지기 등과 같은 행위·동작으로 인해 근육의 힘을 많이 사용해야 하는 경우를 말한다.

2.1.4 접촉스트레스

작업대 모서리, 키보드, 작업공구, 가위 사용 등으로 인해 손목, 손바닥, 팔 등이 지속적으로 눌리거나 손바닥 또는 무릎 등을 사용해 반복적으로 물체에 압력을 가함으로써 해당 신체 부위가 충격을 받게 되는 것을 말한다.

2.1.5 진동

손이나 팔의 진동과 같은 국부적 진동은 신체의 특정 부위가 동력기구(예로 사슬톱, 전기드릴, 전기해머) 또는 장비(예로 평삭반, 천공 프레스, 포장기계) 등과 같은 진동하는 물체와 접촉할 경우에 발생하며, 주로 손－팔과 같은 특정 신체 부위에서 문제되고 있다. 또한, 진동하는 환경(예로 울퉁불퉁한 도로에서 트럭을 운전하는 것)에 서거나 앉아 있을 경우 또는 전신을 이용해야 하는 무거운 진동장비(예로 수동착암기)를 사용할 경우에 전신의 진동이 발생하며, 주로 요통과 관련되어 있는 것으로 보고되고 있다.

2.1.6 온도, 조명 등 기타 요인

작업을 수행하면서 극심한 고온이나 저온, 적정 조명이 되지 않는 곳에서 신체가 노출된다면 손의 감각과 민첩성, 눈의 피로를 불러올 수 있다. 이러한 곳에서 작업을 하게 되면 동작수행을 위해 필요한 힘을 증가시켜서 손에 대한 혈액공급이 감소되면서 촉각이 둔해지고 궁극적으로 조직에 대한 산소 및 에너지, 노폐물 제거를 둔화시켜 결국 통증과 상해로 연결되어진다.

03 근골격계질환의 종류

3.1 직업성 근골격계질환

출제빈도 ★★★★

3.1.1 신체 부위별 분류

(1) 손과 손목 부위의 근골격계질환

가. 수근관증후군(CTS; Carpal Tunnel Syndrome): 손목의 수근터널을 통과하는 신경을 압박함으로써 발생하며, 손목이 꺾인 상태나 과도한 힘을 준 상태에서 반복적 손 운동을 할 때 발생한다. 특히 조립작업 등과 같이 엄지와 검지로 집는 작업자세가 많은 경우 손목의 정중신경 압박으로 많이 발생한다.

나. 결절종(ganglion)

다. 드퀘르벵 건초염(De Quervain's syndrome): 손목건초염

라. 백색수지증: 손가락에 혈액의 원활한 공급이 이루어지지 않을 경우에 발생하는 증상이다.

마. 방아쇠 수지 및 무지

바. 무지수근 중수관절의 퇴행성관절염

사. 수완·완관절부의 건염이나 건활막염

(2) 팔과 팔목 부위의 근골격계질환

가. 외상과염과 내상과염 : 팔꿈치 부위의 인대에 염증이 생김으로써 발생하는 증상이다.

나. 주두점액낭염

다. 전완부에서의 요골포착 신경병증(회의근증후군 및 후골간신경 포착 신경병증 포함)

라. 전완부에서의 정중신경 포착 신경병증(원회내근증후군, 전골간신경 포착 신경병증 및 Struthers 인대에서의 정중신경 포착 신견병증 포함)

마. 주관절 부위의 척골신경 포착 신경병증(주관절증후군 및 만기성 척골 신경마비 등 포함)

바. 전완부근육의 근막통증후군, 기타 주관절 전완 부위의 건염이나 건활막염

(3) 어깨 부위의 근골격계질환

가. 상완부근육(삼각근, 이두박근, 삼두박근 등)의 근막통증후군(MPS)

나. 극상근건염(supraspinatus tendinitis)

다. 상완이두건막염(bicipital tenosynovitis)

라. 회전근개건염(충돌증후군, 극상건파열 등을 포함)

마. 견구축증(유착성관절낭염)

바. 흉곽출구증후군(경늑골증후군, 전사각증후군, 늑쇄증후군 및 과외전군 등을 포함)

사. 견관절 부위의 점액낭염(삼각근하 점액낭염, 오구돌기하 점액낭염, 견봉하 점액낭염, 견갑하 점액낭염 등을 포함)

(4) 목 견갑골 부위의 근골격계질환

가. 경부·견갑부근육(경추주위근, 승모근, 극상근, 극하근, 소원근, 광배근, 능형근 등)의 근막통증후군

나. 경추신경병증

다. 경부의 퇴행성관절염

3.2 작업유형과 근골격계질환

표 5.1.1은 작업현장에서 작업자들이 어떠한 작업과정으로 인해 근골격계질환이 발생하는가를 알 수가 있으며, 이것을 토대로 작업요인과 질환과의 관계를 분석할 수가 있다.

표 5.1.1 작업유형과 근골격계질환

작업의 종류	관련 질환	작업요인
연마작업	건초염	손목의 반복동작
	흉곽출구증후군	지속적인 어깨 들어 올림
	수근관증후군	진동
	드퀘르뱅 건초염	꺾인 손목자세
프레스 작업	손목과 어깨의 건염	손목의 반복동작
	드퀘르뱅 건초염	어깨의 반복동작
	수근관증후군	팔꿈치 꺾기, 손목 꺾임
용접, 페인트 작업	흉곽출구증후군	지속적인 팔의 들어 올림 자세
	건염	어깨보다 높은 손의 자세
타이핑, 컨베이어 작업	어깨와 손목의 건염	전후좌우로 들어 올리는 손의 자세 손목의 반복동작
	수근관증후군	
	흉곽출구증후군	
타이핑, 키펀치 작업	긴장성목증후군	정적이고 제한적인 자세
	흉곽출구증후군	손가락의 빠른 반복동작
	수근관증후군	꺾인 손목자세, 손바닥 압력
재봉사	흉곽출구증후군	반복적인 어깨 및 손목동작 손바닥 압력
	드퀘르뱅 건초염	
	수근관증후군	
음악가	손목의 건염	반복적인 어깨 및 손목동작 손바닥 압력
	수근관증후군	
	외상과염	
유리절단 작업	척골신경압박증후군	지속적인 팔꿈치 구부린 자세
포장작업	어깨와 손목의 건염	지속적인 어깨하중
		손목의 반복작업
		과도한 힘
트럭운전사	긴장성목증후군	정적인 목의 자세
	수근관증후군	과도한 손목의 힘
목공 및 벽돌작업	드퀘르뱅 건초염	손목의 반복작업 손목의 과도한 힘
	수근관증후군	
가사일	흉곽출구증후군	손바닥 압력, 반복적인 어깨 및 손목동작
	주관절외상과염	
	주관절내상과염	
창고 작업	수근관증후군	어색한 자세에서 어깨에 걸리는 지속적인 하중
	기용관증후군	
	흉곽출구증후군	
	어깨의 건염	

(계속)

작업의 종류	관련질환	작업요인
육류가공 작업	드퀘르뱅 건초염	손목의 과도한 힘
	수근관증후군	반복동작

04 근골격계질환의 관리방안

4.1 근골격계질환의 초기관리의 중요성

(1) 손상된 신체 부위가 다른 부위에 영향을 미치고 또 다른 손상을 유발한다.
(2) 만성적인 상해는 영구적 신체장애를 유발한다.
(3) 상해의 초기단계에서의 치료가 효과적이다.
(4) 조기치료 후 복귀하는 것이 다른 작업자를 돕는 것이다.

4.2 근골격계질환 예방을 위한 전략

근골격계질환을 잘 예방하기 위해서는 노사협력, 작업자의 참여, 적극적인 경영진의 지원이 이루어지는 가운데 교육을 통해 적합한 조직구성, 의학적 관리, 복지시설(건강관리, 재활시설) 확충, 지속적인 작업환경 개선이 이루어져야 한다.

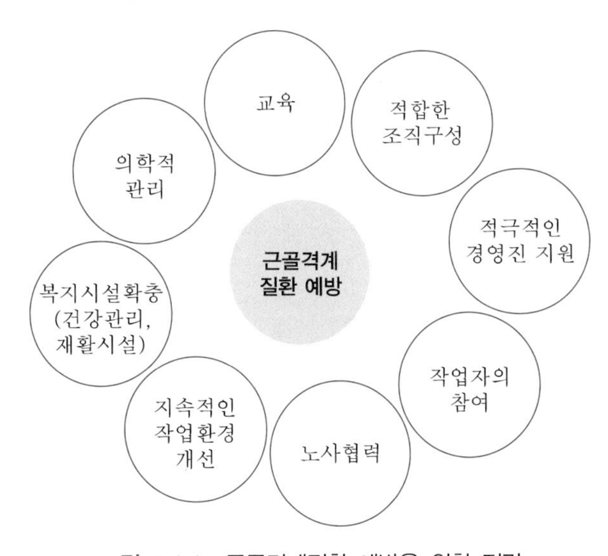

그림 5.1.1 근골격계질환 예방을 위한 전략

05 근골격계 부담작업의 범위

5.1 근골격계 부담작업

출제빈도 ★★★★

(1) 근골격계 부담작업 제1호

하루에 4시간 이상 집중적으로 자료입력 등을 위해 키보드 또는 마우스를 조작하는 작업이다.

(2) 근골격계 부담작업 제2호

하루에 총 2시간 이상 목, 어깨, 팔꿈치, 손목 또는 손을 사용하여 같은 동작을 반복하는 작업이다.

(3) 근골격계 부담작업 제3호

하루에 총 2시간 이상 머리 위에 손이 있거나, 팔꿈치가 어깨 위에 있거나 팔꿈치를 몸통으로부터 들거나, 팔꿈치를 몸통 뒤쪽에 위치하도록 하는 상태에서 이루어지는 작업이다.

(4) 근골격계 부담작업 제4호

지지되지 않은 상태이거나 임의로 자세를 바꿀 수 없는 조건에서 하루에 총 2시간 이상 목이나 허리를 구부리거나 트는 상태에서 이루어지는 작업이다.

(5) 근골격계 부담작업 제5호

하루에 총 2시간 이상 쪼그리고 앉거나 무릎을 굽힌 자세에서 이루어지는 작업이다.

(6) 근골격계 부담작업 제6호

하루에 총 2시간 이상 지지되지 않은 상태에서 1 kg 이상의 물건을 한 손의 손가락으로 집어 옮기거나, 2 kg 이상에 상응하는 힘을 가하여 한 손의 손가락으로 물건을 쥐는 작업이다.

(7) 근골격계 부담작업 제7호

하루에 총 2시간 이상 지지되지 않은 상태에서 4.5 kg 이상의 물건을 한 손으로 들거나 동일한 힘으로 쥐는 작업이다.

(8) 근골격계 부담작업 제8호

하루에 10회 이상 25 kg 이상의 물체를 드는 작업이다.

(9) 근골격계 부담작업 제9호

하루에 25회 이상 10 kg 이상의 물체를 무릎 아래에서 들거나, 어깨 위에서 들거나, 팔을 뻗은 상태에서 드는 작업이다.

(10) 근골격계 부담작업 제10호

하루에 총 2시간 이상, 분당 2회 이상 4.5 kg 이상의 물체를 드는 작업이다.

(11) 근골격계 부담작업 제11호

하루에 총 2시간 이상 시간당 10회 이상 손 또는 무릎을 사용하여 반복적으로 충격을 가하는 작업이다.

2장 | 유해요인 조사

01 유해요인 조사 법적근거

1.1 유해요인 조사 법적사항

(1) 사업주는 근골격계 부담작업에 근로자를 종사하도록 하는 경우에는 3년마다 다음 사항에 대한 유해요인 조사를 실시하여야 한다. 다만, 신설되는 사업장의 경우에는 신설일부터 1년 이내에 최초의 유해요인 조사를 실시하여야 한다.

가. 설비·작업공정·작업량·작업속도 등 작업장 상황

나. 작업시간·작업자세·작업방법 등 작업조건

다. 작업과 관련된 근골격계질환 징후 및 증상 유무 등

(2) 사업주는 다음에 해당하는 사유가 발생한 경우에는 유해요인 조사를 실시하여야 한다. 다만, '가'의 경우에는 근골격계 부담작업 외의 작업에서 발생한 경우를 포함한다.

가. 법에 의한 임시건강진단 등에서 근골격계질환자가 발생하였거나 근로자가 근골격계 질환으로 산업재해보상보험법에 의해 요양결정을 받은 경우

나. 근골격계 부담작업에 해당하는 새로운 작업·설비를 도입한 경우

다. 근골격계 부담작업에 해당하는 업무의 양과 작업공정 등 작업환경을 변경한 경우

(3) 사업주는 유해요인 조사에 근로자 대표 또는 당해 작업근로자를 참여시켜야 한다.

1.2 유해요인 조사의 시기 및 주기

출제빈도 ★★★★

(1) 정기 유해요인 조사의 시기

사업주는 부담작업에 대한 정기 유해요인 조사를 최초 유해요인 조사를 완료한 날(최초 유해요인 조사 이후 수시 유해요인 조사를 실시한 경우에는 수시 유해요인 조사를 완료한 날)로부터 매 3년마다 주기적으로 실시하여야 한다.

(2) 수시 유해요인 조사의 사유 및 시기

가. 사업주는 다음에 해당하는 경우에 이전 최초, 정기 또는 수시 유해요인 조사의 실시 여부와는 무관하게 당해 작업에 대한 수시 유해요인 조사를 실시하여야 한다.

① 특정 작업에 종사하는 근로자가 임시건강진단 등에서 근골격계질환자로 진단받았거나 산업재해보상보험법 시행규칙 따라 근골격계질환으로 요양결정을 받은 경우에 실시하여야 한다.

② 부담작업에 해당하는 새로운 작업·설비를 특정 작업(공정)에 도입한 경우 유해요인 조사를 실시하여야 한다. 단, 종사근로자의 업무량 변화 없이 단순히 기존 작업과 동일한 작업의 수가 증가하였거나 동일한 설비가 추가 설치된 경우에는 동일 부담작업의 단순증가에 해당되므로 수시 유해요인 조사를 실시하지 아니할 수 있다.

③ 부담작업에 해당하는 업무의 양과 작업공정 등 특정 작업(공정)의 작업환경이 변경된 경우에도 실시하여야 한다.

나. 신규입사자가 부담작업에 처음 배치될 때에는 수시 유해요인 조사의 사유에 해당되지 않는다.

1.3 유해요인 조사의 도구 및 조사자

출제빈도 ★★★★

(1) 유해요인 조사의 도구

가. 유해요인 조사는 다음의 세 가지 항목에 대한 조사가 가능한 도구를 가지고 근로자와의 면담, 인간공학적인 측면을 고려한 조사 및 증상설문조사 등 적절한 방법으로 실시한다.

① 작업설비·작업공정·작업량·작업속도 등 작업장 상황

② 작업시간·작업자세·작업방법·작업동작 등 작업조건

③ 부담작업과 관련된 근골격계질환의 징후 및 증상 유무

④ 주의사항으로 위 세 가지 항목 중 하나라도 빠져 있거나 적절한 방법이 아닌 경우에는 유해요인 조사를 실시한 것으로 인정받을 수 없다.

나. 유해요인 조사도구를 자체 마련하기 어려운 사업장은 한국산업안전공단의 근골격계 부담작업 유해요인 조사 조사표를 대신 사용할 수 있다.

다. 외국에서 개발된 인간공학적인 평가도구는 인간공학적인 측면을 고려한 조사에만

해당되므로 정밀평가 도구로 유해요인 조사를 실시하는 경우에는 이에 해당되지 않는 나머지 항목 등에 대한 조사를 별도로 실시해야 한다.

① 주의사항으로 정밀평가 도구로 유해요인 조사를 실시하면서 작업장 상황이나 근골격계질환 징후 및 증상 여부 등에 대한 조사를 하지 않은 경우에는 유해요인 조사를 실시한 것으로 인정받지 못한다.

② 정밀평가 도구는 종류에 따라 적용할 수 있는 작업이 달라질 수 있으므로 조사하고자 하는 작업에 적합한 정밀평가도구를 선정하여 조사하여야 한다.

라. 사업주는 유해요인 조사를 실시할 때에는 근로자 대표 또는 근로자를 반드시 참여시켜야 한다. 다만, 사업주가 참여를 요청하였음에도 근로자 대표 또는 근로자가 정당한 사유 없이 이에 응하지 않는 경우에는 관할 지방노동관서의 장에게 이러한 사실을 통보한 후 중재를 받아 유해요인 조사를 실시하여야 한다.

1.4 유해요인 조사의 방법

출제빈도 ★★★★

(1) 유해요인 조사의 기본원칙

가. 특별히 이 지침에서 정한 경우를 제외하고는 부담작업(부담작업이 단위작업으로 구분되는 경우에는 각 단위작업) 각각에 대하여 유해요인 조사를 실시하여야 한다.

나. 근로자 1명이 둘 이상의 부담작업에 종사하는 경우에도 해당 부담작업 각각에 대하여 유해요인 조사를 실시한다.

(2) 동일 작업

동일한 작업설비를 사용하거나 작업을 수행하는 동작이나 자세 등 작업방법이 같다고 객관적으로 인정되는 작업을 말한다.

(3) 동일작업에 대한 유해요인 조사의 방법

가. 한 단위 작업장소 내에서 10개 이하의 부담작업이 동일작업으로 이루어지는 경우에는 작업강도가 가장 높은 2개 이상의 작업을 표본으로 선정하여 유해요인 조사를 실시해도 전체 동일 부담작업에 대한 유해요인 조사를 실시한 것으로 인정한다.

나. 만일 한 단위 작업장소 내에 동일 부담작업의 수가 10개를 초과하는 경우에는 초과하는 5개의 작업당 작업강도가 가장 큰 1개의 작업을 표본으로 추가하여 유해요인 조사를 실시한다.

다. 특정 설비를 다수의 근로자가 동시에 사용하는 작업 또는 교대제작업은 각각을 동일작업으로 간주하고 유해요인 조사를 실시한다.

라. 동일작업에 대한 유해요인 조사를 표본조사로 실시할 때 근로자 면담이나 증상 설문조사 등은 표본으로 선정된 부담작업의 종사 근로자에 대하여 실시한다.

마. 만일 유해요인 조사 시 표본으로 선정되지 않은 부담작업에 종사하는 근로자가 근골격계질환의 징후를 호소할 때에는 보건규칙 제146조(통지 및 사후관리)의 규정에 의하여 조치한다.

(4) 수시 유해요인 조사의 방법

가. 둘 이상의 독립작업에 종사하던 근로자에게 발생한 근골격계질환으로 수시 유해요인 조사를 해야 할 경우에는 근골격계질환이 발생한 신체 부위에 주로 부담을 주는 작업을 선정하여 실시한다.

나. 근골격계질환자의 발생으로 수시 유해요인 조사를 실시하여야 하는 경우 당해 작업의 작업장 상황 및 작업조건 조사는 반드시 실시하여야 하되, 근골격계질환으로 진단 또는 요양결정을 받은 근로자에 대한 증상 설문조사는 생략할 수 있으나 근골격계질환이 발생한 작업을 함께 수행해 온 동료 근로자가 있는 경우에는 당해 동료 근로자에 대한 증상 설문조사는 생략할 수 없다.

(5) 협력업체 근로자 종사작업에 대한 유해요인 조사

가. 동일한 장소에서 행해지는 사업의 일부를 도급에 의하여 행하는 사업인 경우에는 근로자를 직접 사용하는 자(수급사업주)가 유해요인 조사를 실시한다.

나. 다만, 유해요인 조사에서 근골격계질환이 발생할 우려가 있어 도급사업주의 소유 설비의 변경 등 작업환경개선 등의 조치가 필요한 경우 수급사업주는 이를 도급사업주에게 통지하고, 도급사업주는 수급사업주가 실시한 유해요인 조사가 잘못되었다는 반증이 없는 한 필요한 조치를 하여야 한다.

02 유해요인 조사

2.1 유해요인 조사내용

출제빈도 ★★★★

(1) 유해요인 조사의 구성

유해요인 조사의 구성은 유해요인 기본조사와 근골격계질환 증상조사가 있는데 유해요인 기본조사에는 작업장 상황조사와 작업조건 조사가 있다.

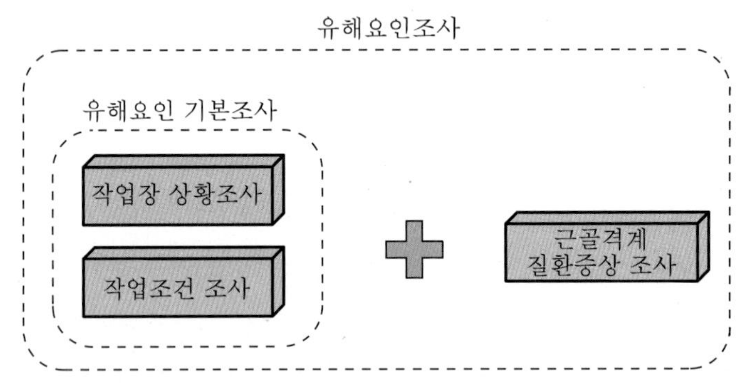

그림 5.2.1 유해요인 조사의 구성

(2) 작업장 상황

가. 작업공정 변화

나. 작업설비 변화

다. 작업량 변화

라. 작업속도 및 최근 업무의 변화

(3) 작업조건

가. 반복성

나. 부자연스러운/취하기 어려운 자세

다. 과도한 힘

라. 접촉 스트레스

마. 진동

(4) 근골격계질환 증상조사

가. 근골격계질환 증상과 징후

나. 직업력(근무력)

다. 근무형태(교대제 여부 등)
라. 취미생활
마. 과거 질병 등

2.2 유해요인의 개선과 사후조치

출제빈도 ★★★★

(1) 사업주는 개선 우선순위에 따른 적절한 개선계획을 수립하고, 해당 근로자에게 알려 주어야 한다.
   가. 개선 우선순위 결정
      ① 유해도가 높은 작업 또는 특정 작업자 중에서도 다음 사항에 따른다.
         (a) 다수의 작업자가 유해요인에 노출되고 있거나 증상 및 불편을 호소하는 작업
         (b) 비용 편익효과가 큰 작업

(2) 사업주는 개선계획의 타당성을 검토하거나 개선계획 수립을 위하여 외부의 전문기관이나 전문가로부터 지도·조언을 들을 수 있다.

2.3 문서의 기록과 보존

출제빈도 ★★★★

(1) 사업주는 다음과 같은 내용을 기록 보존해야 한다.
   가. 유해요인 기본조사표
   나. 근골격계질환 증상조사표
   다. 개선계획 및 결과보고서

(2) 사업주는 작업자의 신상에 관한 문서는 5년 동안 보존하며, 시설·설비와 관련된 자료는 시설·설비가 작업장 내에 존재하는 동안 보존한다.

3장 | 인간공학적 평가

01 인간공학적 작업평가 기법

1.1 작업평가 기법의 개요

1.1.1 작업평가 기법의 의미

(1) 작업평가 기법은 그 결과가 해당 작업의 위험성을 평가하여 근골격계질환 예방을 위한 자료로 활용되어야 한다.

(2) 작업평가 기법은 보다 포괄적인 작업장의 분석과 개선을 위한 보조도구로서 사용되어야 한다.

1.1.2 작업평가 기법의 종류

(1) NIOSH Lifting Equation(NLE)

(2) Ovako Working-posture Analysing System(OWAS)

(3) Rapid Upper Limb Assessment(RULA)

(4) Rapid Entire Body Assessment(REBA)

(5) 기타(ANSI-Z 365, Snook's table, SI, 진동)

1.2 NLE(NIOSH Lifting Equation)

출제빈도 ★★★★

1.2.1 개발목적

들기작업에 대한 권장무게한계(RWL)를 쉽게 산출하도록 하여 작업의 위험성을 예측하여 인간공학적인 작업방법의 개선을 통해 작업자의 직업성 요통을 사전에 예방하는 것이다.

1.2.2 개요

(1) 취급중량과 취급횟수, 중량물취급 위치·인양거리·신체의 비틀기·중량물 들기 쉬움 정도 등 여러 요인을 고려한다.
(2) 정밀한 작업평가, 작업설계에 이용한다.
(3) 중량물취급에 관한 생리학·정신물리학·생체역학·병리학의 각 분야에서의 연구 성과를 통합한 결과이다.
(4) 개정된 NIOSH의 들기 기준은 40대 여성의 들기능력의 50퍼센타일을 기준으로 산정되었다.

1.2.3 다음과 같은 중량물을 취급하는 작업에는 본 기준을 적용할 수 없다.

(1) 한 손으로 중량물을 취급하는 경우
(2) 8시간 이상 중량물을 취급하는 작업을 계속하는 경우
(3) 앉거나 무릎을 굽힌 자세로 작업을 하는 경우
(4) 균형이 맞지 않는 중량물을 취급하는 경우
(5) 운반이나 밀거나 당기는 작업에서의 중량물취급
(6) 빠른 속도로 중량물을 취급하는 경우(약 75 cm/초를 넘어가는 경우)
(7) 바닥면이 좋지 않은 경우(지면과의 마찰계수가 0.4 미만의 경우)
(8) 온도/습도 환경이 나쁜 경우(온도 19~26도, 습도 35~50%의 범위에 속하지 않는 경우)

1.2.4 NLE 장·단점

(1) 장점

가. 들기작업 시 안전하게 작업할 수 있는 작업물의 중량을 계산할 수 있다.
나. 인간공학적 작업부하, 작업자세로 인한 부하, 생리학적 측면의 작업부하 모두를 고려한 것이다.

(2) 단점

가. 전문성이 요구된다.
나. 들기작업에만 적절하게 쓰일 수 있으며, 반복적인 작업자세, 밀기, 당기기 등과 같은 작업에 대해서는 평가가 어렵다.

표 5.3.1 NLE

작업분석/평가도구	분석가능 유해요인	적용 신체 부위	적용가능 업종
NIOSH 들기작업 지침(NIOSH Lifting Equation)	· 반복성 · 부자연스런 또는 취하기 어려운 자세 · 과도한 힘	· 허리	· 포장물 배달 · 음료 배달 · 조립작업 · 인력에 의한 중량물취급 작업 · 무리한 힘이 요구되는 작업 · 고정된 들기작업

1.2.5 NLE 분석절차

NLE 분석절차는 먼저 자료수집(작업물 하중, 수평거리, 수직거리 등)을 하여서 단순작업인지 복합작업인지를 밝혀야 한다. 복합작업이면 복합작업 분석을 해야 하고 단순작업일 때 NLE를 분석하는데, 분석할 때 권장무게한계(RWL)와 들기지수(LI)를 구해서 평가를 한다.

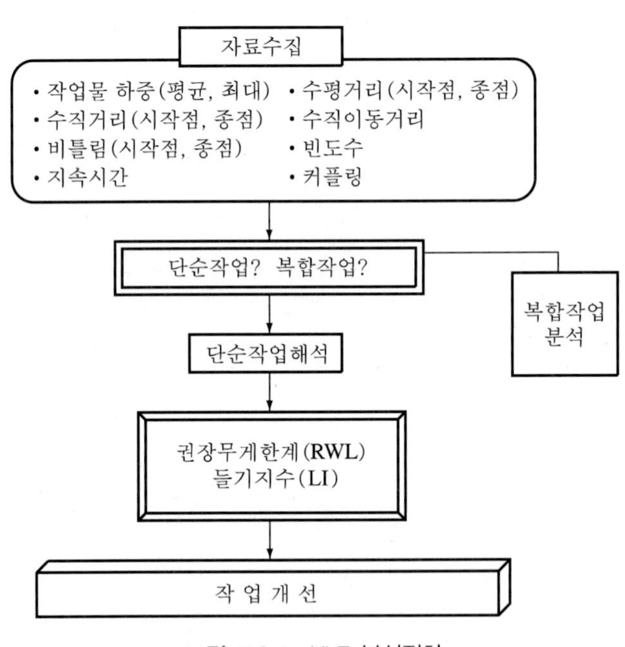

그림 5.3.1 NLE 분석절차

1.2.6 RWL과 LI

(1) 권장무게한계(RWL; Recommended Weight Limit)

가. 건강한 작업자가 그 작업조건에서 작업을 최대 8시간 계속해도 요통의 발생위험이 증대되지 않는 취급물 중량의 한계값이다.

나. 권장무게한계값은 모든 남성의 99%, 모든 여성의 75%가 안전하게 들 수 있는 중량물값이다.

다. RWL = LC×HM×VM×DM×AM×FM×CM

LC = 부하상수 = 23 kg

HM = 수평계수 = 25/H

VM = 수직계수 = 1 − (0.003×|V − 75|)

DM = 거리계수 = 0.82 + (4.5/D)

AM = 비대칭계수 = 1 − (0.0032×A)

FM = 빈도계수(표 이용)

CM = 결합계수(표 이용)

(2) LI(들기지수, Lifting Index)

가. LI = 작업물무게 / RWL

나. LI가 1보다 크게 되는 것은 요통의 발생위험이 높은 것을 나타낸다.

다. LI가 1 이하가 되도록 작업을 설계/재설계할 필요가 있다.

1.2.7 상수설명

(1) LC(부하상수, Load Constant)

RWL을 계산하는 데 있어서의 상수로 23 kg이다. 다른 계수들은 전부 0~1 사이의 값을 가지므로 RWL은 어떤 경우에도 23 kg을 넘지 않는다.

(2) HM(수평계수, Horizontal Multiplier)

가. 발의 위치에서 중량물을 들고 있는 손의 위치까지의 수평거리이다.

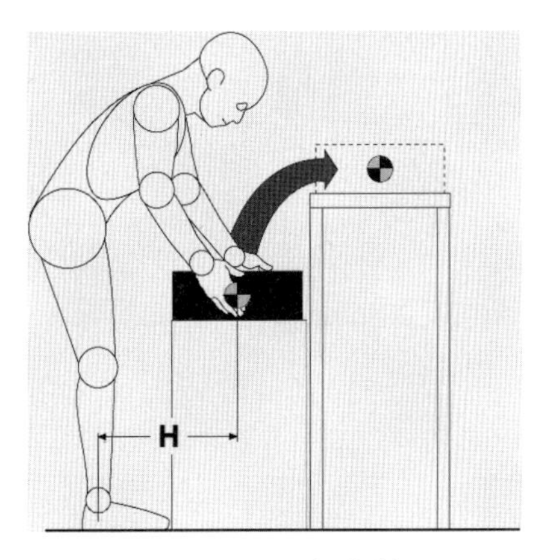

그림 5.3.2 수평계수

I. 작업환경 분석 및 관리
II. 인간공학 개요 및 평가
III. 시스템 설계 및 개선
IV. 시스템 관리
V. 근골격계질환 관리

나. 발의 위치는 발목의 위치로 하고, 발의 전후로 교차하고 있는 경우는 좌우의 발목의 위치의 중점을 다리 위치로 한다.

다. 손의 위치는 중앙의 위치로 하고, 좌우의 손 위치가 다른 경우는 좌우의 손 위치의 중점이다.

라. Maximum은 63 cm이고, Minimum은 25 cm이다.

마. HM = 25/H, (25~63 cm)

$=1$, ($H \le 25$ cm)

$=0$, ($H > 63$ cm)

(3) VM(수직계수, Vertical Multiplier)

가. 바닥에서 손까지의 거리(cm)로 들기작업의 시작점과 종점의 두 군데서 측정한다.

나. Maximum은 175 cm이고, Minimum은 0 cm이다.

다. $VM = 1 - (0.003 \times |V - 75|)$, $(0 \le V \le 175)$

$=0$, ($V > 175$ cm)

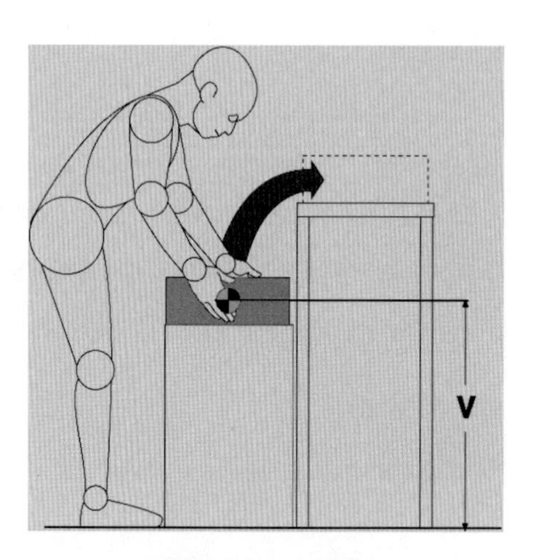

그림 5.3.3 수직계수

(4) DM(거리계수, Distance Multiplier)

가. 중량물을 들고 내리는 수직방향의 이동거리의 절댓값이다.

나. Maximum은 175 cm이고, Minimum은 25 cm이다.

다. DM = 0.82 + 4.5/D, (25~175 cm)

$=1$, ($D \le 25$ cm)

$=0$, ($D > 175$ cm)

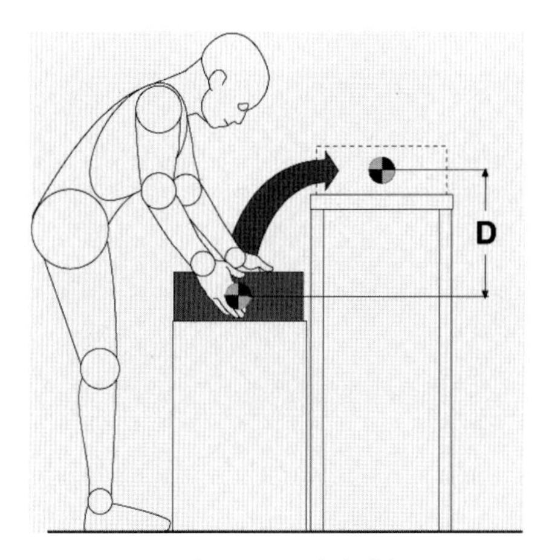

그림 5.3.4 거리계수

(5) AM(비대칭계수, Asymmetric Multiplier)

가. 중량물이 몸의 정면에서 몇 도 어긋난 위치에 있는지 나타내는 각도이다.

나. Maximum은 135°이고, Minimum = 0°이다.

다. $AM = 1 - 0.0032 \times A, \quad (0° \leq A \leq 135°)$

$= 0, \quad (A > 135°)$

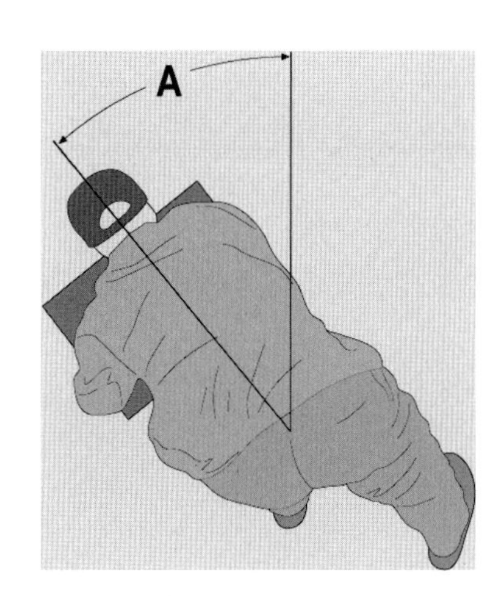

그림 5.3.5 비대칭계수

(6) FM(빈도계수, Frequency Multiplier)

가. 분당 드는 횟수, 분당 0.2회에서 분당 16회까지이다.

나. 들기빈도 F, 작업시간 LD, 수직위치 V로부터 표 5.3.2를 이용해 구한다.

다. 들기빈도(LF; Lifting Frequency)(단위: 회/분)

표 5.3.2 FM을 구하는 표

들기빈도 F(회/분)	작업시간 LD(Lifting Duration)					
	LD ≤ 1시간		1시간<LD≤2시간		2시간<LD	
	V<75 cm	V≥75 cm	V<75 cm	V≥75 cm	V<75 cm	V≥75 cm
<0.2	1.00	1.00	0.95	0.95	0.85	0.85
0.5	0.97	0.97	0.92	0.92	0.81	0.81
1	0.94	0.94	0.88	0.88	0.75	0.75
2	0.91	0.91	0.84	0.84	0.65	0.65
3	0.88	0.88	0.79	0.79	0.55	0.55
4	0.84	0.84	0.72	0.72	0.45	0.45
5	0.80	0.80	0.60	0.60	0.35	0.35
6	0.75	0.75	0.50	0.50	0.27	0.27
7	0.70	0.70	0.42	0.42	0.22	0.22
8	0.60	0.60	0.35	0.35	0.18	0.18
9	0.52	0.52	0.30	0.30	0.00	0.15
10	0.45	0.45	0.26	0.26	0.00	0.13
11	0.41	0.41	0.00	0.23	0.00	0.00
12	0.37	0.37	0.00	0.21	0.00	0.00
13	0.00	0.34	0.00	0.00	0.00	0.00
14	0.00	0.31	0.00	0.00	0.00	0.00
15	0.00	0.28	0.00	0.00	0.00	0.00
>15	0.00	0.00	0.00	0.00	0.00	0.00

① 15분간 작업을 관찰해서 구하는 것이 기본이다.

② 빈도가 다른 작업이 조합되어 있는 경우에는 전체적인 평균빈도를 이용한 해석도 가능하다.

③ 들기작업이 15분 이상 계속되지 않는 경우는 다음 방법에 따른다.

라. 작업시간(LD; Lifting Duration)

표 5.3.3 LD 선정기준

LD≤1시간	1시간 이하의 들기작업 시간이 있고 잇따라 작업시간의 1.2배 이상의 회복시간이 있는 경우 예) 40분간 들기작업을 하고 60분간의 휴식이 있는 경우
1시간<LD≤2시간	1시간에서 2시간 이하의 들기작업 시간이 있고 잇따라 작업시간의 0.3배 이상의 회복시간이 있는 경우 예) 90분간 들기작업을 하고 30분간 휴식하는 경우
2시간<LD≤8시간	2시간부터 길게 8시간까지 들기작업의 경우가 이에 속함

중량물 들기작업시간(WT; Work Time)과 가벼운 작업 또는 휴식과 같은 회복시간 (RT; Recovery Time)의 관계로 정한다.

(7) CM(결합계수, Coupling Multiplier)

가. 결합타입(coupling type)과 수직위치 V로부터 아래 표를 이용해 구한다.

표 5.3.4 CM을 구하는 표

결합타입	수직위치	
	V<75 cm	V≥75cm
양호(good)	1.00	1.00
보통(fair)	0.95	1.00
불량(poor)	0.90	0.90

나. 양호(good): 손가락이 손잡이를 감싸서 잡을 수 있거나 손잡이는 없지만 들기 쉽고 편하게 들 수 있는 부분이 존재할 경우

다. 보통(fair): 손잡이나 잡을 수 있는 부분이 있으며, 적당하게 위치하지는 않았지만 손목의 각도를 90° 유지할 수 있는 경우

라. 불량(poor): 손잡이나 잡을 수 있는 부분이 없거나 불편한 경우, 끝부분이 날카로운 경우

예제

15 kg의 중량물을 선반 1 위치(27, 60)에서 선반 2 위치(50, 145)로 하루 총 46분 동안 분당 3번씩 들기작업을 하는 작업자에 대하여 NIOSH 들기지침에 의하여 분석한 결과를 다음의 단순 들기작업 분석표와 같이 나타내었다. 이때 다음 각 빈칸을 채우시오. (단, 비대칭각도 0, 박스의 손잡이는 커플링 'fair'로 간주한다.)

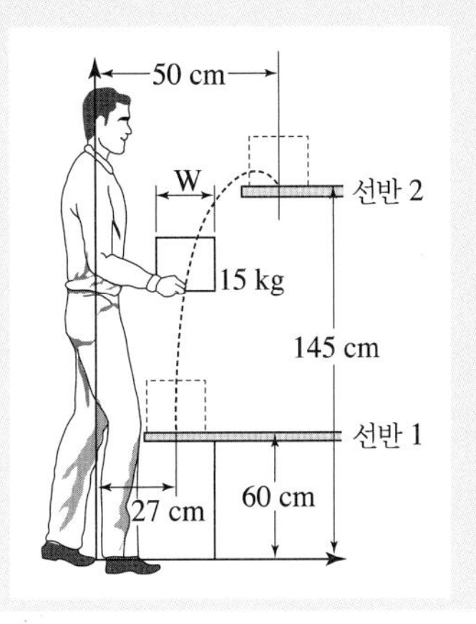

단계 1. 작업변수 측정 및 기록

중량물무게		손 위치(cm)				수직거리(cm)	비대칭 각도(도)		빈도	지속시간(HRS)	커플링
		시점		종점			서점	종점	횟수/분		
L(평균)	L(최대)	H	V	H	V	D	A	A	F		C
15	15	27	60	50	145	85	0	0	3	75	fair

단계 2. 계수 및 RWL 계산

RWL = 23 × HM × VM × DM × AM × FM × CM

시점 RWL =	23	(1)	0.96	0.87	1.0	0.88	0.95	= (2) kg
종점 RWL =	23	0.50	0.79	0.87	1.0	0.88	1.0	= (3) kg

단계 3. 들기지수(LI) 계산

시점 $\text{들기지수(LI)} = \frac{\text{중량물 무게}}{\text{RWL}} = \text{———} = (4)$

종점 $\text{들기지수(LI)} = \frac{\text{중량물 무게}}{\text{RWL}} = \text{———} = (5)$

풀이

(1) $HM = \frac{25}{27} = 0.93$

(2) $RWL = 23 \times 0.93 \times 0.96 \times 0.87 \times 1.0 \times 0.88 \times 0.95 = 14.94$

(3) $RWL = 23 \times 0.50 \times 0.79 \times 0.87 \times 1.0 \times 0.88 \times 1.0 = 6.96$

(4) $LI = \frac{15}{14.94} = 1.00$

(5) $LI = \frac{15}{6.96} = 2.16$

1.3 OWAS

출제빈도 ★★★★

1.3.1 정의

OWAS(Ovako Working-posture Analysing System)는 핀란드의 철강회사인 Ovako사와 핀란드 노동위생연구소가 1970년대 중반에 육체작업에 있어서 부적절한 작업자세를 구별해낼 목적으로 개발한 평가기법이다.

1.3.2 특징

(1) 특별한 기구 없이 관찰에 의해서만 작업자세를 평가할 수 있다.
(2) 현장에서 기록 및 해석의 용이함 때문에 많은 작업장에서 작업자세를 평가한다.
(3) 평가기준을 완비하여 분명하고 간편하게 평가할 수 있다.
(4) 현장성이 강하면서도 상지와 하지의 작업분석이 가능하며, 작업 대상물의 무게를 분석요인에 포함한다.

1.3.3 장 · 단점

(1) 장점

현장에서 작업자들의 작업자세를 손쉽고 빠르게 평가할 수 있는 도구이다.

(2) 단점

가. 작업자세 분류체계가 특정한 작업에만 국한되기 때문에 정밀한 작업자세를 평가하기 어렵다.
나. 상지나 하지 등 몸의 일부의 움직임이 적으면서도 반복하여 사용하는 작업 등에서는 차이를 파악하기 어렵다.
다. 지속시간을 검토할 수 없으므로 유지자세의 평가는 어렵다.

1.3.4 한계점

(1) 분석결과가 구체적이지 못하고, 상세분석이 어렵다. OWAS는 외국인의 인체계측을 바탕으로 만들어져, 무게의 분류구간 등은 한국인의 작업상황과 맞지 않는 부분이 존재한다(김유창).
(2) 상지나 하지 등 몸의 일부의 움직임이 적으면서도 반복하여 사용하는 작업 등에서는 차이를 파악하기 어렵다.
(3) 지속시간을 검토할 수 없으므로 유지자세의 평가는 어렵다.

표 5.3.5 OWAS

작업분석/평가도구	분석가능 유해요인	적용 신체 부위	적용가능 업종
OWAS (Ovako Working-posture Analysing System)	· 부자연스런 또는 취하기 어려운 자세 · 과도한 힘	· 허리 · 다리 · 팔	· 인력에 의한 중량물 취급작업 · 중공업 · 조선업

1.3.5 작업자세 및 코드체계

그림 5.3.6은 각 자세에 관한 코드 점수로서 신체 부위는 허리, 팔, 다리 부분이 있다. 실제 작업자세를 아래의 각 부위별로 맞추어 코드 점수를 가져오는 것이다.

자세코드 / 신체 부위	1	2	3	4	5	6	7
허리 (Back)							
팔 (Arms)							
다리 (Legs)							
하중 (Weight)	10 kg 이하	10~20 kg	20 kg 초과				

그림 5.3.6 작업자세 및 코드체계

1.3.6 OWAS의 작업분석 절차

(1) 전체 흐름도

OWAS는 먼저 4부분인 허리, 팔, 다리, 하중에 관해서 실제 작업자세와 맞추어 점수를 가져와 Table에서 각 해당 점수에 맞는 AC값을 찾는다. 마지막으로 나온 AC값에 맞는 조치를 내린다.

(2) 작업자세 분류체계(허리)

허리부분에 대한 점수를 나타낸다.

가. 코드 1은 곧바로 편 자세, 즉 서 있는 자세이다.

나. 코드 2는 상체를 앞뒤로 굽힌 자세로 허리가 앞뒤로 굽혀진 경우이다.

다. 코드 3은 바로 서서 허리를 옆으로 비튼 자세이다.

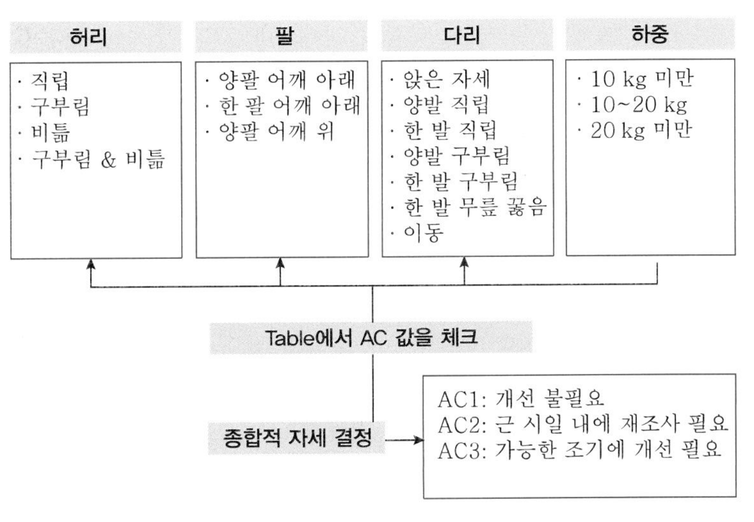

그림 5.3.7 OWAS 전체 흐름

라. 코드 4는 상체를 앞으로 굽힌 채 옆으로 비튼 자세로 코드 2와 코드 3이 동시에 나타나는 경우이다.

표 5.3.6 허리에 대한 작업자세 분류체계

신체 부위	코드	자세 설명
허리	1	곧바로 편 자세
	2	상체를 앞뒤로 굽힌 자세
	3	바로 서서 허리를 옆으로 비튼 자세
	4	상체를 앞으로 굽힌 채 옆으로 비튼 자세

(a) 바로 섬 (b) 굽힘 (c) 비틂 (d) 굽히고 비틂

그림 5.3.8 허리에 대한 작업자세 분류체계

(3) 작업자세 분류체계(팔)

팔 부분에 대한 점수를 나타낸다.

가. 코드 1은 양팔을 어깨 아래로 완전히 내린 자세이다.

나. 코드 2는 한 팔만 어깨 위로 올린 자세이다.

다. 코드 3은 양팔 모두 어깨 위로 완전히 올린 자세이다.

표 5.3.7 팔에 대한 작업자세 분류체계

신체 부위	코드	자세 설명
팔	1	양팔을 어깨 아래로 내린 자세
	2	한 팔만 어깨 위로 올린 자세
	3	양팔 모두 어깨 위로 올린 자세

(a) 양팔 어깨 아래 (b) 한 팔 어깨 아래 (c) 양팔 어깨 위

그림 5.3.9 팔에 대한 작업자세 분류체계

(4) 작업자세 분류체계(다리)

다리부분에 대한 점수를 나타낸다.

가. 코드 1은 의자에 앉은 자세로 엉덩이로 상지의 무게를 지지하면서 두 다리는 엉덩이 아래에 위치한 경우이다.

나. 코드 2는 두 다리를 펴고 선 자세로 다리 사이의 각도가 150°를 초과하는 경우이다.

다. 코드 3은 한 다리로 선 자세로 한 다리는 편 상태에서 체중을 완전히 지지하고 있는 상태이다.

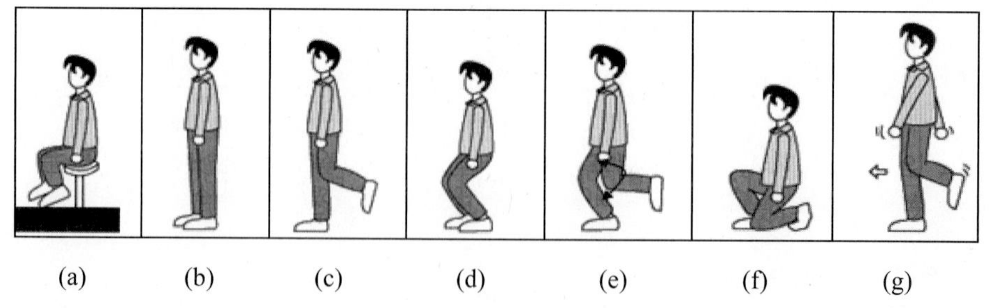

(a) (b) (c) (d) (e) (f) (g)

(a) 앉음, (b) 두 다리로 섬, (c) 한 다리로 섬, (d) 두 다리 구부림, (e) 한 다리 구부림, (f) 무릎 꿇음, (g) 걷기

그림 5.3.10 다리에 대한 작업자세 분류체계

라. 코드 4는 두 다리를 구부린 자세로, 두 다리로 몸을 지탱하는 경우이다. 여기서 쪼그린 자세도 포함된다.

마. 코드 5는 한 다리로 서서 구부린 자세를 나타내며, 한 다리로 몸을 지탱하는 경우이다.

바. 코드 6은 무릎 꿇는 자세이다. 이것은 한 다리 또는 두 다리 모두가 무릎을 꿇은 자세이다.

사. 코드 7은 작업장을 걷거나 이동하는 경우이다.

(5) 작업자세 분류체계(하중/힘)

하중/힘은 작업자가 취급하는 작업대상물의 무게나 수공구의 무게 등을 포함한다.

표 5.3.8 하중/힘에 대한 작업자세 분류체계

신체 부위	코드	자세 설명
하중/힘	1	10 kg 이하
	2	10 kg 초과~20 kg 이하
	3	20 kg 초과

(6) OWAS AC 판정표

OWAS에서 AC 판정은 앞에서 실제 작업자세를 OWAS의 코드에서 찾은 4가지 점수(허리, 팔, 다리, 하중)를 가지고 아래의 표에서 AC 점수를 찾는다. 예를 들면, 허리가 3점이고, 팔이 2점이고, 다리가 5점이고, 하중이 2점이라면 각각의 점수에 해당하는 줄로 찾아가서 테이블에서 점수를 찾으면 된다. 여기서는 해당하는 AC값은 4점이 된다.

AC 값		(1)			(2)			(3)			(4)			(5)			(6)			(7)		
		(1)	(2)	(3)	(1)	(2)	(3)	(1)	(2)	(3)	(1)	(2)	(3)	(1)	(2)	(3)	(1)	(2)	(3)	(1)	(2)	(3)
(1)	(1)	1	1	1	1	1	1	1	1	1	2	2	2	2	2	2	1	1	1	1	1	1
	(2)	1	1	1	1	1	1	1	1	1	2	2	2	2	2	2	1	1	1	1	1	1
	(3)	1	1	1	1	1	1	1	1	1	2	2	3	2	2	3	1	1	1	1	1	2
(2)	(1)	2	2	3	2	2	3	2	2	3	3	3	3	3	3	3	2	2	2	2	3	3
	(2)	2	2	3	2	2	3	2	3	3	3	4	4	3	4	4	3	3	4	2	3	4
	(3)	3	3	4	2	2	3	3	3	3	3	4	4	4	4	4	4	4	4	2	3	4
(3)	(1)	1	1	1	1	1	1	1	1	2	3	3	3	4	4	4	1	1	1	1	1	1
	(2)	2	2	3	1	1	1	1	1	2	4	4	4	4	4	4	3	3	3	1	1	1
	(3)	2	2	3	1	1	1	2	3	3	4	4	4	4	4	4	4	4	4	1	1	1
(4)	(1)	2	3	3	2	2	3	2	2	3	4	4	4	4	4	4	4	4	4	2	3	4
	(2)	3	3	4	2	3	4	3	3	4	4	4	4	4	4	4	4	4	4	2	3	4
	(3)	4	4	4	2	3	4	3	3	4	4	4	4	4	4	4	4	4	4	2	3	4

: 허리 : 팔 : 다리 : 하중

그림 5.3.11 OWAS AC 판정표

(7) OWAS 조치단계 분류

표 5.3.9 OWAS 조치단계 분류

작업자세 수준	평가내용
Action category 1	이 자세에 의한 근골격계 부담은 문제 없다. 개선불필요하다.
Action category 2	이 자세는 근골격계에 유해하다. 가까운 시일 내에 개선해야 한다.
Action category 3	이 자세는 근골격계에 유해하다. 가능한 한 빠른 시일 내에 개선해야 한다.
Action category 4	이 자세는 근골격계에 매우 유해하다. 즉시 개선해야 한다.

1.4 RULA

출제빈도 ★★★★

1.4.1 정의

RULA(Rapid Upper Limb Assessment)는 어깨, 팔목, 손목, 목 등 상지(upper limb)에 초점을 맞추어서 작업자세로 인한 작업부하를 쉽고 빠르게 평가하기 위해 만들어진 기법이다. 자동차 조립라인 등의 분석에 적합하다.

1.4.2 목적

(1) 작업성 근골격계질환(직업성 상지질환: 어깨, 팔꿈치, 손목, 목 등)과 관련한 유해인자에

표 5.3.10 RULA

작업분석/평가도구	분석가능 유해요인	적용 신체 부위	적용가능 업종
RULA (Rapid Upper Limb Assessment)	· 반복성 · 부자연스런 또는 취하기 어려운 자세 · 과도한 힘	· 손목 · 아래팔 · 팔꿈치 · 어깨 · 목 · 몸통	· 조립작업 · 관리업 · 생산작업 · 재봉업 · 정비업 · 육류가공업 · 식료품출납원 · 전화교환원 · 초음파기술자 · 치과의사/치과기술자

대한 개인작업자의 노출정도를 신속하게 평가하기 위한 방법을 제공한다.

(2) 근육의 피로를 유발시킬 수 있는 부적절한 작업자세, 힘, 그리고 정적이거나 반복적인 작업과 관련한 신체적인 부담요소를 파악하고 그에 따른 보다 포괄적인 인간공학적 평가를 위한 결과를 제공한다.

1.4.3 장·단점

(1) 장점

가. 상지와 상체의 자세를 측정하기 용이하도록 개발되었다.

나. 상지의 정적인 자세를 측정하기 용이하다.

(2) 단점

상지의 분석에 초점을 두고 있기 때문에 전신의 작업자세 분석에는 한계가 있다(예로, 쪼그려 앉은 작업자세와 같은 경우는 작업자세 분석이 힘들다).

1.4.4 한계점

(1) 상지의 분석에만 초점을 맞추고 있기 때문에 전신의 작업자세 분석에는 한계를 가진다.

(2) 분석결과에 있어서도 총괄적인 작업부하 수준이 7개의 항목(category)으로만 나누어져 있고, 최종적인 분석결과도 정성적으로 이루어지므로 작업자세 간의 정량적인 비교가 어렵다.

1.4.5 가정사항

(1) 단위시간당 동작의 횟수가 많아지거나 근력이 필요한 정적인 작업이 많아질수록, 또 보다 큰 힘이 요구되거나 나쁜 작업자세가 많을수록 작업부하가 증가할 것으로 가정한다.

(2) 자세분류별 부하수준을 평가할 때 작업부하에 영향을 주는 인자들은 매우 많지만, 특히 RULA가 평가하는 작업부하 인자는 다음과 같다.

가. 동작의 횟수(number of movement)

나. 정적인 근육작업(static muscle work)

다. 힘(force)

라. 작업자세(work posture)

1.4.6 RULA의 개요

(1) RULA의 평가표는 크게 각 신체부위별 작업자세를 나타내는 그림과 3개의 배점표로 구성되어 있다.
(2) 평가대상이 되는 주요 작업요소로는 반복수, 정적작업, 힘, 작업자세, 연속작업시간 등이 고려된다.
(3) 평가방법은 크게 신체부위별로 A와 B그룹으로 나누어지며 A, B의 각 그룹별로 작업자세, 그리고 근육과 힘에 대한 평가로 이루어진다.
(4) 평가의 결과는 1에서 7 사이의 총점으로 나타내어지며, 점수에 따라 4개의 조치단계(action level)로 분류한다.
(5) 충분한 훈련과 반복을 통하여 평가의 신뢰도와 일관성을 높일 수 있도록 하여야 한다.

1.4.7 RULA의 평가과정

RULA의 평가는 먼저 A그룹과 B그룹으로 나누어 평가한다. A그룹에서는 위팔, 아래팔, 손목, 손목 비틀림에 관해 자세 점수(a)를 구하고 거기에 근육사용과 힘에 대한 점수를 더해서 점수(c)를 구한다. B그룹에서도 목, 몸통, 다리에 관한 자세 점수(b)에 근육과 힘에 대한 점수(d)를 구한다. A그룹에서 구한 점수(c)와 B그룹에서 구한 점수(d)를 가지고 표를 이용해 최종점수를 구한다.

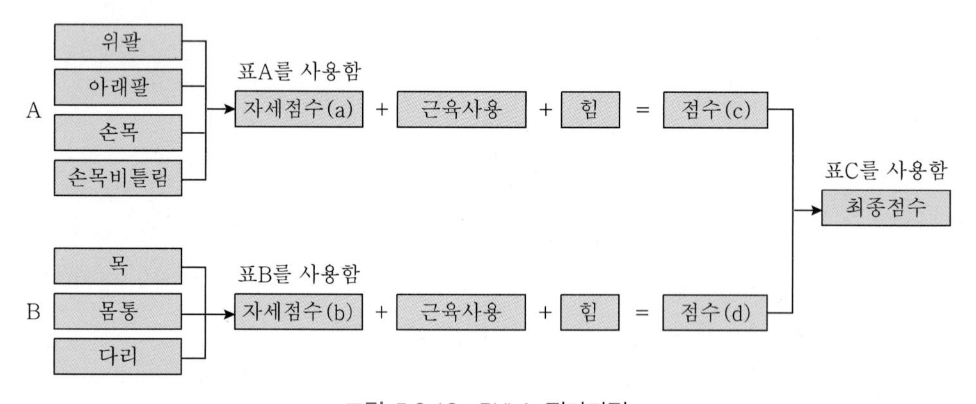

그림 5.3.12 RULA 평가과정

1.4.8 RULA의 분석방법

(1) 평가그룹 A. 팔과 손목분석

가. 단계 1. 위팔(upper arm)의 위치에 대한 평가: 위팔의 위치에 대해 평가를 해서 점수를 부여한다.

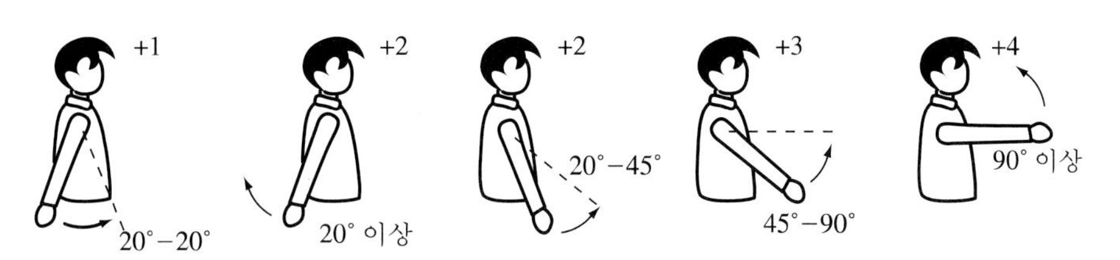

그림 5.3.13 위팔의 위치에 대한 평가

① 몸통 전후 20° 이내에 있을 때: +1점

② 뒤쪽으로 20° 이상 혹은 앞쪽으로 20~45°에 있을 때: +2점

③ 앞쪽으로 45~90° 사이에 있을 때: +3점

④ 앞쪽으로 90° 이상 있을 때: +4점

(a) 추가점수 부여

㉠ 어깨가 들려 있을 때: +1점

㉡ 위팔이 몸에서부터 벌어져 있을 때: +1점

㉢ 팔이 어딘가에 지탱되거나 기댄 상태일 때: −1점

나. **단계 2. 아래팔(lower arm)의 위치에 대한 평가**: 아래팔의 위치에 대해 평가를 해서 점수를 부여한다.

① 아래팔이 앞쪽으로 60°~100° 사이에 있을 때: +1점

② 앞쪽으로 0°~60° 또는 앞쪽으로 100° 이상에 위치할 때: +2점

(a) 추가점수 부여

㉠ 팔이 몸의 중앙을 교차하여 작업할 때: +1점

㉡ 팔이 몸통을 벗어나 작업할 때: +1점

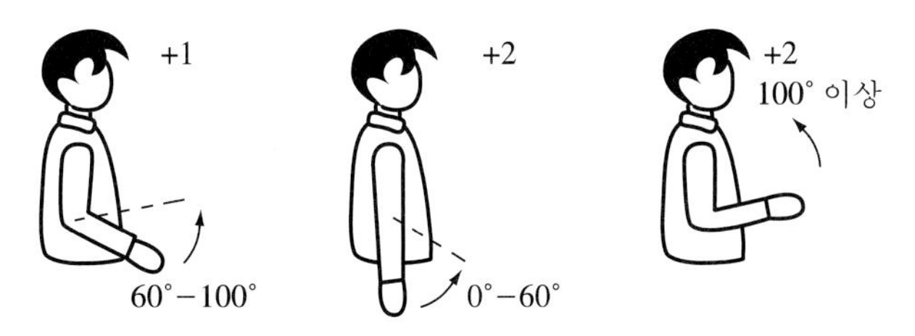

그림 5.3.14 아래팔의 위치에 대한 평가

다. **단계 3. 손목(wrist)의 위치에 대한 평가**: 손목의 위치에 대해 평가를 해서 점수를 부여한다.

① 손목이 자연스러운 위치, 즉 중립자세를 취할 때: +1점

② 각각 위쪽으로 0°~15° 올려져 있거나 0°~15° 내려져 있을 때: +2점

③ 15° 이상 올려져 있거나 15° 이상 내려져 있을 때: +3점

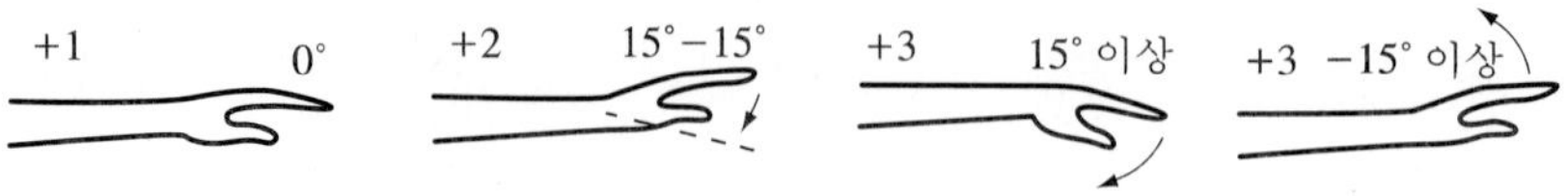

+1 0° +2 15°−15° +3 15° 이상 +3 −15° 이상

그림 5.3.15 손목의 위치에 대한 평가

(a) 추가점수 부여

㉠ 손목이 중앙선을 기준으로 좌우로 구부러져 있을 때: +1점

라. **단계 4. 손목(wrist)의 비틀림(twist)에 대한 평가**: 작업 중 손목의 비틀림의 정도가 아래의 2가지 평가기준 중 어디에 주로 속하는가에 따라 해당 점수를 부여한다.

① 작업 중 손목이 최댓값의 절반 이내에서 비틀어져 있을 때: +1점

② 작업 중 손목이 최댓값 범위까지 비틀어진 상태일 때: +2점

마. **단계 5. 평가점수의 환산**: 앞에서 평가한 4가지 단계의 점수에 따른 줄과 칸에 해당되는 점수를 평가표 Table A에서 찾아 평가그룹 A에서의 점수로 기록한다.

바. **단계 6. 근육 사용정도에 대한 평가**: 작업 중 근육의 사용정도를 평가하는 부분으로 작업 시 몸의 정적자세 여부와 작 업의 반복빈도를 평가하는 부분이다.

① 작업 시 작업자세가 고정된 자세를 유지하거나 분당 4회 이상의 반복작업을 할 때: +1점

사. **단계 7. 무게나 힘이 부가될 경우에 대한 평가**

① 간헐적으로 2 kg 이하의 짐을 들 때: 0점

② 간헐적으로 2 kg에서 10 kg 사이의 짐을 들 때: +1점

③ 정적작업이거나 반복적으로 2 kg에서 10 kg 사이의 짐을 들 때: +2점

④ 정적, 반복적으로 10 kg 이상의 짐을 들거나, 또는 갑작스럽게 물건을 들거나 충격을 받을 때: +3점

아. **단계 8. 팔과 손목 부위에 대한 평가점수의 환산**

제5단계에서 환산된 점수 A에 제6단계와 7단계의 점수를 합하여 평가그룹 A에서의 팔과 손목부위에 대한 평가점수 C를 계산한다.

(2) **평가그룹 B. 목, 몸통, 다리의 분석**

가. **단계 1. 목의 위치에 대한 평가**: 목의 위치에 대해 평가를 해서 점수를 부여한다.

① 앞쪽으로 0°~10° 구부러져 있을 때: +1점

② 앞쪽으로 10°~20° 구부러져 있을 때: +2점

③ 앞쪽으로 20° 이상 구부러져 있을 때: +3점

④ 뒤쪽으로 구부러져 있을 때: +4점

그림 5.3.16 목의 위치에 대한 평가

(a) 추가점수 부여

㉠ 작업 중 목이 회전(비틀림)될 때: +1점

㉡ 작업 중 목이 옆으로 구부러질 때: +1점

나. **단계 2. 몸통의 위치에 대한 평가**: 몸통의 위치에 대해 평가를 해서 점수를 부여한다.

① 몸통은 앉아 있을 때 몸통이 잘 지지될 때: +1점

② 앞쪽으로 0°~20° 구부러져 있을 때: +2점

③ 앞쪽으로 20°~60° 구부러져 있을 때: +3점

④ 60° 이상 구부러져 있을 때: +4점

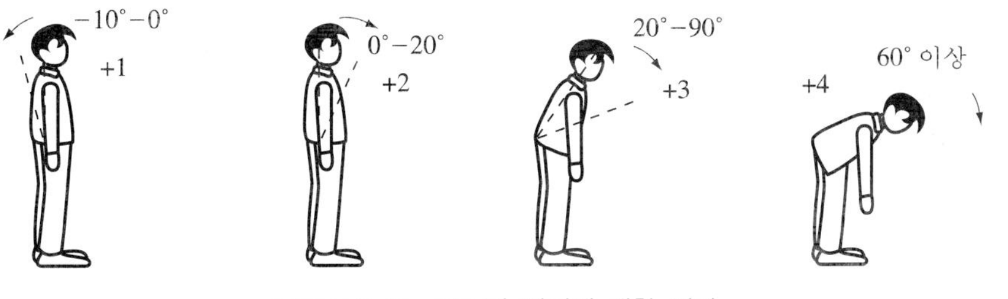

그림 5.3.17 몸통의 위치에 대한 평가

(a) 추가점수 부여

㉠ 작업 중 몸통이 회전(비틀림)될 때: +1점

㉡ 작업 중 몸통이 옆으로 구부러질 때: +1점

다. **단계 3. 다리와 발의 상태에 대한 평가**

① 다리와 발이 지탱되고 균형이 잡혀 있을 때: +1점

② 그렇지 않을 때: +2점

라. **단계 4. 평가점수의 환산**: 위에서 평가한 3단계의 점수를 Table B에서 찾아서 자세 점수 B를 계산한다.

마. 단계 5. 근육 사용정도에 대한 평가

① 작업 중 근육의 사용정도를 평가하는 부분으로 작업 시 몸의 정적자세 여부와 작업의 반복빈도를 평가하는 부분이다.

② 작업 시 작업자세가 경직(예를 들어, 1분 이상 한 자세를 유지하는 경우)되어 있거나 분당 4회 이상의 반복작업을 할 때: +1점

바. 단계 6. 무게나 힘이 부가될 경우에 대한 평가

① 간헐적으로 2 kg 이하의 짐을 들 때: 0점

② 간헐적으로 2 kg에서 10 kg 사이의 짐을 들 때: +1점

③ 정적이거나 반복적으로 2 kg에서 10 kg 사이의 짐을 들 때: +2점

④ 정적, 반복적으로 10 kg 이상의 짐을 들거나, 또는 갑작스럽게 물건을 들거나 충격을 받을 때: +3점

사. 단계 7. 목과 몸통, 다리 부위에 대한 평가점수의 환산

제4단계에서 환산된 점수 B에 제5단계와 6단계의 점수를 합하여 목과 몸통, 다리 부위에 대한 평가점수 D를 계산한다.

아. 최종단계

① 총점(final score)의 계산과 조치수준(action level)의 결정

(a) 그룹 A와 그룹 B에서 계산된 각각의 점수 C와 D를 각각 Table C에서의 세로축과 가로축의 값으로 하여 최종점수를 계산한다.

(b) 최종점수의 값은 1에서 7점 사이의 값으로 계산되면 그 값의 범위에 맞는 조치를 취하게 된다.

② 조치단계의 결정

(a) 조치수준 1(최종점수 1~2점): 수용 가능한 작업이다.

(b) 조치수준 2(최종점수 3~4점): 계속적 추적관찰을 요구한다.

(c) 조치수준 3(최종점수 5~6점): 계속적 관찰과 빠른 작업 개선이 요구된다.

(d) 조치수준 4(최종점수 7점 이상): 정밀조사와 즉각적인 개선이 요구된다.

표 5.3.11 조치단계

조치수준	총점수	개선필요 여부
1	1~2	작업이 오랫동안 지속적이고 반복적으로만 행해지지 않는다면, 작업자세에 대한 개선이 필요하지 않음
2	3~4	작업자세에 대한 추가적인 관찰이 필요하고, 작업자세를 변경할 필요가 있음
3	5~6	계속적인 관찰과 작업자세의 빠른 개선이 요구됨
4	7	작업자세의 정밀조사와 즉각적인 개선이 요구됨

1.5 REBA

출제빈도 ★★★★

1.5.1 개발목적

(1) 근골격계질환과 관련한 유해인자에 대한 개인작업자의 노출정도를 평가한다.

(2) 상지 작업을 중심으로 한 RULA와 비교하여 병원의 간호사, 수의사 등과 같이 예측이 힘든 다양한 자세에서 이루어지는 서비스업에서의 전체적인 신체에 대한 부담정도와 유해인자의 노출정도를 분석한다.

1.5.2 개요

(1) REBA(Rapid Entire Body Assessment)의 평가표는 크게 각 신체 부위별 작업자세를 나타내는 그림과 4개의 배점표로 구성된다.

(2) 평가 대상이 되는 주요 작업요소로는 반복성, 정적작업, 힘, 작업자세, 연속작업 시간 등을 고려한다.

(3) 평가방법은 크게 신체 부위별로 A와 B그룹으로 나뉘면, A, B의 각각 그룹별로 작업자세, 그리고 근육과 힘에 대한 평가로 이루어진다.

(4) 평가결과는 1~15점 사이의 총점으로 점수에 따라 5개의 조치단계(action level)로 분류한다.

(5) REBA는 RULA에서의 단점을 보완하여 개발된 평가기법이다.

(6) REBA에서는 RULA보다 하지의 분석을 좀 더 자세히 평가할 수 있다.

표 5.3.12 REBA

작업분석/평가도구	분석가능 유해요인	적용 신체 부위	적용가능 업종
REBA (Rapid Entire Body Assessment)	· 반복성 · 부자연스런 또는 취하기 어려운 자세 · 과도한 힘	· 손목 · 아래팔 · 팔꿈치 · 어깨 · 목 · 몸통 · 허리 · 다리 · 무릎	· 환자를 들거나 이송 · 간호사 · 간호보조 · 관리업 · 가정부 · 식료품 창고 · 전화교환원 · 초음파기술자 · 치과의사/치위생사 · 수의사

1.5.3 장 · 단점

(1) 장점

가. RULA가 상지에 국한되어 평가하는 단점을 보완한 도구이다.

나. 전신의 작업자세, 작업물이나 공구의 무게도 고려하고 있다.

(2) 단점

가. RULA에 비하여 자세분석에 사용된 사례가 부족하다. 최근 한국에서는 조선 업종과 간호 업종에서 사용되고 있다.

1.5.4 REBA 평가과정

REBA의 평가는 두 그룹으로 나누어서 그룹 A에서는 허리, 목, 다리에 대한 점수와 부하/힘의 점수를 같이 해서 score A를 구하고, 그룹 B에서는 위팔, 아래팔, 손목에 대한 점수와 손잡이에 따른 점수로 score B를 구한다. score A와 score B를 이용해 score C를 구해 거기에 행동점수를 더해 최종점수를 구한다.

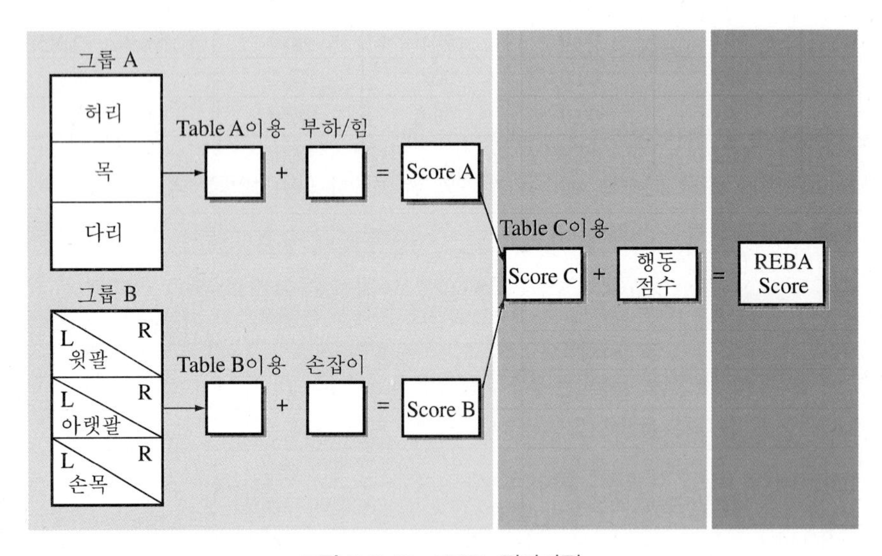

그림 5.3.18 REBA 평가과정

1.5.5 REBA의 분석방법

(1) 허리자세 평가

허리자세에 대해 평가를 해서 점수를 부여한다.

가. 똑바로 선 자세일 때: +1점

나. 허리가 앞 또는 뒤로 구부린 자세일 때: +2점

다. 허리가 앞으로 20°~60° 구부리거나 20° 이상 뒤로 젖힌 상태일 때: +3점

라. 60° 이상 앞으로 허리를 구부린 자세일 때: +4점

표 5.3.13 허리자세 평가

구분	움직임	점수
허리	똑바로 선자세	1
	굴곡: 0°~20° 신전: 0°~20°	2
	굴곡: 20°~40° 신전: >20°	3
	굴곡: >60°	4

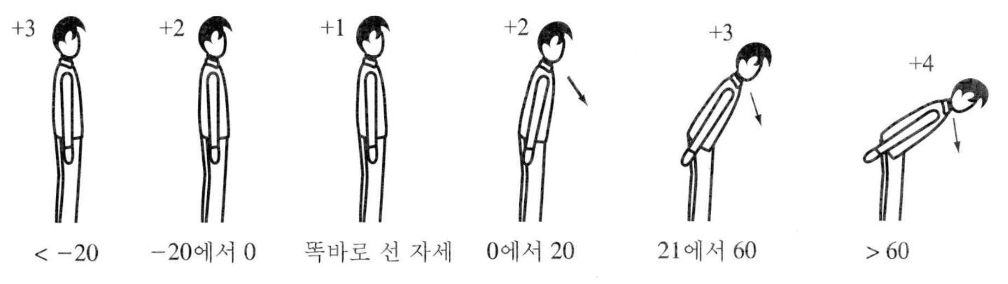

그림 5.3.19 허리자세 평가

① 추가점수 부여

(a) 허리가 돌아가거나 옆으로 구부린 자세일 때: +1점

(2) 목자세 평가

목자세를 평가해서 점수를 부여한다.

가. 목이 앞으로 0°~20° 구부린 자세일 때: +1점

나. 앞으로 또는 뒤로 20° 이상 구부린 자세일 때: +2점

표 5.3.14 목자세 평가

구분	움직임	점수
목	굴곡: 0°~20°	1
	굴곡 또는 신전: >20°	2

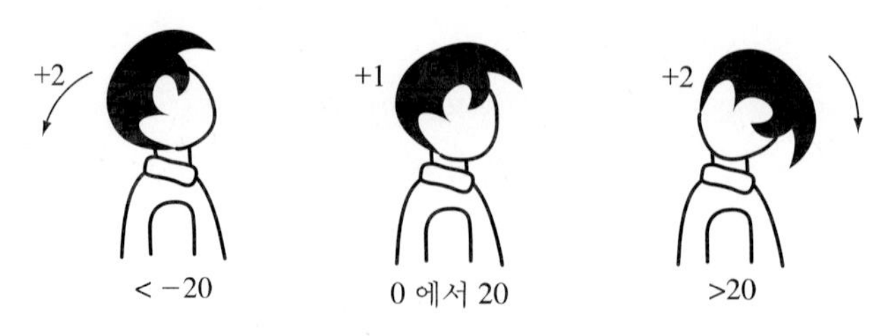

그림 5.3.20 목자세 평가

① 추가점수 부여

(a) 목이 좌우로 굽혀졌거나 회전을 하는 경우일 때: +1점

(3) 다리자세 평가

다리자세를 평가해서 점수를 부여한다.

가. 두 다리가 모두 나란하거나 걷거나 앉아 있을 때: +1점

나. 발바닥이 한 발만으로 바닥을 지지하는 불안정한 자세일 때: +2점

표 5.3.15 다리자세 평가

구분	움직임	점수
다리	두 다리가 모두 나란하거나 걷거나 앉아 있을 때	1
	발바닥이 한 발만으로 바닥에 지지될 때	2

그림 5.3.21 다리자세 평가

① 추가점수 부여

(a) 다리의 각도가 30°~60° 구부린 경우일 때: +1점

(b) 60° 이상 구부린 자세일 때: +2점

(4) 평가 Table A

여기서는 허리의 점수와 다리 점수, 목의 점수를 이용해서 각 점수에 해당하는 줄을 찾아가서 점수를 구한다.

허리	목											
	1				2				3			
다리	1	2	3	4	1	2	3	4	1	2	3	4
1	1	2	3	4	1	2	3	4	3	3	5	6
2	2	3	4	5	3	4	5	6	4	5	6	7
3	2	4	5	6	4	5	6	7	5	6	7	8
4	3	5	6	7	5	6	7	8	6	7	8	9
5	4	6	7	8	6	7	8	9	7	8	9	9

그림 5.3.22 평가 Table A

(5) 부하/힘에 대한 평가

가. 5 kg 미만일 때: 0점

나. 5~10 kg일 때: +1점

다. 10 kg 초과될 때: +2점

표 5.3.16 부하 / 힘에 대한 평가

점수	0	1	2	+1
무게	<5 kg	5~10 kg	>10 kg	충격 또는 갑작스런 힘의 사용

① 추가점수 부여

(a) 충격 또는 갑작스런 힘의 사용이 있을 때: +1점

(6) 위팔자세 평가

위팔자세를 평가해서 점수를 부여한다.

가. 앞 또는 뒤로 0°~20° 사이에 있는 자세일 때: +1점

나. 20° 이상 뒤에 있거나 20°~45° 앞에 있을 때: +2점

다. 위팔이 45°~90° 앞에 있을 때: +3점

라. 90° 이상 앞쪽으로 올라갔을 때: +4점

① 추가점수 부여

(a) 어깨가 올라가거나 위팔이 몸에서 벌어지거나 회전할 때: +1점

(b) 팔의 무게가 지지되거나 기대었을 때: −1점

표 5.3.17 위팔자세 평가

구분	움직임	점수
위팔 (어깨)	굴곡: 0°~20° 신전: 0°~20°	1
	굴곡: >20° 신전: 20°~45°	2
	굴곡: 45°~90°	3
	굴곡: >90°	4

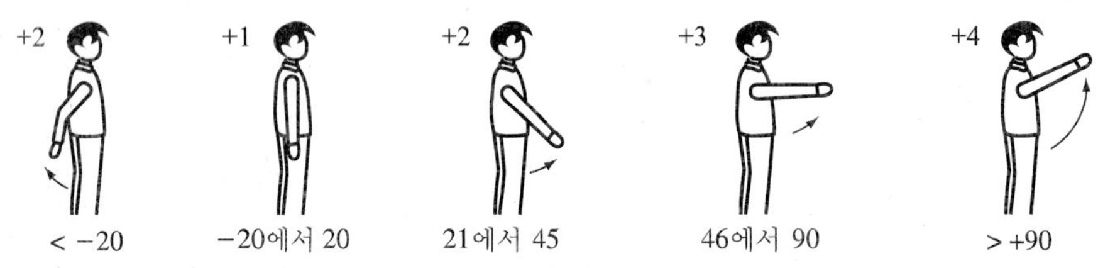

그림 5.3.23 위팔자세 평가

(7) 아래팔자세 평가

아래팔자세를 평가해서 점수를 부여한다.

가. 60°~100° 올라갔을 때: +1점

나. 0°~60° 미만 또는 100° 초과될 때: +2점

표 5.3.18 아래팔자세 평가

구분	움직임	점수
아래팔 (팔꿈치)	굴곡: 60°~100°	1
	굴곡: <60° 굴곡: >100°	2

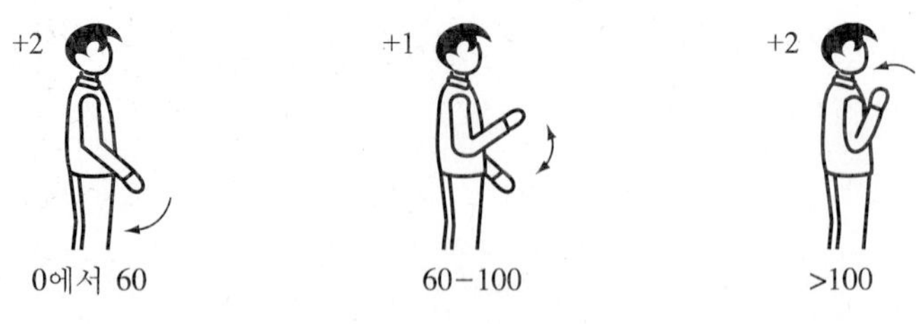

그림 5.3.24 아래팔자세 평가

(8) 손목자세 평가

손목자세를 평가해서 점수를 부여한다.

가. 손목의 구부림이 없는 자세일 때, 0점

나. 손목이 앞 또는 뒤로 0°~15° 구부렸을 때: +1점

다. 앞 또는 뒤로 15° 초과하여 구부렸을 때: +2점

표 5.3.19 손목자세 평가

구분	움직임	점수
손목	똑바로 편 자세	0
	굴곡: 0°~15° 신전: 0°~15°	1
	굴곡: >15° 신전: >15°	2

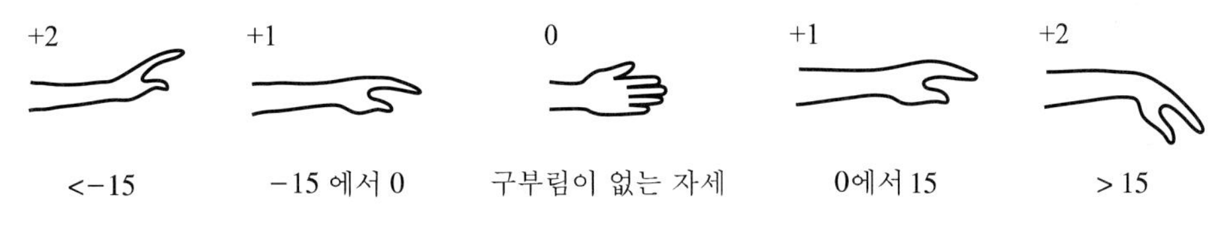

그림 5.3.25 손목자세 평가

① 추가점수 부여

(a) 손목이 굽어졌거나 회전되었을 때, +1점

(9) 평가 Table B

여기서는 위팔, 아래팔, 손목의 점수를 구해서 각각의 점수에 해당하는 줄을 찾아가 점수를 구한다.

위팔	아래팔					
	1			2		
손목	1	2	3	1	2	3
1	1	2	2	1	2	3
2	1	2	3	2	3	4
3	3	4	5	4	5	5
4	4	5	5	5	6	7
5	6	7	8	7	8	8
6	7	8	8	8	9	9

그림 5.3.26 평가 Table B

(10) 손잡이에 대한 평가

표 5.3.20 손잡이에 대한 평가

점수(형태)	0 (Good)	1 (Fair)	2 (Poor)	3 (Unacceptable)
설명	무게중심에 위치한 튼튼하고 잘 고정된 적절한 손잡이가 있는 경우(파워그립)	손으로 잡을 수 있지만 이상적인 것이 아님. 혹은 손잡이를 몸의 다른 부분에 의해서 사용할 수 있는 경우	비록 들 수는 있으나 손으로 잡을 수 없는 경우	부적절하고, 불안전하게 잡거나 손잡이가 없는 경우

(11) 평가 Table C

여기서는 score A와 score B를 이용해서 score C를 구하는 Table이다.

Table C		Score B											
		1	2	3	4	5	6	7	8	9	10	11	12
Score A	1	1	1	1	2	3	3	4	5	6	7	7	7
	2	1	2	2	3	4	4	5	6	6	7	7	8
	3	2	3	3	3	4	5	6	7	7	8	8	8
	4	3	4	4	4	5	6	7	8	8	9	9	9
	5	4	4	4	5	6	7	8	8	9	9	9	9
	6	6	6	6	7	8	8	9	9	10	10	10	10
	7	7	7	7	8	9	9	9	10	10	11	11	11
	8	8	8	8	9	10	10	10	10	10	11	11	11
	9	9	9	9	10	10	10	11	11	11	12	12	12
	10	10	10	10	11	11	11	11	12	12	12	12	12
	11	11	11	11	11	12	12	12	12	12	12	12	12
	12	12	12	12	12	12	12	12	12	12	12	12	12

그림 5.3.27 평가 Table C

(12) 행동점수

가. +1: 몸의 한 부위 이상이 정적인 경우. 예) 1분 이상 잡고 있기

나. +1: 좁은 범위에서 움직임이 반복되는 경우. 예) 분당 4회 이상 반복(걷는 것은 포

함되지 않음)

다. +1: 빠르고 큰 수준의 자세변화에 의한 행동 혹은 불안정한 하체의 자세

(13) 조치단계의 결정

표 5.3.21 조치단계의 결정

조치단계	REBA score	위험수준	조치(추가정보 조사 포함)
0	1	무시해도 좋음	필요 없음
1	2~3	낮음	필요할지도 모름
2	4~7	보통	필요함
3	8~10	높음	곧 필요함
4	11~15	매우 높음	지금 즉시 필요함

1.6 기타

1.6.1 Snook's Table 분석법

(1) 개요

인력 운반작업에서 안전한계값을 결정하기 위해 Snook에 의해 1978년에 개발되었다. 인력 운반작업에 포함된 요인들이 인지에 어떠한 영향을 주는지를 조사하는 것이다. 이러한 요인들은 들기빈도, 들기작업 최대무게, 작업의 종류(내리기, 밀기, 당기기, 운반), 성별, 물체길이, 너비, 운반거리, 밀고/당기기 높이를 포함한다.

(2) 분석절차

가. 단계 1. 해당 작업(밀고/당기기)에 맞는 것을 Table에서 선택한다.

나. 단계 2. 선택한 테이블에 각각의 입력값을 선택한다.

① 성별: 남성 또는 여성

② 손까지 거리: 바닥에서부터 손까지의 수직거리

③ 수행거리: 해당 작업(밀고/당기기)을 수행한 거리

④ 수행시간: 해당 작업(밀고/당기기)을 수행한 시간

다. 단계 3. 단계 2에서 선택한 입력 값들의 교차하는 지점의 최대허용무게를 읽는다.

라. 테이블에서 사용할 수 있는 자료가 작업특성과 정확하게 맞지 않을 경우, 다음과 같은 방법을 통해 입력 값을 선택한다.

① 손까지의 거리는 테이블에서 가장 가까운 값을 선택한다.

② 수행거리는 테이블에서 가장 가까운 값을 선택한다.

③ 수행시간은 테이블에서 가장 가까운 값을 선택한다.

1.6.2 SI(Strain Index)

(1) 개요

SI(Strain Index)란 생리학, 생체역학, 상지질환에 대한 병리학을 기초로 한 정량적 평가 기법이다. 상지질환(근골격계질환)의 원인이 되는 위험요인들이 작업자에게 노출되어 있거나 그렇지 않은 상태를 구별하는 데 사용된다. 이 기법은 상지질환에 대한 정량적 평가기법으로서 근육사용 힘(강도), 근육사용 기간, 빈도, 자세, 작업속도, 하루 작업시간 등 6개의 위험요소로 구성되어 있으며, 이를 곱한 값으로 상지질환의 위험성을 평가한다.

(2) SI의 구성

가. step 1. 자료수집

① 힘의 강도

② 힘의 지속정도

③ 분당 힘의 빈도

④ 손/손목

⑤ 자세

⑥ 작업속도

⑦ 작업시간

나. step 2. SI의 점수계산

SI score = 힘의 강도계수 × 힘의 지속정도계수 × 분당 힘의 빈도계수 × 손과 손목의 자세계수 × 작업속도계수 × 하루 작업시간계수

다. step 3. 결과해석

① SI score≦3: 안전하다.

② 5 < SI score < 7: 작업이 상지질환으로 초래될 수도 있다.

③ SI score≧7: 매우 위험하다.

02 사무/VDT 작업관리

2.1 적용대상

영상표시 단말기 연속작업을 하는 자로서 작업량, 작업속도, 작업강도 등을 근로자 임의로 조정하기가 어려운 자를 대상으로 한다.

2.2 VDT 증후군 발생원인

(1) 개인적 요인

나이, 시력, 경력, 작업수행도

(2) 작업환경 요인

가. 책상, 의자, 키보드 등에 의한 정적이거나 부자연스러운 작업자세
나. 조명, 온도, 습도 등의 부적절한 실내/작업 환경
다. 부적절한 조명과 눈부심, 소음
라. 질이 좋지 않은 컴퓨터 등

(3) 작업조건 요인

가. 연속적이고 과도한 작업시간
나. 과도한 직무 스트레스
다. 반복적인 작업/동작
라. 휴식시간 문제
마. 불합리한 일의 진행 및 자기 일의 불만족
바. 동료 및 상사와의 불편한 관계 등

2.3 VDT 작업의 관리

출제빈도 ★★★★

2.3.1 작업기기의 조건

(1) 화면

가. 화면의 회전 및 경사조절이 가능해야 한다.

나. 화면이 깜박거리지 않고 선명해야 한다.

다. 문자, 도형과 배경의 휘도비(contrast)는 작업자가 용이하게 조절할 수 있는 것이어야 한다.

라. 작업자가 읽기 쉽도록 문자, 도형의 크기, 간격 및 형상 등을 고려해야 한다.

(2) 키보드와 마우스

가. 작업자가 조작위치를 조정할 수 있도록 이동 가능한 키보드를 사용해야 한다.

나. 키의 작동을 자연스럽게 느낄 수 있도록 촉각, 청각 등을 고려해야 한다.

다. 키에 새겨진 문자 기호는 명확해야 한다.

라. 키보드의 경사는 5°~15°, 두께는 3 cm 이하로 해야 한다.

마. 키보드는 무광택으로 해야 한다.

바. 키의 배열은 상지의 자세가 자연스럽게 유지되도록 배치되어야 한다.

사. 작업대 끝면과 키보드 사이의 간격은 15 cm 이상을 확보하여야 한다.

아. 손목부담을 경감할 수 있도록 적절한 받침대(패드 등)를 사용해야 한다.

자. 마우스를 쥐었을 때 손이 자연스러운 상태가 되도록 해야 한다.

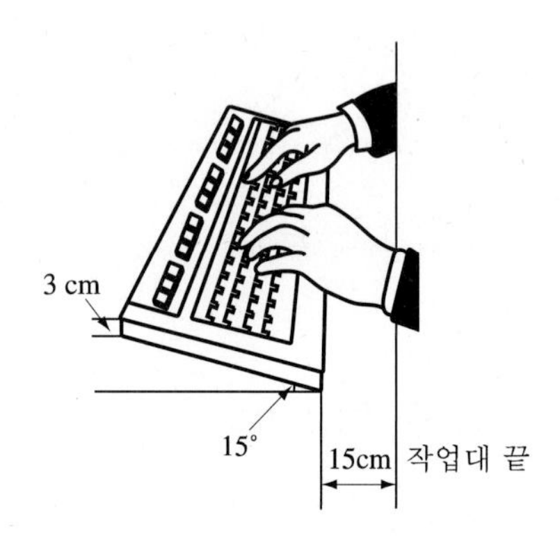

그림 5.3.28 키보드의 위치

(3) 작업대

가. 모니터, 키보드 및 마우스, 서류받침대, 기타 작업에 필요한 기구를 적절하게 배치할 수 있도록 충분한 넓이를 갖추어야 한다.

나. 가운데 서랍이 없는 것을 사용하도록 하며, 작업자의 다리 주변에 충분한 공간을 확보해야 한다.

다. 높이가 조정되지 않는 작업대를 사용하는 경우에는 바닥면에서 작업대 높이가 60~70 cm 범위 내의 것을 선택해야 한다.

라. 높이 조정이 가능한 작업대를 사용하는 경우에는 바닥면에서 작업대 표면까지의 높이가 65 cm 전후에서 작업자의 체형에 알맞도록 조정하여 고정해야 한다.

마. 작업대의 앞쪽 가장자리는 둥글게 처리해야 한다.

(4) 의자

가. 안정적이며, 이동, 회전이 자유롭고 미끄러지지 않는 구조로 되어야 한다.

나. 바닥면에서 앉는 면까지의 높이는 눈과 손가락의 위치를 적절히 조절할 수 있도록 적어도 35~45 cm의 범위 내에서 조정이 가능한 것으로 해야 한다.

다. 충분한 넓이의 등받이가 있어야 하며, 높이 및 각도의 조절이 가능해야 한다.

라. 조절 가능한 팔걸이를 제공하도록 한다.

마. 의자 끝부분에서 등받이까지의 깊이가 38~42 cm 범위가 적당하며, 의자의 앉는 면은 미끄러지지 않는 재질과 구조로 되어야 하며, 그 폭은 40~45 cm 범위가 적당하다.

2.3.2 작업자세

(1) 작업자의 시선범위

가. 화면상단과 눈높이가 일치해야 한다.

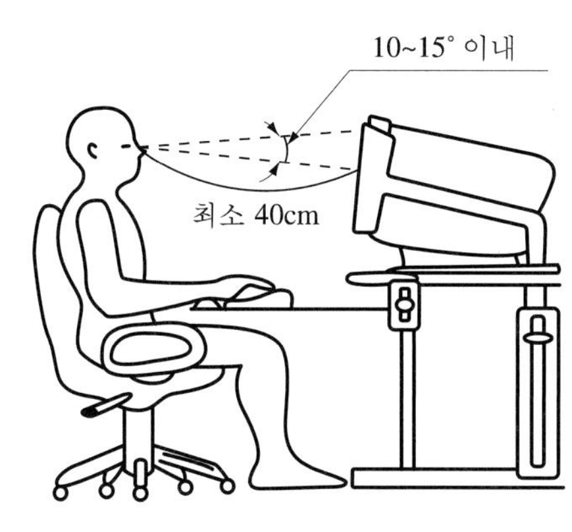

그림 5.3.29 작업자의 시선범위

나. 화면상의 시야범위는 수평선상에서 10°~15° 밑에 오도록 한다.

다. 화면과의 거리는 최소 40 cm 이상이 확보되도록 한다.

(2) 팔꿈치내각과 키보드높이

가. 위팔은 자연스럽게 늘어뜨리고 어깨가 들리지 않아야 한다.

나. 팔꿈치의 내각은 90° 이상 되어야 한다. 조건에 따라 70°~135°까지 허용 가능해야 한다.

다. 팔꿈치는 가급적 옆구리에 밀착하도록 한다.

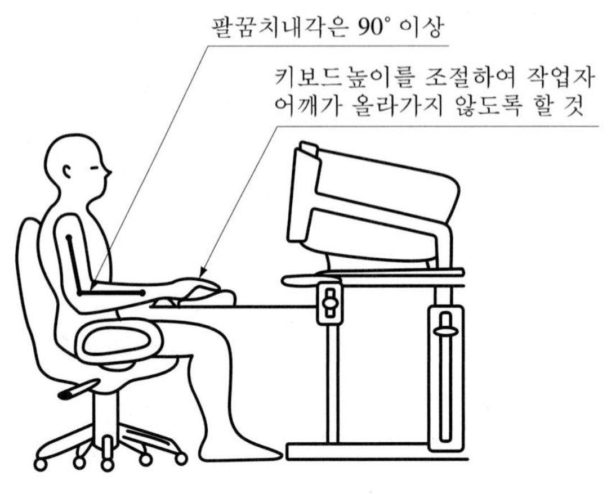

그림 5.3.30 팔꿈치의 내각과 키보드의 높이

(3) 아래팔과 손등

가. 아래팔과 손등은 일직선을 유지하여 손목이 꺾이지 않도록 한다.

나. 키보드의 기울기는 5°~15°가 적당하다.

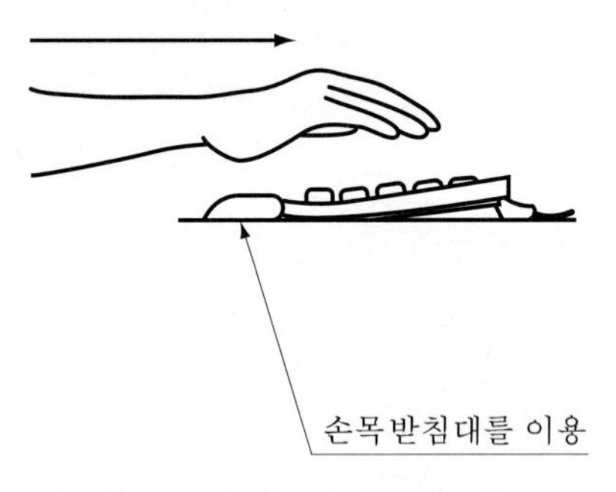

그림 5.3.31 아래팔과 손등

(4) 서류받침대 사용

가. 자료 입력작업 시 서류받침대를 사용하도록 하고, 서류받침대는 높이, 거리, 각도 등이 조절 가능하여 화면과 동일 높이와 거리를 유지하도록 한다.

나. 서류받침대의 위치는 작업자 시선이 좌, 우 35° 이내가 적당하다.

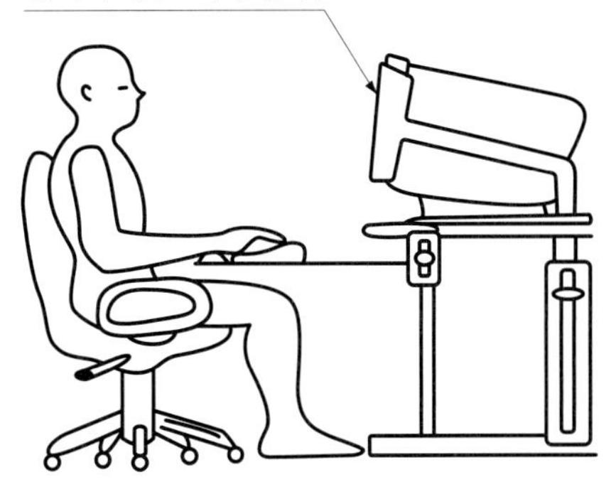

그림 5.3.32 서류받침대의 위치

(5) 등받이와 발받침대

가. 의자 깊숙이 앉아 등받이에 등이 지지되도록 한다.

나. 상체와 하체의 각도는 90° 이상이어야 하며(90°~120°), 100°가 적당하다.

다. 발바닥 전면이 바닥에 닿도록 하며, 그렇지 못할 경우 발받침대를 이용한다.

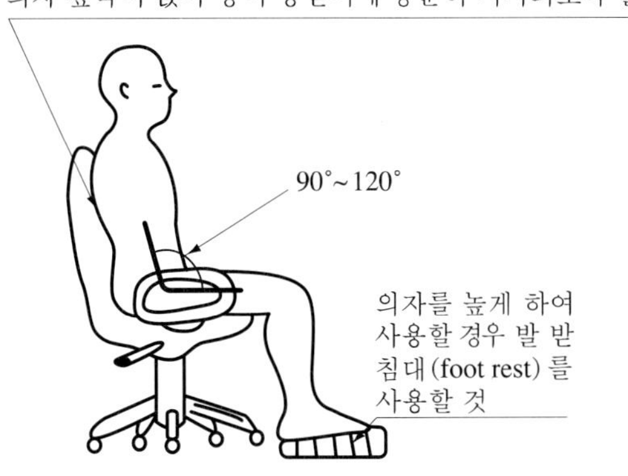

그림 5.3.33 등받이와 발받침대

(6) 무릎내각

가. 무릎의 내각은 90° 전후가 되도록 한다.

나. 의자의 앞부분과 종아리 사이에 손가락을 밀어 넣을 정도의 공간이 있어야 한다.

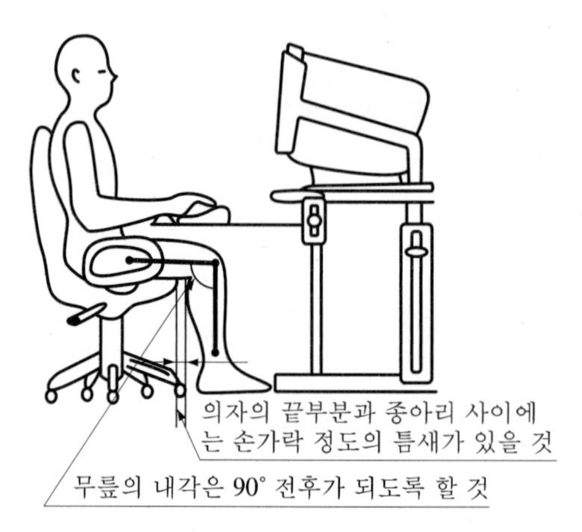

그림 5.3.34 무릎내각

2.3.3 작업환경 관리

(1) 조명과 채광

가. 창과 벽면은 반사되지 않는 재질을 사용해야 한다.

나. 조명은 화면과 명암의 대조가 심하지 않아야 한다.

다. 조도는 화면의 바탕이 검정색 계통이면 300~500 Lux, 화면의 바탕이 흰색 계통이면 500~700 Lux로 한다.

라. 화면, 키보드, 서류의 주요 표면밝기를 갇도록 해야 한다.

마. 창문에 차광망, 커튼을 설치하여 밝기 조절이 가능해야 한다.

(2) 눈부심 방지

가. 지나치게 밝은 조명과 채광 등이 작업자의 시야에 직접 들어오지 않도록 한다.

나. 빛이 화면에 도달하는 각도가 45° 이내가 되도록 한다.

다. 화면의 경사를 조절하도록 한다.

라. 저휘도형 조명기구를 사용한다.

마. 화면상의 문자와 배경의 휘도비(contrast)를 최소화한다.

바. 보안경을 착용하거나 화면에 보호기 설치, 조명기구에 차양막을 설치한다.

(3) 소음 및 정전기 방지

가. 프린터에서 소음이 심할 때에는 후드, 칸막이, BOX의 설치 및 프린터의 배치 변경 등의 조치를 취하여야 한다.

나. 정전기는 알코올 등으로 화면을 깨끗이 닦아 방지해야 한다.

(4) 온도 및 습도

작업실 내의 온도는 18°C 이상을, 습도는 40~70%를 유지해야 한다.

(5) 기류 및 환기

작업실 내의 환기, 공기정화 등을 위하여 필요한 설비를 갖추도록 해야 한다.

(6) 점검 및 청소

가. 작업자는 작업을 하기 전 또는 휴식시간에 조명기구, 화면, 키보드, 의자 및 작업대 등을 점검하여 조정하도록 한다.

나. 작업자는 수시, 정기적으로 작업 장소, 영상표시 단말기 및 부대기구들을 청소하여 항상 청결을 유지해야 한다.

2.3.4 작업시간과 휴식시간

(1) VDT 작업의 지속적인 수행을 금하도록 하고, 다른 작업을 병행하도록 하는 작업확대 또는 작업순환을 하도록 한다.

(2) 1회 연속작업 시간이 1시간을 넘지 않도록 한다.

(3) 연속작업 1시간당 10~15분 휴식을 제공한다.

(4) 한 번의 긴 휴식보다는 여러 번의 짧은 휴식이 더 효과적이다.

(5) 휴식장소를 제공하도록 한다(스트레칭이나 체조).

4장 | 근골격계질환 예방·관리 프로그램

01 목적

근골격계질환 예방을 위한 유해요인 조사와 개선, 의학적 관리, 교육에 관한 근골격계질환 예방·관리 프로그램의 표준을 제시함이 목적이다.

02 적용대상

2.1 근골격계질환 예방·관리 프로그램 적용대상

출제빈도 ★★★★

(1) 유해요인 조사결과 근골격계질환 발생우려 작업이 있는 사업장으로 근골격계질환 예방·관리프로그램을 작성하여 시행하는 경우에 적용한다.

(2) 사업장에서 산업안전보건법에 의해 근골격계질환 예방관리 프로그램을 시행해야 하는 경우는 다음과 같다.

가. 근골격계질환으로 요양결정을 받은 근로자가 연간 10인 이상 발생한 사업장, 또는 요양결정을 받은 근로자가 5인 이상 발생한 사업장으로서 그 사업장 근로자수의 10% 이상인 경우

나. 노동부 장관이 필요하다고 인정하여 명령한 경우

03 예방·관리 프로그램 기본방향

3.1 근골격계질환 예방·관리 프로그램 기본방향

출제빈도 ★★★★

(1) 근골격계질환 예방·관리 프로그램은 그림 5.4.1에서 정하는 바와 같은 순서로 진행한다.

(2) 사업주와 작업자는 근골격계질환이 단편적인 작업환경 개선만으로는 예방하기 어렵고 전 직원의 지속적인 참여와 예방활동을 통하여 그 위험을 최소화할 수 있다는 것을 인식하고 이를 위한 추진체계를 구축한다.

(3) 근골격계질환 예방·관리 프로그램의 일반적 구성요소는 유해요인 조사, 유해요인 통제(관리), 의학적 조치, 교육 및 훈련, 작업환경 등 개선활동으로 구성된다.

(4) 근골격계질환 예방·관리 프로그램의 추진절차는 다음과 같다.

가. 근골격계 유해요인 조사 및 작업평가

나. 예방·관리정책 수립

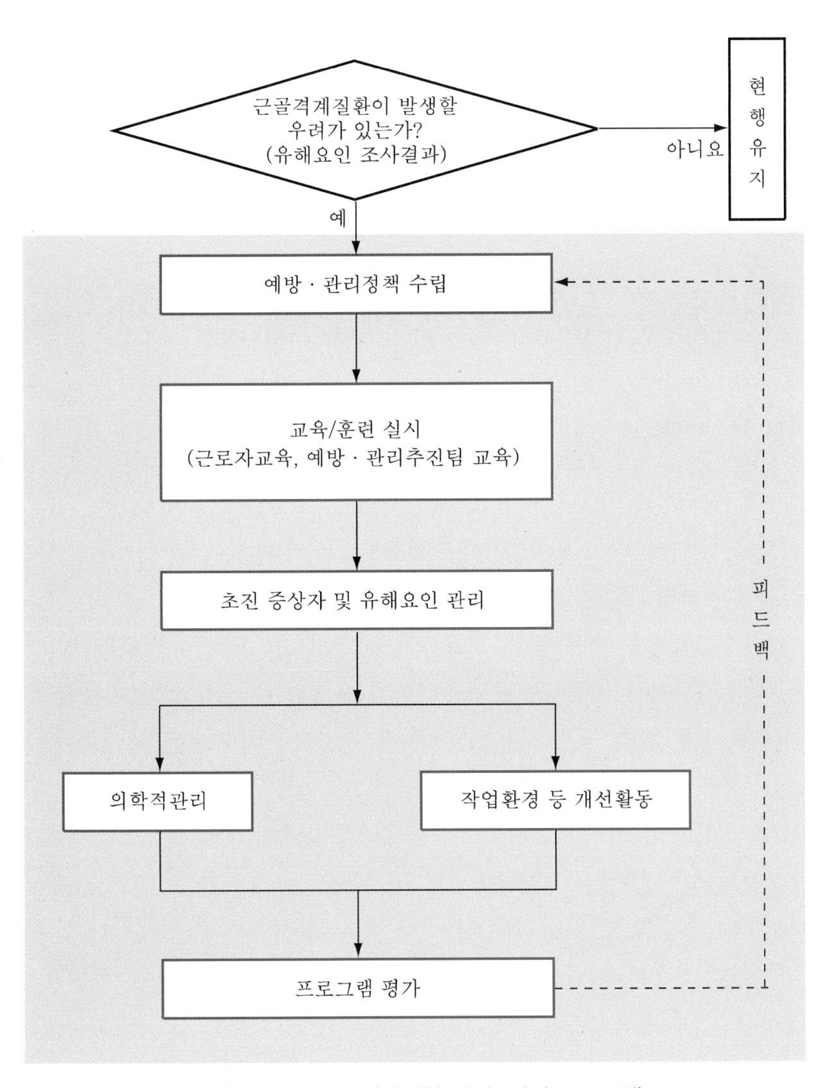

그림 5.4.1 근골격계질환 예방·관리 프로그램

다. 교육 및 훈련 실시
라. 초진 증상자 및 유해요인 관리
마. 작업환경 등 개선활동 및 의학적 관리
바. 프로그램 평가 등

(5) 사업주와 작업자는 근골격계질환 발병의 직접원인(부자연스런 작업자세, 반복성, 과도한 힘의 사용 등), 기초요인(체력, 숙련도 등) 및 촉진요인(업무량, 업무시간, 업무스트레스 등)을 제거하거나 관리하여 건강장해를 예방하거나 최소화한다.
(6) 사업주와 작업자는 근골격계질환의 위험에 대한 초기관리가 늦어지게 되면 영구적인 장애를 초래할 가능성이 있을 뿐만 아니라 이에 대한 치료 등 관리비용이 더 커지게 됨을 인식한다.
(7) 사업주와 작업자는 근골격계질환의 조기발견과 조기치료 및 조속한 직장복귀를 위하여 가능한 한 사업장 내에서 의학적 관리를 받을 수 있도록 한다.

04 예방·관리 프로그램 실행을 위한 노·사의 역할

4.1 사업주의 역할

(1) 기본정책을 수립하여 작업자에게 알려야 한다.
(2) 근골격계 증상·유해요인 보고 및 대응체계를 구축한다.
(3) 근골격계질환 예방·관리 프로그램 지속적인 운영을 지원한다.
(4) 예방·관리추진팀에게 예방·관리 프로그램 운영의무를 명시하여 부과한다.
(5) 예방·관리추진팀에게 예방·관리 프로그램을 운영할 수 있도록 사내자원을 제공한다.
(6) 작업자에게 예방·관리 프로그램 개발·수행·평가의 참여기회를 부여한다.

4.2 보건관리자의 역할

출제빈도 ★★★★

사업주는 보건관리자에게 예방·관리추진팀의 일원으로서 다음과 같은 업무를 수행하도록 한다.

(1) 주기적으로 작업장을 순회하여 근골격계질환을 유발하는 작업공정 및 작업유해 요인을

파악한다.

(2) 주기적인 작업자 면담 등을 통하여 근골격계질환 증상 호소자를 조기에 발견하는 일을 한다.

(3) 7일 이상 지속되는 증상을 가진 작업자가 있을 경우 지속적인 관찰, 전문의 진단의뢰 등의 필요한 조치를 한다.

(4) 근골격계질환자를 주기적으로 면담하여 가능한 한 조기에 작업장에 복귀할 수 있도록 도움을 준다.

(5) 예방·관리 프로그램 운영을 위한 정책결정에 참여한다.

05 근골격계질환 예방·관리교육

5.1 작업자교육

출제빈도 ★★★★

5.1.1 교육대상 및 내용

사업주는 모든 작업자 및 관리감독자를 대상으로 다음 내용에 대한 기본교육을 실시한다.

(1) 근골격계 부담작업에서의 유해요인

(2) 작업도구와 장비 등 작업시설의 올바른 사용방법

(3) 근골격계질환의 증상과 징후 식별방법 및 보고방법

(4) 근골격계질환 발생 시 대처요령

(5) 기타 근골격계질환 예방에 필요한 사항

5.1.2 교육방법 및 시기

(1) 최초 교육은 예방·관리프로그램이 도입된 후 6개월 이내에 실시하고 이후 매 3년마다 주기적으로 실시한다.

(2) 작업자를 채용한 때와 다른 부서에서 이 프로그램의 적용대상 작업장에 처음으로 배치된 자 중 교육을 받지 아니한 자에 대하여는 작업배치 전에 교육을 실시한다.

(3) 교육시간은 2시간 이상 실시하되 새로운 설비의 도입 및 작업방법에 변화가 있을 때에는 유해요인의 특성 및 건강장해를 중심으로 1시간 이상의 추가교육을 실시한다.

(4) 교육은 근골격계질환 전문교육을 이수한 예방·관리추진팀원이 실시하며 필요시 관계전문가에게 의뢰할 수 있다.

06 유해요인의 개선

6.1 유해요인의 개선방법

출제빈도 ★★★★

(1) 사업주는 작업관찰을 통해 유해요인을 확인하고, 그 원인을 분석하여 그 결과에 따라 공학적 개선 또는 관리적 개선을 실시한다.

(2) 공학적 개선은 다음의 재배열, 수정, 재설계, 교체 등을 말한다.

가. 공구·장비

나. 작업장

다. 포장

라. 부품

마. 제품

(3) 관리적 개선은 다음을 말한다.

가. 작업의 다양성 제공(작업 확대)

나. 작업일정 및 작업속도 조절

다. 작업자에 대한 휴식시간(회복시간) 제공

라. 작업습관 변화

마. 작업공간, 공구 및 장비의 정기적인 청소 및 유지보수

바. 근골격계질환 예방체조의 도입(운동체조 강화)

사. 근골격계질환 관련 교육 실시

아. 작업자 교대 등

07 의학적 관리

의학적 관리는 다음 그림 5.4.2에서 정하는 바와 같은 순서로 진행한다.

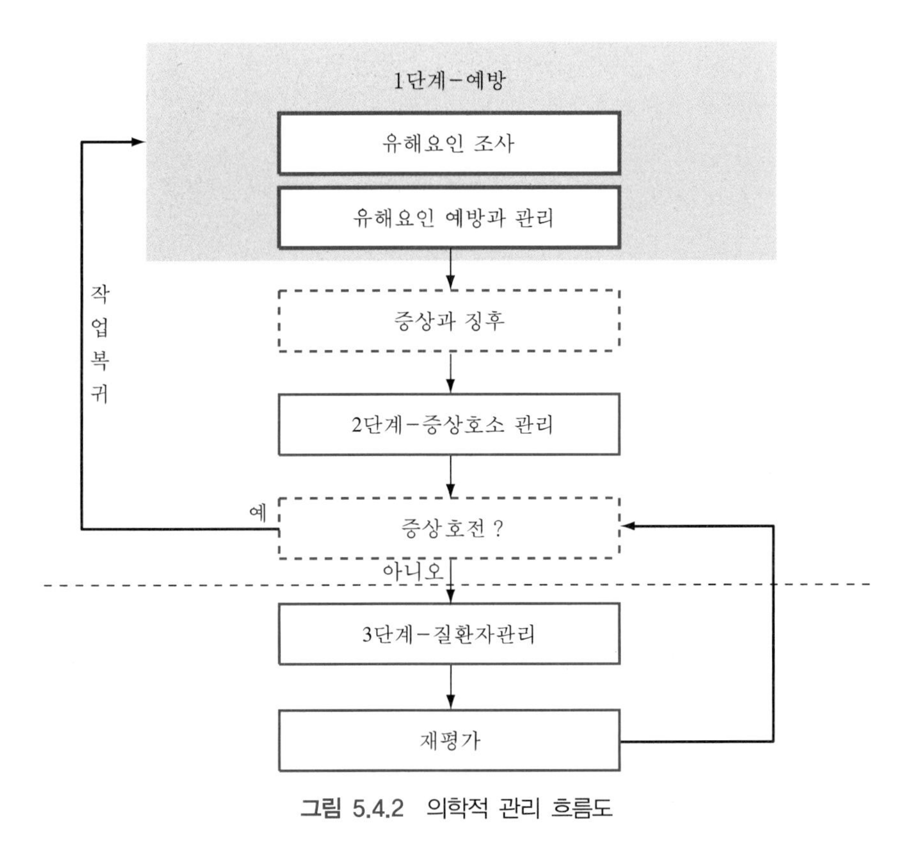

그림 5.4.2 의학적 관리 흐름도

7.1 증상호소자 관리방법

출제빈도 ★★★★

(1) 근골격계 증상과 징후호소자의 조기발견 체계구축
(2) 증상과 징후보고에 따른 후속조치
(3) 증상호소자 관리의 위임
(4) 업무제한과 보호조치

08 예방 · 관리 프로그램의 평가

(1) 사업주는 예방·관리 프로그램 평가를 매년 해당 부서 또는 사업장 전체를 대상으로 다음과 같은 평가지표를 활용하여 실시할 수 있다.

가. 특정 기간 동안에 보고된 사례수를 기준으로 한 근골격계질환 증상자의 발생빈도
나. 새로운 발생사례를 기준으로 한 발생률의 비교
다. 작업자가 근골격계질환으로 일하지 못한 날을 기준으로 한 근로손실일수의 비교
라. 작업개선 전후의 유해요인 노출특성의 변화
마. 작업자의 만족도 변화
바. 제품불량률 변화 등

(2) 사업주는 예방·관리 프로그램 평가결과 문제점이 발견된 경우에는 다음 연도 예방·관리 프로그램에 이를 보완하여 개선한다.

09 문서의 기록과 보존

(1) 사업주는 다음과 같은 내용을 기록 보존한다.
가. 증상보고서
나. 보건의료 전문가의 소견서 또는 상담일지
다. 근골격계질환자 관리카드
라. 사업장 근골격계질환 예방·관리 프로그램 내용

(2) 사업주는 작업자의 신상에 관한 문서는 5년 동안 보존하며, 시설·설비와 관련된 자료는 시설·설비가 작업장 내에 존재하는 동안 보존한다.

실기시험 기출문제

5.1 작업과 관련하여 특정 신체 부위 및 근육의 과도한 사용으로 인해 근육, 연골, 건, 인대, 관절, 혈관, 신경 등에 미세한 손상이 발생하여 목, 허리, 무릎, 어깨, 팔, 손목 및 손가락 등에 나타나는 만성적인 건강장해를 무엇이라 하는지 쓰시오.

> **풀이**
>
> 근골격계질환(work related musculoskeletal disorders)

5.2 근골격계질환(MSDs)의 요인 중 작업특성 요인을 5가지 이상 열거하시오.

> **풀이**
>
> (1) 반복성
> (2) 부자연스러운 자세
> (3) 과도한 힘
> (4) 접촉스트레스
> (5) 진동
> (6) 온도, 조명 등 환경적 요인

5.3 근골격계질환의 원인 중 반복동작에 대한 정의를 알맞게 채우시오.

작업의 주기시간(cycle time)이 (　)초 미만이거나, 하루 작업시간 동안 생산율이 (　　)단위 이상, 또는 하루 (　　)회 이상의 유사 동작을 하는 경우

> **풀이**
>
> 작업의 주기시간(cycle time)이 (30)초 미만이거나, 하루 작업시간 동안 생산율이 (500)단위 이상, 또는 하루 (20,000)회 이상의 유사 동작을 하는 경우

5.4 작업자가 무릎을 지면에 대고 쪼그리고 앉아 용접하는 작업의 유해요소와 개선할 수 있는 적합한 예방대책을 쓰시오.

풀이

유해요소	예방대책
부자연스런 자세	높낮이 조절이 가능한 작업대의 설치
무릎의 접촉스트레스	무릎보호대의 착용
손목, 어깨의 반복적 스트레스	자동화기기나 설비의 도입
장시간 유해물질 노출	환기, 적절한 휴식시간, 작업확대, 작업교대

5.5 수근관증후군의 원인, 증상, 호발직종을 기술하시오.

풀이

(1) 원인: 손목의 수근터널을 통과하는 신경을 압박함으로써 발생하며, 손목의 굽힘이나 비틀림 또는 특별하게 힘을 아래로 가하는 경우 유발될 수 있다.
(2) 증상: 손과 손가락의 통증, 마비, 쑤심, 발진, 특히 엄지, 둘째, 셋째 및 넷째 손가락의 요측(엄지 쪽)부분의 감각저하나 소실을 유발, 신경마비, 악력의 약화, 때때로 증상이 주간에만 나타난다.
(3) 호발직종: 장시간 컴퓨터 사용자, 치과위생사, 진동공구 사용 직종, 정원사, 기계조립 근로자 등이 있다.

5.6 전자회사에서 작업자가 정밀작업을 하고 있다. 손, 손목에 부담이 가는 근골격계질환 3가지를 쓰시오.

풀이

(1) 수근관증후군(carpal tunnel syndrome)
(2) 건염(tendinitis)
(3) 결절종(ganglion)

5.7 손가락에 혈액의 원활한 공급이 이루어지지 않을 경우에 손가락이 하얗게 변하고 마비되는 증상을 무엇이라고 하는지 쓰시오.

풀이

백색수지증

5.8 근골격계 부담작업을 정의하고 근골격계 부담작업을 3가지 이상 쓰시오.

풀이

근골격계질환의 정의: 근골격계질환(musculoskeletal disorders)이란 작업과 관련하여 특정 신체 부위 및 근

육의 과도한 사용으로 인해 근육, 연골, 건, 인대, 관절, 혈관, 신경 등에 미세한 손상이 발생하여 목, 허리, 무릎, 어깨, 팔, 손목 및 손가락 등에 나타나는 만성적인 건강장해를 말한다. 유사용어로는 누적외상성질환(cumulative trauma disorders) 또는 반복성긴장상해(repetitive strain injuries) 등이 있다.

근골격계 부담작업 11가지는 다음과 같다.

(1) 근골격계 부담작업 제1호
하루에 4시간 이상 집중적으로 자료입력 등을 위해 키보드 또는 마우스를 조작하는 작업이다.

(2) 근골격계 부담작업 제2호
하루에 총 2시간 이상 목, 어깨, 팔꿈치, 손목 또는 손을 사용하여 같은 동작을 반복하는 작업이다.

(3) 근골격계 부담작업 제3호
하루에 총 2시간 이상 머리 위에 손이 있거나, 팔꿈치가 어깨 위에 있거나 팔꿈치를 몸통으로부터 들거나, 팔꿈치를 몸통 뒤쪽에 위치하도록 하는 상태에서 이루어지는 작업이다.

(4) 근골격계 부담작업 제4호
지지되지 않은 상태이거나 임의로 자세를 바꿀 수 없는 조건에서 하루에 총 2시간 이상 목이나 허리를 구부리거나 트는 상태에서 이루어지는 작업이다.

(5) 근골격계 부담작업 제5호
하루에 총 2시간 이상 쪼그리고 앉거나 무릎을 굽힌 자세에서 이루어지는 작업이다.

(6) 근골격계 부담작업 제6호
하루에 총 2시간 이상 지지되지 않은 상태에서 1 kg 이상의 물건을 한 손의 손가락으로 집어 옮기거나, 2 kg 이상에 상응하는 힘을 가하여 한 손의 손가락으로 물건을 쥐는 작업이다.

(7) 근골격계 부담작업 제7호
하루에 총 2시간 이상 지지되지 않은 상태에서 4.5 kg 이상의 물건을 한 손으로 들거나 동일한 힘으로 쥐는 작업이다.

(8) 근골격계 부담작업 제8호
하루에 10회 이상 25 kg 이상의 물체를 드는 작업이다.

(9) 근골격계 부담작업 제9호
하루에 25회 이상 10 kg 이상의 물체를 무릎 아래에서 들거나, 어깨 위에서 들거나, 팔을 뻗은 상태에서 드는 작업이다.

(10) 근골격계 부담작업 제10호
하루에 총 2시간 이상, 분당 2회 이상 4.5 kg 이상의 물체를 드는 작업이다.

(11) 근골격계 부담작업 제11호
하루에 총 2시간 이상 시간당 10회 이상 손 또는 무릎을 사용하여 반복적으로 충격을 가하는 작업이다.

5.9 다음은 4시간 동안의 작업내용을 work sampling한 내용이다. 다음 표를 참고하여 아래의 물음에 답하시오.

작업	작업횟수	팔을 어깨 위로 들고 작업하는 횟수	쪼그려 앉아 작업하는 횟수
작업 1	///// /////		
작업 2	///// ///// ///// /////	/////	
작업 3	///// ///// ///// ///// ///// ///// ///// ///// ///// /////	///// ///// /////	///// /////
작업 4	///// /////	///// /////	/////
유휴기간	///// /////		
총계	100회	30회	15회

(1) 위의 내용을 기초로 각 작업에 대한 8시간 동안의 추정작업 시간을 구하시오.

(2) 위의 내용을 기초로 8시간 동안의 다음 작업에 대한 추정시간을 구하고, 근골격계 부담작업 제3호와 5호에 해당하는지의 여부를 서술하시오.

풀이

(1)

작업	작업시간
작업 1	가동률×8시간=(10회/100회)×8시간=0.8시간
작업 2	가동률×8시간=(20회/100회)×8시간=1.6시간
작업 3	가동률×8시간=(50회/100회)×8시간=4.0시간
작업 4	가동률×8시간=(10회/100회)×8시간=0.8시간

(2)

구분	팔을 어깨 위로 드는 작업	쪼그려 앉는 작업
추정작업 시간	(30회/100회)×8시간=2.4시간	(15회/100회)×8시간=1.2시간
근골격계 부담작업 해당 여부	2시간 이상이므로 해당됨	2시간 미만이므로 해당 안 됨

5.10 근골격계 부담작업에 관한 유해요인 조사 시 사용되는 방법 3가지를 쓰시오.

풀이

근로자와의 면담, 증상 설문조사, 인간공학적 측면을 고려한 조사

5.11 유해요인조사 시 전체 작업을 대상으로 조사를 하여야 하지만 동일한 작업인 경우 표본조사만 시행을 하여도 된다. 이때 동일한 작업이란 무엇을 의미하는지 쓰시오.

풀이

"동일 작업"이라 함은 "동일한 작업설비를 사용하거나 작업을 수행하는 동작이나 자세 등 작업방법이 같다고 객관적으로 인정되는 작업"을 말한다.

5.12 산업안전보건법상 수시 유해요인조사를 실시하여야 하는 경우 3가지를 쓰시오.

풀이

(1) 산업안전보건법에 의한 임시 건강진단 등에서 근골격계질환자가 발생하였거나 산업재해 보상보험법에 의한 근골격계질환자가 발생한 경우
(2) 근골격계 부담작업에 해당하는 새로운 작업 · 설비를 도입한 경우
(3) 근골격계 부담작업에 해당하는 업무의 양과 작업공정 등 작업환경을 변경한 경우

5.13 근골격계 부담작업에 대한 법적인 유해요인 조사항목 3가지를 쓰시오.

풀이

(1) 설비 · 작업공정 · 작업량 · 작업속도 등의 변화에 대한 작업장 상황
(2) 작업시간 · 작업자세 · 작업방법 등 작업조건
(3) 작업과 관련된 근골격계질환 징후 및 증상 유무

5.14 정기와 수시 유해요인조사의 시기를 쓰시오.

풀이

(1) 정기 유해요인조사: 매 3년 이내에 정기적으로 실시
(2) 수시 유해요인조사
　가. 산업안전보건법에 의한 임시건강진단 등에서 근골격계질환자가 발생하였거나 산업재해 보상보험법에 의한 근골격계질환자가 발생한 경우
　나. 근골격계 부담작업에 해당하는 새로운 작업 · 설비를 도입한 경우
　다. 근골격계 부담작업에 해당하는 업무의 양과 작업공정 등 작업환경을 변경한 경우

5.15 유해요인기본조사의 작업장 상황과 근골격계질환 증상조사 항목을 각 2가지씩 쓰시오.

풀이

① 작업장 상황 항목
　가. 작업공정 변화
　나. 작업설비 변화
　다. 작업량 변화
　라. 작업속도 및 최근업무의 변화
② 근골격계질환 증상조사 항목
　가. 근골격계질환 증상과 징후
　나. 직업력(근무력)
　다. 근무형태(교대제 여부 등)
　라. 취미생활
　마. 과거질병

5.16 근골격계 부담작업 유해요인 조사에서 개선 우선순위 결정 시 유해도가 높은 작업 또는 특정 근로자에 대해 설명하시오.

풀이

① 다수의 근로자가 유해요인에 노출되고 있거나 증상 및 불편을 호소하는 작업
② 비용편익 효과가 큰 작업

5.17 다음 물음에 답하시오.

가. 유해요인 조사 시 사업주가 보관해야 할 3가지 문서가 무엇인지 쓰시오.

나. 각 항목의 보존기간에 대해서 쓰시오.

(1) 근로자 개인정보 자료

(2) 시설 · 설비에 대한 자료

풀이

가. 유해요인 조사 시 사업주가 보관해야 할 3가지 문서

① 유해요인 기본조사표

② 근골격계질환 증상조사표

③ 개선계획 및 결과보고서

나. 보존기간

① 근로자 개인정보 자료: 5년

② 시설 · 설비에 대한 자료: 시설 · 설비가 작업장 내에 존재하는 동안 보존

5.18 NIOSH 그래프에 알맞은 내용을 넣으시오.

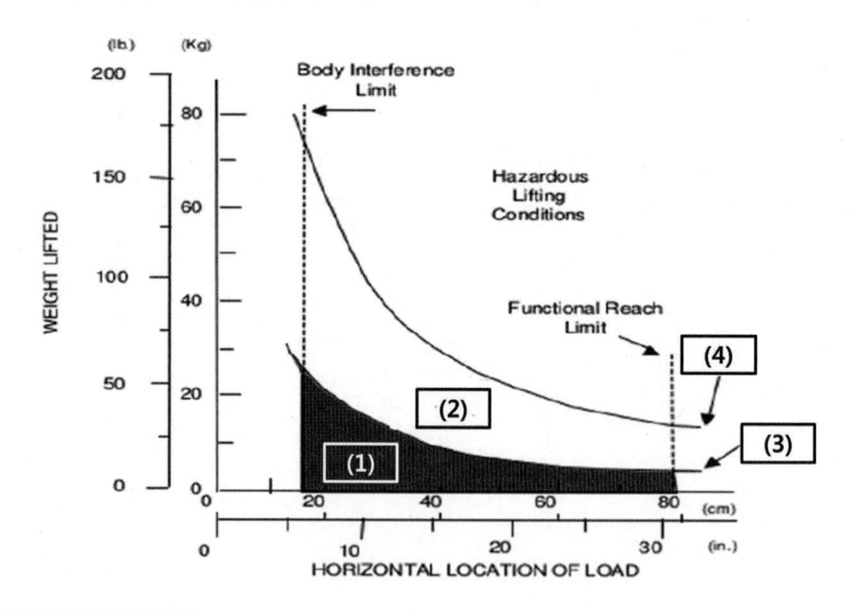

풀이

(1) 수용가능(acceptable lifting conditions)

(2) 관리개선(administrative controls required)

(3) 조치한계기준(action limit)

(4) 최대허용한계기준(maximum permissible limit)

5.19 NIOSH 중량물 들기 작업 지침의 기준 4가지 중 3가지만 쓰시오.

풀이

(1) 역학적 기준
(2) 생체역학적 기준
(3) 생리학적 기준
(4) 정신물리학적 기준

5.20 작업자가 정면을 바라본 상태에서 물체를 100° 어긋난 위치로 옮기는 과정이다. 다음 문제를 보고 ①~⑦을 구하시오.

구분	시점	종점
발목부터 물체를 잡은 손까지의 수평거리	60	70.5
바닥부터 손까지의 수직거리	65	100

[보기]

$$HM = \frac{25}{H}\ [=1, (H \le 25\,cm), =0, (H > 63\ cm)]$$

$$VM = 1-(0.003 \times |V-75|)\ [=0, (V > 175\ cm)]$$

$$DM = 0.82 + \frac{4.5}{D}\ [=1, (D \le 25\ cm), =0, (D > 175\ cm)]$$

$$AM = 1-0.0032 \times A\ [=0, (A > 135^\circ)]$$

① HM_{start}: ② HM_{end}: ③ VM_{start}:
④ VM_{end}: ⑤ DM: ⑥ AM_{start}:
⑦ AM_{end}:

풀이

① HM_{start}: $\frac{25}{60} = 0.42$
② HM_{end}: HM의 Maximum은 63 cm이고 Minimum은 25 cm이므로, H가 70.5 cm이면 HM_{end}는 0이다.
③ VM_{start}: $1-(0.003 \times |65-75|) = 0.97$
④ VM_{end}: $1-(0.003 \times |100-75|) = 0.93$
⑤ DM: $0.82 + \frac{4.5}{35} = 0.95$
⑥ AM_{start}: $1-0.0032 \times 0 = 1$
⑦ AM_{end}: $1-0.0032 \times 100 = 0.68$

5.21 다음 조건의 들기작업에 대해 NLE를 구하시오.

작업물 무게	HM	VM	DM	AM	FM	CM
8 kg	0.45	0.88	0.92	1.00	0.95	0.80

(1) RWL을 구하시오.

(2) LI를 구하시오.

(3) 조치수준을 구하시오.

풀이

(1) $\text{RWL} = \text{LC} \times \text{HM} \times \text{VM} \times \text{DM} \times \text{AM} \times \text{FM} \times \text{CM}$

$= 23\text{ kg} \times 0.45 \times 0.88 \times 0.92 \times 1.00 \times 0.95 \times 0.80$

$= 6.37\text{ kg}$

(2) $\text{LI} = \dfrac{\text{작업물 무게}}{\text{RWL}} = \dfrac{8}{6.37} = 1.26$

(3) 이 작업은 요통발생 위험이 높으므로 작업을 설계/재설계할 필요가 있다.

5.22 NIOSH Lifting Equation의 들기계수 6가지를 기술하시오.

풀이

(1) HM(Horizontal Multiplier, 수평계수)

가. 발의 위치에서 중량물을 들고 있는 손의 위치까지의 수평거리이다.

나. 발의 위치는 발목의 위치로 하고, 발의 전후로 교차하고 있는 경우는 좌우의 발목의 위치의 중점을 다리 위치로 한다.

다. 손의 위치는 중앙의 위치로 하고, 좌우의 손 위치가 다른 경우는 좌우의 손 위치의 중점이다.

라. Maximum은 63 cm이고, Minimum은 25 cm이다.

마. HM=25/H(25~63 cm)

=1, (H ≤ 25 cm)

=0, (H > 63 cm)

(2) VM(Vertical Multiplier, 수직계수)

가. 바닥에서 손까지의 거리(cm)로 들기작업의 시작점과 종점의 두 군데서 측정한다.

나. Maximum은 175 cm이고, Minimum은 0 cm이다.

다. VM=1−(0.003×|V−75|), (0 ≤ V ≤ 175)

=0, (V > 175 cm)

(3) DM(Distance Multiplier, 거리계수)

가. 중량물을 들고 내리는 수직 방향의 이동거리의 절대값이다.

나. Maximum은 175 cm이고, Minimum은 25 cm이다.

다. DM=0.82+4.5/D (25~175 cm)=1, (D ≤ 25 cm)

=0, (D > 175 cm)

(4) AM(Asymmetric Multiplier, 비대칭계수)

가. 중량물이 몸의 정면에서 몇 도 어긋난 위치에 있는지 나타내는 각도이다.

나. Maximum은 135°이고, Minimum은 0°이다.
다. AM=1−0.0032 × A, (0°≤ A ≤ 135°)
=0, (A > 135°)

(5) FM(Frequency Multiplier, 빈도계수)
가. 분당 드는 횟수, 분당 0.2회에서 분당 16회까지이다.

(6) CM(Coupling Multiplier, 결합계수)
가. 양호(good): 손가락이 손잡이를 감싸서 잡을 수 있거나 손잡이는 없지만 들기 쉽고 편하게 들 수 있는 부분이 존재할 경우
나. 보통(fair): 손잡이나 잡을 수 있는 부분이 있으며, 적당하게 위치하지는 않았지만 손목의 각도를 90° 유지할 수 있는 경우
다. 불량(poor): 손잡이나 잡을 수 있는 부분이 없거나 불편한 경우, 끝부분이 날카로운 경우

5.23 권장무게한계(RWL)값 산출에 포함된 HM, VM, AM의 값이 '0'이 되는 한계값 기준은?

풀이

(1) $\mathrm{HM} = 25/\mathrm{H}, (25 \sim 63\,\mathrm{cm})$
$= 1, (\mathrm{H} \le 25\mathrm{cm})$
$= 0, (\mathrm{H} > 63\mathrm{cm})$
(2) $\mathrm{VM} = 1 - (0.003 \times |\mathrm{V} - 75|), (0 \le \mathrm{V} \le 175)$
$= 0, (\mathrm{V} > 175\,\mathrm{cm})$
(3) $\mathrm{AM} = 1 - 0.0032 \times \mathrm{A}, (0^\circ \le \mathrm{A} \le 135^\circ)$
$= 0, (\mathrm{A} > 135^\circ)$
∴ HM: 63 cm 초과, VM: 175 cm 초과, AM: 135°초과

5.24 23 kg의 박스 2개를 들 때, LI 지수를 구하시오(단, RWL=23 kg).

풀이

$$\mathrm{LI} = \frac{\text{작업물의 무게}}{\mathrm{RWL}(\text{권장무게한계})} = \frac{23\ \mathrm{kg} \times 2}{23\ \mathrm{kg}} = 2$$

5.25 작업물 중량이 10.3 kg일 때, LI지수를 구하고 LI지수에 대한 평가와 관리방안을 기술하시오. (단, RWL=7.8 kg)

풀이

LI = 작업물무게/RWL = $\frac{10.3\ \mathrm{kg}}{7.8\ \mathrm{kg}}$ = 1.32
LI가 1보다 크므로 이 작업은 요통발생의 발생위험이 높다. 따라서 들기지수(LI)가 1 이하가 되도록 작업을 설계/재설계할 필요가 있다.

5.26 택배물의 무게는 9 kg이고 들기작업의 데이터가 다음과 같다.

택배물 무게(kg)	A(시점)				B(종점)				빈도(회)	시간(분)
	H	V	CM	AM	H	V	CM	AM		
9	35 cm	65 cm	0.95	1.0	60 cm	141 cm	1.0	0.95	3	80

$\mathrm{HM} = 25/\mathrm{H}$

$\mathrm{VM} = 1 - (0.003 \times |\mathrm{V} - 75|)$

$\mathrm{DM} = 0.82 + 4.5/\mathrm{D}$

$\mathrm{AM} = 1 - 0.0032 \times \mathrm{A}$

FM (아래 들기빈도 표를 참고하시오.)

들기빈도 F(회/분)	작업시간 LD(Lifting Duration)					
	LD≤1시간		1시간<LD≤2시간		2시간<LD	
	V<75 cm	V≥75 cm	V<75 cm	V≥75 cm	V<75 cm	V≥75 cm
<0.2	1.00	1.00	0.95	0.95	0.85	0.85
0.5	0.97	0.97	0.92	0.92	0.81	0.81
1	0.94	0.94	0.88	0.88	0.75	0.75
2	0.91	0.91	0.84	0.84	0.65	0.65
3	0.88	0.88	0.79	0.79	0.55	0.55

(1) 시점과 종점의 RWL을 구하시오.

시점(RWL)	종점(RWL)

(2) 시점과 종점의 LI를 구하시오.

시점(LI)	종점(LI)

(3) 시점과 종점에 따른 개선 여부를 결정하시오.

시점(개선 여부)	종점(개선 여부)

풀이

(1) 시점과 종점의 RWL

RWL = LC × HM × VM × DM × AM × FM × CM

시점 RWL = 23×(25/35)×{1 − (0.003×|65−75|)}×(0.82 + 4.5/76)×1×0.79×0.95

종점 RWL = 23×(25/60)×{1 − (0.003×|141−75|)}×(0.82 + 4.5/76)×0.95×0.79×1

시점(RWL)	종점(RWL)
10.52 kg	5.1 kg

(2) 시점과 종점의 LI

$$LI = \frac{\text{작업물 무게}}{RWL}$$

$$\text{시점 } LI = \frac{9}{10.52}$$

$$\text{종점 } LI = \frac{9}{5.1}$$

시점(LI)	종점(LI)
0.86	1.76

(3) 시점과 종점의 개선 여부

시점(개선 여부)	종점(개선 여부)
LI가 1보다 작으므로 이 작업은 요통의 발생 위험이 적다. 따라서 개선 없이 작업을 유지하는 것이 좋다.	LI가 1보다 크므로 이 작업은 요통의 발생위험이 높다. 따라서 들기지수(LI)가 1 이하가 되도록 작업을 설계/재설계할 필요가 있다.

5.27 정면에서 상자를 100° 비틀어 옮기는 작업을 8시간 동안 3회 반복할 때, 다음 각 질문에 답하시오.

	시점	종점
발목 가운데서 손까지의 수평거리	60	70.5
바닥에서 손까지의 수직거리	35	100

(1) HM start(25/H):

(2) HM end(25/H):

(3) VM start(1−(0.003×|V−75|)):

(4) VM end(1−(0.003×|V−75|)):

(5) DM (0.82+4.5/D):

(6) AM start(1−0.0032×A):

(7) AM end(1−0.0032×A):

풀이

HM	25/H, $(25 \leq H \leq 63)$ 1, $(H \leq 25)$ 0, $(H > 63)$	start	25/60=0.42
		end	70.5>63이므로, 0
VM	$1-(0.003\times\|V-75\|)$, $(0 \leq V \leq 175)$ 0, $(V > 175)$	start	$1-(0.003*\|35-75\|)=0.88$
		end	$1-(0.003*\|100-75\|)=0.93$
DM	$0.82+4.5/D$, $(25 \leq D \leq 175)$ 1, $(D \leq 25)$ 0, $(D > 175)$		$0.82+\{4.5/(100-35)\}=0.89$
AM	$1-0.0032\times A$, $(0° \leq A \leq 135°)$ 0, $(A > 135°)$	start	$1-0.0032*0=1$
		end	$1-0.0032*100=0.68$

(1) HM start(25/H): 0.42
(2) HM end(25/H): 0
(3) VM start(1−(0.003×|V−75|)): 0.88
(4) VM end(1−(0.003×|V−75|)): 0.93
(5) DM (0.82+4.5/D): 0.89
(6) AM start(1−0.0032×A): 1
(7) AM end(1−0.0032×A): 0.68

5.28 OWAS(Ovako Working-posture Analysing System)의 평가항목 중 3가지를 쓰시오.

풀이

신체 부위	코드	자세 설명
허리	1	곧바로 편 자세
	2	상체를 앞뒤로 굽힌 자세
	3	바로 서서 허리를 옆으로 비튼 자세
	4	상체를 앞으로 굽힌 채 옆으로 비튼 자세
팔	1	양팔을 어깨 아래로 내린 자세
	2	한 팔만 어깨 위로 올린 자세
	3	양팔 모두 어깨 위로 올린 자세
다리	1	앉음
	2	두 다리로 섬
	3	한 다리로 섬
	4	두 다리 구부림
	5	한 다리 구부림
	6	무릎 꿇음
	7	걷기
하중	1	10 kg 이하
	2	10 kg 초과~20 kg 이하
	3	20 kg 초과

5.29 OWAS 조치단계 분류 4가지를 설명하시오.

풀이

작업자세 수준	평가내용
Action category 1	이 자세에 의한 근골격계 부담은 문제없다. 개선 불필요하다.
Action category 2	이 자세는 근골격계에 유해하다. 가까운 시일 내에 개선해야 한다.
Action category 3	이 자세는 근골격계에 유해하다. 가능한 한 빠른 시일 내에 개선해야 한다.
Action category 4	이 자세는 근골격계에 매우 유해하다. 즉시 개선해야 한다.

5.30 다음의 각 물음에 답하시오.

(1) OWAS 평가항목을 쓰시오.

(2) RULA에서 평가하는 신체 부위를 쓰시오.

풀이

(1) 허리, 팔, 다리, 하중
(2) 위팔, 아래팔, 손목, 목, 몸통, 다리

5.31 작업자세 수준별 근골격계 위험평가를 하기 위한 도구인 RULA(Rapid Upper Limb Assessment)를 적용하는 데 따른 분석절차 부분(4개) 또는 평가에 사용하는 인자(부위)를 5개 이상 열거하시오.

풀이

RULA 평가에 사용하는 신체 부위: 위팔, 아래팔, 손목, 목, 몸통, 다리

5.32 RULA의 4가지 행동수준의 총점수와 개선필요 여부를 쓰시오.

풀이

조치수준	총점수	개선필요 여부
1	1~2	작업이 오랫동안 지속적이고 반복적으로만 행해지지 않는다면, 작업자세에 대한 개선이 필요하지 않음
2	3~4	작업자세에 대한 추가적인 관찰이 필요하고, 작업자세를 변경할 필요가 있음
3	5~6	계속적인 관찰과 작업자세의 빠른 개선이 요구됨
4	7	작업자세의 정밀조사와 즉각적인 개선이 요구됨

5.33 RULA의 단점에 대해서 서술하시오.

풀이

상지의 분석에 초점을 두고 있기 때문에 전신의 작업자세 분석에는 한계가 있다(예로, 쪼그려 앉은 작업자세와 같은 경우는 작업자세 분석이 어렵다).

5.34 OWAS와 REBA의 장점과 단점을 기술하고, 쪼그려 앉아서 하는 작업에 대한 평가적합 여부를 결정하시오.

풀이

	OWAS	REBA
장점	- 현장에서 작업자들의 전신 작업자세를 손쉽게 빠르게 평가할 수 있는 도구이다.	- RULA가 상지에 국한되어 평가하는 단점을 보완하여 간호사 작업 등과 같이 비정형적이며 예측이 힘든 다양한 자세를 평가하는 기법이다. - 전신의 작업자세, 작업물이나 공구의 무게도 고려하고 있다.
단점	- 작업자세 분류체계가 특정한 작업에만 국한되기 때문에 정밀한 작업자세를 평가하기 어렵다. - 상지나 하지 등 몸의 일부의 움직임이 적으면서도 반복하여 사용하는 작업 등에서는 차이를 파악하기 어렵다. - 지속시간을 검토할 수 없으므로 유지자세의 평가는 어렵다.	- RULA에 비하여 자세분석에 사용된 사례가 부족하다.
쪼그려 앉아서 하는 작업에 대한 평가 적합여부 (적합/부적합)	적합	부적합

5.35 유해요인을 평가하는 방법인 RULA의 B그룹의 평가항목 3가지를 쓰시오.

풀이

목, 몸통, 다리

RULA의 평가는 먼저 A그룹과 B그룹으로 나누는데 A그룹에서는 위팔, 아래팔, 손목, 손목 비틀림에 관해 자세 점수를 구하고 거기에 근육사용과 힘에 대한 점수를 더해서 점수를 구하고, B그룹에서도 목, 몸통, 다리에 관한 점수에 근육과 힘에 대한 점수를 구해 A 그룹에서 구한 점수와 B그룹에서 구한 자세점수를 가지고 표를 이용해 최종점수를 구한다.

5.36 REBA에서 허리 굽힘의 기준각도를 쓰시오.

풀이

(1) 똑바로 선 자세에서는 1점
(2) 허리가 앞 또는 뒤로 0~20° 구부린 자세에서는 2점
(3) 허리가 앞으로 20~60° 구부리거나 20° 이상 뒤로 젖힌 자세에서는 3점
(4) 60° 이상 앞으로 허리를 구부린 자세에서는 4점

5.37 VDT 작업관리 지침에 대한 내용인 아래의 빈칸을 채우시오.

(1) 키보드의 경사는 5°~15°, 두께는 (　　) 이하로 해야 한다.
(2) 바닥면에서 앉는 면까지의 높이는 눈과 손가락의 위치를 적절히 조절할 수 있도록 적어도 40±(　　)의 범위 내에서 조정이 가능한 것으로 해야 한다.
(3) 높이조정이 가능한 작업대를 사용하는 경우에는 바닥면에서 작업대 표면까지의 높이가 (　　) 전후에서 작업자의 체형에 알맞도록 조정하여 고정해야 한다.
(4) 화면과의 거리는 최소 (　　) 이상이 확보되도록 한다.
(5) 팔꿈치의 내각은 (　　) 이상이 되어야 한다.
(6) 무릎의 내각은 (　　) 전후가 되도록 해야 한다.

풀이

(1) 키보드의 경사는 5~15°, 두께는 (3 cm) 이하로 해야 한다.
(2) 바닥면에서 앉는 면까지의 높이는 눈과 손가락의 위치를 적절히 조절할 수 있도록 적어도 40±(5cm)의 범위 내에서 조정이 가능한 것으로 해야 한다.
(3) 높이조정이 가능한 작업대를 사용하는 경우에는 바닥면에서 작업대 표면까지의 높이가 (65 cm) 전후에서 작업자의 체형에 알맞도록 조정하여 고정해야 한다.
(4) 화면과의 거리는 최소 (40 cm) 이상이 확보되도록 한다.
(5) 팔꿈치의 내각은 (90°) 이상이 되어야 한다.
(6) 무릎의 내각은 (90°) 전후가 되도록 해야 한다.

5.38 VDT 작업의 설계와 관련하여 다음 빈칸을 채우시오.

(1) 눈과 모니터와의 거리는 최소 (　　　) cm 이상이 확보되도록 한다.

(2) 팔꿈치의 내각은 (　　　)° 이상 되어야 한다.

(3) 무릎의 내각은 (　　　)° 전후가 되도록 한다.

풀이

가. 40 cm
나. 90°, 조건에 따라 70~135°까지 허용 가능해야 한다.
다. 90°

5.39 VDT 작업관리지침 중 눈부심방지 예방방법 4가지를 쓰시오.

풀이

(1) 화면의 경사를 조정할 것
(2) 저휘도형 조명기구를 사용할 것
(3) 화면상의 문자와 배경과의 휘도비를 낮출 것
(4) 화면에 후드를 설치하거나 조명기구에 간이 차양막 등을 설치할 것

5.40 사업장에서 산업안전보건법에 의해 근골격계질환 예방관리 프로그램을 시행해야 하는 2가지 경우에 대해 쓰시오.

풀이

① 업무상 질병으로 인정받은 근로자가 연간 10명 이상 발생한 사업장 또는 5명 이상 발생한 사업장으로서 발생비율이 그 사업장 근로자 수의 10퍼센트 이상인 경우
② 근골격계질환 예방과 관련하여 노사 간 이견(異見)이 지속되는 사업장으로서 고용노동부 장관이 필요하다고 인정하여 근골격계질환 예방관리 프로그램을 수립하여 시행할 것을 명령한 경우

5.41 근골격계질환 예방관리 프로그램의 일반적 구성요소 중 5가지를 쓰시오.

풀이

(1) 유해요인 조사
(2) 유해요인 통제(관리)
(3) 의학적 조치
(4) 교육 및 훈련
(5) 작업환경 등 개선활동

5.42 근골격계질환 예방 · 관리 프로그램 흐름도를 그리시오.

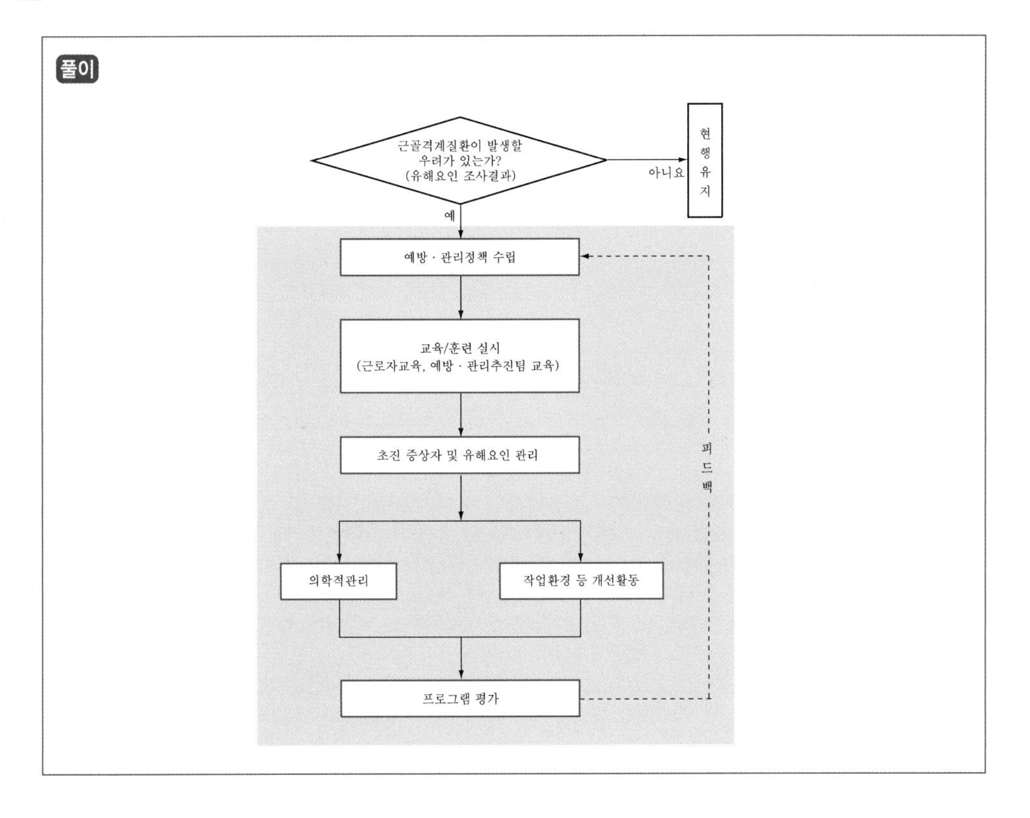

5.43 근골격계질환 예방관리 프로그램의 추진절차를 적으시오.

풀이

(1) 근골격계 유해요인 조사 및 작업평가
(2) 예방 · 관리정책 수립
(3) 교육/훈련 실시
(4) 초진 증상자 및 유해요인 관리
(5) 작업환경 등 개선활동 및 의학적 관리
(6) 프로그램 평가

5.44 근골격계질환 예방 · 관리 프로그램의 중요내용 5가지를 쓰시오.

풀이

① 근골격계 유해요인 조사 및 작업평가
② 예방 · 관리정책 수립
③ 교육 및 훈련 실시
④ 초진증상자 및 유해요인 관리
⑤ 작업환경 등 개선활동 및 의학적 관리
⑥ 프로그램 평가

5.45 근골격계질환 예방 · 관리프로그램 프로그램에서 보건관리자의 역할 3가지를 기술하시오.

풀이

(1) 주기적으로 작업장을 순회하여 근골격계질환을 유발하는 작업공정 및 작업유해요인을 파악한다.
(2) 주기적인 작업자 면담 등을 통하여 근골격계질환 증상 호소자를 조기에 발견하는 일을 한다.
(3) 7일 이상 지속되는 증상을 가진 작업자가 있을 경우 지속적인 관찰, 전문의 진단의뢰 등의 필요한 조치를 한다.
(4) 근골격계질환자를 주기적으로 면담하여 가능한 한 조기에 작업장에 복귀할 수 있도록 도움을 준다.
(5) 예방관리 프로그램 운영을 위한 정책결정에 참여한다.

5.46 근골격계질환 예방 · 관리교육에 대하여 사업주가 근로자에게 알려야 하는 사항 3가지를 쓰시오.

풀이

(1) 근골격계 부담작업에서의 유해요인
(2) 작업도구와 장비 등 작업시설의 올바른 사용방법
(3) 근골격계질환의 증상과 징후 식별방법 및 보고방법
(4) 근골격계질환 발생 시 대처요령

5.47 근골격계질환 예방을 위한 관리적 개선방안 6가지를 쓰시오.

풀이

(1) 작업의 다양성 제공(작업 확대)
(2) 작업일정 및 작업속도 조절
(3) 작업자에 대한 휴식시간(회복시간) 제공
(4) 작업자 교대
(5) 작업공간, 공구 및 장비의 정기적인 청소 및 유지보수
(6) 근골격계질환 예방체조의 도입(운동체조 강화)
(7) 근골격계질환 관련 교육 실시

5.48 근골격계질환 예방 · 관리프로그램의 의학적 관리차원에서 증상호소자의 관리방법 3가지를 기술하시오.

풀이

(1) 근골격계 증상과 징후호소자의 조기발견 체계 구축
(2) 증상과 징후보고에 따른 후속조치
(3) 증상호소자 관리의 위임
(4) 업무제한과 보호조치

5.49 사업주의 근골격계질환 예방 · 관리프로그램 평가지표 3가지를 기술하시오.

풀이

(1) 특정 기간 동안에 보고된 사례수를 기준으로 한 근골격계질환 증상자의 발생빈도
(2) 새로운 발생사례를 기준으로 한 발생률의 비교
(3) 작업자가 근골격계질환으로 일하지 못한 날을 기준으로 한 근로손실일수의 비교
(4) 작업개선 전후의 유해요인 노출특성의 변화
(5) 작업자의 만족도 변화
(6) 제품불량률 변화 등

한국산업인력공단 출제기준에 따른 자격시험 준비서

인간공학기사 실기편

PART

인간공학기사 실기시험

인간공학기사 실기시험 1회1803

시험시간 : 2시간 30분

분야	안전관리	자격종목	인간공학기사	수험번호		성명	

1 단순반응 시간 0.2초, 1bit 증가당 0.5초의 기울기, 자극수가 8개일 때 반응시간 구하시오.

풀이

Hicks law에 의한 반응시간 (RT; Reaction Time)

$a + b\log_2 N = 0.2 + 0.5 \times \log_2 8 = 1.7$초

2 청각적 표시장치가 시각적 표시장치에 비해 유리한 점 4가지를 쓰시오.

풀이

① 전달정보가 간단하고 짧을 때
② 전달정보가 후에 재참조되지 않을 경우
③ 전달정보가 즉각적인 행동을 요구할 때
④ 수신자의 시각 계통이 과부하 상태일 때
⑤ 수신장소가 너무 밝거나 암조응 유지가 필요할 때
⑥ 직무상 수신자가 자주 움직이는 경우

3 조종장치의 손잡이 길이가 5 cm이고, 60°를 움직였을 때 표시장치에서 3 cm가 이동하였다. 이때, C/R비를 구하시오.

풀이

C/R비 $= \dfrac{(a/360) \times 2\pi L}{\text{표시장치 이동거리}} = \dfrac{(60/360) \times 2 \times 3.14 \times 5}{3} = 0.87$

4 A집단의 평균 신장이 170.2 cm, 표준편차가 5.2일 때 신장의 95퍼센타일, 50퍼센타일, 5퍼센타일을 구하시오. (단, 정규분포를 따르며, $Z_{0.05} = -1.645$, $Z_{0.95} = 1.645$ 이다.)

풀이

① 95퍼센타일값 = 평균 + (표준편차 × 퍼센타일 계수)
　　　　　= 170.2 + (5.2 × 1.645) = 178.75 cm
② 50퍼센타일값 = (95퍼센타일값 + 5퍼센타일값)/2
　　= (178.75 + 161.65)/2 = 170.2 cm
③ 5퍼센타일값 = 평균 + (표준편차 × 퍼센타일 계수)
　　= 170.2 − (5.2 × 1.645) = 161.65 cm

5 원자재로부터 완제품이 나올 때까지 공정에서 이루어지는 작업과 검사의 모든 과정을 순서대로 표현한 도표를 쓰시오.

풀이

작업공정도: 자재가 공정에 유입되는 시점과 공정에서 행해지는 검사와 작업순서를 도식적으로 표현한 도표로 작업에 소요되는 시간이나 위치 등의 정보를 기입한다.

6 흰 글자에 인접한 검정영역으로 퍼지는 것처럼 보이는 현상을 무엇이라 하는지 쓰시오.

풀이

광삼효과: 흰 모양이 주위의 검은 배경으로 번져 보이는 현상

7 15 kg의 중량물을 선반 1 위치(27, 60)에서 선반 2 위치(50, 145)로 하루 총 46분 동안 분당 3번씩 들기작업을 하는 작업자에 대하여 NIOSH 들기지침에 의하여 분석한 결과를 다음의 단순 들기작업 분석표와 같이 나타내었으며 빈도계수 0.88, 비대칭각도 0, 박스의 손잡이는 커플링 'fair'로 간주할 때 다음의 각 물음에 답하시오.

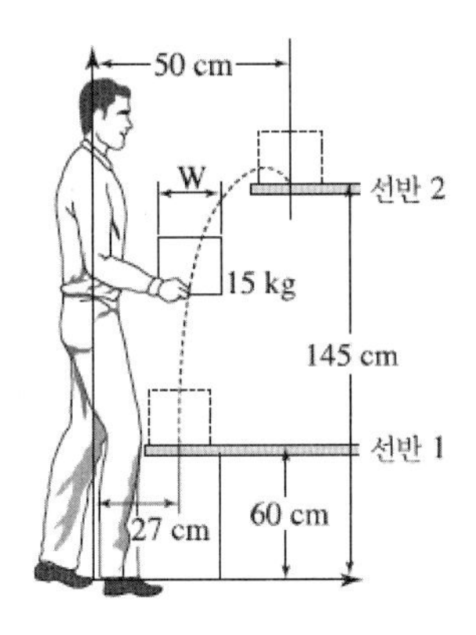

[보기]
HM = 수평계수 = 25/H
VM = 수직계수 = 1 − (0.003 × |V − 75|)
DM = 거리계수 = 0.82 + (4.5/D)
AM = 대칭계수 = 1 − (0.0032 × A)

(1) RWL

(2) LI지수

풀이

① RWL: LC×HM×VM×DM×AM×FM×CM

$$LC = 23$$

$$HM = \frac{25}{H} = \frac{25}{27} = 0.93$$

$$VM = 1-(0.003\times|V-75|) = 1-(0.003\times15) = 0.96$$

$$DM = 0.82+(\frac{4.5}{D}) = 0.82+(\frac{4.5}{85}) = 0.87$$

$$AM = 1-(0.032\times A) = 1-(0.032\times0) = 1$$

$$FM = 0.88$$

$$CM = 0.95$$

$$RWL = 23\times0.93\times0.96\times0.87\times1\times0.88\times0.95 = 14.94$$

② $LI\text{지수} = \dfrac{\text{중량물 무게}}{RWL} = \dfrac{15}{14.94} = 1.00$

8 인체동작의 유형 중 굴곡(flexion), 외전(abduction), 회내(pronation)에 대하여 설명하시오.

풀이

① 굴곡(flexion): 팔꿈치로 팔굽히기할 때처럼 관절에서의 각도가 감소하는 인체부분의 동작
② 외전(abduction): 팔을 옆으로 들 때처럼 인체 중심선(midline)에서 멀어지는 측면에서의 인체부위의 동작
③ 회내(pronation) : 손과 전완의 회전의 경우에는 손바닥이 아래로 향하도록 하는 인체부분의 동작

9 생체기능을 유지하기 위해 일정량의 에너지가 필요하다. 단위시간당 에너지량을 무엇이라 하는지 쓰시오.

풀이

기초대사량(BMR; Basal Metabolic Rate): 생명을 유지하기 위한 최소한의 에너지소비량

10 문제를 보고 괄호 안에 알맞은 단어를 ○표 하시오.

– 정신적 부하가 증가하면 부정맥 지수가 (증가 , 감소)하며, 정신적 부하가 감소하면 점멸융합주파수가 (증가 , 감소)한다.

풀이

감소, 증가
정신적 부하가 증가하면 부정맥 지수가 (감소)하며, 정신적 부하가 감소하면 점멸융합주파수가 (증가)한다.

① 부정맥: 심장박동이 비정상적으로 늦어지거나 빨라지는 등 불규칙해지는 현상을 부정맥(不整脈,cardiac arrhythmia)이라 하고, 정상적이고 규칙적인 심장박동을 정맥이라고 한다. 맥박간격의 표준편차나 변동계수(coefficient of variation, 표준편차/평균치) 등으로 표현되며, 정신부하가 증가하면 부정맥 점수가 감소한다.

② 점멸융합주파수: 점멸융합주파수(CFF; Critical Flicker Fusion Frequency, VFF; Visual Fusion Frequency)는 빛을 어느 일정한 속도로 점멸시키면 깜박거려 보이나 점멸의 속도를 빨리 하면 깜박임이 없고 융합되어 연속된 광으로 보일 때 점멸주파수이다. 점멸융합주파수는 피곤함에 따라 빈도가 감소하기 때문에 중추신경계의 피로, 즉 '정신피로'의 척도로 사용될 수 있다. 잘 때나 멍하게 있을 때에 CFF가 낮고, 마음이 긴장되었을 때나 머리가 맑을 때에 높아진다.

11 한 장소에서 앉아서 수행하는 작업활동에서 사람이 작업하는 데 사용하는 공간을 무엇이라 하는지 쓰시오.

풀이

작업공간포락면(workspace envelope): 한 장소에서 앉아서 수행하는 작업활동에서 사람이 작업하는데 사용하는 공간을 말한다.

12 사업장 근골격계질환 예방 · 관리 프로그램을 실행을 위한 보건관리자의 역할 3가지를 쓰시오.

풀이

① 주기적으로 작업장을 순회하여 근골격계질환을 유발하는 작업공정 및 작업유해 요인을 파악한다.
② 주기적인 작업자 면담 등을 통하여 근골격계질환 증상호소자를 조기에 발견하는 일을 한다.
③ 7일 이상 지속되는 증상을 가진 작업자가 있을 경우 지속적인 관찰, 전문의 진단의뢰 등의 필요한 조치를 한다.

④ 근골격계질환자를 주기적으로 면담하여 가능한 한 조기에 작업장에 복귀할 수 있도록 도움을 준다.
⑤ 예방·관리프로그램 운영을 위한 정책결정에 참여한다.

13 작업자가 무릎을 지면에 대고 쪼그리고 앉아 용접하는 작업의 유해요소와 개선할 수 있는 적합한 예방대책을 쓰시오.

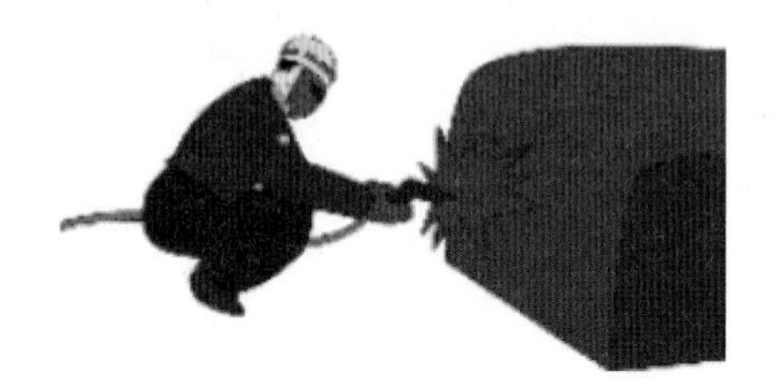

풀이

유해요소	예방대책
부자연스런 자세	높낮이 조절이 가능한 작업대의 설치
무릎의 접촉스트레스	무릎보호대의 착용
손목, 어깨의 반복적 스트레스	자동화기기나 설비의 도입
장시간 유해물질 노출	환기, 적절한 휴식시간, 작업확대, 작업교대

14 수평작업 설계 시 고려할 정상작업영역과 최대작업영역을 설명하시오.

풀이

① 정상작업영역: 상완(上腕)을 자연스럽게 수직으로 늘어뜨린 채, 전완(前腕)만으로 편하게 뻗어 파악할 수 있는 구역(34~45 cm)이다.
② 최대작업영역: 전완과 상완을 곧게 펴서 파악할 수 있는 구역(55~65 cm)이다.

15 유해요인을 평가하는 방법인 RULA의 B그룹의 평가항목 3가지를 쓰시오.

풀이

목, 몸통, 다리
RULA의 평가는 먼저 A그룹과 B그룹으로 나누는데 A그룹에서는 윗팔, 아래팔, 손목, 손목 비틀림에 관해 자세점수를 구하고 거기에 근육사용과 힘에 대한 점수를 더해서 점수를 구하고, B그룹에서도 목, 몸통, 다리에 관한 점수에 근육과 힘에 대한 점수를 구해 A 그룹에서 구한 점수와 B그룹에서 구한 자세점수를 가지고 표를 이용해 최종점수를 구한다.

16 조절식 의자설계에 필요한 인체측정치수들이 다음과 같이 주어져 있을 때 좌판깊이와 좌판 높이의 기준치수를 구하시오. (단, 정규분포를 따르며, $Z_{0.05} = -1.645$, $Z_{0.95} = 1.645$ 이다.)

성별	구분	오금높이	무릎 뒤 길이	지면 팔꿈치 높이	엉덩이너비
남자	평균	41.3 cm	45.9 cm	67.3 cm	33.5 cm
	표준편차	1.9 cm	2.4 cm	2.3 cm	1.9 cm
여자	평균	38 cm	44.4 cm	63.2 cm	33 cm
	표준편차	1.7 cm	2.1 cm	2.1 cm	1.9 cm

풀이

구분	설계원리	설계치수
좌판깊이	최소집단값에 의한 설계 (5퍼센타일 여자를 기준으로 설계: 무릎 뒤 길이)	5퍼센타일 여자: 44.4−2.1×1.645=40.95 cm
좌판높이	조절식 설계 (5퍼센타일 여자~95퍼센타일 남자: 오금높이)	5퍼센타일 여자: 38−1.7×1.645=35.20 cm 95퍼센타일 남자: 41.3+1.9×1.645=44.43 cm (35.195~44.435 cm) 높이로 조절식 설계

17 작업과 관련하여 특정 신체부위 및 근육의 과도한 사용으로 인해 근육, 연골, 건, 인대, 관절, 혈관, 신경 등에 미세한 손상이 발생하여 목, 허리, 무릎, 어깨, 팔, 손목 및 손가락 등에 나타나는 만성적인 건강장해를 무엇이라 하는지 쓰시오.

풀이

근골격계질환(work related musculoskeletal disorders)

18 수행도 평가기법인 Westinghouse 시스템에서 종합적 평가요소 3가지를 쓰시오.

풀이

① 숙련도(Skill): 경험, 적성 등의 숙련된 정도
② 노력도(Effort): 마음가짐
③ 작업 환경(Condition): 온도, 진동, 조도, 소음 등의 작업장 환경
④ 일관성(Consistency): 작업시간의 일관성 정도

인간공학기사 실기시험 2회1801

시험시간 : 2시간 30분

분야	안전관리	자격종목	인간공학기사	수험번호		성명	

1 아래와 같은 경우의 설계에 적용할 수 있는 인체치수 설계원칙을 적으시오.

비상구의 높이	열차의 좌석간 거리	그네의 중량하중

풀이

최대집단값에 의한 설계

– 최대집단값에 의한 설계

① 통상 대상집단에 대한 관련 인체측정변수의 상위 백분위수를 기준으로 하여 90, 95 혹은 99%값이 사용된다.

② 문, 탈출구, 통로 등과 같은 공간여유를 정하거나 줄사다리의 강도 등을 정할 때 사용한다.

③ 예를 들어, 95%값에 속하는 큰 사람을 수용할 수 있다면, 이보다 작은 사람은 모두 사용된다.

2 근골격계질환 유해요인의 개선을 위한 관리적 방법 3가지를 적으시오.

풀이

유해요인의 관리적 개선 방법

① 작업의 다양성 제공(작업 확대)

② 작업일정 및 작업속도 조절

③ 작업자에 대한 휴식시간(회복시간) 제공

④ 작업습관 변화

⑤ 작업공간, 공구 및 장비의 정기적인 청소 및 유지보수

⑥ 근골격계질환 예방체조의 도입(운동체조 강화)

⑦ 근골격계질환 관련교육 실시

⑧ 작업자 교대 등

3 아래의 빈칸에 들어갈 알맞은 인체치수 설계원칙을 적으시오.

의자 좌판을 설계할 경우 좌판의 앞뒤 거리는 (　　　　)을 이용한다.

풀이

최소집단값에 의한 설계: 작은 사람이 앉아서 허리를 지지할 수 있으면, 이보다 큰 사람들은 허리를 지지 할 수 있다.

– 최소집단값에 의한 설계
  ① 관련 인체측정 변수분포의 1%, 5%, 10% 등과 같은 하위 백분위수를 기준으로 정한다.
  ② 선반의 높이, 조정장치까지의 거리 등을 정할 때 사용된다.
  ③ 예를 들어, 팔이 짧은 사람이 잡을 수 있다면, 이보다 긴 사람은 모두 잡을 수 있다.

4 Tamper proof에 대하여 설명하시오.

풀이

작업자들은 생산성과 작업용이성을 위하여 종종 안전장치를 제거한다. 따라서 작업자가 안전장치를 고의로 제거하는 것을 대비하는 예방설계를 tamper proof라고 한다. 예를 들면, 화학설비의 안전장치를 제거하는 경우에 화학설비가 작동되지 않도록 설계하는 것이다.

5 비행기의 왼쪽과 오른쪽에 엔진이 있고 왼쪽 엔진의 신뢰도는 0.7이고, 오른쪽 엔진의 신뢰도는 0.8이며, 양쪽의 엔진이 고장나야 에러가 일어나 비행기가 추락하게 된다고 할 때, 이 비행기의 신뢰도를 구하시오.

풀이

비행기의 엔진시스템은 병렬시스템이므로

$$R = 1 - \prod_{i=1}^{n}(1 - R_i) = 1 - (1 - 0.7) \times (1 - 0.8) = 0.94$$

6 71 cm 기준일 때, 정상조명에서의 눈금식별 길이는 1.3 mm이고 낮은 조명에서의 눈금식별 길이는 1.8 mm이다. 낮은 조명 시 5 m 거리의 눈금 식별 길이를 구하시오.

풀이

낮은 조명에서의 눈금식별 길이

$$0.71\ \text{m} : 1.8\ \text{mm} = 5\ \text{m} : \text{X}$$

$$\text{X} = \frac{1.8 \times 5}{0.71} = 12.68$$

7 제조물책임(PL)법에서의 대표적인 3가지 결함을 쓰시오.

> **풀이**
>
> ① 제조상의 결함
> ② 설계상의 결함
> ③ 표시(지시 · 경고)상의 결함

8 4구의 가스불판과 점화(조종)버튼의 설계에 대한 다음의 질문에 답하시오.

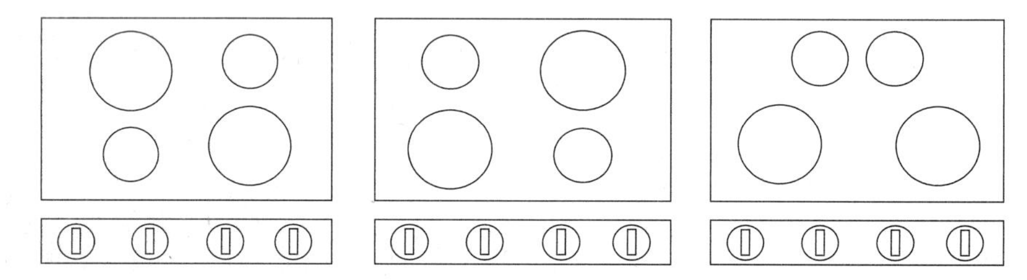

가. 다음과 같은 가스불판과 점화(조종)버튼을 설계 할 때의 인간공학적 설계 원칙을 적으시오.

나. 1) 휴먼에러가 가장 적게 일어날 최적방안을 적으시오.
2) 그 이유를 간단히 적으시오.

> **풀이**
>
> 가. 공간적 양립성
> 나. 1) C안
> 2) 표시장치와 이에 대응하는 조종장치간의 실체적(physical) 유사성이나 이들의 배열 혹은 비슷한 표시(조종)장치군들의 배열 등이 공간적 양립성과 관계된다.

9 정신적 피로도를 측정하는 NASA-TLX(Task Load Index)의 6가지 척도를 적으시오.

> **풀이**
>
> ① 정신적 요구(Mental Demand)
> ② 육체적 요구(Physical Demand)
> ③ 일시적 요구(Temporal Demand)
> ④ 수행(Performance)
> ⑤ 노력(Effort)
> ⑥ 좌절(Frustration)

10 5개의 공정에서 주기시간이 6분인 경우 평균효율을 구하시오.

풀이

평균효율 = 총 작업시간 / (작업장 수 × 주기시간)

$$= \frac{5+4+3+4+6}{5\times6} = 73.33\%$$

※ 작업주기시간 : 작업공정 중 가장 긴 작업시간

11 수평면 작업영역에서 2가지 작업영역에 대해 설명하시오.

풀이

① 정상작업영역: 상완(上腕)을 자연스럽게 수직으로 늘어뜨린 채, 전완(前腕)만으로 편하게 뻗어 파악할 수 있는 구역(34~45cm)이다.

② 최대작업영역: 전완과 상완을 곧게 펴서 파악할 수 있는 구역(55~65cm)이다.

12 작업물 중량이 10.3 kg일 때, LI지수를 구하고 LI지수에 대한 평가와 관리방안을 기술하시오.(단, RWL = 7.8 kg)

풀이

LI = 작업물무게/RWL = $\frac{10.3\text{ kg}}{7.8\text{ kg}}$ = 1.32

13 11개 공정의 소요시간이 다음과 같을 때 물음에 답하시오.

1공정	2공정	3공정	4공정	5공정	6공정	7공정	8공정	9공정	10공정	11공정
2분	1.5분	3분	2분	1분	1분	1.5분	2분	1.5분	2분	1분

가. 주기시간을 구하시오.

나. 시간당 생산량을 구하시오.

다. 공정효율을 구하시오.

풀이

가. 가장 긴 작업이 3분이므로 주기시간은 3분
나. 1개에 3분 걸리므로 60분/3분 = 20개
다. 공정효율 = 총 작업시간/(작업장 수 × 주기시간)

$$= \frac{18.5}{11 \times 3} = 0.56$$

= 56%

14 인간-기계 시스템의 설계 6단계를 기술하시오.

풀이

① 제1단계-목표 및 성능명세 결정
② 제2단계-시스템의 정의
③ 제3단계-기본설계
④ 제4단계-인터페이스 설계
⑤ 제5단계-촉진물 설계
⑥ 제6단계-시험 및 평가

15 VDT 작업의 설계와 관련하여 다음 빈칸을 채우시오.

가. 눈과 모니터와의 거리는 최소 (　　　)cm 이상이 확보되도록 한다.

나. 팔꿈치의 내각은 (　　　)° 이상 되어야 한다.

다. 무릎의 내각은 (　　　)° 전후가 되도록 한다.

풀이

가. 40cm
나. 90°, 조건에 따라 70°~ 135°까지 허용 가능해야 한다.
다. 90°

16 아래의 인체측정방법을 기술하시오.

가. 구조적 인체치수

나. 기능적 인체치수

풀이

가. ① 형태학적 측정이라고도 하며, 표준자세에서 움직이지 않는 피측정자를 인체측정기로 구조적 인체치수를 측정하여 특수 또는 일반적 용품의 설계에 기초자료로 활용한다.

② 사용 인체측정기: 마틴식 인체측정기(Martin type Anthropometer)
③ 측정항목에 따라 표준화된 측정점과 측정방법을 적용한다.
④ 측정원칙: 나체측정을 원칙으로 한다.

나. ① 동적 인체측정은 일반적으로 상지나 하지의 운동, 체위의 움직임에 따른 상태에서 측정하는 것이다.
② 동적 인체측정은 실제의 작업 혹은 실제 조건에 밀접한 관계를 갖는 현실성 있는 인체치수를 구하는 것이다.
③ 동적측정은 마틴식 계측기로는 측정이 불가능하며, 사진 및 시네마 필름을 사용한 3차원(공간) 해석장치나 새로운 계측 시스템이 요구된다.
④ 동적측정을 사용하는 것이 중요한 이유는 신체적 기능을 수행할 때, 각 신체부위는 독립적으로 움직이는 것이 아니라 조화를 이루어 움직이기 때문이다.

17 ECRS 작업개선 방법에 대해 설명하시오.

E :

C :

R :

S :

풀이

① 제거(Eliminate): 이 작업은 꼭 필요한가? 제거할 수 없는가?
(불필요한 작업, 작업요소의 제거)
② 결합(Combine): 이 작업을 다른 작업과 결합시키면 더 나은 결과가 생길 것인가?
(다른 작업, 작업요소와의 결합)
③ 재배열(Rearrange): 이 작업의 순서를 바꾸면 좀 더 효율적이지 않을까?
(작업순서의 변경)
④ 단순화(Simplify): 이 작업을 좀 더 단순화할 수 있지 않을까?
(작업, 작업요소의 단순화, 간소화)

18 근골격계질환 예방 · 관리프로그램의 의학적 관리차원에서 증상호소자의 관리방법 3가지를 기술하시오.

풀이

① 근골격계 증상과 징후호소자의 조기발견 체계 구축
② 증상과 징후보고에 따른 후속조치
③ 증상호소자 관리의 위임
④ 업무제한과 보호조치

참고문헌

갈원모, 강영식, 김유창, 박노춘, 유병철, 〈시스템안전공학〉, 태성

권영국, 〈산업인간공학〉, 형설출판사

김유창, 우동필, 〈근골격계 질환과 유해요인조사〉, 다솜출판사

김유창, 우동필, 〈사무실 인간공학과 예방관리 프로그램〉, 다솜출판사

김유창, 우동필, 〈산업안전관리〉, 다솜출판사

박경수, 〈감성공학 및 감각생리〉, 영지문화사

박경수, 〈인간공학〉, 영지문학사

이관석, 임현교, 신승헌, 장성록, 김유창, 이동경, 이광원, 〈휴먼에러의 예방과 관리〉, 한솔아카데미

이순요, 양선모, 〈가상현실형 감성공학〉, 청문각

이창민, 〈작업 생리학〉, 대영사

이훈구, 〈산업 및 조직 심리학〉, 법문사

장성록, 〈인간공학〉, 다솜출판사

정병용, 〈디자인과 인간공학〉, 민영사

정병용, 〈현대인간공학〉, 민영사

황학, 〈작업관리론〉, 영지문화사

B. Nieble, A. Freivalds, 〈Methods Standards & Work Design〉, WCB MCGRAW-HILL

C. D. Wickens, S. E. Gordon, Y. Liu, 〈An Introduction to Human Factors Engineering〉, LONGMAN

D. B. Chaffin, G. B. J. Andersson, B. J. Martin, 〈Occupational Biomechanics〉, WILEY-INTERSCIENCE

K. Kroemer, H. Kroemer, K. Kroemer-Elbert, 〈Ergonomics〉, PRENTICE HALL

S. Konz, 〈Work Design: Industrial Ergonomics〉, PUBLISHING HORIZONS INC

집필진 소개

● **감수: 김유창**

공학박사/인간공학기술사
동의대학교 인간·시스템디자인공학 교수
대한인간공학회 회장
대통령소속 국가지식재산위원회 위원
부산광역시 안전위원회 위원
한국산업안전보건공단 자문위원
한국인간공학기술사회 부회장
한국안전학회 편집위원 역임
한국소비자안전학회 이사 역임
한국근로복지공단 자문위원 역임

● **편저자: 세이프티넷 인간공학기사/기술사 연구회**
(http://cafe.naver.com/safetynet)

● **도움을 주신 분들**

공찬식	박경환	이준팔
곽희제	배창호	이현재
김나현	배황빈	장은준
김대수	서대교	정현욱
김대식	신동욱	최원식
김재훈	신용석	최은진
김창제	안욱태	홍석민
김효수	이상호	홍창우

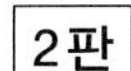

2판 인간공학기사 실기편

2019년 7월 15일 2판 1쇄 펴냄 | 2021년 8월 31일 2판 3쇄 펴냄

감　수 김유창

지은이 세이프티넷 인간공학기사 / 기술사 연구회

펴낸이 류원식 | **펴낸곳 교문사**

편집팀장 김경수 | **본문편집** 오피에스디자인 | **표지디자인** 신나리

주소 (10881) 경기도 파주시 문발로 116(문발동 536-2)

전화 031-955-6111~4 | **팩스** 031-955-0955

등록 1968. 10. 28. 제406-2006-000035호

홈페이지 www.gyomoon.com | E-mail genie@gyomoon.com

ISBN 978-89-363-1850-5 (14530)

값 28,000원